机 电 控 制

骆涵秀　李世伦
朱　捷　陈大军　编著

浙江大学出版社

内容简介

本书对机电控制所涉及的各种控制形式和控制元件作了比较详细的叙述，包括控制电机、电液伺服阀、电液比例阀、数字阀、电液阀控制的组件、电一气控制阀、控制放大器等。此外对计算机控制用的硬、软件及控制系统的静动态设计和系统辨识也作了简要的介绍。

本书着重介绍机电控制中各种元件的结构原理、性能特点及工程应用。从应用的角度对各种控制元件进行了系统的论述。可作为机械电子工程、流体传动及控制、机电一体化及有关机械、电子、自动化等专业的工程技术人员、大专院校师生参考用书。

图书在版编目（CIP）数据

机电控制／骆涵秀等编著. —杭州：浙江大学出版社，1994（2016.7 重印）
ISBN 978-7-308-01473-1

Ⅰ.机… Ⅱ.骆… Ⅲ.机电一体化—控制系统 Ⅳ.TH-39

中国版本图书馆 CIP 数据核字（2008）第 019244 号

机电控制

骆涵秀　李世伦　朱　捷　陈大军　编著

责任编辑　杜希武
封面设计　刘依群
出版发行　浙江大学出版社
（杭州市天目山路 148 号　邮政编码 310007）
（网址：http://www.zjupress.com）
排　　版　杭州中大图文设计有限公司
印　　刷　浙江省良渚印刷厂
开　　本　787mm×1092mm　1/16
印　　张　20.25
字　　数　518 千
版 印 次　1994 年 6 月第 1 版　2016 年 7 月第 8 次印刷
书　　号　ISBN 978-7-308-01473-1
定　　价　20.00 元

前　　言

由于近代科学技术的飞速发展，机械装备已与电子技术、计算机、控制工程等技术日益紧密结合而成为机电一体化的设备(国外称之为Mechatronics)。这种设备还具有自动控制的功能。为了培养机械和电子技术兼备的人才，满足机械系拓宽专业范围而设立的机械电子工程专业的需要，特编写此书，作为该专业本科生的一门必修专业课程的教材。

本专业的前修课程是控制理论、电子技术、流体力学和液压传动等。由于教学计划中另安排有检测元件课程，因此本书中对此不再进行叙述。由于篇幅所限，系统的动态设计叙述得较为简略，所举实例较少，只是作为动态设计的入门介绍。详细的控制方法在控制理论中有所阐述，只需实际应用而已。由于电液控制系统中有某些不确定性，理论计算与实际系统往往有所出入，在对控制系统进行各种控制策略控制时又必须对该系统的数学模型有较准确的了解，因此增加了系统辨识这一节，而计算机控制的有关课程，因各校安排不同，若学时不足，此节和第六章计算机控制可省略。

本书由浙江大学机械系骆涵秀主编。第一、二、三、七章由骆涵秀编写；第四章由陈大军编写；第五章由李世伦编写；第六章由朱捷编写，全书由骆涵秀统稿。

由于本书编写较仓促，编者水平和条件有限，书中难免有疏误和缺点，恳切希望读者批评指正。

编　者

1993年6月

目　录

第一章　绪　论

随着工业水平的不断发展,机械装备已逐步地由手工操作改为自动控制,装备本身也发展成机电一体化的综合体。这种自动控制的机电装备能提高产品的质量,降低生产成本,提高劳动生产率,它使人们从繁重的体力劳动和重复的手工操作中解放出来,因此机电控制的装备已成为现代工业、现代科学技术和军事工程等不可缺少的部分。它的应用范围从计算机存储器、打印机的控制到绘图仪、记录仪,从大型科学实验设备到轻工、冶金、土建、机械、船舶、武器控制、航空航天技术、海洋技术等诸方面,非常广泛。

机电控制就是介绍自动控制的机电装备,它的各种执行元件、控制元件等及其所组成的系统,并简要叙述了计算机控制的概况。本课程不涉及整个生产线及工厂的控制。

第一节　机电控制的组成及分类

一、机电控制装备的组成

机电控制装备最基本的方框图如图 1-1 所示。

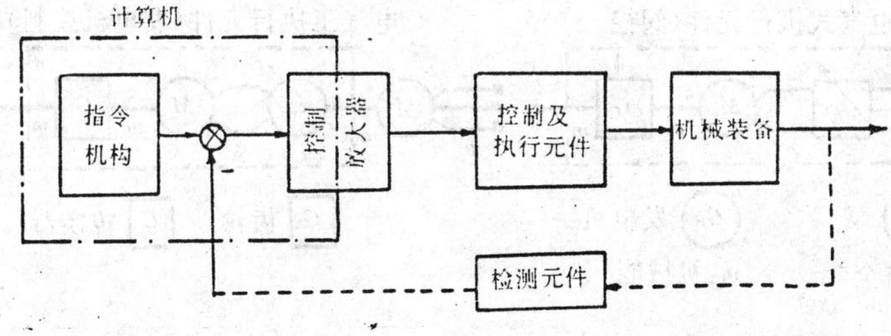

图 1-1　机电控制装备方框图

由指令机构发出指令,通过控制放大器放大该信号,使执行元件按指令的要求运动,而执行元件往往和机械装备相连接,使机械装备的被控量如位移、速度、力等等按要求的规律运动。如图 1-1 中实线所示。

在要求控制精度较高的场合,往往采用闭环控制,需要用检测元件对被控量进行检测,将该量值转换成电量后反馈到输入端与指令信号相比较,再将差值进行控制,如图中虚线所示。

在计算机日益普及的情况下,自动控制往往采用计算机进行控制和数据处理。如图 1-1 中点划线所示,它可以取代指令机构及控制放大器的部分功能,并使控制更灵活和自动化。

本课程叙述控制系统中的控制执行元件、控制放大器和计算机控制,尤其对控制执行元件予以详细的介绍。检测元件和机械装备各不相同,另有课程专门叙述,这里只在介绍整个系统时略加叙述。

二、机电控制的分类

机电控制主要以系统的执行元件进行分类。

执行元件可分为机械式、电气式和流体式(包括液压和气动)三大类别。

三种执行元件可根据它的构造从能量变换元件和变换功率的控制器进行对比,如表 1-1 所示。

表 1-1 各种执行元件和结构因素的比较

工作能量	功率源	能量变换元件	功率变换控制器	
			阀式控制	功率源控制
机械式(动力)	原动机、飞轮	无	离合器、飞轮	无
流体式(压力)	液压(气)泵、蓄能器	液压(气动)马达或缸	伺服阀、比例阀等	变量泵
电气式(电力)	商用电源(发电机)、蓄电池	电动机、动铁或动圈式元件	开关、晶体管可控硅等	可变电压发电机

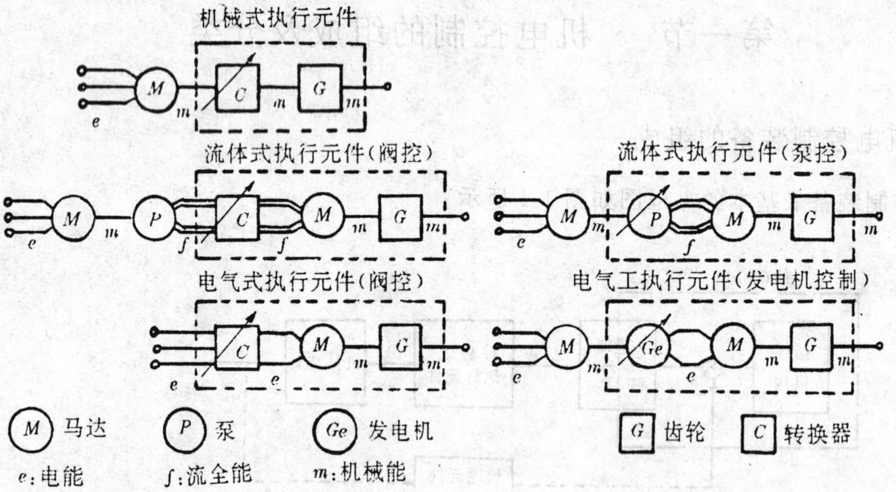

图 1-2 执行元件的结构图

它们的结构情况如图 1-2 所示。表及图表明了各种执行元件能量的转换和功率的控制情况。由图可见,机械式的没有能量转换元件,控制元件只能用离合器、飞轮等很难进行控制的器件,因此,目前已被淘汰。在机电控制中使用的主要是流体式和电气式,本课程也只叙述这二种型式的控制。

图 1-2 的左半部分是阀式控制的结构,用阀的形式来控制进入执行元件的功率,如用伺服阀或比例阀控制液压马达(或缸)的流量,用晶体管(三极管或二极管等)来控制电动机的转速或力矩等等。这种结构,操纵的功率小,响应快,但系统的效率低,能耗大。右半部分是改变功率源的输出以达到控制的目的,如用变量泵改变输入液压马达中的流量以改变转速,用可变电压的发电机改变电压以达到使用电动机变速的目的等等。这种结构控制的功率大,响应慢,但能达到节能的效果,一般只在动态要求不高时采用。实际上使用时还需有另一套控制系统来控制泵的流量和发电机电压的变化。

由图 1-2 左半部分可见,阀控流体式执行元件中能量之间的变换比电气的多,这必然带来功率损失,使控制系统效率低。但这种结构可用于高速、大功率的场合。电气式的执行元件虽然能量转换较少，但功率也小，虽然目前控制电机也在不断发展，在快速性和功率容量上都有所提高，但总的容量及响应性能还是不能代替液压式的。

第二节　机电控制的种类及其系统

机电控制装备，一般可采用控制电机、电液控制机构及电—气动机构三种控制及执行元件所组成，分述如下：

一、控制电机

控制电机有直流伺服电动机、交流伺服电动机及步进电动机等，都有着广泛的应用，分别介绍如下：

（一）直流伺服电动机

直流伺服电动机近来不断在结构上进行改进，使性能得到提高。控制用的直流伺服电动机的特征是惯性小、起动转矩大、起动时能迅速达到要求的速度，能承受频繁的加、减速，设计得当的话不存在散热、退磁等问题。在机械手、数控机床等方面都得到了应用。

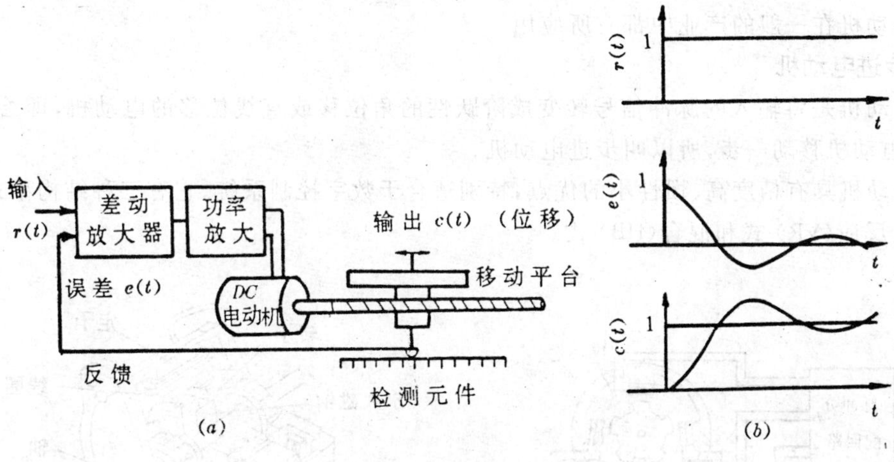

图 1-3　直流伺服电动机反馈控制系统及其响应曲线

直流伺服电动机的控制系统如图 1-3(*a*) 所示，它的输出量是位移、速度等。用检测元件进行检测并反馈，由于采用反馈控制，给系统带来了稳定性问题，但动态性能和控制精度都得到了提高，设计得当的话，可获得高性能的控制。

（二）交流伺服电动机

交流伺服电动机也称二相伺服电动机。它的优点是可靠性高，耐久性强。

交流伺服电动机所组成的系统原理图如图 1-4(*a*) 所示。系统信号包括检测元件全部由交流信号传送，采用了可靠性、精度和耐久性都高的同步装置检测角度，并使用了交流测速发电机。缺点是要用 400～1 500Hz 的激磁交流电源，为此需要特殊的发电机，一般工业中不必采用这种形式。

由图 1-4(*a*) 可见交流伺服电动机根据放大器来的信号转动，经齿轮减速后使控制变压器达到一定的位置 θ_c，若该位置与控制发生器发出的信号 θ_c 不符，则产生误差电压 e_x，与测速发电机的电压 e_r 叠加后输入到交流伺服电动机的放大器中，从而使电动机根据要求转动。图 1-4(*b*) 是该系统的信号及响应曲线。

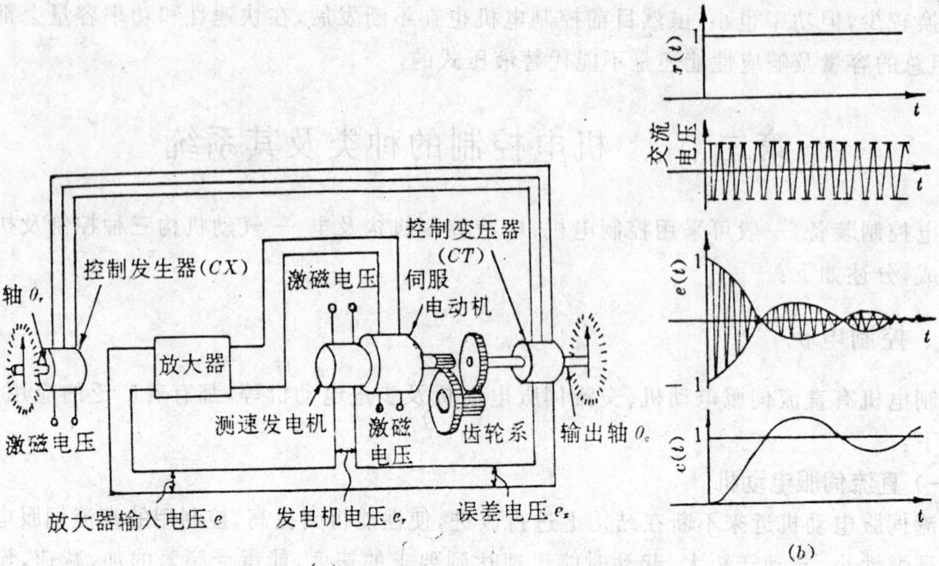

图 1-4　二相伺服电动机控制的交流伺服系统原理图

这种电动机在一般的产业中都有所应用。

(三) 步进电动机

步进电动机是将输入的脉冲信号转变成阶跃性的角位移或直线位移的电动机，即给一个脉冲信号，电动机移动一步，所以叫步进电动机。

步进电动机具有精度高、惯性小的优点，特别适合于数字控制系统。它有三种结构型式：永磁(PM) 式、反应(VR) 式和混合(HB) 式。

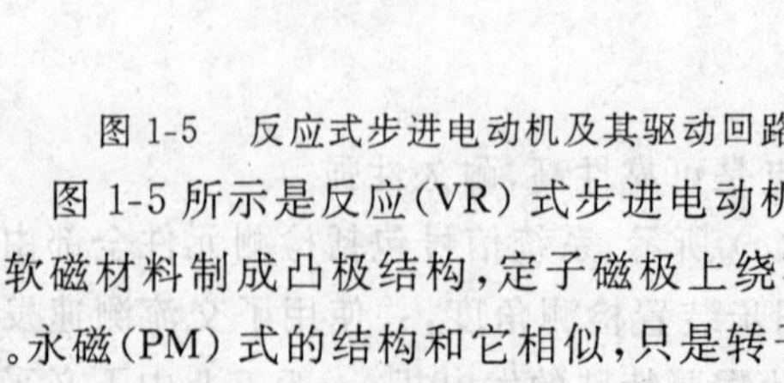

图 1-5　反应式步进电动机及其驱动回路

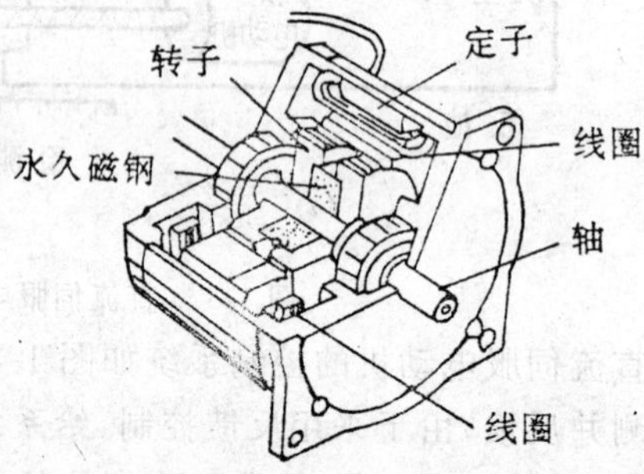

图 1-6　混合式步进电动机

图 1-5 所示是反应(VR) 式步进电动机及其驱动回路图，它的转子和定子是由硅钢片及其它软磁材料制成凸极结构，定子磁极上绕有线圈，转子的齿依次被电磁铁吸引而实现回转控制。永磁(PM) 式的结构和它相似，只是转子上装的是永磁材料。混合(HB) 式的又称为永磁感应子式步进电动机，它的结构兼有反应式和永磁式的某些特点，结构图如图 1-6 所示，在转子的内部装有永久磁钢，而齿槽部分仍由软磁材料组成。

步进电动机可以开环使用也可闭环使用，在要求不高的场合可用开环进行控制，但在负载过大或速度过高时可能产生失步现象从而使系统存在误差，采用闭环控制可弥补此缺点，但将使系统复杂。

步进电动机还可以和液压结合，复合成集电气、液压于一体的电液步进液压缸(或马达)等。

二、电液(或气动)控制机构

当负载惯性大、所需功率较大时，一般采用流体式控制，这样的功率放大型式是很有利的。

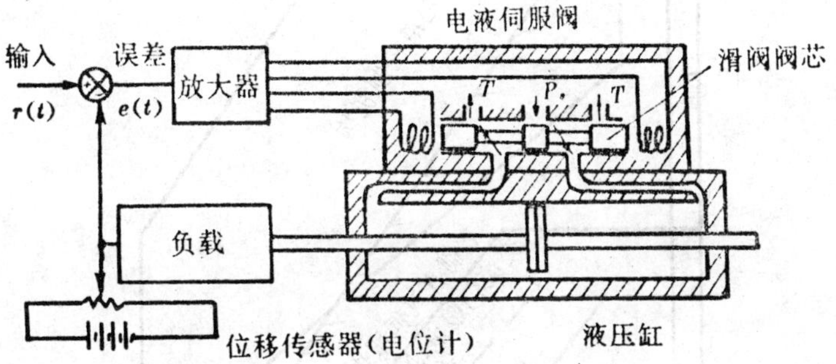

图 1-7　电液伺服机构示意图

图 1-7 所示为电液伺服机构，这是用电液伺服阀控制的电液伺服位置控制系统示意图。输入信号经控制放大器放大后送到伺服阀线圈，当线圈通电流后，根据电流的方向和大小使阀芯作相应的移动，从而使节流口打开，图中所示为阀芯向左移动，则压力油由压力腔 P_s 经滑阀流到液压缸右侧，而左侧的液压油经滑阀流到回油腔 T，由于液流的作用使活塞向左移动，并带动负载和反馈电位计一起运动，电位计输出的信号反馈到输入端，与输入信号相比较，若有误差则活塞继续运动，直到活塞的位置和要求相符。

电液控制机构使控制系统能进行高速、大功率的控制，被广泛应用在冶金、塑料机械、大型飞机和船舶等的操纵机构及大功率科学实验装备和军工部门等。电液控制机构与电气的比较，缺点是需要液压源，价格比较高，液压油的管理和使用也比较麻烦。

电—气动机构的结构原理图和图 1-7 相似，所不同的仅是以空气代替液压油作为介质，这种控制系统维护管理比较容易，但由于空气的可压缩性而使动特性恶化，此外运动副还需要加以润滑，它在机器人、机械手、机床的程序控制等容易维护的控制机构中得到广泛应用。

第三节　各种控制机构的适用范围

选择控制机构的型式时，着眼点是它的输出功率和响应速度，使控制功率和驱动机器的输出特性和负载相适应。

图 1-8 是目前市场上通常使用的各种控制机构的功率—响应速度范围图。在设计、选择控制机构的机种时，必须注意传递机构和负载的动特性。在高速控制情况下，执行元件的频带有时可能比传递机构的频带狭。

在控制微小运动时，必须特别注意它的频带范围。在输入较大信号时，必须考虑放大器和伺服阀的饱和情况、电动机的最大电流、控制机构的力和速度的使用范围等，这些称为静态特性或操作性能以和控制性能相区别。控制性能应注意它的响应能力，一般称为动态性能。

在直流电动机和电液控制机构使用范围相重合时，二者比较，直流电动机的传递函数近似于一阶滞后环节，分析较简单，而电液控制机构中，电液伺服(或比例)阀的传递函数要复杂得

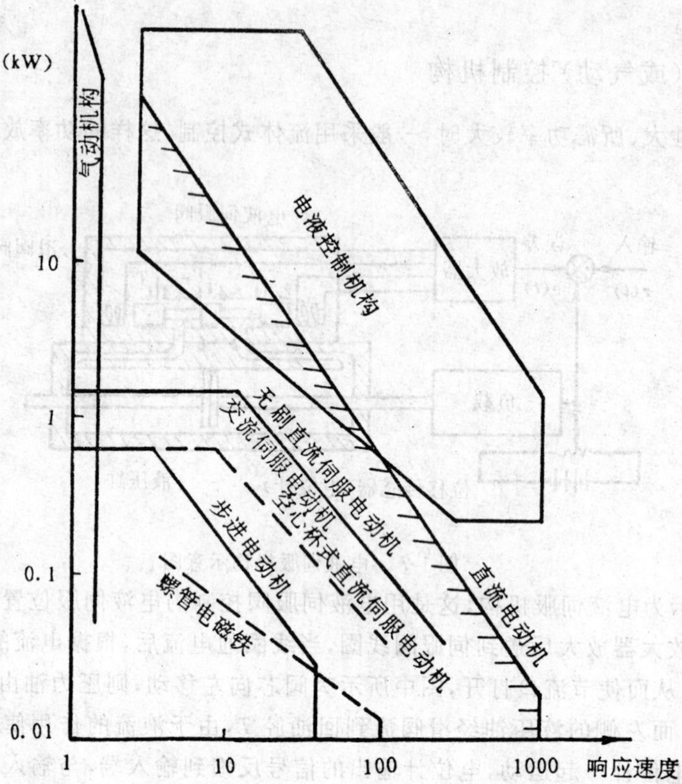

图 1-8　各种控制机构的适用范围

多,与液压缸一起考虑至少为三阶,而且内部情况很难了解。因此二种控制机构各有利弊,选择条件和设计准则很难一概而论,需根据具体情况作出决定。

本书将详细介绍电液控制机构。直流电动机本身属于一般传动用的电动机,不属本书介绍的范畴,但当交、直流电动机与晶闸管调速系统相结合,可组成控制系统,也属机电控制范畴,有关晶闸管调速系统将在控制放大器这一章中予以介绍。

第二章 控制电机

机电控制中最先得到应用的是控制电机，随着装置控制的功率愈来愈大，动态响应要求愈来愈高，电液控制才得到发展，此后电—气动控制也有了应用。但控制电机也在不断发展中，它的可控功率也在逐步增加，动态性能也在改善。在某些领域中正和电液控制机构争夺市场。由于控制电机减少了能量转换过程，减少了成本和消耗，因此在中、小功率情况时一般都优先使用控制电机。它的种类繁多，可供选择的余地较大。

控制电机是机电控制中的执行元件。作为执行元件的控制电机主要有直流和交流伺服电机、直流力矩电机、直流无刷电机、直流直线电机、步进电机等。作为检测元件或信号元件的控制电机不属本章讨论范围。

第一节 直流伺服电动机

伺服电动机又称为执行电动机。在自动控制系统中作为执行元件，把输入的电压信号变换成转轴的角位移或角速度输出。输入的电压信号又称为控制信号或控制电压，改变控制电压可以变更伺服电动机的转速及转向。

伺服电动机按其使用的电源性质不同，可分为直流伺服电动机和交流伺服电动机两大类。直流伺服电动机通常用在功率稍大的系统中，其输出功率约为 1～600W，但也有的可达数千瓦，交流伺服电动机输出功率约为 0.1～100W，其中最常用的在 30W 以下。

近年来，由于应用范围日益扩展，要求不断提高，促使伺服电动机有了很大发展，出现了许多新型结构。又因系统对电机快速响应的要求越来越高，使各种低惯量的伺服电动机相继出现，如盘形电枢直流电动机、空心杯电枢直流电动机和电枢绕组直接绕在铁芯上的无槽电枢直流电动机等。

随着电子技术的发展，又出现了采用电子器件换向的新型直流伺服电动机，它取消了传统直流电机上的电刷和换向器，故称为无刷直流伺服电动机。

此外，为了适应高精度低速伺服系统的需要，还研制出直流力矩电动机，取消了减速机构而直接驱动负载。在某些控制系统中，作为输出或中间环节，要求电动机在有限的角度范围内围绕轴心作往复摆动，因而又产生了有限转角力矩电动机。

伺服电动机的种类虽多，用途也很广泛，但自动控制系统对它们的基本要求可归结为如下几点：

1. 宽广的调速范围：即要求伺服电动机的转速随着控制电压的改变能在宽广的范围内连续调节。

2. 机械特性和调节特性均为线性：伺服电动机的机械特性是指控制电压一定时，转速随转矩的变化关系，调节特性是指电机转矩一定时，转速随控制电压的变化关系。线性的机械特性和调节特性有利于提高自动控制系统的动态精度。

3. 无“自转”现象：即要求伺服电动机在控制电压降为零时能立即自行停转。

4. 快速响应：即电机的机电时间常数要小。相应地伺服电动机要有较大的堵转矩和较小的转动惯量。这样，电机的转速才能随着控制电压的改变而迅速变化。

此外，还有一些其它的要求。如希望伺服电动机的控制功率要小，这样可使放大器的尺寸相应减少；在航空上使用的伺服电动机还要求其重量轻、体积小等等。

一、工作原理

直流伺服电动机的工作原理、基本结构及内部的电磁关系和一般作动力用的直流电动机相同。其工作原理图如图 2-1，在 A、B 两电刷间加直流电压时，电流便从 B 刷流入，由 A 刷流出。由于两电刷分别把 N 极和 S 极下的元件联接成两条并联支路，所以 N 极和 S 极下导体的电流方向是不变的。由图可见，N 极下有效导体中的电流由纸面指向读者，用 ⊙ 表示；S 极下有效导体中的电流由读者指向纸面，用 ⊗ 表示。

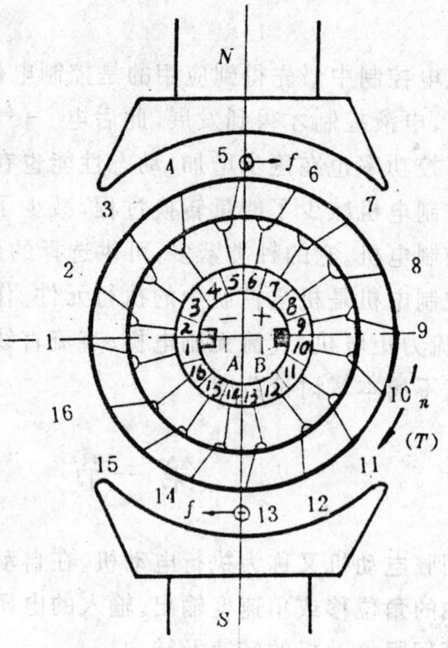

图 2-1　直流电动机工作原理图

载流导体在磁场中受到电磁力。若导体在磁场中的长度为 l，其中流过的电流为 i，导体所在处的磁密为 B，则导体所受到的电磁力为

$$f = Bli$$

式中所用的单位：f — N；B — Wb/m²；l — m，i — A。电磁力的方向由左手定则确定。

由此，得出图 2-1 中 N 极、S 极下一根导体所受的电磁力的方向，如图 2-1 中箭头所示。由此可见，图中所有载流导体均受到顺时针方向的转矩，从而使电动机旋转。由于定磁极下元件的电流方向是不变的，所以转矩是方向恒定的转矩，称为直流电动机的电磁转矩。若电机轴上带有负载，它便输出机械功。

直流电机是可逆的，它根据不同的外界条件而处于不同的运行状态。当迫使它旋转，输入机械能时，它便输出电能，处于发电机状态，此时称为发电机；当在电刷两端施加电压输入电能时，它便旋转起来输出机械能，处于电动机状态。

二、结构和分类

直流伺服电动机有传统式结构和低惯量型两大类。

(一) 传统式直流伺服电动机

传统式直流伺服电动机的结构型式是由定子、转子两大部分所组成。它又可再分为永磁式和电磁式两种。永磁式直流伺服电动机是在定子上装置由永久磁钢做成的磁极，目前我国生产的SY系列直流伺服电动机就属于这种结构。电磁式直流伺服电动机的定子通常由硅钢片冲制叠压而成，磁极和磁轭整体相连如图 2-2 所示。在磁极铁芯上套有激磁绕组。目前我国生产的SZ系列直流伺服电动机就属这种结构。

这两种电机的转子铁芯，均由硅钢片冲制叠压而成，在转子冲片的外圆周上开有均布的齿槽，如图 2-3 所示。在转子槽中放置电枢绕组，并经换向器、电刷引出。

(二) 低惯量型直流伺服电动机

1. 盘形电枢直流伺服电动机

图 2-4 为盘形电枢直流伺服电动机。它的定子是由永久磁钢和前后磁轭所组成，磁钢在圆

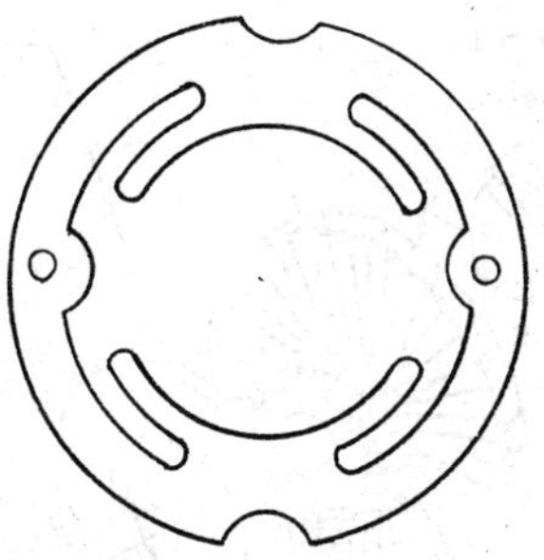

图 2-2　电磁式直流伺服电动机的定子冲片

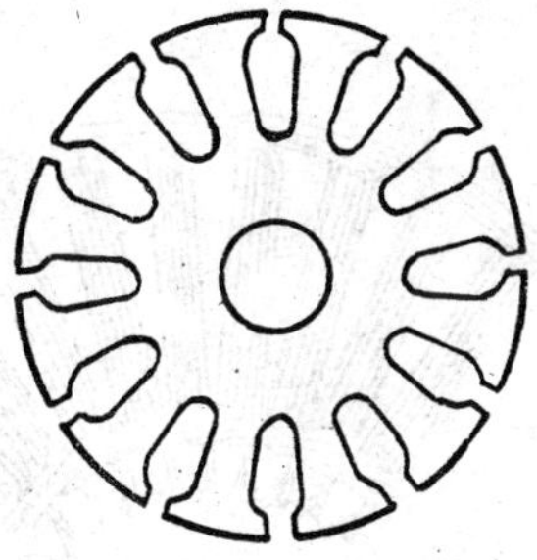

图 2-3　直流伺服电动机的转子冲片

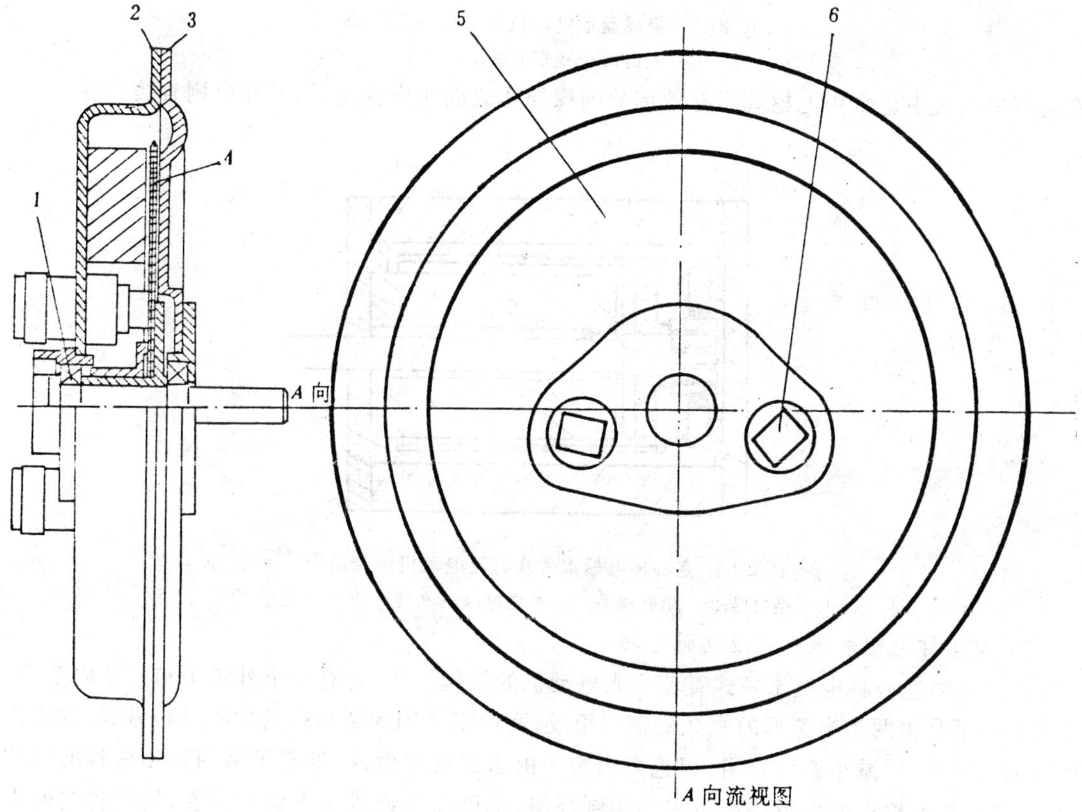

图 2-4　盘形印制绕组电枢直流电动机结构

1 — 轴承；2 — 导磁端盖；3 — 导磁外壳；4 — 印制绕组；5 — 多极磁钢；6 — 电刷

盘的一侧放置，也可以在两侧同时放置。电机的气隙就位于圆盘的两边，圆盘上有电枢绕组，可分为印制绕组和线绕式绕组两种形式。图 2-4 所示为印制绕组，图 2-5 是绕线盘形电动机的主要零部件结构图。印制绕组是采用制造印刷电路相类似的工艺制成的，它可以是单片双面的，也可以是多片重叠的。线绕式绕组则是先绕制成单个线圈，然后将绕好的全部线圈沿径向圆周排列起来，再用环氧树脂浇注成圆盘形。盘形电枢上电枢绕组中的电流是沿径向流过圆盘表面，并与轴向磁通相互作用而产生转矩。因此，绕组的径向段为有效部分，弯曲段为端接部分。

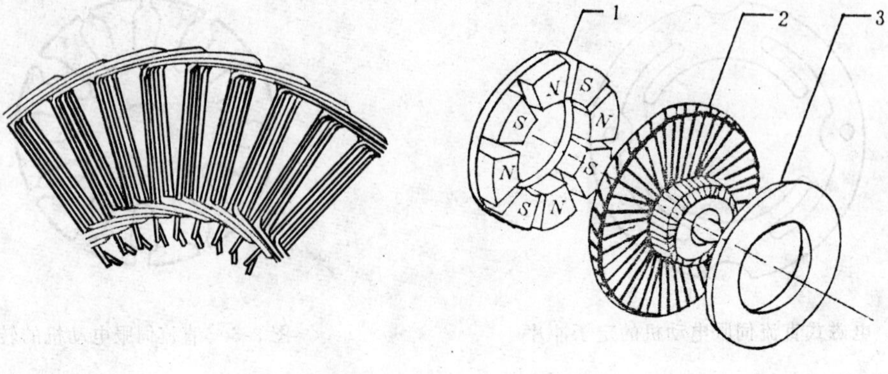

图 2-5　绕线盘形电动机的主要零部件图

1 — 磁钢；2 — 盘形电枢；3 — 铁芯

在这种电动机中也常用电枢绕组有效部分的裸导体表面兼作换向器，它和电刷直接接触。

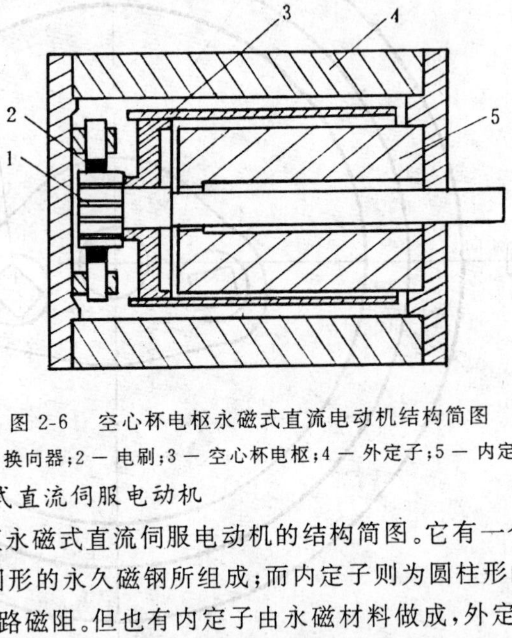

图 2-6　空心杯电枢永磁式直流电动机结构简图

1 — 换向器；2 — 电刷；3 — 空心杯电枢；4 — 外定子；5 — 内定子

2. 空心杯电枢永磁式直流伺服电动机

图 2-6 为空心杯电枢永磁式直流伺服电动机的结构简图。它有一个外定子和一个内定子。通常外定子是由两个半圆形的永久磁钢所组成；而内定子则为圆柱形的软磁材料做成，仅作为磁路的一部分，以减小磁路磁阻。但也有内定子由永磁材料做成，外定子采用软磁材料的结构形式。空心杯电枢上的电枢绕组可采用印制绕组，也可以先绕成单个成型线圈，然后将它们沿圆周的轴向方向排列成空心杯形，再用环氧树脂热固化成型。空心杯电枢直接装在电机轴上，在内、外定子间的气隙中旋转。电枢绕组接到换向器上，由电刷引出。

这种型式的电机，目前我国生产的型号为 SYK。

3. 无槽电枢直流伺服电动机

无槽电枢直流伺服电动机的电枢铁芯上并不开槽，电枢绕组直接排列在铁芯表面，再用环氧树脂把它与电枢铁芯粘成一个整体，如图 2-7 所示。定子磁极可以用永久磁钢做成，也可以采用电磁式结构。这种电机的转动惯量和电枢绕组电感比前面介绍的两种无转子铁芯的电机要大些，因而其动态性能不如它们。

目前我国生产的这种型式电机型号为 SWC。

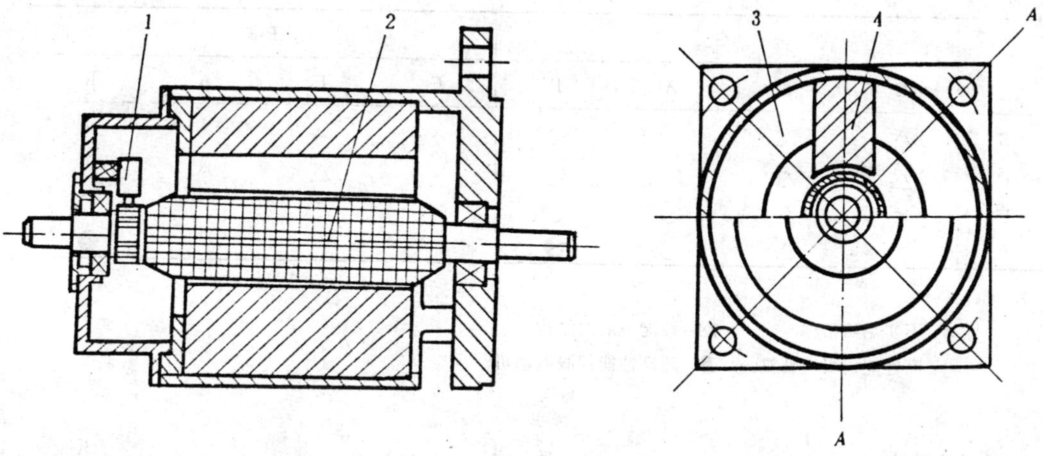

图 2-7　永磁直流无槽电动机结构图

1 — 电刷；2 — 电枢；3 — 磁钢；4 — 磁极

（三）直流伺服电动机的分类和性能比较

综合前述的各种结构，可将直流伺服电动机分类列于表 2-1。

由表 2-1 所分类的各种结构可组合成各种直流伺服电动机，它们的性能差别，列于表 2-2 中。

表 2-1

结构型式	径向间隙	RG
	轴向间隙	AG
激磁方式	软磁铁激磁	E
	永久磁钢：铁淦氧	F
	永久磁钢：铝铁镍钴	A
	永久磁钢：稀土	R
电枢型式	带槽（槽沟式）	S
	无槽：铁芯（无槽）	C
	无槽：无铁芯（空心杯式）铜导线	U
	无槽：无铁芯（空心杯式）铝导线	L

表 2-2

	AG				RG			
	E	F	A	R	E	F	A	R
S	△	△	○	○	×	×	×	×
C	△	△	○	○	×	△	△	△
U	×	△	○	○	×	△	○	○
L	×	△	○	●	×	△	○	●

×：不实用的结构　　△：性能一般的结构

○：高性能伺服电动机　　●：超高性能伺服电动机

三、控制方式

对于它激式直流电动机，当激磁电压 U_f 恒定，而负载转矩一定时，升高电枢电压 U_a，电机的转速随之增高；反之，减小电枢电压 U_a，电机的转速就降低；若电枢电压为零，电机停转。当电枢电压的极性改变后，电机的旋转方向也随之改变。因此把电枢电压作为控制信号，就可以实现对电动机的转速进行控制。这种控制方式称为电枢控制式，电枢绕组称为控制绕组。

对于电磁式直流伺服电动机，采用电枢控制时，其激磁绕组由外加恒压的直流电源激磁；而永磁式直流伺服电动机则由永磁磁极激磁。

四、静态工作特性

静态工作特性主要讨论直流伺服电机的机械特性和调节特性，有时也称为运行特性。

电枢控制时直流伺服电动机的工作原理如图 2-8 所示。

为了分析简便，先作如下假设：

1. 电机的磁路为不饱和，即不考虑电机中磁化曲线非线性的影响。
2. 略去带载时电枢反应磁势的影响。

这样，直流电动机电枢回路的电压平衡方程式为

$$U_a = E_a + i_a R_a \tag{2-1}$$

式中　R_a—— 电动机电枢回路的总电阻（包括电刷的接触电阻）。

当磁通 Φ 恒定时，电枢绕组的感应电势将与转速成正比，则

$$E_a = C_e \Phi n = K_e n(\mathrm{V}) \tag{2-2}$$

式中　K_e—— 电势常数，表示单位转速（每分钟一转）时所产生的电势 V/rpm。

电动机的电磁转矩应为

$$T_g = C_t \Phi i_a = K_t i_a (\mathrm{N \cdot m}) \tag{2-3}$$

式中　K_t—— 转矩常数，表示单位电枢电流所产生的转矩 N·m/A。

将式(2-1)、式(2-2) 和式(2-3) 联立解之，即可求出直流伺服电动机的转速公式

$$n = \frac{U_a}{K_e} - \frac{R_a}{K_t K_e} T_g \tag{2-4}$$

由转速公式便可得到直流伺服电动机的机械特性和调节特性。

（一）机械特性

机械特性是指控制电压恒定时，电机的转速随转矩变化的关系，即 U_a ＝ 常数时，

$n = f(T_g)$。

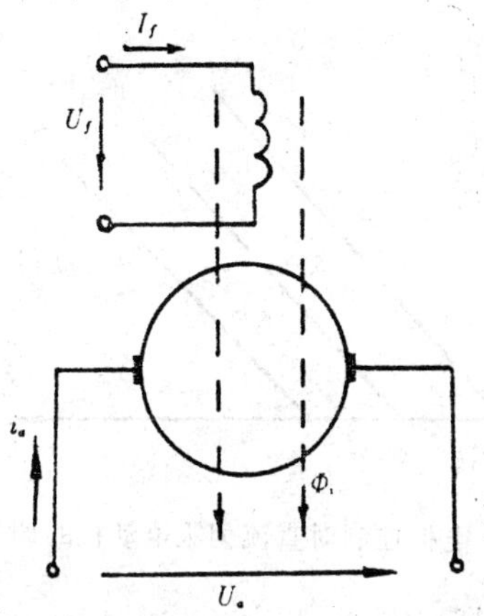

图 2-8　电枢控制时直流伺服电动机的工作原理图

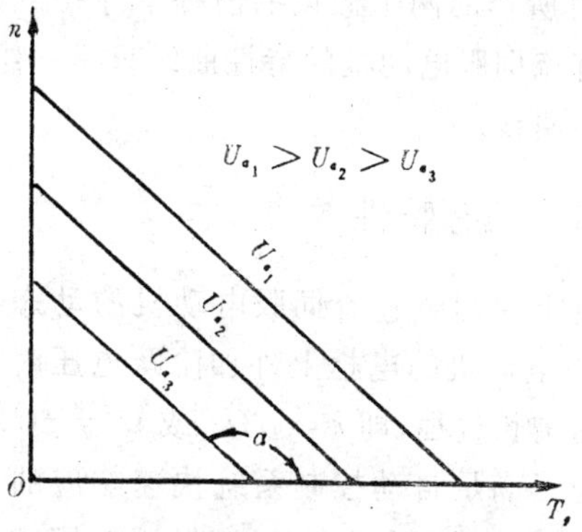

图 2-9　电枢控制时直流伺服电动机的机械特性

由转速公式可画出直流伺服电动机的机械特性，如图 2-9 所示。从图中可以看出，机械特性是线性的。这些特性曲线与纵轴的交点为电磁转矩等于零时电动机的理想空载转速 n_0，即

$$n_0 = \frac{U_a}{K_e} \tag{2-5}$$

在实际的电动机中，当电机转轴上不带负载（即空载）时，因它本身有空载损耗，电磁转矩并不为零。为此，转速 n_0 是指在理想空载（即 $T_g = 0$）时的电机转速，故称理想空载转速。

机械特性曲线与横轴的交点为电机堵转时（$n = 0$）的转矩，即电动机的堵转矩 T_k

$$T_k = \frac{K_t}{R_a} U_a \tag{2-6}$$

在图 2-9 中机械特性曲线的斜率的绝对值为

$$|\tan\alpha| = \frac{n_0}{T_k} = \frac{R_a}{K_t K_e} \tag{2-7}$$

它表示了电动机机械特性的硬度，即电机的转速随转矩 T_g 的改变而变化的程度。

由式(2-4)或图 2-9 中都可以看出，随着控制电压 U_a 增大，电机的机械特性曲线平行地向转速和转矩增加的方向移动，但是它的斜率保持不变，所以电枢控制时直流伺服电动机的机械特性是一组平行的直线。

（二）调节特性

调节特性是指转矩恒定时，电机的转速随控制电压变化的关系，即 $T_g =$ 常数时，$n = f(U_a)$。

由式(2-4)便可画出直流伺服电动机的调节特性，如图 2-10 所示，它们也是一组平行的直线。

这些调节特性曲线与横轴的交点，就表示在一定负载转矩时电动机的始动电压。若负载转矩一定时，电机的控制电压大于相对应的始动电压，它便能转动起来并达到某一转速；反之，控制电压小于相对应的始动电压，则电动机的最大电磁转矩仍小于负载转矩，它就不能起动。所以调节特性曲线的横坐标从零到始动电压的这一范围称为在一定负载转矩时伺服电动机的失灵区。显然，失灵区的大小是与负载转矩成正比的。

由以上分析可知，电枢控制时直流伺服电动机的机械特性和调节特性都是一组平行的直

线。这是直流伺服电动机很可贵的特点，也是交流伺服电动机所不及处。但是上述的结论是在开始时所作的两个假设的前提下才得到的，实际的直流伺服电动机的特性曲线只是一组接近直线的曲线。

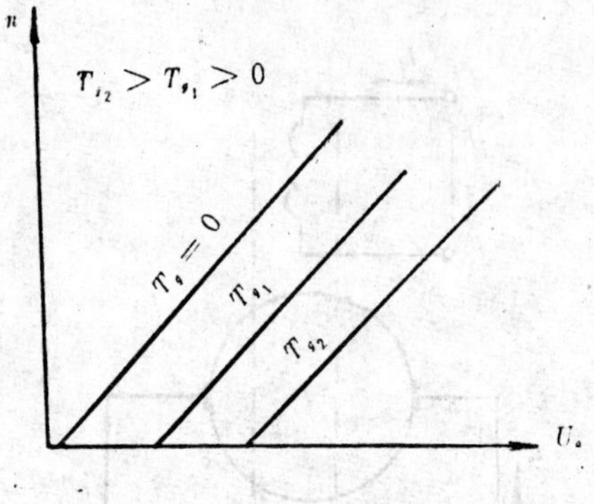

图 2-10　电枢控制时直流伺服电动机的调节特性

五、动态特性

电枢控制时直流伺服电动机的动态特性，是指在电动机的电枢上外加阶跃电压时，电机转速的增长过程，即 $n = f(t)$ 或 $\Omega = f(t)$。

为了满足自动控制系统快速响应的要求，直流伺服电动机的机电过渡过程越短越好，即电动机的转速变化能够迅速跟上控制信号的改变。

若电动机的电枢在外加控制电压前是停转状态，当电枢外加阶跃电压后，由于电枢绕组有电感，电枢电流 i_a 不能突然增长，有一个电气过渡过程，相应的电磁转矩 T_g 的增长也有一个过程。在电磁转矩的作用下，电机从停转状态逐渐加速，由于电枢有一定的转动惯量，由零增加到稳定转速又需要有一定的时间，因而有一个机械过渡过程。电气的和机械的过渡过程交叠在一起，形成了电机的机电过渡过程。

在整个机电过渡过程中，电气过程和机械过程是相互影响的。一方面由于电机的转速由零加速到稳定转速是由电磁转矩(或电枢电流) 所决定；另一方面电枢电流和电磁转矩又是随转速而变化的，所以电机的机电过渡过程是一个复杂的电气、机械相交叠的物理过程。

(一) 直流伺服电动机的基本方程式

为研究直流伺服电动机输入电压信号和输出的机械转速之间的过渡过程，可列出它的运动方程式和电压方程式，再求出它的传递函数，即可得到动态特性。

图 2-11 所示为永磁直流伺服电机的等效电路图。电枢为一个线性电阻 R_a 和一个电感元件 L_a 相串联，电压 U_g 表示电枢中产生的电压，ω 表示产生的转速。T_g、T_f、T_J、T_L 分别代表电动机产生的电磁转矩、电动机摩擦转矩、作用在电动机轴上的惯性转矩和负载转矩。

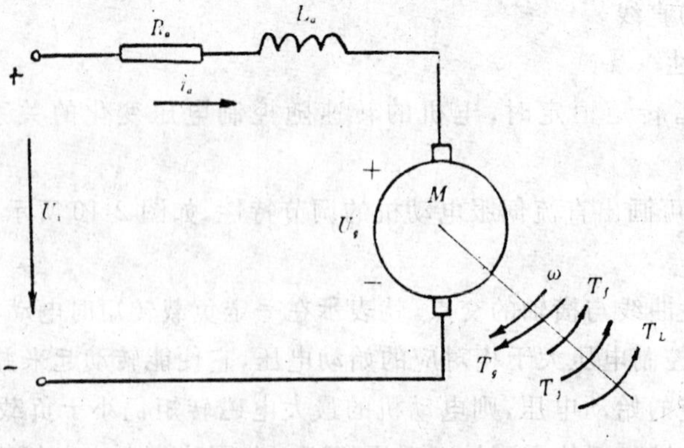

图 2-11　直流伺服电动机的等效电路图

直流伺服电机电枢电路的电压方程式为

$$U_i(t) = R_a i_a(t) + I_a \frac{\mathrm{d}i_a(t)}{\mathrm{d}t} + U_g(t) \tag{2-8}$$

式(2-8) 中电压 $U_g(t)$ 为电枢导体在永久磁钢所建立的磁通中运动而产生的电压。根据法拉第定律，在恒定磁场中转动的元件中感生的电压为

$$U(t) = \frac{\mathrm{d}\lambda(t)}{\mathrm{d}t} \tag{2-9}$$

式中 $\lambda(t)$ 表示线圈的磁链，t 表示时间。在旋转的直流电机上，在转子上每一个闭合的导体通路中都有如上述(2-9) 式给出的电压，式中$\frac{\mathrm{d}\lambda(t)}{\mathrm{d}t}$ 正比于气隙磁通和角速度 $\omega(t)$，即

$$U_g(t) = K\Phi(t)\omega(t) \tag{2-10}$$

若忽视电枢反应永久磁通为恒定磁通，式(2-10) 可改写为

$$U_g(t) = K_e\omega(t) \tag{2-11}$$

在转子载流导体上作用有垂直于磁通方向的力。力的大小与电流的大小和磁感应强度及导体长度成正比。在磁场中每一根导体都对总的合力提供一个分量。由于转子的结构决定了力矢量作用于转子半径的力臂上，因而形成电磁转矩。已知永磁磁通保持常数，所以电磁转矩与电枢电流成正比，

$$T_g(t) = K_t i_a(t) \tag{2-12}$$

式中 K_t 为电动机的转矩常数。

转子中所产生的机械功率为电磁转矩与角速度的乘积

$$P_g(t) = T_g(t)\omega(t) \tag{2-13}$$

当然，不是所有这些转子上产生的机械功率都提供给连接在电动机轴上的机械负载。所产生的机械功率的一部分消耗于电动机中转子的风阻、机械摩擦和转子铁芯中的磁滞和涡流损耗，这一部分功率此后称之为摩擦或空载损耗，或称空载转矩。产生的能量的另一部分储存为转子旋转质量的动能。克服摩擦损耗所需的转矩用 $T_f(t)$ 表示，而需要克服惯性使转子加速的转矩用 $T_f(t)$ 表示。在任意瞬时，电磁转矩必然与所需克服摩擦的转矩、克服惯性的转矩和负载转矩的总和数值相等而方向相反。因而

$$T_g(t) = T_f(t) + T_L(t) + J\frac{\mathrm{d}\omega(t)}{\mathrm{d}t} \tag{2-14}$$

式中，克服惯性的加速转矩用转动惯量 J 和角加速度$\frac{\mathrm{d}\omega(t)}{\mathrm{d}t}$ 的乘积来表示。J 为转子以及与电动机转轴相连的负载总的转动惯量。电动机轴上总的摩擦转矩中与转子角速度成线性关系的那一部分转矩称之为粘滞摩擦分量，或称之为粘滞阻尼分量，一般常将它从摩擦转矩项中与其他摩擦转矩分开，如下述方程式所示：

$$T_g(t) = T_f(t) + T_L(t) + J\frac{\mathrm{d}\omega(t)}{\mathrm{d}t} + B\omega(t) \tag{2-15}$$

式中，B 为粘滞摩擦系数，它表示电动机及与其轴相连的所有负载的粘滞摩擦。$T_f(t)$ 表示除了粘滞摩擦以外的电动机及与其轴相连的所有负载的摩擦、风损及铁损的总和。式(2-8)、(2-11)、(2-12) 和(2-15) 构成模拟直流电动机的基本方程组。由此可求得直流电动机在不同工作方式下的传递函数。对基本方程组取拉普拉斯变换，并重新整理后得

$$U_a(s) - U_g(s) = (R_a + L_a s)I_a(s) \tag{2-16}$$

$$U_g(s) = K_e\omega(s) \tag{2-17}$$

$$T_g(s) = K_t I_a(s) \tag{2-18}$$

$$T_g(s) - T_f(s) - T_L(s) = (B + Js)\Omega(s) \tag{2-19}$$

上述基本方程组的方框图示于图 2-12。

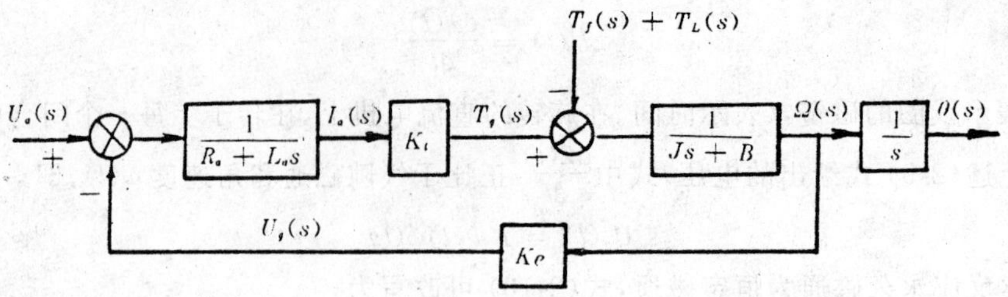

图 2-12　直流电动机数学模型的方框图

转子产生的机械功率在稳定工作状态的表示式(2-13) 与式(2-12) 联立后可得

$$P_g = T_g\omega = K_t I_a \omega \tag{2-20}$$

由于在转子中产生的机械功率等于其吸收的电功率。即

$$K_t = K_e$$

所导出的结果表明，基本方程组与激磁参数无关，因此所导出的模型不仅适用于永磁直流电动机，也适用于激磁直流电动机，在激磁电动机中应保持激磁电流不变和激磁磁通保持恒定。

（二）直流电动机的传递函数

图 2-12 的方块图表示一个双端输入系统，它以角速度 ω 或角位移 θ 为输出量，或同时以它们二者为输出量。从图 2-12，系统的速度输出可写为

$$\Omega(s) = G_1(s)U_a(s) + G_2(s)[T_f(s) + T_L(s)] \tag{2-21}$$

式中

$$G_1(s) = \frac{\Omega(s)}{U_a(s)}\Big|_{T_f(s)+T_L(s)=0} \tag{2-22}$$

$$G_2(s) = \frac{\Omega(s)}{T_f(s) + T_L(s)}\Big|_{U_a(s)=0} \tag{2-23}$$

电压 — 速度传递函数 $G_1(s)$ 为

$$G_1(s) = \frac{\Omega(s)}{U_a(s)} = \frac{K_t}{(L_a s + R_a)(Js + B) + K_t K_e}$$

$$= \frac{K_m}{\alpha s^2 + \beta s + 1} \tag{2-24}$$

式中

$$K_m = \frac{K_t}{R_a B + K_t K_e}$$

$$\alpha = \frac{L_a J}{R_a B + K_t K_e}$$

$$\beta = \frac{R_a J + L_a B}{R_a B + K_t K_e}$$

假定 T_f 和 T_L 为零时，直流电动机的二阶电压传递函数由式(2-24) 表明。该式也可表示为

$$G_1(s) = \frac{K_t}{R_a B(1 + \tau_e s)(1 + \tau_m s) + K_t K_e}$$

式中　$\tau_e = L_a/R_a =$ 电气时间常数

$\tau_m = J/B =$ 机械时间常数

如果电枢电感很小，则电气时间常数可忽略不计，(2-24) 式为

$$G_1(s) = \frac{\Omega(s)}{U_a(s)} = -\frac{K_t}{R_a(Js+B)+K_tK_e} = \frac{K_m}{\tau s+1} \tag{2-25}$$

式中
$$\tau = \frac{R_aJ}{R_aB+K_tK_e}$$

式(2-25) 中，常数 K_m 一般称为电动机常数。

负载转矩 — 速度传递函数 $G_2(s)$ 为

$$G_2(s) = \frac{\Omega(s)}{T_f(s)+T_L(s)} = \frac{\dfrac{1}{Js+B}}{1+\dfrac{K_tK_e}{(Js+B)(L_as+R_a)}} = \frac{-\dfrac{R_a}{K_t}K_m\left[\dfrac{L_a}{R_a}s+1\right]}{\alpha s^2+\beta s+1} \tag{2-26}$$

略去电枢电感时可简化为

$$G_2(s) = \frac{\Omega(s)}{T_f(s)+T_L(s)} = \frac{-\dfrac{R_a}{K_t}K_m}{\tau s+1} \tag{2-27}$$

六、直流电动机的功率损耗

若将直流电动机当作能量转换装置，其中输入的电能被转换为机械能输出。图 2-13 表示该能量装置中实际的功率流图。部分输入的电功率在电枢绕组中直接转换为热能，其余的电功率转换为机械功率。机械功率的一部分损失于摩擦和风耗，剩下的部分转换为轴上的有用机械功率。

总的输入电功率为电枢电压和电枢电流瞬时值的乘积。因此，总输入功率的瞬时值为

$$P_i(t) = u_a(t)i_a(t) \tag{2-28}$$

将式(2-8) 和(2-11) 联立，得到电枢回路电压方程式，该式表明供电电压与电枢电流的关系。

$$u_a(t) = R_ai_a(t) + L_a\frac{\mathrm{d}i_a(t)}{\mathrm{d}t} + K_e\omega(t) \tag{2-29}$$

将式(2-29) 代入式(2-28)，得出总的输入功率用电枢电流和转轴的速度来表示的表达式

$$P_i(t) = R_ai_a^2(t) + L_ai_a(t)\frac{\mathrm{d}i_a(t)}{\mathrm{d}t} + K_ei_a(t)\omega(t) \tag{2-30}$$

将式(2-12) 和(2-15) 联立，电枢电流可以用电动机的机械参数和轴上的转矩表示

$$i_a(t) = \frac{1}{K_t}\left[J\frac{\mathrm{d}\omega(t)}{\mathrm{d}t} + B\omega(t) + T_f(t) + T_L(t)\right] \tag{2-31}$$

将该式代入式(2-30) 中，得出功率表达式如下：

$$\begin{aligned} P_i(t) = {} & R_ai_a^2(t) + \frac{K_eB\omega^2(t)}{K_t} + \frac{K_e\omega(t)T_f(t)}{K_t} \\ & + \frac{K_e\omega(t)T_L(t)}{K_t} + \frac{K_e}{K_t}J\omega(t)\frac{\mathrm{d}\omega(t)}{\mathrm{d}t} \\ & + L_ai_a(t)\frac{\mathrm{d}i_a(t)}{\mathrm{d}t} \end{aligned} \tag{2-32}$$

式(2-32)等号右边第一项表示电枢绕组中电枢电流产生的 i^2R 损耗，第二项表示粘滞摩擦损耗，第三项表示其他所有摩擦转矩的损耗，第二项及第三项的和表示电动机的机械损耗。第四

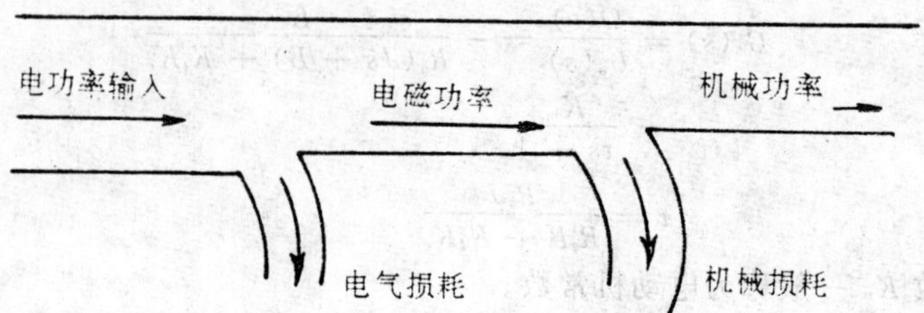

图 2-13　直流电动机的功率流图

项表示电动机实际的机械功率输出。五、六两项表示储能元件输入和输出的瞬时功率流。应该指出的是第六项为 $\frac{1}{2}(L_a i_a^2)$ 对时间的微分值，因而它可理解为在电感 L_a 中储能的变化率。同样，第五项可理解为动能的变化率。假若在某一段时间的开始和终止，惯性和电感元件的储能不变，则无功率损耗，如是惯性和电感元件中的平均功耗为零。

直流电动机作为能量转换装置时，其效率为输出机械功率与总输入平均功率的比值

$$效率(功率) = \frac{T_L}{\frac{R_a I_a^2 K_t}{K_e \omega} + B\omega + T_f + T_L} 100\% \qquad (2\text{-}33)$$

式中所有参数都认为是恒值。

机械转换效率可用输出机械功率与产生的总机械功率的比值求得

$$机械转换效率 = \frac{T_L}{B\omega + T_f + T_L} 100\% \qquad (2\text{-}34)$$

七、其他型式直流伺服电动机

（一）无刷直流伺服电动机

直流电动机具有良好的机械特性和调节特性，堵转转矩又大，因而被广泛应用于驱动装置及伺服系统中。但是，一般直流电动机都有换向器和电刷，其间形成滑动的机械接触容易产生火花，并引起无线电干扰，过大的火花甚至影响电机的正常运行。此外，因存在电刷和换向器的滑动接触，又使维护麻烦，且影响到电机工作的可靠性，所以人们早就开始寻求直流电动机的无接触式换向。早在 1934 年就出现过采用电子管线路代替机械滑动接触的无换向器直流电动机，但由于当时电子器件的技术水平和制造成本的限制，这种电动机并没有得到发展。直到晶体管和大功率可控硅元件被广泛采用后，无换向器直流电动机才真正实现，相应地各种微型无刷直流电动机也得到了发展。

近年来出现的无刷电动机，是用晶体管开关电路和位置传感器来代替电刷和换向器。这使无刷直流电动机既具有直流电动机的机械特性和调节特性，又具有交流电动机的维护方便、运行可靠等优点。但目前的无刷直流电动机成本还较高，总的体积亦较大。这些缺点将随着科学技术的不断发展，新材料、新元件、新技术和新工艺的出现而被逐步克服。

目前我国生产的这种型式电动机的型号为 SW。

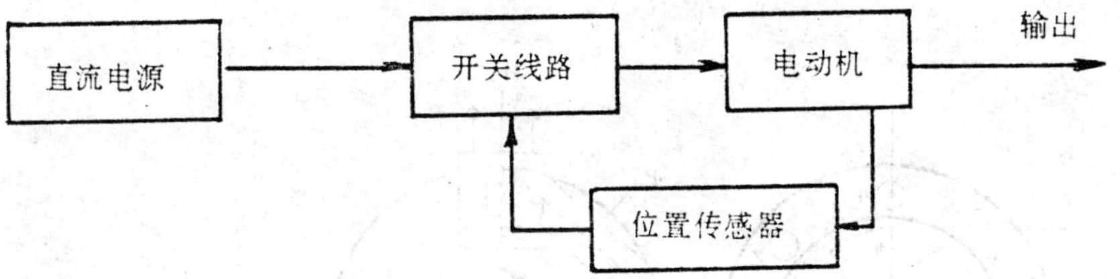

图 2-14　无刷直流电动机原理方框图

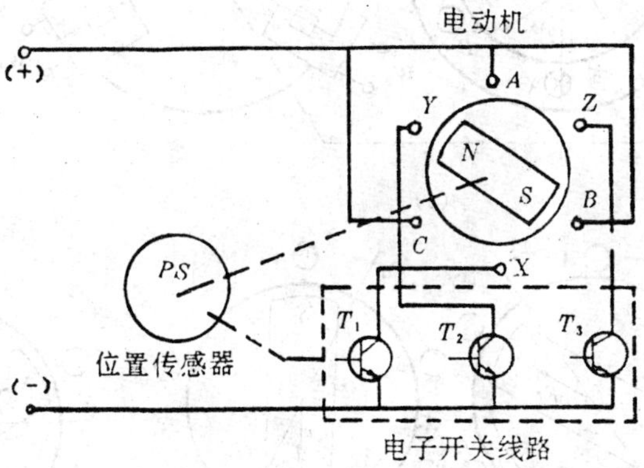

图 2-15　无刷直流电动机的结构简图

1. 无刷直流电动机的结构

无刷直流电动机通常是由电动机、转子位置传感器和晶体管开关电路三部分组成。它的原理方框图和简要的结构图分别如图 2-14 和图 2-15 所示。

无刷直流电动机在结构上是一台反装式的普通直流电动机。它的电枢放置在定子上，永磁磁极位于转子上。它的电枢绕组为一多相绕组。可接成星形或角形(封闭形)。各相绕组分别与晶体管开关电路中的功率开关元件相连接，如图 2-15 所示。其中 A 相与晶体管 T_1、B 相与晶体管 T_2、C 相与晶体管 T_3 相接。通过转子位置传感器，使晶体管的导通和截止完全由转子的位置角所决定，从而电枢绕组的电流也随着转子位置的改变按一定的顺序进行换流，实现了无接触式的电子换向。

晶体管开关电路有桥式和非桥式两种。图 2-15 所示的为非桥式电路。

2. 无刷直流电动机的工作原理

(1) 转矩的产生

以一台采用非桥式晶体管开关电路进行换流的两极三相绕组、并带有电磁式位置传感器的无刷直流电动机为例，说明产生转矩的基本原理。在图 2-16 中表示出电机转子在几个不同位置时，定子电枢绕组的通电状况；且通过电枢绕组磁势和转子绕组磁势的相互作用，来分析电动机转矩的产生。

a. 当电机转子处于图 2-16(a) 瞬时，位置传感器 PS 的扇形导磁部分位于图示位置处。它的输出线圈 W_a 开始与输入线圈相耦合，便有电压信号输出，其余两个输出线圈 W_b、W_c 的输出电压为零。由 PS 供出的信号使晶体管 T_1 开始导通(见图 2-15)，而晶体管 T_2、T_3 截止。这样，电枢绕组 AX 有电流通过，电枢磁势 F_a 的方向如图 2-16(a) 所示。电枢磁势 F_a 和转子磁势相互作用就产生转矩，并使转子沿顺时针方向旋转。

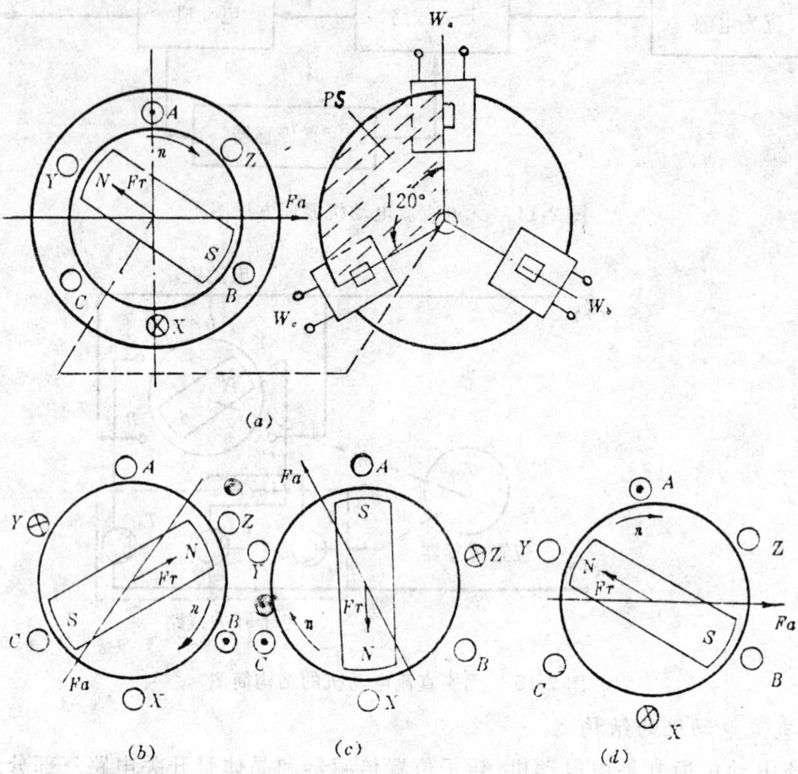

图 2-16 电枢磁势和转子磁势之间的相互关系

b. 当电机转子在空间转过$\frac{2\pi}{3}$电角度时，位置传感器的扇形导磁部分也转过同样角度，从而使输出线圈 W_b 开始有电压信号输出，其余两个输出线圈 W_a、W_c 的输出电压为零。由 PS 供给的信号使晶体管 T_2 开始导通（见图 2-15），晶体管 T_1、T_3 截止。这样，电枢绕组 BY 有电流通过，电枢磁势 F_a 的方向如图 2-16(b) 所示。电枢磁势 F_a 和转子磁势相互作用所产生的转矩，使转子继续沿顺时针方向旋转。

c. 当电机转子在空间转过$\frac{4\pi}{3}$电角度时，同理，位置传感器 PS 使晶体管 T_3 开始导通，晶体管 T_1、T_2 截止，相应电枢绕组 CZ 有电流通过，电枢磁势 F_a 的方向如图 2-16(c) 所示。并由它与转子磁势的相互作用而产生转矩，仍使转子沿顺时针方向旋转。

若电机转子继续转过$\frac{2\pi}{3}$电角度，又回到原来的起始位置。同样，通过位置传感器，再次重复上述的换流情况。如此循环进行，无刷直流电动机在电枢磁势和转子磁势的相互作用下，能产生转矩并使电机 转子按一定的转向旋转。

(2) 定子绕组的通电状态

由上述分析可以看出，在三相非桥式晶体管开关电路换流的无刷直流电动机中，当转子转过 2π 电角度时定子绕组共有三个通电状态，每一状态仅有一相导通，而其它两相截止，其持续时间应为转子转过$\frac{2\pi}{3}$电角度所对应的时间。各相绕组与晶体管导通顺序的关系如表 2-3 所示。各相绕组中电流的波形如图 2-17 所示。

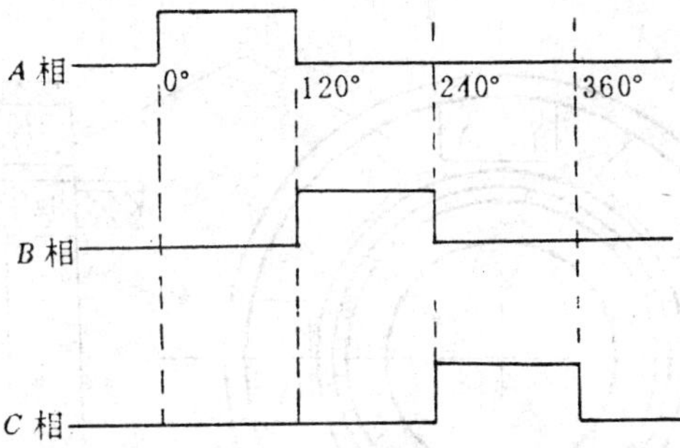

图 2-17　三相非桥式电路的各相绕组电流波形

表 2-3

电角度	0°	$\frac{2\pi}{3}$	$\frac{4\pi}{3}$	2π
定子绕组的导通相	A	B	C	
导通的晶体管元件	T_1	T_2	T_3	

(二) 直流力矩电动机

力矩电动机是一种由伺服电动机和驱动电动机结合起来发展而成的特殊电机。它不经过齿轮等减速机构而直接驱动负载，并由输入的控制电压信号直接调节负载的转速。在位置控制方式的伺服系统中，它可以工作在堵转状态；而在速度控制方式的伺服系统中，又可以工作在低速状态，且输出较大的转矩。所以力矩电动机是一种直接驱动负载的执行元件。

力矩电动机早在 50 年代初期就被提出，但是由于当时对伺服系统的控制精度要求不很高，使用高速伺服电动机再经齿轮等减速机构来驱动负载已能满足要求，致使力矩电动机没有得到实际应用。直到 50 年代后期，随着空间科学的迅速发展，力矩电动机才逐渐受到人们的重视，并在 60 年代有了较大的发展。目前，在对重量、外形尺寸、控制功率都有一定限制而又要求快速响应、较高的速度精度及位置精度的伺服系统中，力矩电动机得到了广泛的应用。

与其它执行元件相比，力矩电动机具有响应快、精度高、调速特性和机械特性的线性度好等优点，能长期处于堵转状态下工作，转速低，输出力矩大，具有良好的低速平稳性。

1. 结构特点

为了在相同的体积和电枢电压下获得更高力矩，同时保持低速平稳运行和直接驱动的高耦合刚度，直流力矩电动机设计成主磁通为径向的盘式结构如图 2-18 所示，径向尺寸远大于轴向长度，一般长径比仅为 0.2 左右。扁平结构宜于定子安置多块磁极，电枢选用多槽、多换向片和多串联导体数，这样有利于减小转矩和转速脉动。大内孔盘式结构，有利于直接将电动机套在粗而短的负载轴上，大大提高了系统的耦合刚度，使系统反应迅速，工作稳定，频带展宽。

力矩电动机的总体结构型式又有分装式和内装式两种。分装式结构包括定子、转子和电刷架三大部件，转子直接套在负载轴上，机壳由用户根据需要自行选配。内装式与一般电机相同，机壳和轴由制造厂在出厂时装配好。

图 2-18 为永磁式直流力矩电动机的结构示意图。图中定子是用 10 号钢制成的带槽的圆环，槽中镶嵌铝镍钴 8、铝镍钴 5 或铁氧体等永久磁钢，组成环形桥式磁路。为了固定磁钢，在其

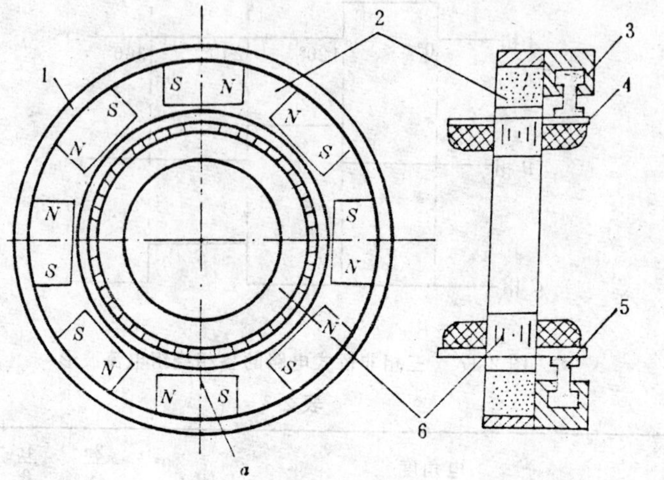

图 2-18　永磁式直流力矩电动机示意图

1 — 铜环；2 — 定子；3 — 电刷；4 — 电枢绕组；5 — 槽楔兼换向器片；6 — 转子

外圆又热套上一个厚约 2 毫米的铜环。磁极在图 2-18 中的 a 处形成两个磁极间的磁极桥，致使磁通在气隙中近似地呈正弦分布。

2. 运行性能的分析

直流力矩电动机的工作原理与普通直流伺服电动机基本相同。但是，因力矩电动机工作在低速直接驱动系统中，所以力矩波动、调节特性的线性度、电气时间常数等问题就显得更为重要。

(1) 力矩波动分析

力矩波动是指输出转矩的峰值与平均值之差，如图 2-19 所示。力矩波动的大小是表征力矩电动机性能优劣的一个重要的性能指标，也是影响力矩电动机用于直接驱动系统低速平稳运行的重要因素之一。引起力矩电动机力矩波动的原因，主要有换向、电枢齿槽等。对此可采取些措施，如选用扁平式结构，便于在电枢铁芯上冲制较多的槽数，使元件数和换向片数增多；适当减小电刷的宽度，相应地使换向区变小。对电枢齿槽可以采取相应的措施，如尽可能地增多电枢的槽数；适当加大电机的气隙；采用磁性槽楔、斜槽以及磁极桥（如图 2-18 所示）等。此外，正确地选择电枢的槽数，使它与电机的极对数之间无公约数，可以削弱电枢转动的电机磁场的波动，从而减小力矩波动。所以在力矩电动机中一般选取电枢的槽数为奇数，而极对数为偶数。

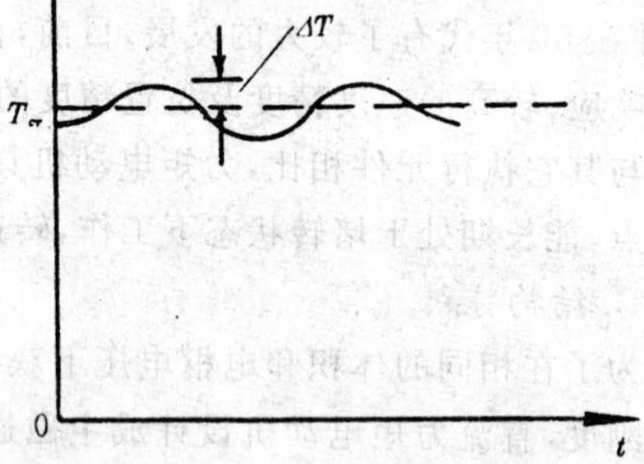

图 2-19　力矩的波动

(2) 调节特性的线性度

为了使力矩电动机的转矩正比于输入电流，而与电机的转速、转角位置无关。除了采用上述相应的措施以外，还应尽量减小电枢反应的去磁作用。通常，力矩电动机的磁路设计成高饱和状态，并选用磁导率小、回复线较平的永磁材料（即永磁材料的矫顽力 H_c 大，剩磁磁密 B_r 小）

做磁极，而且选取较大的气隙 δ。这样，就可以使电枢反应的影响显著减小。

(3) 电气时间常数

采用力矩电动机直接驱动的伺服系统，尽管力矩电动机的电枢直径较普通直流伺服电动机大，但由于它运行在低速状态，且理论加速度较大，系统的机电时间常数 τ_{me} 将显著减小。此时，电气时间常数 τ_e 的影响相对较大，有时已不能忽略。为了进一步提高系统的动态性能，有必要考虑如何减小电气时间常数。

由 $\tau_e=\frac{L_a}{R_a}$ 可知，电枢绕组电感 L_a 的大小，直接反映了电气时间常数的大小。电枢电感 L_a 又取决于电枢绕组的磁链。而磁链又可分为电枢反应磁链和漏磁链两部分。可以证明，电枢反应磁链与电机的极对数有密切关系，极对数越多，电枢反应磁链就越小，它所对应的电感也越小。所以，采用较多的极对数就可以减小电气时间常数。

此外，适当地加大电机的气隙，也有利于减小电枢反应磁链，相应地使电机的电气时间常数减小。

提高电枢铁芯的饱和程度，可以使槽漏磁回路的磁阻增加，减小漏磁链。在力矩电动机中，由于采用了多极结构又考虑到机械强度的要求，电枢轭部的磁密往往比较低。所以提高铁芯的饱和度主要是靠增大齿部的磁密来解决。电枢绕组的漏磁链减小，也使电机的电气时间常数降低。

3. 电机的连续堵转转矩和峰值堵转转矩

力矩电动机经常使用在低速和堵转状态，同时，伺服系统又要求在一定的转速范围内进行转速调节，对力矩电动机的机械特性线性度和调节特性线性度的要求都很高，因此，力矩电动机的额定指标，常常给出对应电压和温度时的空载转速及堵转转矩。

电机的连续堵转转矩是指它在长期堵转下，稳定温升不超过允许值时所能输出的最大堵转转矩。对应于这种情况下的电枢电压称为连续堵转电压，相应的电枢电流称为连续堵转电流。

因电机的温升与散热情况有关，所以，在不同的使用条件下，力矩电动机可以输出不同的连续堵转转矩值。为此，在电机名牌上，往往根据出厂测试情况，给出不带散热面或带有规定散热面时的连续堵转转矩。

力矩电动机在运行时，会产生一个正比于电枢电流的去磁磁势。为此，电机在出厂前，必须经受规定电流的正、反两个方向的磁性稳定处理，使电机工作在预定的回复线上。该稳定磁化电流称为峰值电流，在这种情况下，力矩电动机所能输出的堵转转矩就是峰值堵转转矩。所以力矩电动机的峰值堵转转矩是受电机磁铁去磁条件所限制的最大堵转转矩。

在系统中，为了使力矩电动机快速动作，往往在短时间内输入一个较大的电流，使其输出较大的转矩。该电流值应该是允许超过连续堵转电流的，但是，决不能超过峰值电流。否则，就会使电机磁铁失磁，转矩下降，并使电机性能产生不可逆的变化。如果电机磁铁一旦失磁，必须重新充满，才能恢复正常工作。

八、直流伺服电动机的应用和选择

微型直流电动机应用范围非常广阔，从廉价的玩具电机到人造卫星上用的非常昂贵的无刷电动机，种类繁多，要求各异。

(一) 按输出量分类的控制系统

直流伺服电动机所控制的系统按输出量可以划为位置、速度及力矩(或力) 三种控制系统，该输出量往往按输入的要求而变化。在系统的输出、输入量是恒定不变的情况下，它与恒驱动的应用场合完全一样。

有些系统的输出量不一定是上述单一的控制量，而是多个控制量。例如，在磁带录音、录像机的同步驱动系统中，要求直流电动机的驱动，首先达到录音和录像的速度严格地同步。实践表明：除了上述速度伺服外，还要求录像带在重放时得到清晰、同步的图像和声音，也就是输出的位置变量保持同步和均衡。因此，该系统就具有速度及位置两个控制量。

表 2-4 列出了对应三种输出量的一些典型应用。

表 2-4

类别	位置输出量	速度输出量	力矩(或力)输出量
	行式打印机 矩阵式打印机 电传打印机 数控机床驱动系统	计量泵 矩阵式打印机 拉单晶炉 绕线机 复印机	恒张力滚筒驱动机构 电子秤 肌肉锻炼机

(二) 应用直流伺服电动机的基本要求

直流伺服电动机控制的系统是由各种元器件或组件等组成的。要正确地设计一个最佳系统，不仅涉及系统的理论，还关系到合理正确的设计应在满足性能要求下达到最佳的经济指标。最佳系统主要是从系统运动速度变化和负载耦合两个方面加以考虑。对系统中作驱动用直流电动机来说，主要是运行可靠，即发热和换向火花等问题。对任何一种系统，均有如下要求，如 环境温度和湿度变化范围；环境的条件如工厂、试验室、室外、室内等；所用电源；体积和重量；寿命；成本及价格等。

系 统的负载是主要环节，电动机类别的选定和性能的要求取决于此。所有负载可归为惯性、摩擦及粘滞阻尼三种特征参数。在分析电动机时，均要将负载端的特征参数换算到电动机输出轴端上。

精度是这类系统的一项重要指标，可用输出量和设定量之间偏差来表示。按要求分为短时和长期的两种。短时精度在系统设计时就可以确定。直流电动机的速度 — 转矩特性和动态带宽以及其它因素对精度有较大影响，在选择元器件和确定元器件指标时必须加以注意。

长期精度在系统设计时无法确定，因为元器件的长期使用性能在设计时还难以确定。一般来说，长期精度和直流电动机的性能没有直接的联系。

(三) 直流伺服电动机的典型应用

1. 绕线机是一种连续运动的机构，它包括绕线和排线的速度系统以及拉线的张力控制系统。下面仅介绍采用直流电动机的绕线和排线的速度系统。图 2-20 表示绕线机的结构示意图。该图所示的绕线及排线的速度系统的速度是可变的，可根据需要而预先设定，其线路原理如图 2-21 所示。它包括两个直流电动机测速发电机组、两个驱动放大器和比较器。由该图可知，系统的速度是由两个电位器的比较电压预先设置的，绕线机在给定速度下绕排线。若由于某种干扰使速度增大或减少，相应测速发电机的输出电势增大或减少，输出电势经比较器及放大器后加于电动机，以控制驱动电压下降或上升，使电机速度维持一定。

绕线机和排线机均是属于连续运动的速度伺服形式，但两者负载不一样。前者为旋转运动负载，而后者是直线运动负载。当然，两者在电气上应很好地协调起来，以使运动机构按一定规

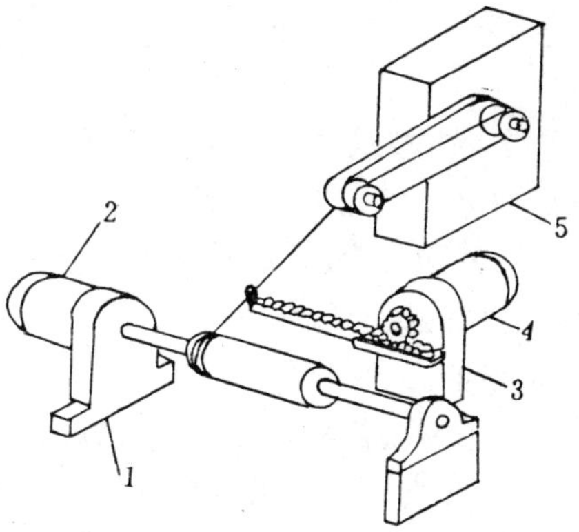

图 2-20　绕线机构示意图

1 — 绕线机构；2 — 绕线用直流电动机组；
3 — 排线机构；4 — 排线用直流电动机组；
5 — 拉线机构

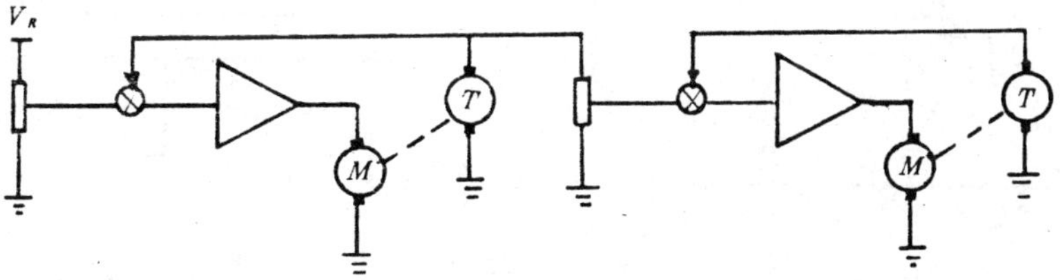

图 2-21　绕线、排线机构的速度系统框图

律动作。

2. 雷达天线的位置控制系统

雷达天线系统中由直流力矩电动机组成的主传动系统，就是一个典型的位置控制方式的随动系统。其原理图如图 2-22 所示。

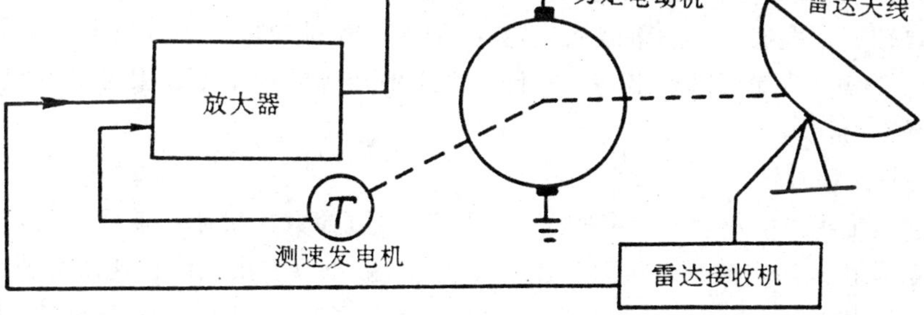

图 2-22　雷达天线系统原理图

被跟踪目标的位置经雷达天线系统检测并发出误差信号，该信号经过放大后就作为力矩电动机的控制信号，并使力矩电动机驱动天线跟踪目标。若天线上受到的阻力发生改变，例如阻力增大，则电动机轴上的阻力矩也随之增大，导致电动机的转速降低。这时雷达天线系统检测到的误差信号也就增大，通过自动控制系统的调节作用，使力矩电动机的电枢电压立即增

高，电机的电磁转矩也随之增大，转速上升，天线又能重新跟踪目标。该系统中使用的测速发电机的速度反馈回路是为了提高系统的运行稳定性。

3. 数控机床的控制系统

数控机床的加工过程，实质上是按最小位移量和规定方向逼近曲线或直线的过程。以图2-23直线加工过程为例。x 坐标的电动机先走第一步到 a 点，然后 y 坐标的电动机走第二步到 b 点……，以此类推，通过两个坐标的配合，最后走成折线 B 来逼近理论直线 A。如果每步走得很大，A 和 B 线之间误差也就很大。根据数控机床的加工精度要求，对每一步的最大距离有所限制，这个距离就是机床的最小位移量。

数控机床的传动链如图 2-24 所示。若其中直流电动机设计成特殊形式，就可以使系统适应机床的调速要求。这种特殊形式的直流电动机与直流力矩电动机相似，但要求寿命更长、价格更便宜，大多采用铁氧体材料作为永久磁钢。

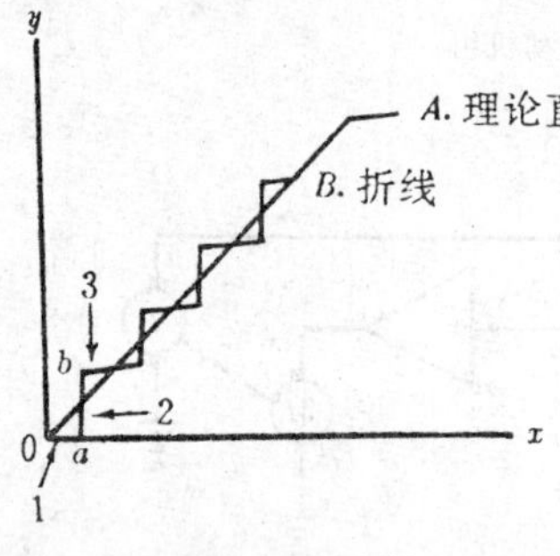

图 2-23 直线加工过程

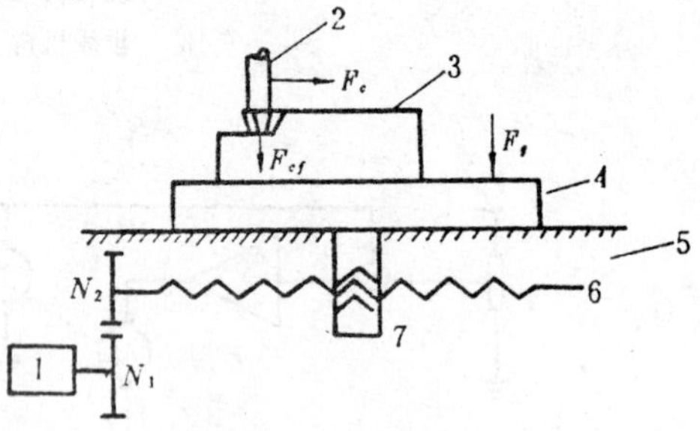

图 2-24 数控机床的传动链

(四) 直流电动机的选择

直流电动机的最佳选择是比较困难的，与系统设计一样，最佳是指满足性能下造价最低。

设计者的主要问题是如何来选择直流电动机和控制系统。从性能来看，直流电动机的选择主要是基于所需速度和转矩，实际上，直流电动机的选择不仅指本身性能要求，还涉及系统的设计。下面结合前述的三个例子，讨论如何选用直流电动机。

1. 负载分析

摩擦负载的机构预先估算。粘滞阻尼负载可从系统工作范围内负载转矩 — 速度曲线计算出。惯性负载从负载机构的惯量和速度得出。惯量可预先估计，速度可从速度曲线求得。直流电动机的额定转矩是根据系统的负载来决定的。例如，绕、排线机构用直流电动机的额定转矩只要根据机构摩擦负载就可以求出。但是，许多系统的转矩的选定不仅要考虑额定情况，还应注意下列几个方面：

(1) 快速回程时转矩

在控制系统中，往往负载需快速运行到设定位置，如数控机床快速回程到切削起始位置。从图 2-25 数控机床用直流电动机的转速 — 转矩特性，可以看出系统快速回程若在连续工作区 1 的上限工作，直流电动机得到很好利用，并允许系统长期连续工作，直流电动机也不会过热。对于短时快速回程工作，直流电动机的额定转矩可设计得更低一些。

(2) 加速、减速、起动和制动时转矩

① 直流电动机由静止加速到最高转速所需的加速转矩。

对图 2-26 直线加速运动，若加速时间为 t_a，达到最大转速 ω_{max} 所需加速转矩为：

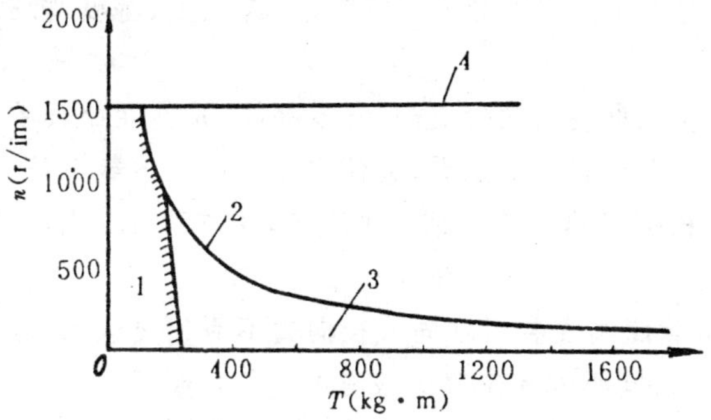

图 2-25　直流电动机的转速 — 转矩特性

1 — 连续运行区；2 — 换向允许极限；

3 — 间断运行区；4 — 最高转速

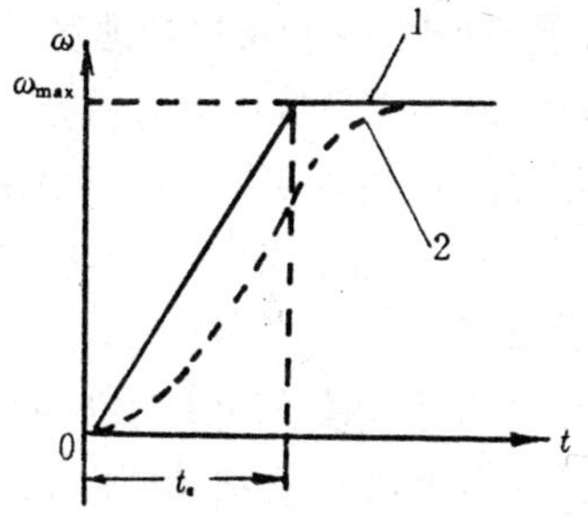

图 2-26　直线加速响应过程

1 — 指令；2 — 电机的实际响应

$$M_{a1} = \frac{\omega_{max}}{t_a}(J_M + \frac{J_L}{N^2}) \tag{2-35}$$

式中　J_M、J_L—— 电动机及负载惯量；

N—— 负载减速比。

对图 2-27 指数曲线加速运动，其所需加速转矩为：

$$M_{a1} = \frac{\omega_{max}}{t_e}(J_M + \frac{J_L}{N^2}) \tag{2-36}$$

式中　t_e—— 加速到 63.2%ω_{max} 所需的时间。

② 直流电动机减速时所需的减速转矩。对图 2-28 直线减速运动，若转速减少值为 ω_r

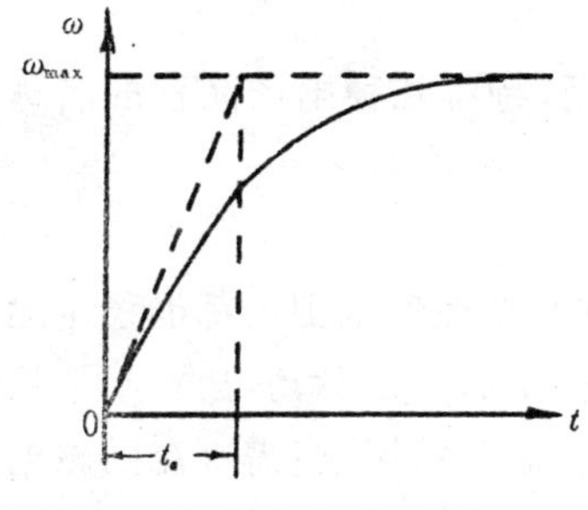

图 2-27　指数曲线加速响应

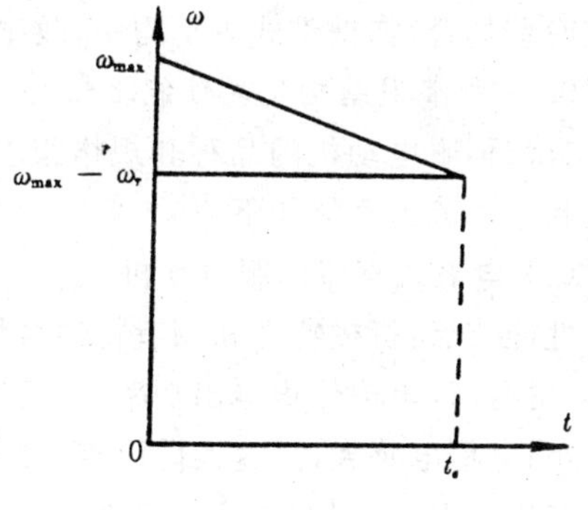

图 2-28　直线减速响应

则所需减速转矩为：

$$M_{a2} = \frac{\omega_r}{t_a}(J_M + \frac{J_L}{N^2}) \tag{2-37}$$

上面计算出的加速度或减速转矩仅代表惯性负载转矩。合成负载是从惯性负载、摩擦负载及粘滞阻尼负载算出，应按最坏的函数曲线内各种转矩的均方根来考虑。合成负载转矩应小于直流电动机的额定值。

一般来说，系统要求电动机有相当宽的速度范围。最简单的办法是采用直流力矩电动机，但系统造价往往较高。为此，要结合系统速度的稳定和调速的要求，选择直流电动机的类型，以使整机最经济，性能又符合要求。

2. 环境条件。使用环境对直流电动机的工作有很大影响，一般应考虑温度、湿度、海拔高度、四周介质、冲击、振动及恒加速度等方面。

3. 机构。为适应系统的设计要求，与电动机直接相联的机构（含零部件）应满足下面要求：

(1) 电动机的附加散热及冷却装置。从上面负载分析来看，为使电动机能在过载下正常运行时，有时必须带有附加散热、冷却装置。它根据发热计算的结果来决定，在电动机的出厂使用说明中表示出来。

(2) 电动机与负载的联结。电动机与负载联结安装时轴向或径向力不应超过电动机的规定值。与此同时，电动机的轴端间隙、径向间隙、同心度和位置应该考虑到与负载匹配。

(3) 机械谐振。系统的机械谐振是一个重要问题，直接耦合的负载方式具有较高谐振频率，没有严重的谐振现象。从机械刚度来说，若电机与负载紧密地刚性联结，只要系统设计合理的话也不会出现谐振问题。

4. 寿命。电动机的寿命是不能用分析法来计算的，因为寿命是一项复杂函数，它包括环境（温度、湿度、海拔高度……等等）。电机设计（主要是换向和轴承等）和应用参数（转轴负载、速度和电流的函数曲线等等）。具体应用时，决定电动机寿命的唯一方法是在实际工作或模拟工作的条件下进行寿命试验。

要求寿命长，可以选用直流无刷电动机。对于由很多直流电动机组成的系统所综合成的系统来说，往往某一个有刷电动机的故障会造成整个系统的严重损失。因此，近来在某些场合采用直流无刷电动机，即使造价贵些，从总体来说还是比较合理的。

5. 效率。永磁式直流电动机是现今电动机中效率最高的一个机种。然而，在增量或力矩方式下工作时，主要不是考虑效率。因为在加速、减速和制动下电动机的效率是很低的或等于零。而在有些场合，如携带式等机构中，效率是要优先考虑的。

6. 几种常用结构型式性能比较

直流伺服电动机的品种和规格很多，为便于使用者选用，特将几种国产品种的名称、性能特点和应用范围介绍如下：

(1) 电磁式直流伺服电动机

性能特点：机械特性和调节特性线性；机械特性下垂，在整个速度范围内都能稳定运行；气隙小、磁密高，单位体积输出功率大、精度高；电枢齿槽效应会引起转矩脉动，运行不平稳，惯量不够小；电枢电感大，高速换向困难；磁通不随时间变化，但受温度的影响；需直流励磁电源。

应用范围：可用作中等功率直流伺服系统的执行元件，但不适用于要求快速响应的伺服系统。

(2) 永磁式直流伺服电动机

性能特点：基本与电磁式相同，只是磁性随时间而退化，硬磁材料贵，无需直流励磁电源。

应用范围：可用于小功率一般直流伺服系统，不适合于要求快速响应的系统。

(3) 杯形电枢直流伺服电动机

性能特点：机械特性和调节特性线性；机械特性下垂，运行稳定；惯量极低，机电时间常数小；电枢电感小，电磁时间常数小；电枢的热容量小；无齿槽效应，转矩波动小，运行平稳，换向良好，噪音低；气隙大，单位体积的输出功率小；耐冲击和耐热性差。

应用范围：用于小功率(10W 以下)、需要快速动作的伺服系统中。有些杯形电枢直流伺服电动机可用干电池供电，用于便携式仪器。

(4) 无槽电枢直流伺服电动机

性能特点：特性的线性度好，机械特性下垂；电枢惯量小，机电时间常数小；电枢电感小，电磁时间常数小，换向良好；无齿槽效应，运转平稳，噪音低；瞬时起动、停止和快速响应好；耐冲击和耐热性能好；气隙大，励磁安匝大，力能指标低。

应用范围：适用于快速运转、快速起动、快速停止和功率较大的伺服系统中。

(5) 圆盘电枢直流伺服电动机

性能特点：电枢绕组散热条件好，电机短时过载能力强，工作可靠性高；转矩极为平稳；电刷的寿命长；印刷绕组虽轻，但圆盘电枢直径大，惯量比杯形电枢的大。

应用范围：适用于低速和要求起动、反转频繁的系统。

(6) 无刷直流伺服电动机

性能特点：无换向火花，不产生无线电干扰，噪音低；寿命长，运行可靠，维护简便；转速不受换向条件的限制，可高速运行；调速范围宽。机械特性和调节特性的线性度较好。

应用范围：适用于低噪音、高真空、对无线电不产生干扰的系统。如高级电子设备和空间技术、化工、采矿等特殊部门。

(7) 直流力矩电动机

性能特点：除具有永磁式直流伺服电动机的特点外，还具有反应速度快、转矩和转速波动小；能在低速甚至堵转状态下长期稳定运行；精度较高，输出功率大；运行可靠、维护方便、振动和机械噪音小等优点。

应用范围：可作为高精度位置和低速随动系统中的执行元件。如雷达天线的驱动，陀螺框架的驱动以及仪器仪表装置，它和直流测速发电机配合可用于高精度的低速调速系统。

为清晰起见，对常用的永磁直流伺服电动机参数和性能的对比列表如表 2-5 所示。

表 2-5　永磁式直流伺服电动机产品比较

结构型式 / 参数和性能	一般铁芯结构	无槽电枢	绕线电枢	印制绕组电枢	力矩式电动机
转动惯量	中等	小	较小或甚小	小	大
电气时间常数	中等	小	甚小	甚小	大
内部阻尼	中等	中等	小	大	中等
高速性能	好	一般	较好	差	差
低速性能	一般	好	好	很好	很好
电枢热常数	大	大	较小或甚小	小	大
力矩和惯量比	中等	中等	高	高	低

表中各种电动机仅是相对的比较。对一些特殊情况，某种形式电动机的性能可能超出表中的限制。例如，一般铁芯结构的直流电动机，低速性能可采用斜槽铁芯或斜磁极，增加换向片数来达到良好的要求。

第二节　电 — 机械转换器

直流直线电动机在液压领域又称为电 — 机械转换器，顾名思义，它是一种将电气信号转换成直线(或小范围转动) 运动的机械量的元件。它的运动量一般很小，所以有时将其称为微小驱动执行元件。

直流直线电动机有多种分类法。根据磁势源的不同可分为永磁式和电磁式。直流直线电动机还可根据结构型式分为动圈式和动铁式，动圈式在一般工业应用中使用较多，动铁式在电液控制系统、汽车燃油系统等方面应用较多。现分述如下：

一、动圈式电 — 机械转换器

动圈式电 — 机械转换器(直流直线电动机) 的结构形式及作用原理和扬声器中的音圈相似，所以有时也称为音圈电机。可单独使用，也可和液压元件组合作为电 — 机械转换机构，在液压元件中称为力马达。

(一) 工作原理及结构特点

动圈式直流直线电动机中永磁式的动圈电动机工作原理如图 2-29 所示。它的工作原理是位于磁场中动圈上的载流导体受力作用的基本原理。恒定磁场由永久磁钢产生，再配以导磁体组成定子。载流导体制成动圈，相当于直流电动机的电枢，通过导流装置将电流引至动圈，无需换向器和电刷，其工作原理类似无刷直流电动机。通电导体在磁场中受一正比于电流、磁密和导线长度的力，使动圈产生往复的直线运动。其推力为：

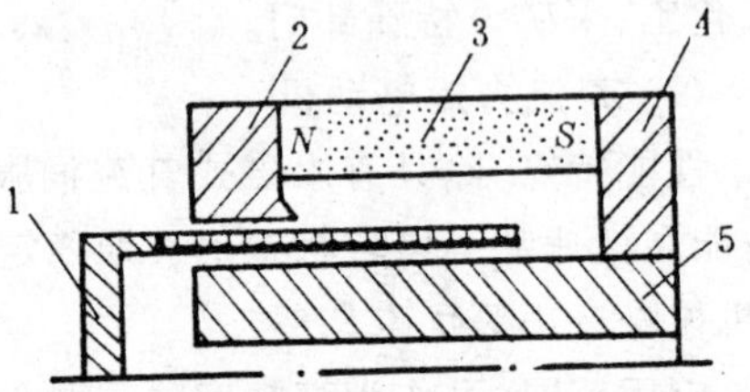

图 2-29　长动圈直线电动机结构原理图

1 — 动圈；2 — 前端板；3 — 磁钢

4 — 后端板；5 — 铁芯

$$F = BLi(\mathrm{N}) \tag{2-38}$$

式中　B—— 气隙磁密($\mathrm{Wb/m^2}$)；

L—— 位于工作气隙中通电导体的长度(m)；

i—— 动圈中的电流(A)。

对于动圈式电动机而言，要求具有良好的动特性、足够的带宽和小的磁干扰，具体来讲，可用下列参数衡量：

(1) 比推力(或比电势)BL 和比推力(或比电势) 不均匀度 ΔBL。比推力(或比电势) 系用单位电流的推力(或用单位速度感应的电势) 来表示，它和电动机内部的电磁参数及结构有关，是影响运动速度的一个重要指标。在实际设计中，为满足速度、动态稳定、精度高的要求，力求比推力大，同时还要求在工作范围内比推力均匀。一般用比推力(或比电势) 不均匀度 ΔBL 来衡量，它与电机的结构形式有关。

(2) 动圈电感和电阻。动圈电感直接影响电动机的动态性能，为减小时间常数，应尽可能减少电感。由于电感和电阻成一定比例，故相应电阻也会减少。另一方面为降低铜耗，减小电流，即希望增加动圈电阻。在实际设计中，需全面权衡。

(3) 机械谐振频率。为使伺服机构有足够的通频带，要求运动部分(动圈) 重量轻，并具有足够的刚度，以提高机械谐振频率。

(4) 散磁场。包括内部漏磁和外部漏磁。内部漏磁对比推力的不均匀度有影响。外部漏磁，特别是对用于磁头定位机构中的动圈式电动机前端放置磁头处漏磁场对磁头的影响甚大，需采取精心的隔磁措施，否则对磁盘存储器的工作将产生不利影响。

图 2-29 所示为长动圈式电动机，动圈长度比工作气隙的轴向长度长，故称长动圈。磁钢可以做成两半圆形，也可做成圆柱形，采用铝镍钴永磁材料。极靴处圆柱形气隙磁场中的气隙磁密可达 6 000 ～ 8 500 高斯。这种结构的漏磁较大，比推力均匀度较差。

另有一种短动圈式电动机，如图 2-30 所示，动圈长度比工作气隙轴向长度短。在整个工作行程范围之内，动圈均处于较均匀的气隙场中，比推力均匀度好。

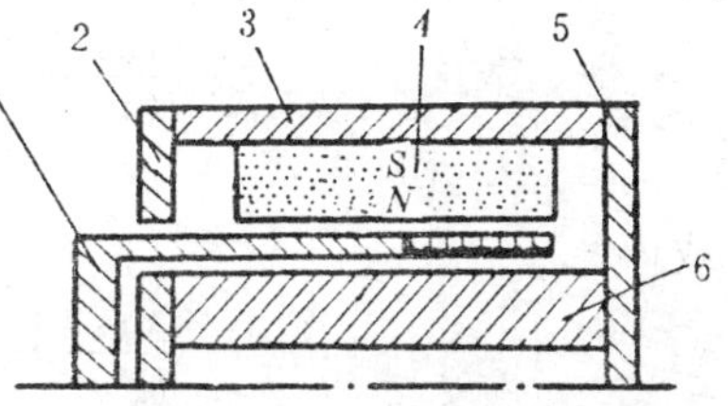

图 2-30　短动圈直线电动机结构原理图

1 — 动圈；2 — 前端板；3 — 外壳

4 — 磁钢；5 — 后端板；6 — 铁芯

永久磁钢一般可以采用铁氧体或稀土钴磁钢，它的气隙磁密与选用材料和磁路结构有关，如铁氧体一般仅为 2 000 ～ 4 000 高斯。短动圈式的漏磁小。

除永磁式直流直线动圈式电动机外，还有电磁式的动圈电动机。它的结构原理图如图 2-31 所示，与图 2-29 的结构相似，所不同的只是永久磁钢用激磁线圈所代替。对激磁线圈通以恒定的电流，则在气隙 3 处产生固定的径向磁场，当动圈上的线圈通以控制电流时，由于控制电流所产生的磁场和固定磁场的相互作用而使动圈产生电磁力作往复运动，弹簧片 7 和 7′ 起复位作用。这种动圈式电动机与永磁式的相比较，重量较大，并需要一组激磁电源，因此使用比较麻烦，不如永磁式的使用普遍。

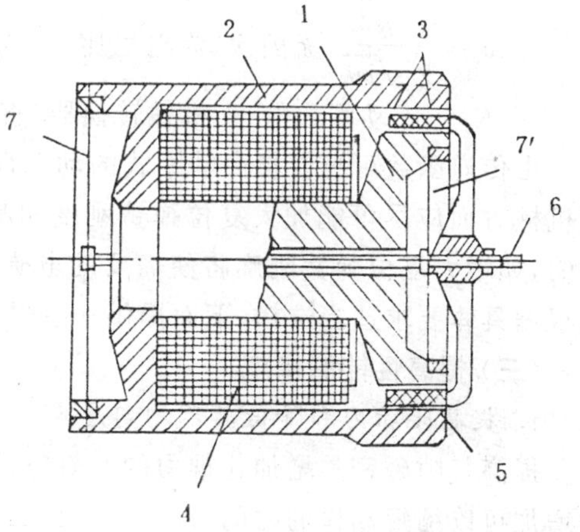

图 2-31　电磁式动圈直线电动机结构原理图

（二）基本方程和传递函数

在理想工作状态，即不考虑反电动势，磁路、摩擦和阻尼均呈线性关系，则电压方程式为

$$u = L_a \frac{di}{dt} + R_a i \tag{2-39}$$

动圈的运动方程式为

$$m \frac{d^2x}{dt^2} + b \frac{dx}{dt} + kx = BLi \tag{2-40}$$

式中　L_a, R_a—— 动圈的电感(H)和电阻(Ω)

u, i—— 动圈的电压和电流

m—— 可动部分质量(kg)

k—— 单位弹簧刚度(kg/m)

b—— 阻尼系数(无因次)

x—— 位移(m)

将(2-39)式拉氏变换后可得

$$\frac{I(s)}{U(s)}=\frac{1/R_a}{\frac{L_a}{R_a}s+1} \tag{2-41}$$

式(2-40)拉氏变换后可得

$$\frac{X(s)}{I(s)}=\frac{BL/k}{\frac{m}{k}s^2+\frac{b}{k}s+1} \tag{2-42}$$

将式(2-41)代入式(2-42)即可得出动圈式电动机的传递函数

$$\frac{X(s)}{U(s)}=\frac{B\ L/kR_a}{(\frac{L_a}{R_a}s+1)(\frac{m}{k}s^2+\frac{b}{k}s+1)}$$

或

$$\frac{X(s)}{U(s)}=\frac{K_e}{(\frac{s}{\omega_a}+1)(\frac{s^2}{\omega_n^2}+\frac{2\delta s}{\omega_n}+1)} \tag{2-43}$$

其中 $\omega_a=\frac{R_a}{L_a}$,动圈式电—机械转换器(直线电动机)的电磁转折频率

$\omega_n=\sqrt{\frac{k}{m}}$,动圈式电—机械转换器(直线电动机)的无阻尼固有频率

$\delta=\frac{b}{2\sqrt{mk}}$,无因次,为阻尼比

K_e—— 动圈式电—机械转换器(直线电动机)的增益(m/v)

由传递函数可见要提高动圈式的动态性能在电气方面应减小动圈的电感 L_a,增加电阻 R_a,在机械方面应尽可能加大复位弹簧刚度和减小动圈等可动部分的质量,但这些因素是相互关连的,如增大复位弹簧刚度将使需要的电磁力增大,而减小动圈质量将使电磁力减小。所以只能根据具体要求适当选择。下面提供一些提高性能的方法。

(三)提高性能的措施

1. 提高比推力和降低其不均匀度

提高气隙磁密是增加比推力的有效方法,或在比推力保持不变的情况下缩小体积。比推力的增加可以缩短动作的时间。

比推力不均匀度是指在工作行程范围内,当电流大小和方向的变化及动圈处于不同位置时,比推力的相对变化值一般写成:

$$\Delta(BL)=\frac{(BL)_{\max}-(BL)_{\min}}{(BL)_{\max}+(BL)_{\min}}\times 100\% \tag{2-44}$$

长动圈电机由于内腔漏磁、外部漏磁以及电枢反应较大等因素影响,因此不均匀度较大,约为 ±5～15%,短动圈电机因工作行程内动圈始终处于均匀的恒定磁场中,故比推力不均匀度较小,一般在 ±3%～±5%。

2. 减少动圈电感

动圈电感的大小直接影响到电流的上升率,从定位系统来说,希望动圈电感做得越小越好。一般可采用使铁芯工作近于饱和状态,在铁芯表面镀铜层或短路圈及极靴中安插铜片等措施。

3. 减小漏磁场

漏磁场包括外部漏磁、内腔漏磁和铁芯内孔漏磁三部分。前两部分是由于磁钢产生的磁

通，一部分不通过气隙而引起的，后者则是铁芯的饱和引起的。漏磁不仅降低了磁钢利用率，也影响电机参数及电机的应用。一般可增加气隙磁导，即减少气隙和控制铁芯不致过于饱和来减少漏磁。在结构上采取力求缩短磁路长度，令磁路各部分的配合紧密、减少外表面的尖角和棱角等措施。

4. 提高机械谐振频率

要使伺服机构有足够的通频带，则要求运动部分具有很高的机械谐振频率。动圈的重量、结构型式和连接方式等都是影响谐振频率的重要因素。动圈端座及支架一般由硬铝合金制成。短动圈支架采用肋骨式结构，如用铝导线代替铜导线，则谐振频率更有所提高。

（四）动圈式电—机械转换器（直流直线电动机）的应用

直线定位机构是一种广泛使用的机构，例如图 2-32 所示为磁盘存储器中驱动磁头的精密、快速定位机构。

磁头定位系统的作用是以最短时间将磁头移至磁盘上指定磁道的中心位置上。用闭环控制来驱动直流直线动圈式电动机，达到磁头快速的定位，一般定位时间为几到几十毫秒，定位误差不超过几个微米。

该系统包括粗控和精控两部分。粗控部分按运动的函数曲线动作。采用电子测速作为测速反馈，也可以用测速发电机作测速反馈用，但线路有些差别。

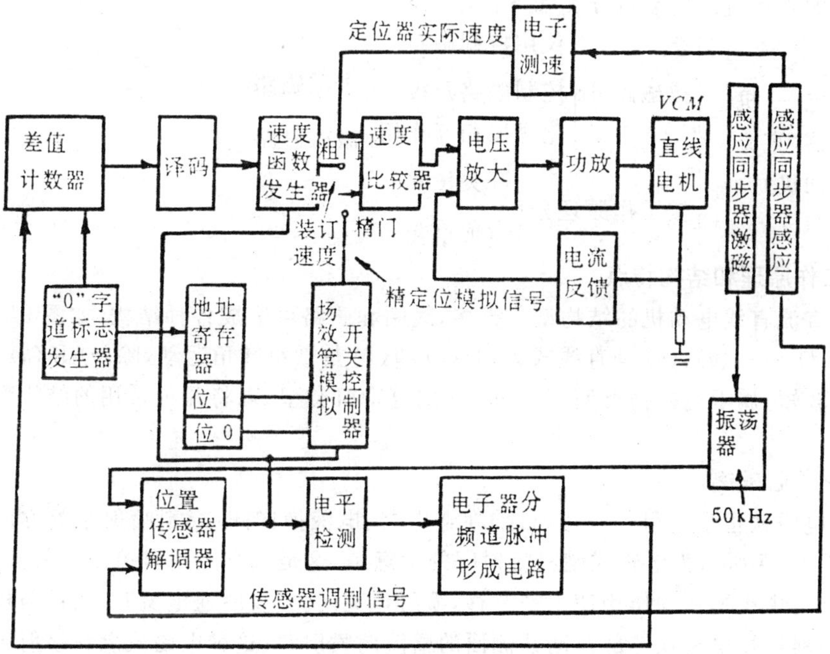

图 2-32　磁头定位系统方框图

当磁头粗控结束后，小车的速度越来越慢，磁头进入精控区。此时，按位置模拟信号的反馈，使该系统由速度系统控制转为位置系统控制，一直动作到磁头被锁定在磁道中心位置上。

系统中采用动圈式直线电动机，极大地提高磁头定位的精度和速度，满足电子计算机的外存贮器的快速、精确的存取数据要求，目前在外存贮器中得到了普遍地应用。图 2-33 表示磁头定位系统主要组成结构的示意。

动圈式电—机械转换器（直流直线电动机）也广泛应用在电液伺服阀上作为该阀的电—

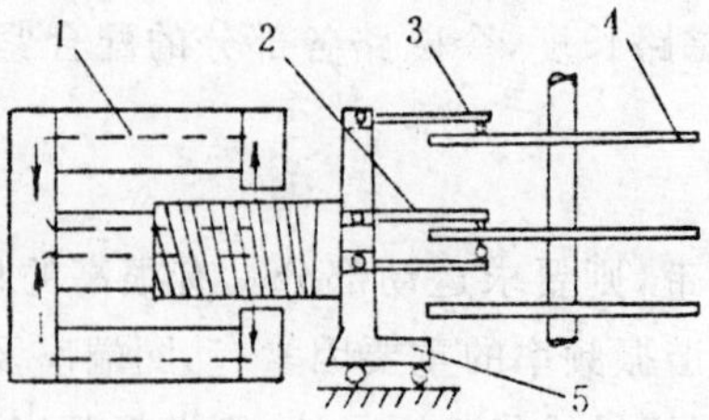

图 2-33　磁头定位系统主要结构示意图

1 — 单圈直线电动机；2 — 取数臂；3 — 磁头；4 — 磁盘；5 — 小车

机械转换装置，在液压领域一般称之为动圈式力马达。这将在第三章中予以叙述。

二、动铁式电 — 机械转换器

动铁式直流直线电动机有较长距离运动的磁钢和短距离运动的电磁铁。在实际生产中得到广泛应用的，主要是直线运动的电磁铁，有时将微小转角运动的电磁铁也列入其中。所以称短距离运动的动铁式直流直线电动机为电磁铁更为普及，在电液控制机构中也称为动铁式电 — 机械转换器。

动铁式的直流直线电动机分类如下：

- 动铁式电 — 机械转换器（直流直线电动机）
  - 按磁路分
    - 仅用控制磁路
    - 控制磁路及极化磁场相互作用
      - 永磁磁路
      - 激磁磁路
  - 按工作原理分
    - 开关量式
    - 模拟量式

(一) 工作原理和结构特点

动铁式直流直线电动机的结构型式繁多，线圈和磁路可组成各种结构，如图 2-34 所示，图中 (a)、(b)、(d)、(e)、(g)、(h) 是直线式运动，(c) 和 (f) 是微小转角运动，除 (g) 和 (h) 外，其余的移动距离都较短，属于电磁铁类型，(g) 和 (h) 属电动机类型。现将几种常用的结构型式分述如下：

1. 开关式电磁铁

开关式电磁铁很早就得到应用，目前在继电器、电液换向阀、燃料喷射泵等方面都得到广泛的应用。图 2-35 所示为电磁式燃料喷射阀的示意图，这是汽车上用以控制燃料流量的阀。当线圈不通电时，由于弹簧的作用使衔铁左移，喷射口关闭。当线圈通电流时，衔铁与极靴之间产生电磁力，燃料通过电磁铁芯部及动铁侧面的槽流向喷射口，这种电磁式燃料喷射阀一般仅作为开关用，还不能称为直流直线电动机，但目前由于汽车节能等需要，已研制出快速响应型的电磁铁，用脉宽调制方式进行控制从而使只能作开关使用的电磁铁成为能进行控制的电磁铁。在电液控制机构中脉宽调制型的数字阀也用类似这种螺管电磁铁的结构，另有一种盘式电磁铁，如图 2-34(e) 所示，但只用其中一个线圈和轭铁，采用弹簧复位，这将在电液控制机构一章中予以介绍。

2. 比例电磁铁

直流螺管电磁铁一般只能作为开关使用，当用于脉宽调制式控制时，它的行程很小，有时

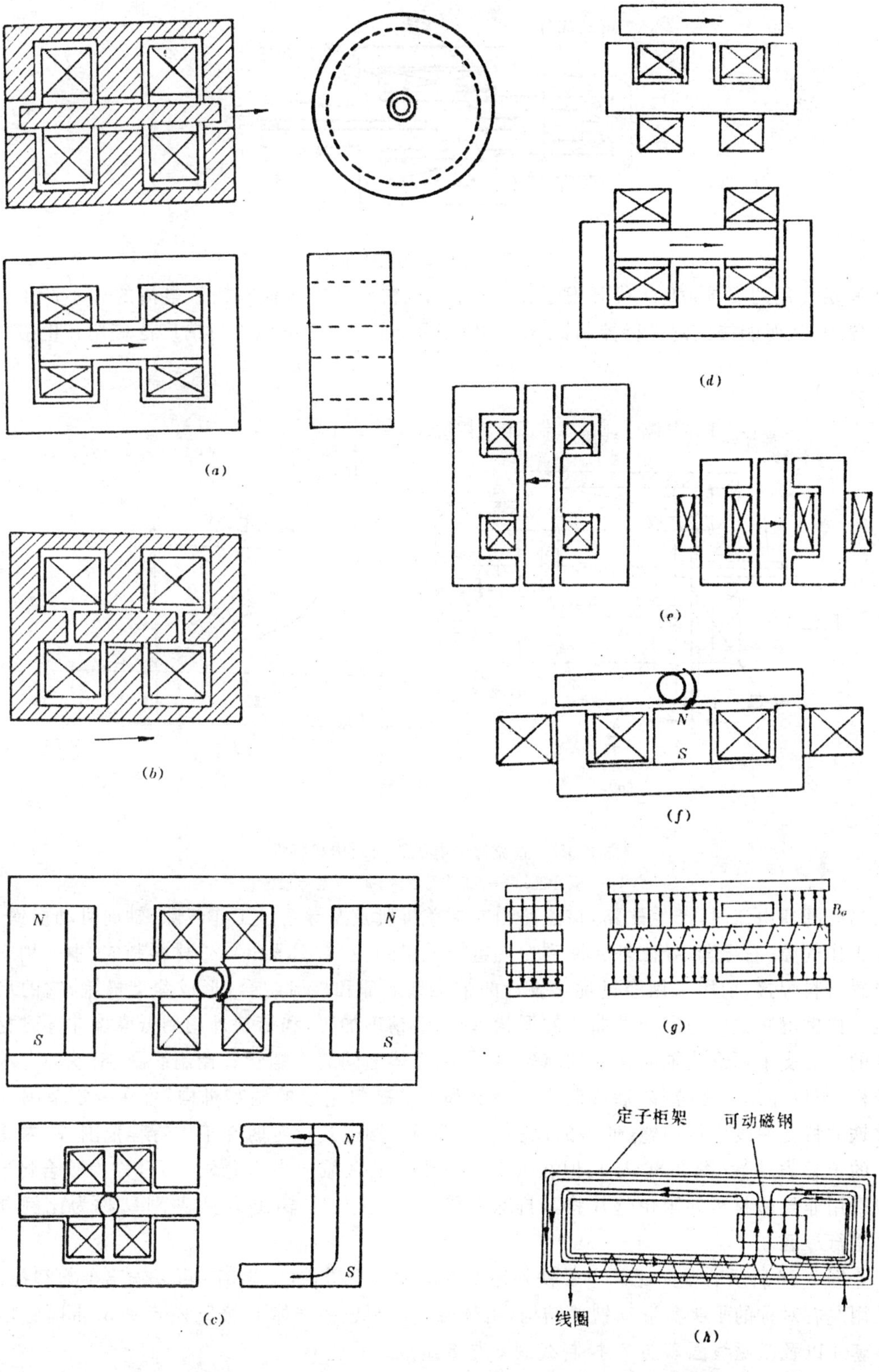

图 2-34　动铁式电—机械转换器(直流直线电动机)的结构型式

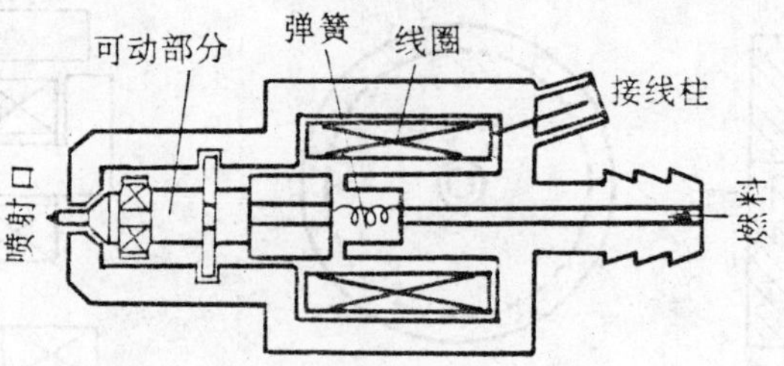

图 2-35　电磁式燃料喷射阀

不能满足使用的要求。70 年代开发了比例电磁铁，它能使电磁铁按输入电流的大小产生相应的电磁力，从而能按比例进行控制，如图 2-36 所示。这种比例电磁铁目前广泛应用在电液控制机构上。

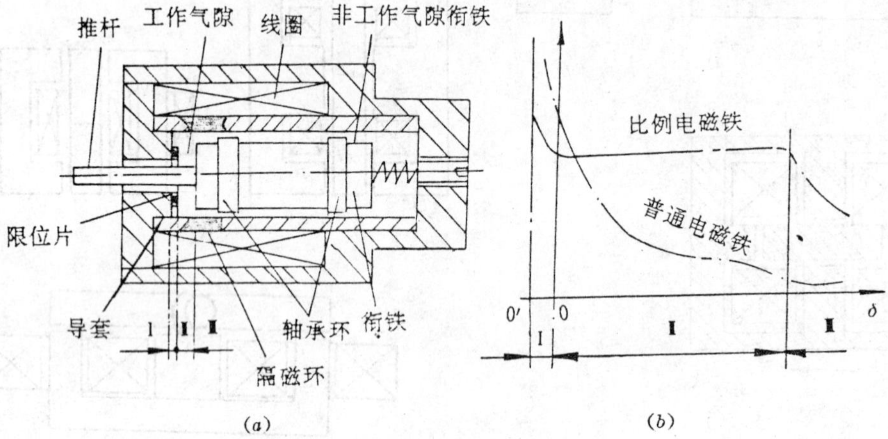

图 2-36　直流比例电磁铁的结构和特性

Ⅰ — 吸合区；Ⅱ — 工作行程区；Ⅲ — 空行程区

当线圈通电流时，产生磁路，该磁路由左端盖极靴及左导套经工作气隙、轴向可动衔铁、径向非工作气隙、右导套、导磁外壳回到左端盖极靴。导套左右二段由导磁材料制成，中间用一段非导磁材料焊接。前段采用经过优化设计的带锥型端部和极靴组合，形成盆型极靴，它的尺寸决定了比例电磁铁的稳态特性曲线的形状。内孔经精确加工，和衔铁外周用低摩擦非导磁材料做成的一对支承环形成轴向移动轴承副。导套和壳体之间装入螺管式控制线圈。衔铁的左端装有推杆，用以输出力和位移。后端装有由弹簧和调节螺钉组成的调零机构，可在一定范围内对电磁铁的特性曲线进行调整。通常的比例电磁铁当线圈电流给定时在工作行程范围 Ⅱ 内具有水平的位移力特性(图 2-36(*b*))。但在气隙接近于零的区域输出力急剧上升，称为吸合区 Ⅰ，一般采用非导磁材料的限位垫片将其排除。而当气隙过大时，输出力明显下降，称为比例电磁铁的空行程区。

除图 2-36 所示的单向比例电磁铁外还有双向比例电磁铁(图 2-37)可以输出推力和拉力。它采用左右对称的平头盆形动铁式结构，由软磁材料制成的壳体 1、极靴 2、衔铁 3、带隔磁环的导向套 4 以及激磁线圈 5 与 7、控制线圈 6 与 8 组成。

两激磁线圈极性相同，互相串联连接，并由恒流电源供给恒定的激磁电流，产生激磁磁场。由于左右磁路对称，故激磁磁场对衔铁的作用合力为零。

两控制线圈极性相反互相串联或并联。当输入电流后控制线圈产生控制磁场，其方向和大小由输入电流确定。该磁场与激磁磁场共同作用于衔铁，在左右工作气隙内产生差动效应，衔铁两端受力不相等而产生与控制电流相对应的输出力，它的原理图可见图 2-34(*b*)，图中所示两个线圈实质上是绕成 4 个线圈，两个是激磁线圈，两个是控制线圈。这种双向比例电磁铁驱动力较大，静态和动态特性均比单向的比例电磁铁好。

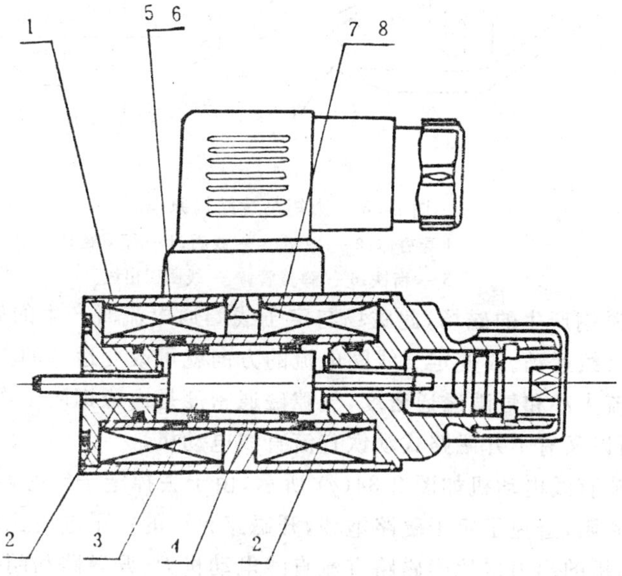

图 2-37　双向极化式比例电磁铁

1 — 壳体；2 — 极靴；3 — 衔铁；4 — 导向套

5、7 — 激磁线圈；6、8 — 控制线圈

3. 力矩马达

力矩马达用于电液伺服阀的前置级，它的工作原理图如图 2-34(*c*) 所示，这是产生微小转角力矩运动的电磁铁，图 2-34(*c*) 上半部表示的结构原理图中，左右两个永久磁钢产生极化磁场，由于衔铁和极靴之间的四个气隙是相等的，所以衔铁受到的电磁力相互抵消而衔铁维持不动，当控制线圈通电流时，由于极化磁场与控制磁路的相互作用而使衔铁产生与控制电流的大小和方向相应的转矩。当电磁力矩大于负载及固定的弹簧等力矩时，衔铁转动，但转角是很小的，可以看成是微小的直线运动。图 2-34(*c*) 上半部的结构体积较大，所以一般采用图 2-34(*c*) 下 半部的结构，即将两块磁钢放在它的前、后侧，使结构上更为紧凑，实际上工作原理是相同的。

这种力矩马达是永磁式的，结构原理图如图 2-38 所示，也可采用激磁方式的如图 2-34(*f*) 所示。

这种力矩马达用于电液控制机构中固有频率高、动作灵敏、功率 / 重量比大，但材料性能及制造精度的要求都比较高，因此价格昂贵。控制电流较小，仅几十 mA，抗干扰能力也较差。

4. 可动磁钢直流直线电动机

图 2-34(*g*)(*h*) 所示为可动磁钢直流直线电动机，这种结构有别于电磁铁，行程也较长，所以仍称为直流直线电动机。图 2-34(*h*) 是闭磁路直流直线电动机，它的线圈绕在定子铁芯上，线圈产生的磁通在定子的铁芯磁路中闭合。可动磁钢置于定子闭合磁路框内，由于磁钢和定子

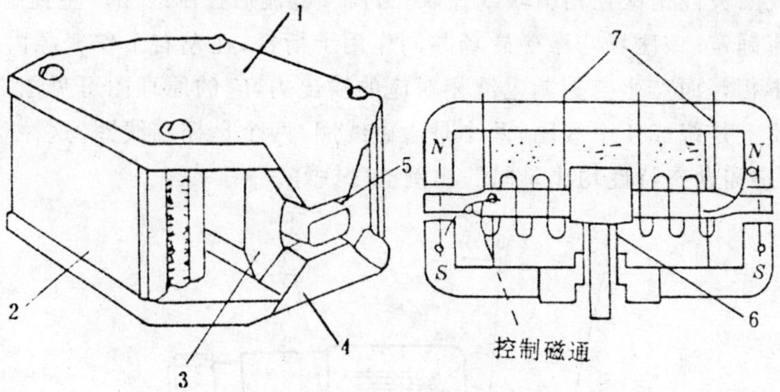

图 2-38　力矩马达结构原理图

1 — 上导磁体；2 — 磁钢；3 — 线圈；4 — 下导磁体

5 — 衔铁；6 — 弹簧管；7 — 线圈引出线

铁芯之间存在着磁钢产生的磁场，此磁场与定子线圈通电流时产生的磁场相互作用产生的电磁力使磁钢产生直线运动。改变定子线圈电流的方向就可改变运动的方向，而电动机推力的大小正比于线圈电流大小和气隙磁通密度，气隙磁通密度是由磁钢的工作点决定的。这种结构推力小而不均匀，所以又有了开磁路式动铁直流直线电动机。

开磁路式直流直线电动机如图 2-34(g) 所示，由于去掉定子铁芯两个端部的铁芯段磁路，增加了定子磁路磁阻，避免了定子磁路饱和，开磁路允许的定子电流比闭磁路直流直线电动机大得多，因此电动机的出力也比闭磁路直流直线电动机大。开磁路和闭磁路直流直线电动机的推力和位移特性曲线如图 2-39 所示。

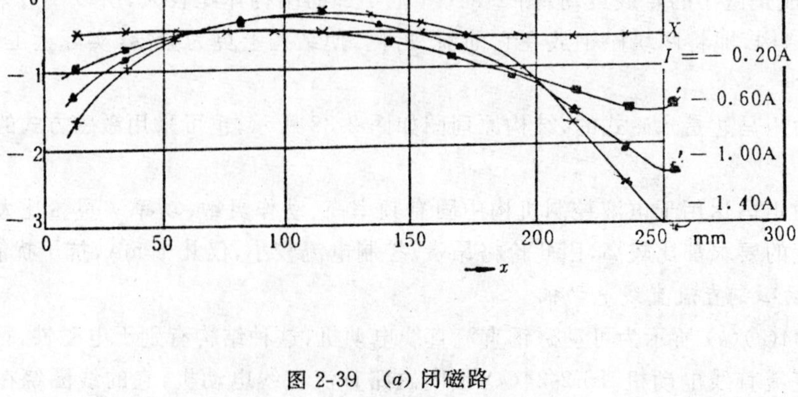

图 2-39　(a) 闭磁路

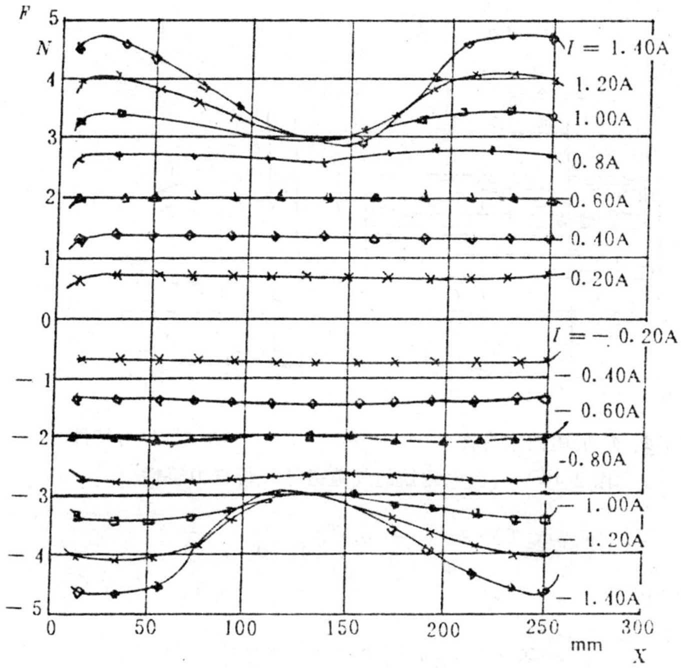

(b) 开磁路

图 2-39 直流直线电动机的推力—位移曲线

（二）静、动态特性

1. 比例电磁铁的静、动态特性

(1) 比例电磁铁的静态特性

根据电磁铁的基本方程式，衔铁受到轴向推力的方程式为

$$F_M = \frac{1}{2}(iN)^2 \frac{\mathrm{d}G}{\mathrm{d}y} \tag{2-45}$$

式中 $\frac{\mathrm{d}G}{\mathrm{d}y}$ 为磁路磁导相对于衔铁位移的导数。在工程实际中只需考虑气隙磁导的变化。

气隙磁导在短距离时一般表达式为

$$G = \mu_0 \frac{A}{\delta} \tag{2-46}$$

式中 μ_0—— 真空磁导率，$\mu_0 = 4\pi \times 10^{-7}\mathrm{H/m}$；

A—— 气隙部位和磁力线垂直的断面积；

δ—— 气隙沿磁力线方向的平均长度。

一般开关式电磁铁就是用这方程式计算磁导的。

进一步分析直流比例电磁铁的磁路可知：在线圈电流控制磁势作用下，磁路中的总磁通 Φ 除部分漏磁通外，在工作气隙附近被分为两部分(图 2-40)，Φ_1 沿轴向穿过工作气隙进入盆形极靴底部端面产生端面力 F_{M1}，另一部分磁通 Φ_2 则穿过径向间隙盆口锥形周边通过端盖回到外壳，产生轴向附加力 F_{M2}。

若用解析法求取比例电磁铁的位移力特性，必须先确定磁路各部分的磁导，并考虑漏磁和杯形盆口部位铁磁材料饱和的影响，这不但取决于杯形盆口部位几何形状而且与激磁磁势和衔铁位置有关。实验和近似计算表明，Φ_1 产生的端面力为

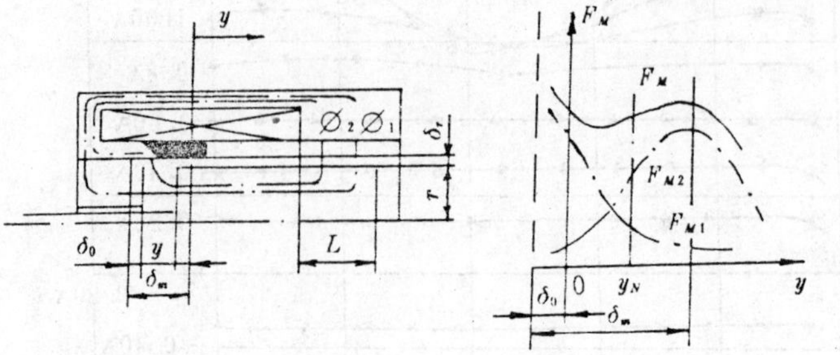

(a)Φ_1、Φ_2 的磁路示意图　　　　(b) 行程力特性

图 2-40　比例电磁铁的气隙磁导和行程力特性

$$F_{M1} \propto [Ni,\quad (r+\delta_r)^2,\quad \frac{1}{(\delta_0+y)^2}] \tag{2-47}$$

Φ_2 产生的轴向附加力为

$$F_{M2} \propto (Ni,\quad r+\delta_r,\quad \alpha-\frac{\beta}{\delta_0+y}) \tag{2-48}$$

式中 α、β 为与电磁铁几何形状有关的常数。

对于开关式电磁铁，它的电磁力只有 F_{M1}，而比例电磁铁除 F_{M1} 外还有 F_{M2}，它的合力使电磁力相对于位移 y 近似于水平的关系，如图 2-40(b) 所示。

比例电磁铁在工作区域内的推力近似线性表达式为

$$\Delta F_M = K_i\Delta i + K_y\Delta y \tag{2-49}$$

式中　$K_i = \dfrac{\partial F_M}{\partial i}$—— 比例电磁铁的电流力增益

$K_y = \dfrac{\partial F_M}{\partial y} + K_{sy}$—— 比例电磁铁的位移力增益和调零弹簧刚度之和

比例电磁铁的静态控制力特性可由式(2-49) 变换为下式

$$F_M = K_i(i-i_a) + K_y(y-y_N) \tag{2-50}$$

式中　i_a—— 起始电流，取决于铁磁材料的起始磁导率，一般是额定工作电流的 5%

y_N—— 衔铁的额定工作位置

根据(2-50) 式可得比例电磁铁的静态特性，如图 2-41 所示，图中(a) 为力 — 行程特性，(b) 为力 — 电流特性。

在分析基本方程式时，没有考虑电磁铁滞环特性，而实际上铁磁材料的磁滞和运动时的摩擦力都使电磁铁的静态特性有明显的滞环。图 2-41 中均为实测的静态特性曲线，由图可见滞环是很明显的。一般在使用时用叠加颤振信号的方法来消除滞环，用颤振信号使衔铁发生小幅值颤振，用动摩擦系数降低摩擦引起的滞环，这种信号对减小材料磁滞带来的滞环也同样有效，如图 2-41(b) 所示。

在工程实际中常采用带位移电反馈的比例电磁铁，它的衔铁位移由位移传感器检测并反馈，构成位置控制闭环。比例电磁铁的静态特性主要取决于传感器特性，因此它的负载刚度较高，抗干扰能力强，其示意图及静态特性如图 2-42 所示。

图 2-37 所示的双向极化比例电磁铁的静态分析和一般单向的比例电磁铁类似，它的静态

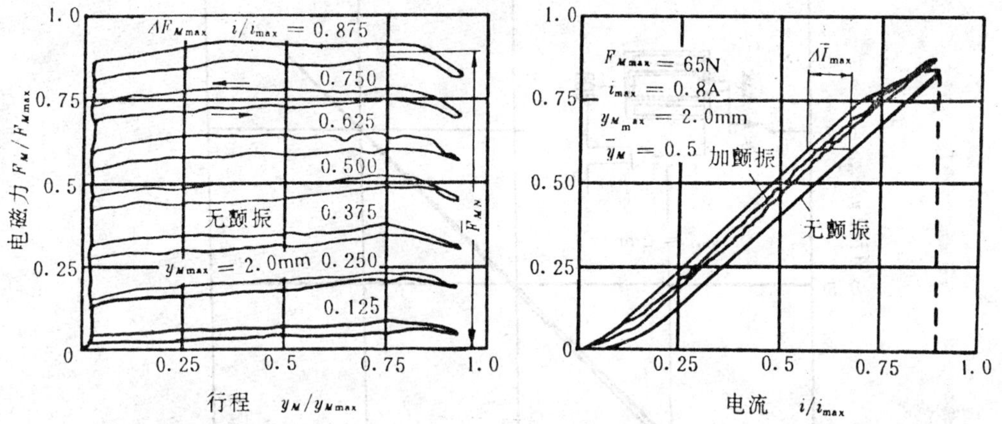

图 2-41 比例电磁铁的静态特性

特性如图 2-43 所示。

(2) 动态特性

比例电磁铁的动态方程式与动圈式相似，其电压方程为

$$\Delta u = L\frac{\mathrm{d}i}{\mathrm{d}t} + (R_c + r_p)\Delta i + K_e\frac{\mathrm{d}y}{\mathrm{d}t} \tag{2-51}$$

式中 L—— 线圈电感

R_c、r_p—— 线圈和放大器内阻

K_e—— 线圈感应反电动势系数

式(2-51) 经拉氏变换后可得

$$\overline{U}(s) = [Ls + (R_c + r_p)]I(s) + K_e s\overline{Y}(s) \tag{2-52}$$

比例电磁铁的运动方程式为

$$m\frac{\mathrm{d}^2y}{\mathrm{d}t^2} + B\frac{\mathrm{d}y}{\mathrm{d}t} + K_s y = F_m \tag{2-53}$$

式中 m—— 衔铁组件的质量

B—— 阻尼系数

K_s—— 衔铁组件的弹簧刚度

电磁力的线性方程式按式(2-49)，由于电磁力增大时将使轴向工作气隙减小，所以式(2-49) 可改为

$$\Delta F_m = K_i\Delta i - K_y\Delta y \tag{2-54}$$

将式(2-53) 和(2-54) 合并并进行拉氏变换后可得

$$[ms^2 + Bs + (K_s + K_y)]Y(s) = K_i I(s) \tag{2-55}$$

由式(2-52) 和(2-55) 联解，将反电势在系统方框图中考虑，则比例电磁铁前向通道的传递函数为

$$\frac{Y(s)}{U(s)} = \frac{\overline{\dfrac{K_i}{(R_c + r_p)(K_s + K_y)}}}{(\dfrac{s}{\omega_a} + 1)(\dfrac{s^2}{\omega_m^2} + \dfrac{2\delta_m s}{\omega_m} + 1)} \tag{2-56}$$

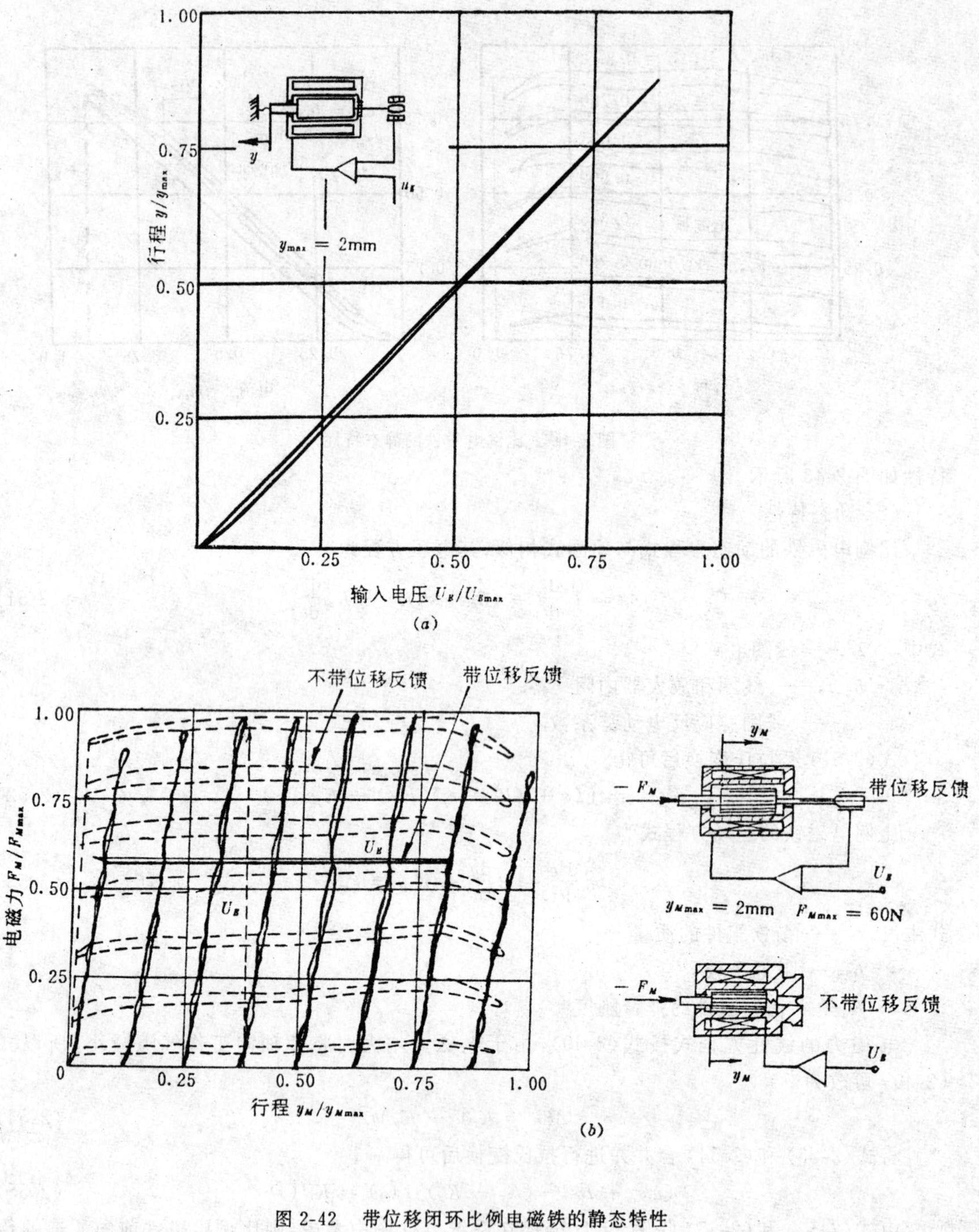

图 2-42 带位移闭环比例电磁铁的静态特性

式中 $\omega_a = \dfrac{R_c + r_p}{L}$—— 比例电磁铁的电磁转折频率

$\omega_m = \sqrt{\dfrac{K_s + K_y}{m}}$—— 比例电磁铁可动部分的固有频率

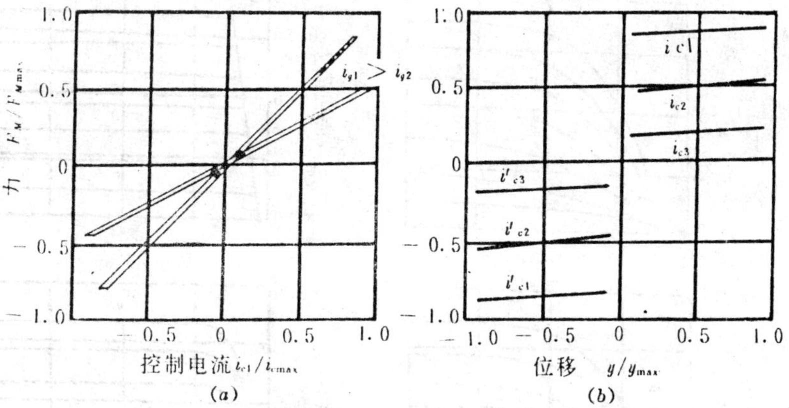

(a) 力 — 控制电流特性　　(b) 力 — 位移特性

图 2-43　双向直流比例电磁铁的静态特性

$\delta_m = \frac{B}{2}/\sqrt{(K_s + K_y)m}$—— 比例电磁铁可动部分的阻尼比

由传递函数可见，要提高比例电磁铁的动态特性，除减轻可动部分质量、增加弹簧刚度以提高比例电磁铁的固有频率外，还应注意到限制比例电磁铁动态特性的主要是电磁转折频率。由于比例电磁铁的线圈阻抗中感抗较大则导致电磁转折频率很低，因此除尽可能减少线圈的匝数增大电流外，主要应增加放大器的输出阻抗，即采用恒流型放大器或脉宽调制型开关式放大器等，对此将在放大器这章予以介绍。

采用深度电流负反馈型的恒流型放大器可使比例电磁铁的动态特性有明显的提高，图 2-44 表示的是有、无电流负反馈闭环的比例电磁铁的阶跃响应特性。

用衔铁位置反馈对提高比例电磁铁的动态特性也有一定效果。

2. 力矩马达的性能

(1) 基本方程式

图 2-34(c) 所示力矩马达原理图中驱动控制线圈的控制电流过去一般由推挽放大器推动，目前多用单端放大器驱动两个并联的线圈，这样使得可靠性增加。因此若总电流为 i，则流过每个线圈的电流为 $i/2$；若放大器的输出电压为 u，则每个线圈的电压方程为

$$u - ir_p = R_c\left(\frac{i}{2}\right) + K_b\frac{d\theta}{dt} + L_c\frac{d(i/2)}{dt} + M\frac{d(i/2)}{dt} \tag{2-57}$$

由于两个线圈是紧密耦合在一起的，因此自感系数和互感系数近似相等，即 $L_c \approx M$，则式 (2-57) 经拉氏变换后得

$$u = \left(\frac{R_c}{2} + r_p\right)i + K_b s\theta + L_c s i \tag{2-58}$$

式中　K_b—— 每个线圈的反电动势常数

　　　L_c—— 每个线圈的自感系数

由于衔铁经常在零位附近工作，力矩马达产生的电磁力矩为

$$T_d = K_t i + K_m\theta \tag{2-59}$$

式中　T_d—— 输入电流在衔铁上产生的总力矩

　　　K_t—— 力矩马达的力矩常数

　　　K_m—— 力矩马达的磁弹簧常数

根据力平衡方程，可得

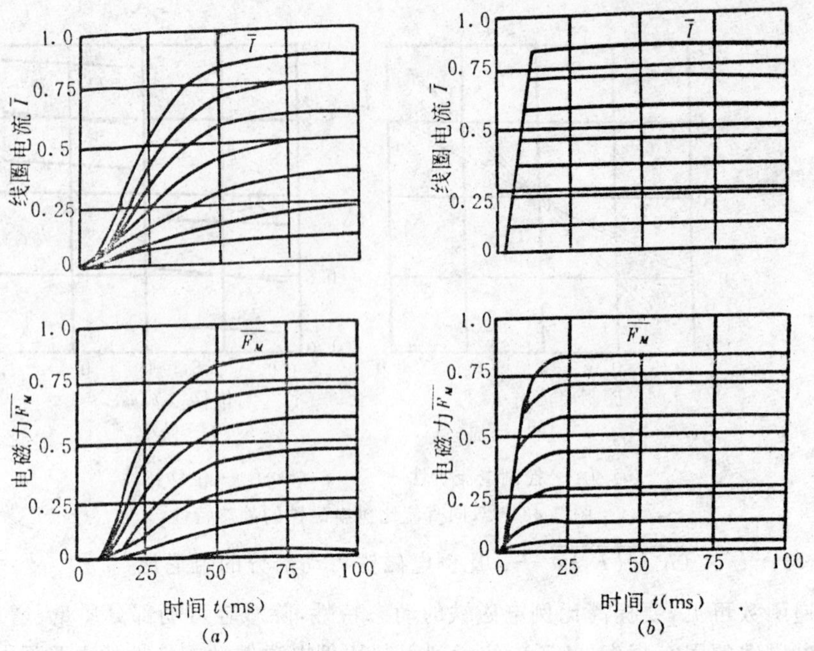

(a) 无电流反馈闭环时 $\bar{I}$、$\bar{F}_M$，对输入信号 u_i 的阶跃响应　　(b) 有电流反馈闭环时与(a) 对照的响应

图 2-44　有、无电流反馈闭环的比例电磁铁阶跃特性

$$T_d = J_a \frac{\mathrm{d}^2\theta}{\mathrm{d}t^2} + B_a \frac{\mathrm{d}\theta}{\mathrm{d}t} + K_a\theta + T_L \tag{2-60}$$

式中　J_a—— 衔铁等可动部分的惯量

B_a—— 衔铁的机械支承和负载的粘性阻尼系数

K_a—— 衔铁转轴的机械扭转弹性常数

T_L—— 作用在衔铁上的负载力矩

将式(2-59) 与式(2-60) 合并并进行拉氏变换后可得

$$K_t i = [J_a s^2 + B_a s + (K_a - K_m)]\theta + T_L \tag{2-61}$$

由此可见，磁弹簧常数是以负数形式出现的，由控制理论可知，为确保稳定性，它必须小于机械弹簧常数。

(2) 稳态特性

当 K_m/K_a 之值一定时，在静态情况下，式(2-61) 成为

$$K_t i = K_{am}\theta + T_L \tag{2-62}$$

式中 K_{am} 为 $K_a - K_m$ 是一正值，力矩马达的典型静态特性曲线如图 2-45 所示。

K_m/K_a 值由式(2-61) 可见对系统的影响很大，它在静态时对稳定性的影响如图 2-46 所示。

图中　x—— 衔铁顶端偏离中间位置的位移

g—— 衔铁在中间位置时每个气隙的长度

Φ_c—— 由控制电流产生的磁通

Φ_g—— 由永久磁钢产生的固定磁通

由图可见，当 K_m/K_a 值愈小，x/g 愈小时，力矩马达静特性愈稳定，当 $|x/g| > 1/3$ 时，无论 K_m/K_a 之值是多少，衔铁都将是静不稳定的。由线性度的要求，Φ_c/Φ_g 和 K_m/K_a 的范围受到一定的限制，为了防止衔铁被永久磁钢吸附，Φ_c/Φ_g 值一般都远远小于 1，因此线性度主要由 K_m/K_a 决定。

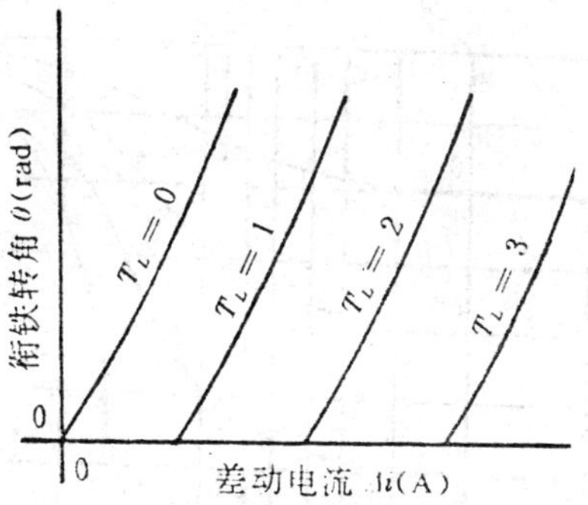

图 2-45　典型的力矩马达的静态特性曲线

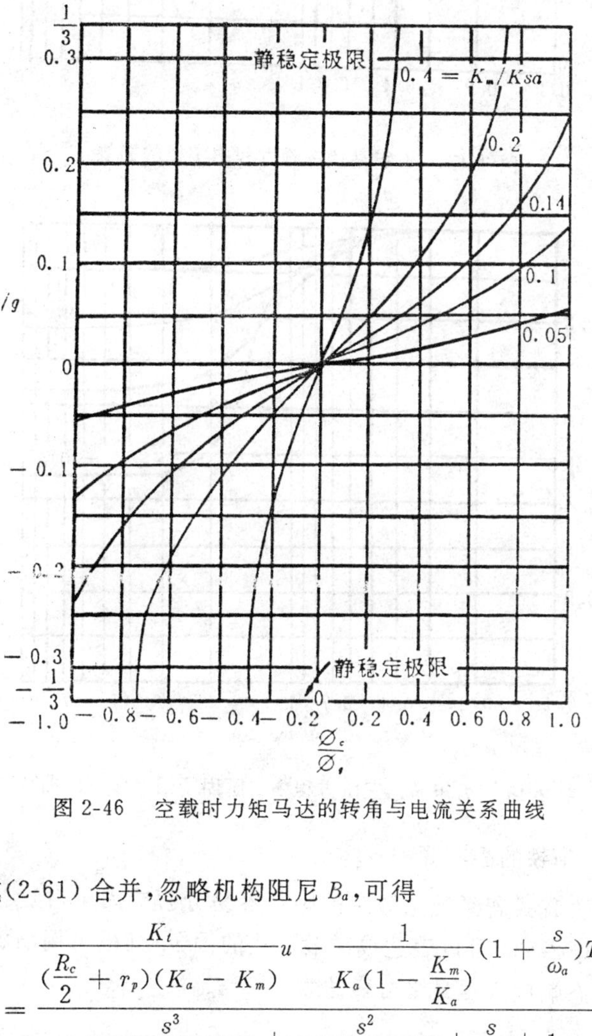

图 2-46　空载时力矩马达的转角与电流关系曲线

(3) 动态特性

由式(2-58)和式(2-61)合并，忽略机构阻尼 B_a，可得

$$\theta=\frac{\dfrac{K_t}{(\dfrac{R_c}{2}+r_p)(K_a-K_m)}u-\dfrac{1}{K_a(1-\dfrac{K_m}{K_a})}(1+\dfrac{s}{\omega_a})T_L}{\dfrac{s^3}{\omega_a\omega_m^2(1-\dfrac{K_m}{K_a})}+\dfrac{s^2}{\omega_m^2(1-\dfrac{K_m}{K_a})}+\dfrac{s}{\omega_a}+1} \tag{2-63}$$

式中　$\omega_a=(\dfrac{R_c}{2}+r_p)/L_c=$ 每一线圈的衔铁回路转折频率

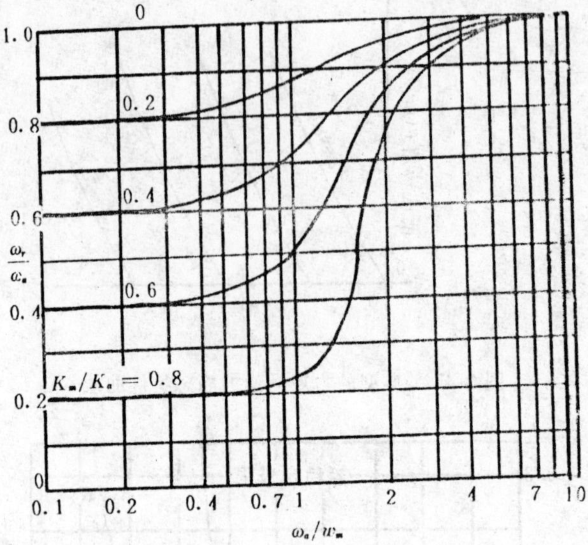

图 2-47　力矩马达三阶方程中实根的曲线

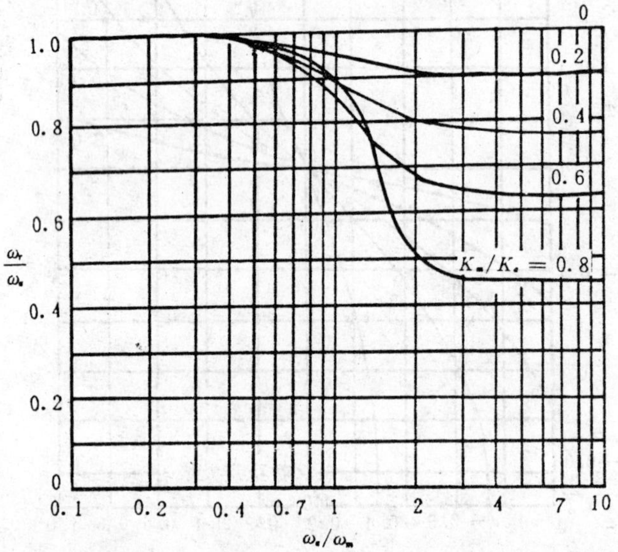

图 2-48　力矩马达三阶方程中二阶因子固有频率的曲线

$\omega_m = \sqrt{\frac{K_a}{J_a}} =$ 衔铁的固有频率

这种三阶的特征方程式若系数是数字的则很容易分解成因子，但实际上在分析中因子却是文字形式的，所以式(2-63)可以表达成一般形式的因子，其根可用图解法表示。力矩马达对电压和负载力矩的动态响应方程最终可表达为

$$\theta = \frac{\dfrac{K_t}{(\dfrac{R_c}{2} + r_p)(K_a - K_m)}u - \dfrac{1}{K_a(1 - \dfrac{K_m}{K_a})}(1 + \dfrac{s}{\omega_a})T_L}{(\dfrac{s}{\omega_r} + 1)(\dfrac{s^2}{\omega_0^2} + \dfrac{2\delta_0 s}{\omega_0} + 1)} \tag{2-64}$$

其中 ω_r、ω_0 与 δ_0 分别由图 2-47、2-48、2-49 来确定，由图可见在三阶方程中仍有一个惯性环

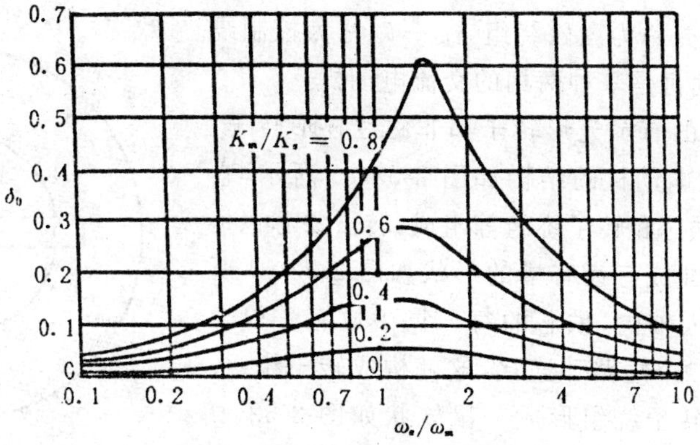

图 2-49　力矩马达三阶方程中二阶因子的阻尼系数曲线

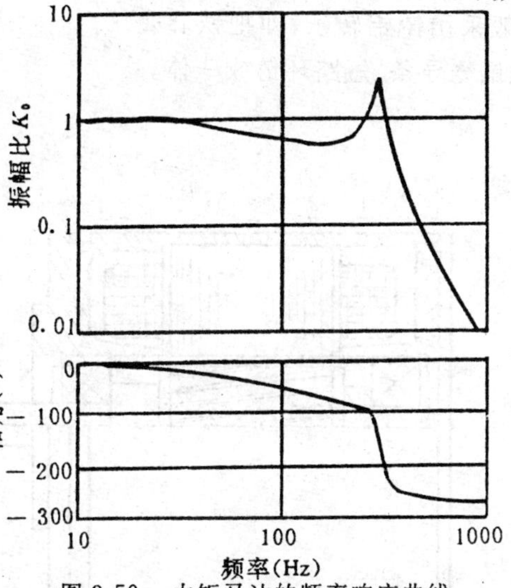

图 2-50　力矩马达的频率响应曲线

节和一个欠阻尼的二阶因子，这两个因子分别由衔铁回路的电气转折频率和衔铁的固有频率所造成，但均比原有频率低一些，即 $\omega_r < \omega_a$、$\omega_0 < \omega_m$，因为在实际力矩马达中 $K_m/K_a < 1/2$。

力矩马达的典型频率特性示于图 2-50。

第三节　交流伺服电动机

交流伺服电动机是一种微型交流异步电动机。它在自动控制装置中作执行元件，有时亦称为执行电机。其结构与一般异步电动机相似，但在特性上有很大差别，具有接近于直线的转速 — 转矩曲线和良好的控制性能。它能将输入控制绕组的电气信号（控制电压）转换成转轴上的角位移或角速度，并能带动一定负载。

交流伺服电动机已有较长的发展历史，应用广泛，国内外大多均按系列生产，功率范围一般为 0.1 ～ 100W，频率有 50(60)Hz 和 400Hz。

一、结构特点

交流伺服电动机的结构主要可分为两大部分，即定子部分和转子部分。其中定子的结构与旋转变压器的定子基本相同，在定子铁芯中也安放着空间互成 90° 电角度的两相绕组，如图

2-51 所示。其中 j_1 — j_2 称为激磁绕组，k_1 — k_2 称为控制绕组，所以交流伺服电动机是一种两相的交流电动机。

转子的结构常用的有鼠笼形转子和非磁性杯形转子。鼠笼形转子交流伺服电动机的结构如图 2-52(a) 所示，它的转子由转轴、转子铁芯和转子绕组等组成，转子铁芯也是由硅钢片迭成，每片冲成有齿有槽的形状如图 2-52(b) 所示，然后叠压起来套入轴内。铁芯的每一槽中放有一根导条，所有导条两端用二个短路环连接，这就构成转子绕组。如果去掉铁芯，整个转子绕组形成一鼠笼状如图 2-52(c) 所示，“鼠笼转子”即由此得名。鼠笼的材料有用铜的，也有用铝的，为了制造方便，一般采用铸铝转子，即把铁芯叠压后放在模子内用铝浇铸，把鼠笼导条、短路环铸成一体。

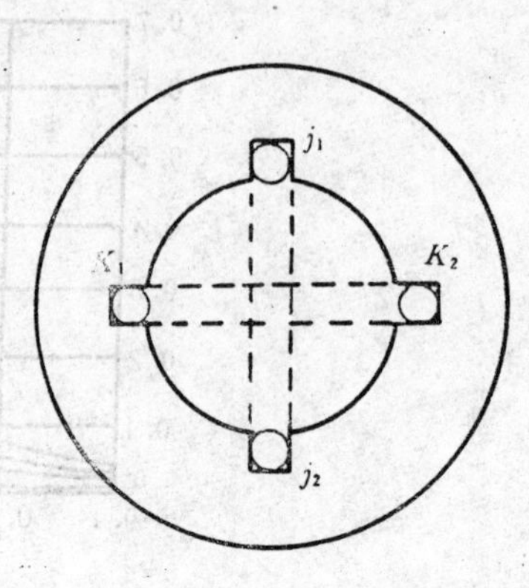

图 2-51　两相绕组分布图

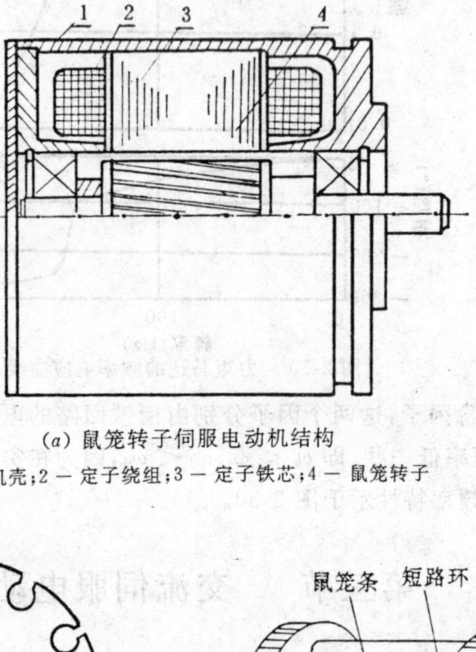

(a) 鼠笼转子伺服电动机结构

1 — 机壳；2 — 定子绕组；3 — 定子铁芯；4 — 鼠笼转子

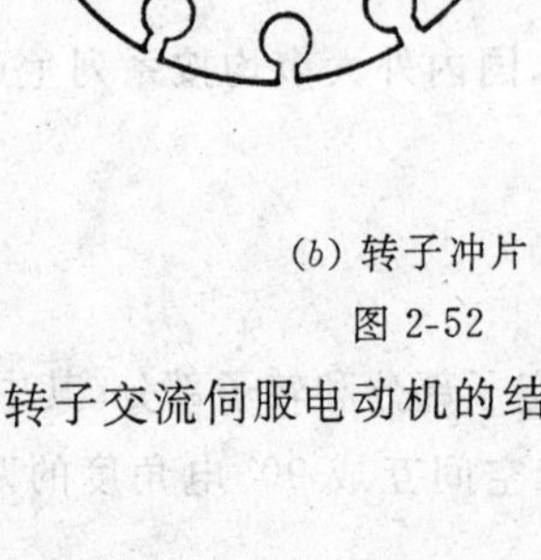
(b) 转子冲片

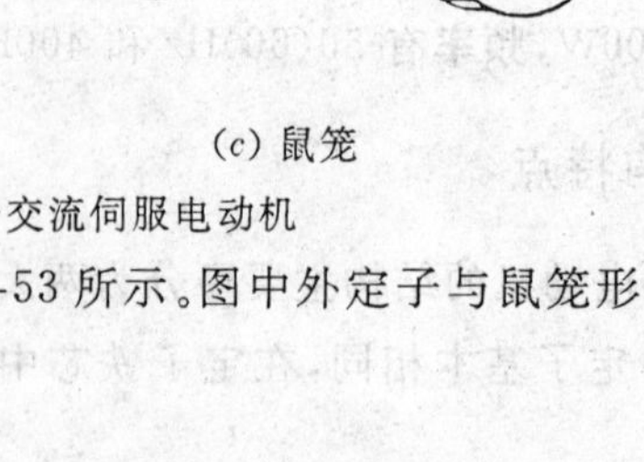

(c) 鼠笼

图 2-52　鼠笼形转子交流伺服电动机

非磁杯形转子交流伺服电动机的结构如图 2-53 所示。图中外定子与鼠笼形转子伺服电动机的定子完全一样，内定子是由环形钢片叠成，通常内定子不放绕组，只是代替鼠笼转子的铁芯，作为电机磁路的一部分。在内、外定子之间有细长的空心转子装在转轴上，空心转子作成杯子形状，所以又称为空心杯形转子。空心杯是由非磁性材料铝或铜制成，它的杯壁极薄，一般在 0.3mm 左右，杯形转子套在内定子铁芯中，并通过转轴可以在内、外定子之间的气隙中自由转动，而内、外定子是不动的。

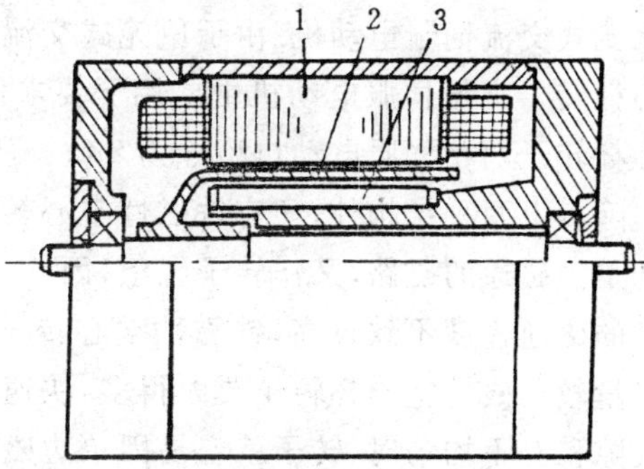

图 2-53　杯形转子交流伺服电动机结构图

1 — 外定子；2 — 非磁性杯形转子；3 — 内定子

杯形转子与鼠笼转子从外表形状来看是不一样的，但实际上，杯形转子可以看作是鼠笼条数目非常多的、条与条之间彼此紧靠在一起的

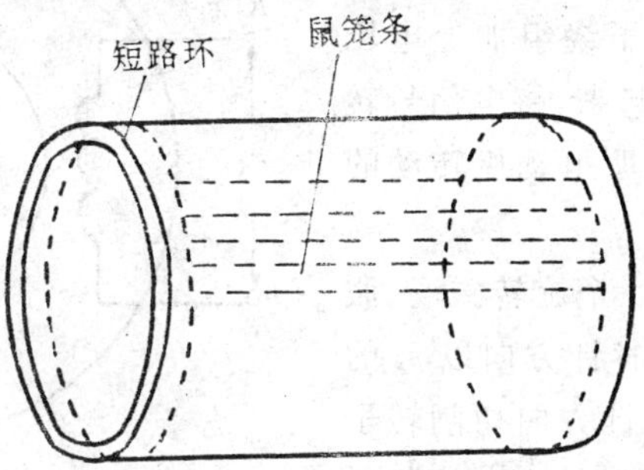

图 2-54　杯形转子与鼠笼转子比较

鼠笼转子，杯形转子的两端也可看作由短路环相连接，如图 2-54 所示。

这样，杯形转子只是鼠笼转子的一种特殊形式，从实质上看，二者没有什么区别，在电机中所起的作用也完全相同。因此在以后分析时，只以鼠笼转子为例，分析结果对杯形转子电动机也完全适用，可不重复讨论。

与鼠笼形转子相比较，非磁杯转子惯量小，轴承摩擦阻转矩小，由于它的转子没有齿和槽，所以定、转子间没有齿槽粘合现象，通常转矩不随轴的位置而发生变化，恒速旋转时，转轴一般不会有抖动现象，运转平稳。但是由于它内、外定子间气隙较大（杯壁厚度加上杯壁二边的气隙），所需激磁电流就大，降低了电机的利用率，因而在相同的体积和重量下，杯形转子伺服电动机比鼠笼转子伺服电动机所产生的起动转矩和输出功率都小。另外杯形转子伺服电动机结构和制造工艺又比较复杂，因此目前广泛采用的是鼠笼形转子伺服电动机，只有在要求运转非常平稳的某些特殊场合下（如积分电路等），才采用非磁杯转子伺服电动机。

为了使伺服系统保持稳定，需要在两相伺服电机上加一定的阻尼。通常，采用测速反馈来增加电动机的阻尼，这种型式成本高，而且还有测速发电机剩余电压的不利影响。目前，有些设计成在两相伺服电机内附加一个阻尼器，即所谓粘滞阻尼和惯性阻尼伺服电动机。这种电机成本低、性能良好。

目前，我国生产的交流伺服电动机，以鼠笼转子式为主，如 SL 系列已得到广泛推广和应用。其主要原因是这类电机性能优良，结构简单，可靠性好，生产方便，成本低廉。虽然杯形转子结构具有转子惯量小的特点，但由于力能指标差，往往电机尺寸较大。鼠笼转子电机力能指标高，转子经合理设计后，其时间常数同样做得很小，因此，非磁杯式的快速响应性能并不一定优于鼠笼式交流伺服电动机。由于鼠笼式交流伺服电动机在低速运行时有抖动现象，所以非磁性空心杯转子交流伺服电动机主要用于要求低噪声及平稳运行的某些系统中。目前我国生产的空心杯转子两相伺服电动机型号为SK。

除以上两种结构外，还有铁磁性空心转子，这种转子系采用铁磁材料（纯铁）制成。转子本身既是主磁通的磁路，又作转子绕组，因此不需要内定子铁芯，电机的结构也较简单。为了使转子中的磁通密度不致过高，铁磁性空心转子的壁厚也要相应增加，约为 0.5 ～ 3mm，因而其转动惯量较非磁性空心杯转子要大得多，快速响应性能也较差。特别是这种结构的电机，当定、转子气隙稍有不均匀时，转子就容易因单边磁拉力而被“吸住”，所以目前应用得较少。

二、工作原理

使用交流伺服电动机时，激磁绕组两端施加恒定的激磁电压 U_j，控制绕组两端施加控制电压 U_k，如图 2-55 所示。当定子绕组加上电压后，伺服电动机就会很快转动起来，将电信号转换成转轴的机械转动。为了说明电动机转动的原理，首先分析以下实验。

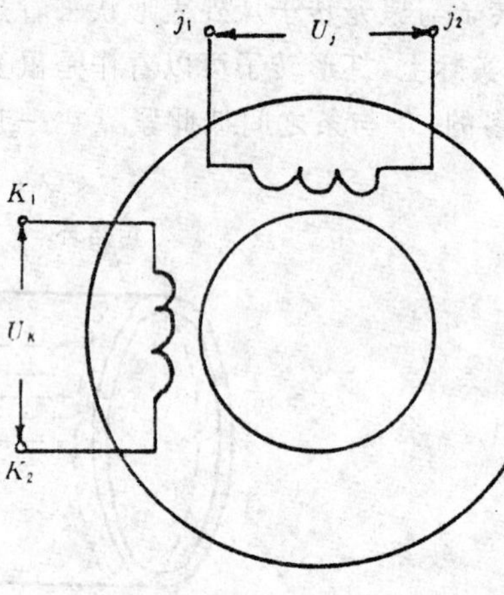

图 2-55　交流伺服电动机电气原理图

当磁钢旋转时，空间形成一个旋转磁场。假设图 2-56 中的永久磁钢是顺时针方向以 n_s 的转速旋转，它的磁力线也顺时针方向切割转子导条，相对于磁场，转子导条反时针方向切割磁力线，在转子导条中产生感应电势。根据右手定

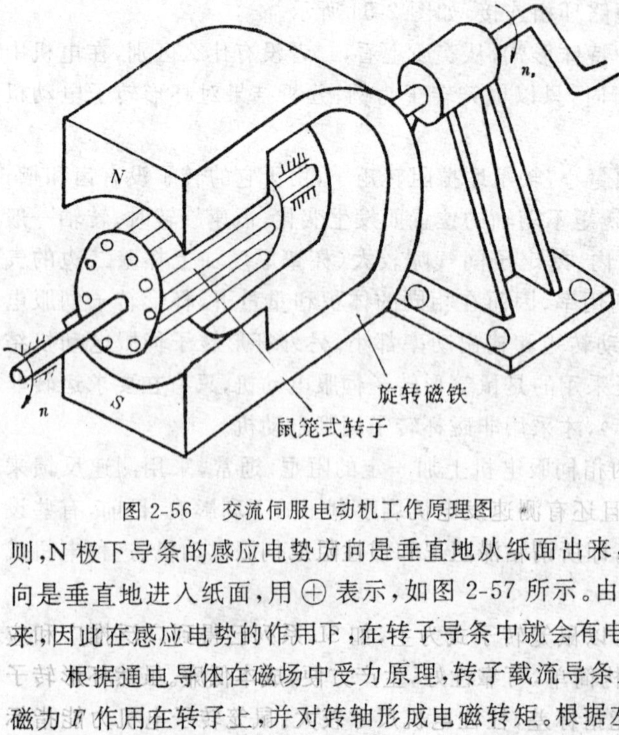

图 2-56　交流伺服电动机工作原理图

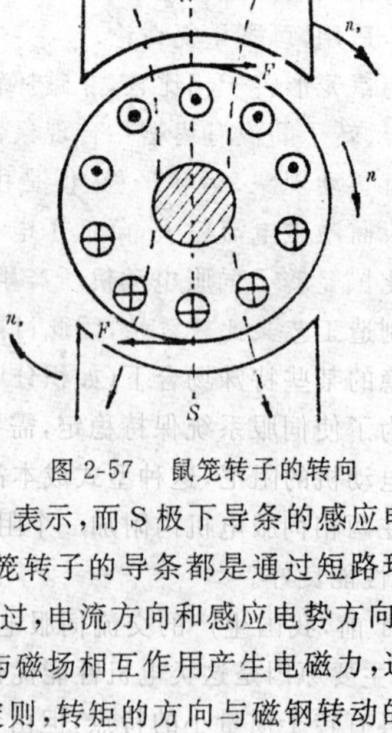

图 2-57　鼠笼转子的转向

则，N 极下导条的感应电势方向是垂直地从纸面出来，用 ⊙ 表示，而 S 极下导条的感应电势方向是垂直地进入纸面，用 ⊕ 表示，如图 2-57 所示。由于鼠笼转子的导条都是通过短路环连起来，因此在感应电势的作用下，在转子导条中就会有电流流过，电流方向和感应电势方向相同。

根据通电导体在磁场中受力原理，转子载流导条又要与磁场相互作用产生电磁力，这个电磁力 F 作用在转子上，并对转轴形成电磁转矩。根据左手定则，转矩的方向与磁钢转动的方向

是一致的，也是顺时针方向。因此，鼠笼转子便在电磁转矩作用下顺着磁钢旋转的方向转动。

但是转子的转速总是比磁铁转速低，因为电动机轴上总带有机械负载，即使在空载下，电机本身也存在阻转矩，如磨擦、风阻等。为了克服机械负载的阻力矩，转子绕组中必须有一定大小的电流以产生足够的电磁转矩，而转子绕组中的电流是由旋转磁场切割转子导条产生的，要产生一定数量的电流，转子转速必须要低于旋转磁场的转速。显然，若转子转速等于磁钢的转速，则转子与旋转磁钢之间就没有相对运动，转子导条将不切割磁力线，转子导条中将不产生感应电势、电流以及电磁转矩等。转子转速要比旋转磁场转速低多少，这主要由机械负载的大小决定。机械负载的阻转矩越大，就需要较大的转子电流，转子导体相对于旋转磁场必须有较大的相对切割速度，以产生较大电势。

由以上实验可知，鼠笼转子（或是非磁杯形转子）所以会转动是由于在空间中有一个旋转磁场。旋转磁场切割转子导条，在转子导条中产生感应电势和电流，转子导条中的电流再与旋转磁场相互作用产生力和转矩，转矩的方向和旋转磁场的转向相同，转子和旋转磁场同一方向转动。交流伺服电动机的工作原理就是如此，但应注意，在实际的电机中没有象图 2-56 中那样的旋转磁钢，电机中的旋转磁场是由定子两相绕组通入两相交流电流所产生，下面分析两相绕组产生旋转磁场的情况。

（一）圆形旋转磁场的产生

为了分析方便，假定激磁绕组匝数 W_1 与控制匝数 W_k 相等。在空间上互差 90° 电角度、匝数相等的两个绕组称为对称两相绕组。

同时，又假定通入激磁绕组的电流 $\dot{I}_j$ 与通入控制绕组的电流 $\dot{I}_k$ 相位彼此相差 90°，幅值彼此相等，两个电流称为两相对称电流，用数学式表示

$$i_k = I_{km}\sin\omega t$$

$$i_j = I_{jm}\sin(\omega t - 90°)$$

$$I_{jm} = I_{km} = I_m$$

用波形图表示如图 2-58 所示。将这样的电流通入两相对称绕组中，分析不同时间电机内部所形成的磁场如下：

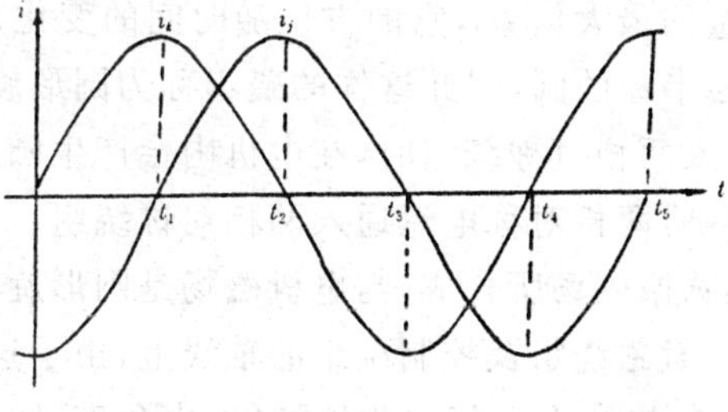

图 2-58　两相对称电流

图 2-59 表示不同瞬间电机磁场分布的情况。图 2-59(*a*) 是对应 t_1 的瞬间。由图 2-58 可见这时控制电流具有正的最大值，激磁电流为零。假定正值电流是绕组始端流入，末端流出，负值电流从绕组末端流入，由始端流出，并用 ⊕ 表示电流从纸面流入，⊙ 表示电流从纸面流出，此时控制电流是从控制绕组始端 k_1 流入，从末端 k_2 流出。根据电流方向，利用右螺旋定则，可画出如虚线所示的磁力线方向，显然这是两极磁场的图形。另外控制绕组通入电流以后所产生的是一

个脉振磁场，此磁场可用一个磁密空间向量 $\dot{B}_k$ 表示，$\dot{B}_k$ 的长度正比于控制电流大小。由于此时控制电流具有正的最大值，因此 $\dot{B}_k$ 的长度也为最大值，即 $B_k = B_m$，方向是沿着控制绕组轴线，根据右螺旋定则电流方向向下。由于此时激磁电流为零，激磁绕组不产生磁场，即 $\dot{B}_j = 0$，所以控制绕组产生的磁场就是电机的总磁场。若电机的总磁场用磁密向量 $\dot{B}$ 表示，则 $\dot{B} = \dot{B}_k$，此时电机磁场的轴线与控制绕组轴线重合，电机磁场的大小

$$B = B_k = B_m$$

式中　B_m—— 一相磁密向量的最大值。

图 2-59(*b*) 对应 t_2 的瞬间。此时激磁电流具有正的最大值，而控制电流为零，控制绕组不产生磁场，即 $\dot{B}_k = 0$，激磁绕组产生的磁场就是电机的总磁场，它的磁场图形如图中虚线所示。因为 $\dot{B}_k = 0$，所以 $\dot{B} = \dot{B}_j$，此时电机磁场轴线与激磁绕组轴线相重合。与上一瞬间相比，磁场的方向在空间按顺时针方向转过 90°，磁场的大小也为

$$B = B_j = B_m$$

图 2-59(*c*) 对应 t_3 瞬间。这时控制电流具有负的最大值，激磁电流为零，这个情况与 t_1 瞬间的情况之差仅是控制电流方向相反。因此两者所形成的电机磁场其大小和位置都相同，只是磁场方向改变，电机磁场的轴线比上一瞬间在空间按顺时针方向又转过 90°，与控制绕组轴线相重合，磁场的大小仍为

$$B = B_k = B_m$$

用同样的方向可分析图 2-59(*d*) 的情况，这时对应 t_4 的瞬间，电机磁场的轴线按顺时针方向再转过 90°，与激磁绕组轴线相重合。

$$B = B_j = B_m$$

对应图 2-58 的瞬间 t_5，控制电流又达到正的最大值，激磁电流为零，电机的磁密向量 $\dot{B}$ 又转到图 2-59(*a*) 所表示的位置。

由 以上分析可知，当两相对称电流通入两相对称绕组时，在电机内就会产生一个旋转磁场，旋转磁场的磁通密度 B 在空间也可看成是按正弦规律分布的，其幅值 B_m 恒定不变，而磁密幅值在空间的位置却以转速 n_s 旋转，如图 2-60 所示。

当控制电流变化一个周期时，旋转磁场在空间旋转一圈。

由于电机磁密幅值是恒定不变的，在磁场旋转过程中，磁密向量 B 的大小在任何瞬间都保持为恒值，等于一相磁密向量的最大值 B_m，它的方位随时间的变化在空间旋转，磁密向量 $\dot{B}$ 的矢端在空间描出一个以 B_m 为半径的圆，因此这样的磁场称为圆形旋转磁场。

当两相对称交流电流通入两相对称绕组时，在电机内会产生圆形旋转磁场。即在两相系统中产生圆形旋转磁场的条件是：两相对称电流通入两相对称绕组。

电机的总磁场是由两个脉振磁场所合成，当电机磁场是圆形旋转磁场时，这两个脉振磁场的磁密向量 $\dot{B}_j$ 和 $\dot{B}_k$ 分别位于激磁绕组及控制绕组的轴线上，由于这两个绕组在空间是彼此相隔 90° 电角度，因此磁密向量 $\dot{B}_j$ 与 $\dot{B}_k$ 在空间彼此相隔 90° 电角度。同时，由于激磁电流与控制电流都是随时间按正弦规律变化的，相位上彼此相差 90°，所以磁密向量 $\dot{B}_j$ 和 $\dot{B}_k$ 的长短也是随时间作正弦变化，相位彼此相差 90°。再由于两相对称电流其幅值相等，所以当匝数相等时，两相绕组所产生的磁密向量的幅值也必然相等。这样，两绕组磁密向量的长度随时间变化关系可分别表示为

$$B_k = B_{km}\sin\omega t$$

$$B_j = B_{jm}\sin(\omega t - 90°)$$

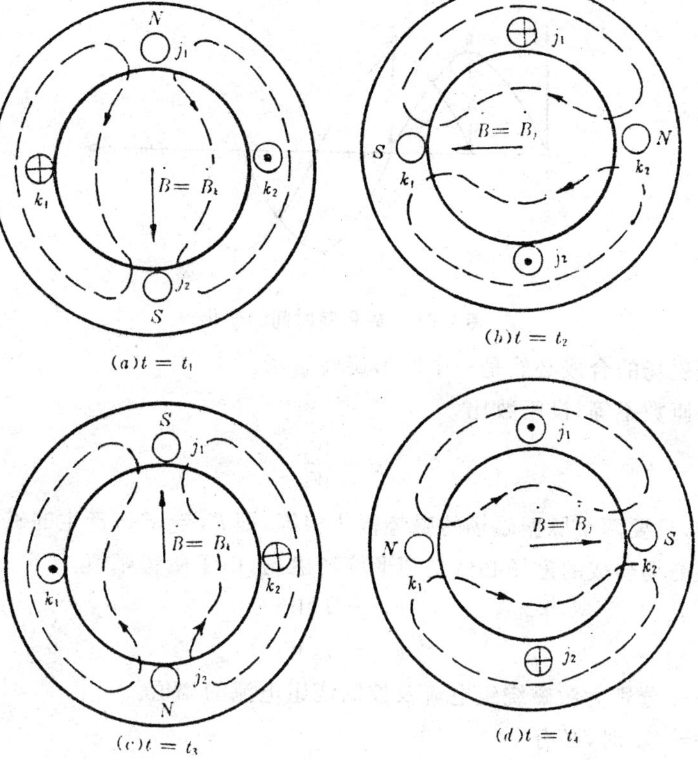

图 2-59　两相绕组产生的圆形旋转磁场

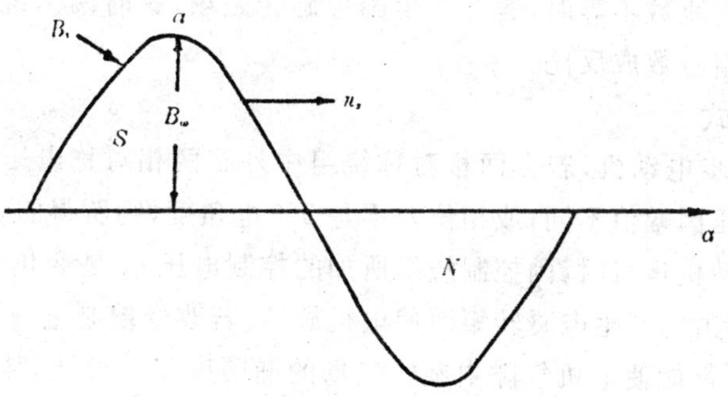

图 2-60　旋转磁场示意图

$$B_{km}=B_{jm}=B_m \tag{2-65}$$

相应的变化图形如图 2-61 所示。任何瞬间电机合成磁场的磁密向量的长度

$$\begin{aligned}B&=\sqrt{B_k{}^2+B_j{}^2}\\&=\sqrt{[B_{km}\sin\omega t]^2+[B_{jm}\sin(\omega t-90°)]^2}\\&=B_m\end{aligned}$$

综上所述，在两相系统里产生圆形旋转磁场的条件还可以这样认为：如果有两个脉振磁密，它们的轴线在空间相夹 90° 电角度，在时间上彼此有 90° 相位差，其脉振的幅值又相等。那

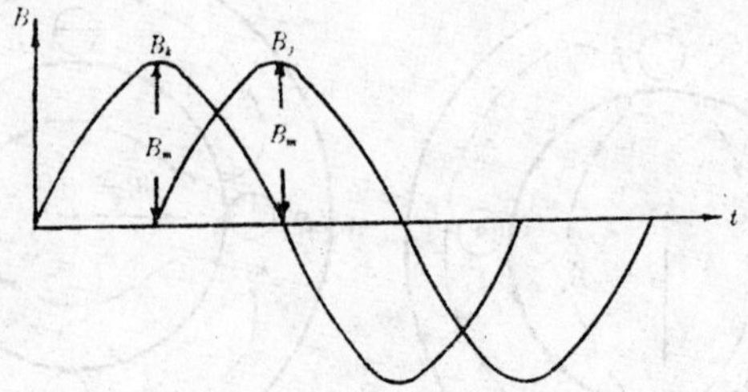

图 2-61　磁密随时间的变化

么这样两个脉振磁场的合成必然是一个圆形旋转磁场。

当两相绕组匝数不等，设匝数比

$$k = \frac{W_j}{W_k} \tag{2-66}$$

由以上分析可知，只要两个脉振磁场的磁势幅值相等，即 $F_{jm} = F_{km}$，产生的磁密向量幅值相等，因而这两个脉振磁场合成的磁场必然是圆形旋转磁场。由于磁势幅值

$$F_{jm} = I_{jm}W_j$$

$$F_{km} = I_{km}W_k$$

式中　I_{jm}、I_{km}—— 分别为激磁绕组电流及控制绕组电流的幅值。

所以当 $F_{jm} = F_{km}$ 时，必有

$$I_{jm}W_j = I_{km}W_k \tag{2-68}$$

或

$$\frac{I_{km}}{I_{jm}} = \frac{W_j}{W_k} = k \tag{2-68}$$

即当两相绕组匝数不等时，若要产生圆形旋转磁场，这时两个绕组中的电流大小应不等，其电流幅值与绕组匝数成反比。

(二) 控制方式

对于两相异步电动机，若在两相对称绕组中外施两相对称电压，便可得到圆形的旋转磁场。反之，两相电压因幅值不同，或相位差不是 90° 电角度，则所得的是椭圆形旋转磁场。

交流伺服电动机运行时，因控制绕组所加的控制电压 U_k 是变化的，一般说来，得到的是椭圆形旋转磁场，并由此产生电磁转矩而使电机旋转。若改变控制电压的大小或改变它与激磁电压之间的相位角，都能使电机气隙中旋转磁场的椭圆度发生变化，从而影响到电磁转矩。当负载转矩一定时，可以通过调节控制电压的大小或相位来达到改变电机转速的目的。因此，交流伺服电动机的控制方式有以下三种：

1. 幅值控制

这种控制方式是通过调节控制电压的大小来改变电机的转速，而控制电压 $\dot{U}_k$ 与激磁电压 $\dot{U}_j$ 之间的相位角始终保持 90° 电角度。当控制电压 $\dot{U}_k = 0$ 时，电机停转，即 $n = 0$，其接线图如图 2-62(a) 所示。

2. 相位控制

这种控制方式是通过调节控制电压的相位（即调节控制电压与激磁电压之间的相位角 β）来改变电机的转速，而控制电压的幅值保持不变。当 $\beta = 0$ 时，电机停转，即 $n = 0$。其接线图如

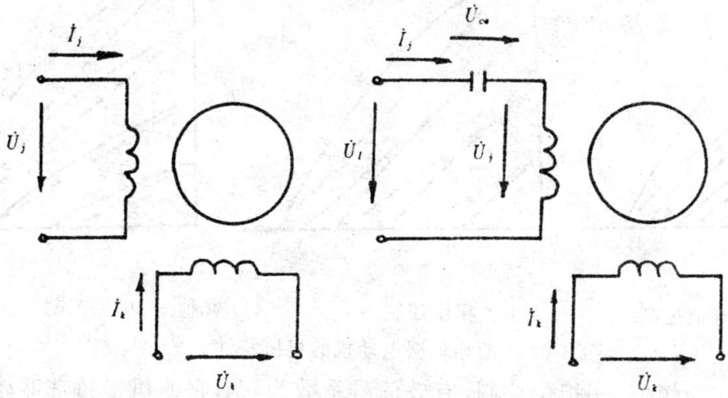

图 2-62　两相交流伺服电动机的不同控制方式接线图

图 2-62(a) 所示。这种控制方式一般很少采用。

3. 幅值—相位控制(或称电容控制)

这种控制方式是将激磁绕组串联电容 C 以后，接到稳压电源 $\dot{U}$ 上，其接线图如图 2-62(b) 所示。这时激磁绕组的电压 $\dot{U}_j = \dot{U}_1 - \dot{U}_{ca}$，参看图 2-63。而控制绕组上仍外施控制电压 $\dot{U}_k$，$\dot{U}_k$ 的相位始终与 $\dot{U}_1$ 相同。当调节控制电压 $\dot{U}_k$ 的幅值来改变电动机的转速时，由于转子绕组的耦合作用，激磁绕组的电流 $\dot{I}_j$ 亦发生变化，致使激磁绕组的电压 $\dot{U}_j$ 及电容 C 上的电压 $\dot{U}_{ca}$ 也随之改变。电压 $\dot{U}_k$ 和 $\dot{U}_j$ 的大小及它们之间的相位角 β 也都随之改变，所以这是一种幅值和相位的复合控制方式。若控制电压 $\dot{U}_k = 0$ 时，电机就停转。这种控制方式是利用串联电容器来分相，它不需要复杂的移相装置，所以设备简单、成本较低，因而成为最常用的一种控制方式。

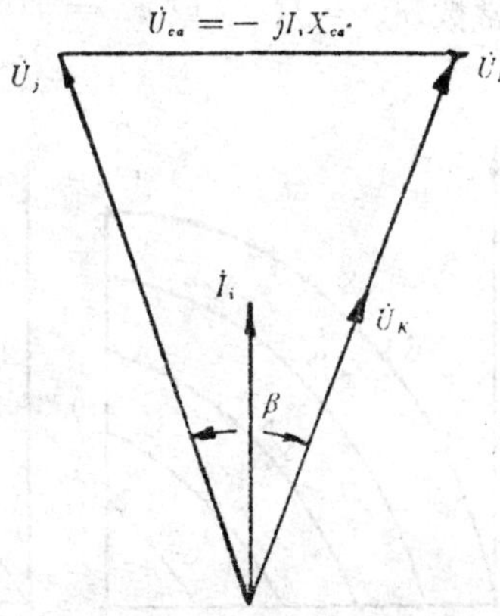

图 2-63　幅值—相位控制时的电压相量图

三、主要工作特性

(一) 机械特性

伺服电动机具有下降的机械特性，即转速随转矩的增加而均匀下降，如图 2-64 所示。机械特性的斜率为负，即$\frac{dM}{dn} < 0$。临界滑差率愈大，特性的线性度愈好。一般，用增大转子电阻的方法获得下降的机械特性，这时电机的效率要相应地降低。交流伺服电动机的机械特性为非线性，分析时较复杂，若略去一些次要因素，简化后的特性称为“理想电机”特性，如图 2-64 中虚线所示。

图中横座标为 n_*，是转速的相对值，即电动机转速与同步转速之比。纵座标 T_* 是电磁转矩与堵转矩的相对值。图 2-64(a) 是幅值控制，其中 α 是信号系数，为控制电压与电源电压之比。图 2-64(b) 是相位控制，β 是指电压之间的相位角，在 0～90° 之间变化，$\sin\beta$ 为相位控制的

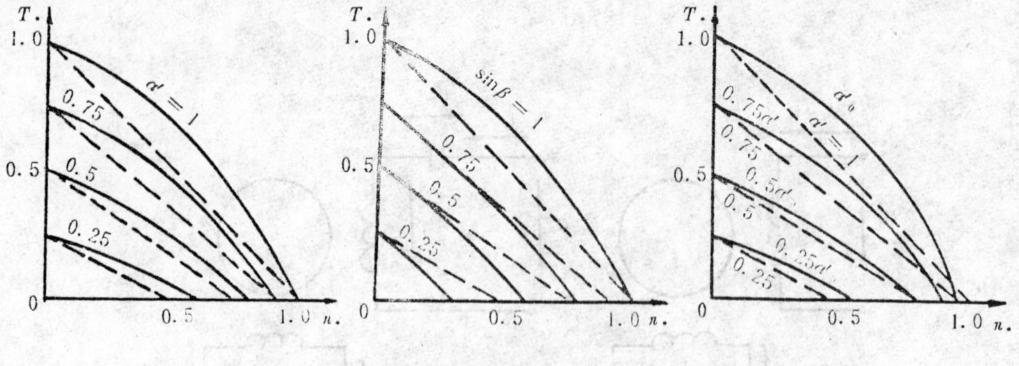

(a) 幅值控制　　(b) 相位控制　　(c) 幅值 — 相位控制

图 2-64　两相伺服电动机的机械特性

信号系数。图 2-64(c) 为幅值 — 相位控制，有效信号系数为 α'_0，它的机械特性非线性比幅值控制和相位控制都更严重。

(二) 调节特性

交流伺服电动机的调节特性是指电磁矩不变时，转速随控制电压大小而变化的关系，即为 $T_* =$ 常数，$n_* = f(\alpha')$ 或 $n_* = f(\sin\beta)$。如图 2-65 所示。

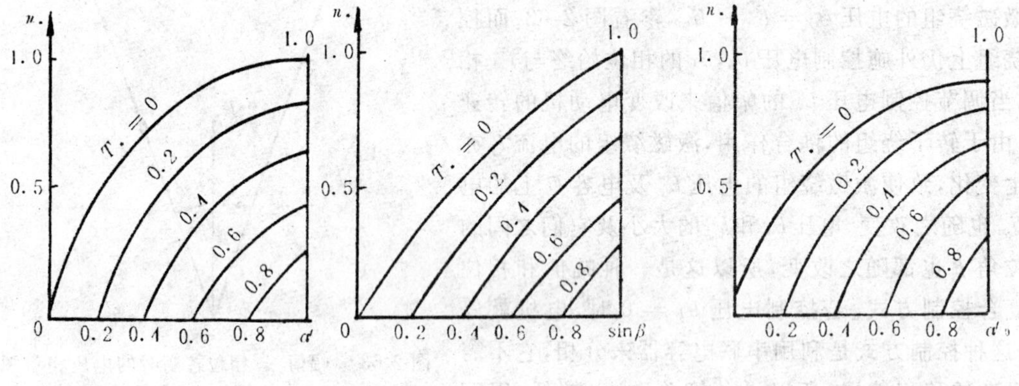

(a) 幅值控制　　(b) 相位控制　　(c) 幅值 — 相位控制

图 2-65　两相交流伺服电动机的调节特性

从图 2-65 中可以看出，两相交流伺服电动机在三种不同控制方式下的调节特性都不是线性关系。也只在转速相对值较小和信号系数不大的范围内才近于线性关系，所以它们和“理想电机”的调节特性相比，并没有本质的差别。

比较三种不同控制方式下的调节特性可以看出，相位控制时调节特性的线性度最好；而幅值控制和幅值 — 相位控制时都较差。

(三) 输出特性

交流伺服电动机的输出特性是指在一定的控制电压下，电机的输出机械功率与转速之间的关系，即当 $\alpha' =$ 常数或 $\sin\beta =$ 常数时，$P_{2*} = f(n_*)$。

由于输出机械功率等于转速和转矩的乘积，则

$$P_{2*} = T_* \cdot n_* \tag{2-69}$$

图 2-66 中表示了三种不同控制方式下电机的输出特性曲线组。由图可见，当电机在堵转

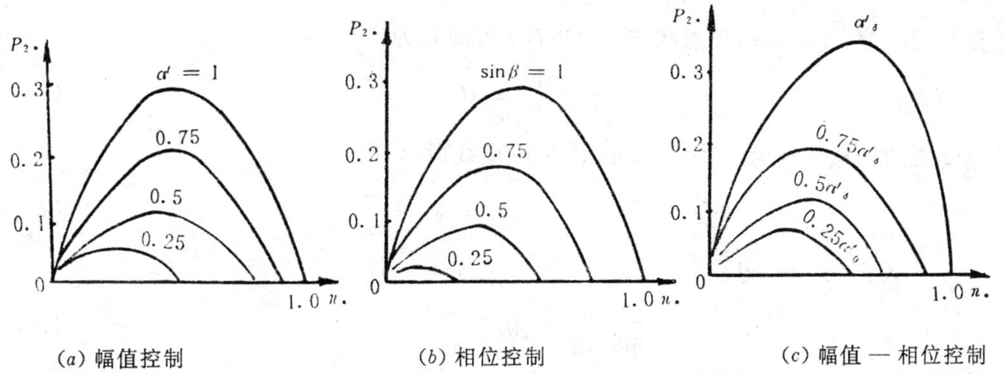

图 2-66 两相交流伺服电动机的输出特性

时($n_* = 0$)和理想空载时($T_* = 0$)其输出机械功率都为零,而最大输出机械功率通常出现在理想空载转速的 0.55 倍左右处。当信号系数减小时,不仅使最大输出机械功率值减小,并使出现该值时的转速向较低的方向偏移。

两相交流伺服电动机通常取额定信号系数(幅值控制时 $\alpha' = 1$ 或相位控制时 $\sin\beta = 1$)时的最大输出机械功率为电机的额定功率。对应于最大输出机械功率时的转速定为电机的额定转速。

比较图 2-66 中三种不同控制方式下电机的输出机械功率曲线。显然,在相应的信号系数时,幅值 — 相位控制时最大输出机械功率值较大,而相位控制时较小。

虽然,幅值 — 相位控制时电机的机械特性线性度较差,但是它有较大的输出机械功率,又不需要附加复杂的移相设备就能在单相交流电源上获得控制电压和激磁电压的分相,因此在实际应用中,它是最常见的一种控制方式。

(四) 单相运行不"自转"问题

两相交流伺服电动机运行时,若控制信号消失,即控制电压 $\dot{U}_0 = 0$,因激磁绕组仍接在激磁电源上,电动机成为单相运行状态。而自动控制系统要求电机在控制信号消失后,应有自制能力,即能立即停转,决不允许出现"自转"现象。

为使交流伺服电动机具有自制动能力,克服"自转"现象,就必须使转子有较大的电阻值。在自动控制系统中,由于交流伺服电动机控制绕组所接的放大器情况不同,亦即控制电压消失时,控制绕组所处的条件不同,相应地对克服"自转"现象所要求的转子电阻值的大小也有所不同。

正常设计和制造的交流伺服电动机不会产生单相供电的自转现象。但若转子的参数设计得不合理,即转子电阻很小,若电源内阻抗,特别是放大器的内阻抗很大,或制造工艺有缺陷,例如铁芯片间短路、绕组匝间短路、各向磁导不均等原因,将使电机在单相通电的情况下,发生自转现象。

(五) 动态特性

两相伺服电机的动态特性除了与电机本身结构和参数有关外,还受到使用条件的影响,如控制方式、驱动电源的阻抗和控制电压波形等。下面着重分析本身因素,假设电源输出阻抗为零,以幅值控制方式为例进行讨论。

若设电动机的转动惯量为 J,阻尼系数为 K_D,摩擦转矩为 M_f,根据动力学方程,则电动机的转矩平衡方程可表示为：

$$\frac{2\pi}{60}J\frac{\mathrm{d}n}{\mathrm{d}t}+\frac{2\pi}{60}K_Dn+M_f=M \tag{2-70}$$

假设在无摩擦、无阻尼的理想状态，式(2-70) 可简化为：

$$\frac{2\pi}{60}J\frac{\mathrm{d}n}{\mathrm{d}t}=M \tag{2-71}$$

若电动机的机械特性为线性关系，如图 2-64 虚线所示，则：

$$\frac{M}{M_d}=\frac{n_0-n}{n_0} \qquad M=M_d\frac{n_0-n}{n_0} \tag{2-72}$$

将式(2-72) 代入式(2-71)，得：

$$\frac{2\pi}{60}J\frac{\mathrm{d}n}{\mathrm{d}t}=M_d\frac{n_0-n}{n_0} \tag{2-73}$$

解式(2-73) 得

$$\frac{n_0-n}{n_0}=e^{-\frac{60M_d}{2\pi Jn_0}t} \tag{2-74}$$

则

$$n=n_0(1-e^{-t/T_M}) \tag{2-75}$$

式中 T_M—— 机械时间常数，

$$T_M=\frac{\omega_0}{M_d}J$$

ω_0—— 空载下角速度，

$$\omega_0=\frac{2\pi}{60}n_0$$

而 $M(s)=K_iI(s)=\dfrac{K_iu_k(s)}{(Ls+R)}$

由式(2-71) 可得两相伺服电动机的传递函数为

$$\frac{n(s)}{u_k(s)}=\frac{K_M}{(sT_M+1)(sT_E+1)}$$

式中 K_M—— 力矩系数；

$T_E=\dfrac{L}{R}$—— 电气时间常数。

其中 L—— 堵转时等值电感；

R—— 堵转时等值电阻。

该传递函数和直流电动机的传递函数式(2-24) 是一样的。因此，理想时交流伺服电动机的动态特性与直流电动机的动态特性相同。

四、交、直流伺服电动机的性能比较

两相交流伺服电动机和直流伺服电动机在自动控制系统中都被广泛使用。下面就对这两类电机进行简单的比较，分别说明其优缺点，以便选用时参考。

(一) 机械特性和调节特性

直流伺服电动机的机械特性和调节特性均为线性关系，且在不同的电压下，机械特性曲线相互平行，斜率不变。两相交流伺服电动机的机械特性和调节特性均为非线性关系，且在不同的控制电压下，理想线性机械特性也不是相互平行的。机械特性和调节特性的非线性都将直接影响到系统的动态精度，一般来说特性的非线性度越大，系统的动态精度越低。

（二）体积、重量和效率

为了满足控制系统对电机性能的要求，转子电阻就得相当大。而且电机经常运行在椭圆形旋转磁场下，由于要产生制动转矩，因此电机的损耗增大，电磁转矩减小。当输出功率相同时，两相交流伺服电动机要比直流伺服电动机的体积大、重量重、效率低。所以两相伺服电动机只适用于小功率系统，而对于功率较大的控制系统，则普遍采用直流伺服电动机。

（三）动态响应

电动机的动态响应的快速性常常以机电时间常数来衡量。直流伺服电动机的转子上带有电枢绕组和换向器，因此它的转动惯量要比两相伺服电动机大些。例如某直流伺服电动机，比与其体积、重量相近的空心杯转子两相交流伺服电动机，转动惯量要大近一半。若两电机的空载转速相同，则直流伺服电动机的堵转转矩要比两相伺服电动机大得多。这样，综合比较来看，它们的机电时间常数就较为接近。在带负载时，若电动机所带负载的转动惯量较大，这时两种电机系统的总惯量（即负载的转动惯量与电机的转动惯量之和）就相差不太多，可能出现直流电机系统的机电时间常数反而比交流电机系统的机电时间常数为小的情况。

（四）"自转"现象

对于两相交流伺服电动机，若参数选择不适当，或制造工艺上有缺陷，都会使电动机在单相状态下产生"自转"现象，而直流伺服电动机却无"自转"现象。

（五）电刷和换向器的滑动接触

直流伺服电动机由于有电刷和换向器，因而结构复杂、制造麻烦。因电刷与换向器之间存在滑动接触，电刷的接触电阻也不稳定，这些都会影响到电机运行的稳定性。另外，直流伺服电动机还存在因换向器所引起的无线电通讯干扰，又容易出现火花，给运行和维护带来困难。

两相交流伺服电动机结构简单，运行可靠，维护方便，适宜在不易检修的场合使用。

（六）放大器装置

直流伺服电动机的控制绕组通常是由直流放大器供电，而直流放大器有零点漂移现象，这将影响系统工作的精度和稳定性。此外直流放大器的体积和重量要比交流放大器大，这是直流伺服系统存在的缺点。

五、交流伺服电动机的应用

交流伺服电动机主要用于随动系统和增量运动中作为伺服或驱动元件。图 2-67 和 2-68 所示为含有交流伺服电动机的速度和位置伺服系统的典型方框图。

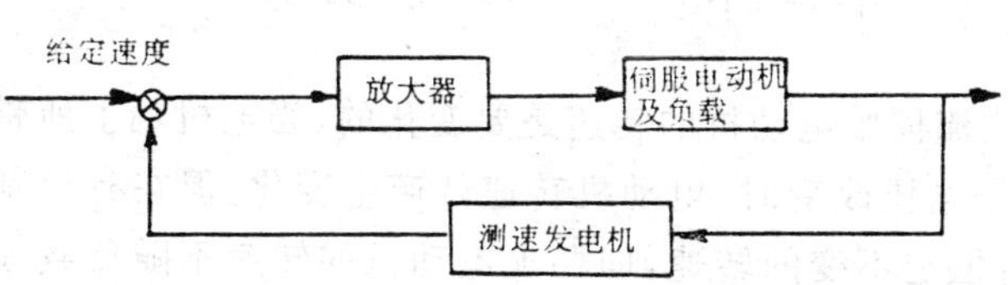

图 2-67　速度伺服系统方框图

在雷达天线系统中，雷达天线由交流伺服电动机拖动作不断旋转扫描，同时由发射机的无线电波经天线发送出去，对目标进行搜索，当遇到目标时，部分电波被反射回来送到接收机，将

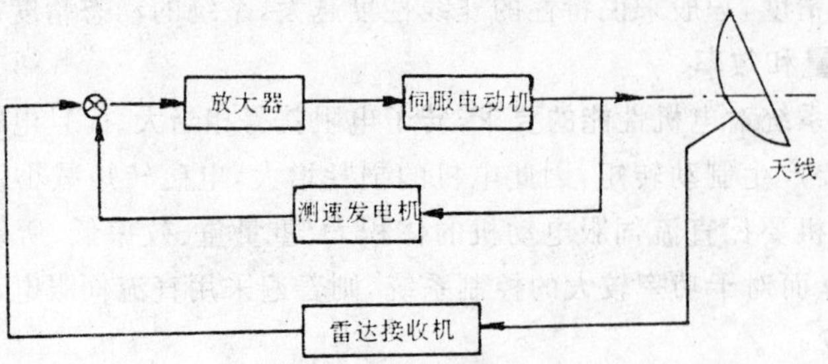

图 2-68　雷达天线驱动图

目标的距离、方位确定下来。伺服电机的输入由接收机来控制，天线在电机的驱动下跟踪飞机作缓慢的转动，图 2-68 为这种驱动系统的原理框图。

在同步随动机构中，伺服电机也是不可缺少的元件。这种系统通常用于：火炮及雷达天线的定位；枪炮的射击控制；船舰的方向舵与驾驶盘的控制；飞机和宇宙飞船等在自动驾驶中高度及航向的控制等。图 2-69 所示的方框图可使被控制物体轴的角位置 θ_2 准确地复现主令轴的角位置 θ_1。该系统由自整角机、伺服电机、测速发电机、伺服放大器及齿轮组等组成。θ_1 为自整角发送机的角位置即输入信号，如两个自整角机的转子未被调整在相同的角度上(角位置为 θ_2)，则自整角变压器将感应出一个交流电压，此信号经伺服放大器放大成电压后，供给伺服电机的控制绕组，使伺服电机驱动轴上的负载，即伺服电机经减速器调整角变压器的转子位置，最终达到 $\theta_1 = \theta_2$，使 $U_2 = 0$，这样便完成了跟踪要求。

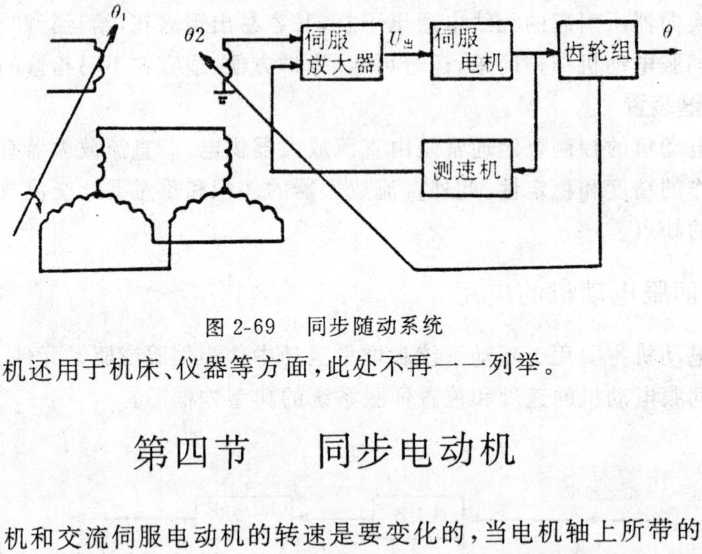

图 2-69　同步随动系统

交流伺服电动机还用于机床、仪器等方面，此处不再一一列举。

第四节　同步电动机

直流伺服电动机和交流伺服电动机的转速是要变化的，当电机轴上所带的负载阻转矩或者加在控制绕组上的信号电压改变时，电动机转速就产生变化。但在有控制设备和自动装置中，往往要求电动机具有恒定不变的转速，即要求电动机的转速不随负载和电压的变化而变化。同步电动机就是具有这种特性的电动机。

目前，功率从零点几瓦到数百瓦的各种同步电动机，在需要恒速运转的自动控制装置中得到了广泛的应用。例如它们用于自动和遥控装置、无线电通讯设备、同步联络系统、磁带录音和钟表工业等。

同步电动机是交流电动机，在结构上主要也是由定子和转子两部分组成，各种同步电动机的定子与一般异步电动机的定子没有什么不同，定子铁芯通常也是由带有齿和槽的冲片叠成，在槽中嵌入三相或两相绕组。当三相电流通入三相绕组或两相电流通入两相绕组时，定子中就会产生旋转磁场。旋转磁场的转速称为同步速，以下式表示：

$$n_s = \frac{60f}{p}$$

式中　f—— 电源频率；

　　　p—— 电机控制绕组的极对数。

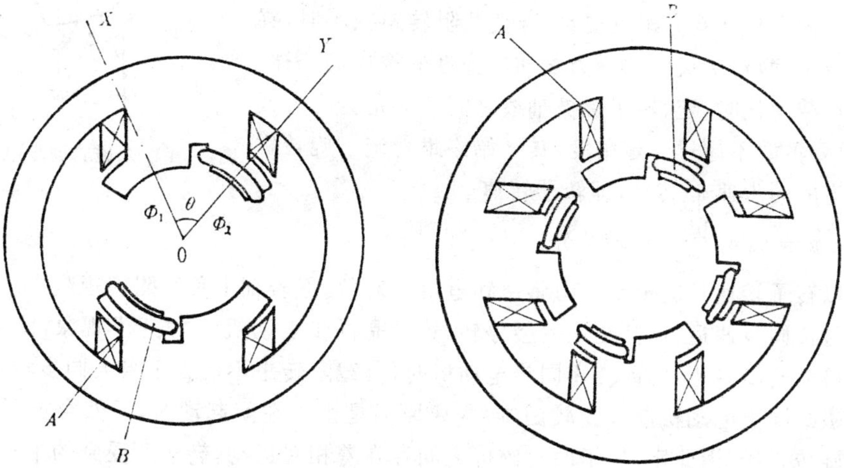

(a) 两极　　　　(b) 四极

图 2-70　爪极式电动机的定子

A — 工作绕组　　　B — 短路环

另外，在一些微小容量的交流电动机中，定子结构可采用爪型式，如图 2-70 所示。图中定子铁芯采用凸极型式，是由硅钢片叠成，可以作成两极（如图 2-70(a)），也可作成多极（如图 2-70(b)），在每个极上绕有工作绕组 A，接到单相交流电源上，同时每个极的一部分套有一个短路环 B，称为爪极绕组。就是依靠这些爪极绕组的作用，可以使单相绕组通入单相交流电后产生旋转磁场。在爪极式的电机中，当爪极的位置固定不变时，旋转磁场的转向，也就是电机的转向总是固定不变的，总是由无爪极的轴线转向爪极的轴线，因而这种电机的转向是不可逆的。只有当爪极的位置改变时（例如将定子铁芯从机座中取出，反向以后重新装入），电机才改变转向。

单相爪极型式的定子由于结构简单、制造方便，因而在微小电动机中采用很多。

各种小功率同步电动机的定子都是相同的，或是三相绕组通入三相电流，或是两相绕组通入两相电流（包括单相电源经过电容分相），或是单相爪极式的，其主要作用都是为了产生一个旋转磁场。但是转子的结构型式和材料却有很大差别，因而其运行原理也就不同。根据转子型式的不同，小功率同步电动机主要可分为永磁式电动机、反应式电动机、磁滞式电动机等。此外减速式同步电动机也较有发展前途。现分别介绍如下：

一、永磁式同步电动机

永磁式同步电动机的转子是由永久磁钢作成，可以作成两极的，其作用原理如下：

图 2-71 中所表示的转子是一个具有两个极的永磁转子。当同步电动机的定子通上交流电源后，就产生一个旋转磁场，这个旋转磁场用另一对旋转磁极加以表示。当定子旋转磁场以同步速 n_s 朝着图示的转向旋转时，则根据N极与S极互相吸引的原理，定子旋转磁极就与转子永久磁极紧紧吸住，并带着转子一起旋转。由于转子是由旋转磁场带着转的，显然，转子的转速应该与旋转磁场转速即同步速 n_s 相等。当转子上的负载阻转矩增大时，定子磁极轴线与转子磁极轴线间的夹角 θ 就会相应增大。当负载阻转矩减小时，夹角又会减小，两对磁极间的磁力线如同弹性的橡皮筋一样。但尽管负载变化时，定、转子磁极轴线之间的夹角会变大或变小，只要负载不超过一定限度，转子始终跟着定子旋转磁场以恒定的同步速 n_s 转动，即转子转速

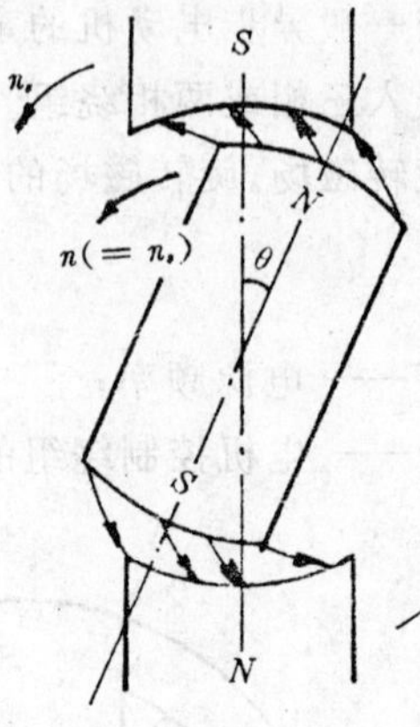

图 2-71　永磁式同步电动机工作原理

$$n = n_s = \frac{60f}{p} \quad （转 / 分）$$

所以转子转速只决定于电源频率和电机极对数。但若轴上负载阻转矩超出一定限度，则转子就不再按同步速运行，甚至最后会停转，这就是同步电动机的“失步”现象，此最大限度的转矩称为最大同步转矩。因此使用同步电动机时，负载阻转矩不能大于最大同步转矩。

永磁式同步电动机起动比较困难，主要原因是由于在刚起动时，虽然合上了电源，电机内产生了旋转磁场，因此定、转子两对磁极之间存在着相对运动，转子所受到的平均转矩为零。例如在图 2-72(*a*) 所表示的瞬间，定、转子磁极的相互作用是倾向于使转子逆时针方向旋转，但由于惯性的影响，转子受到作用后不能马上转动，当转子还来不及转动时，定子旋转磁场已转过 180°，到如图 2-72(*b*) 的位置，这时定、转子磁极的相互作用又趋向于使转子顺时针方向旋转，所以转子所受到的转矩时正时反，其平均转矩为零，因而永磁式同步电动机往往不能自己起动。由图 2-72 还可看出，在同步电动机中，如果转子的转速与旋转磁场的转速不相等，转子所受到的平均转矩总是零。

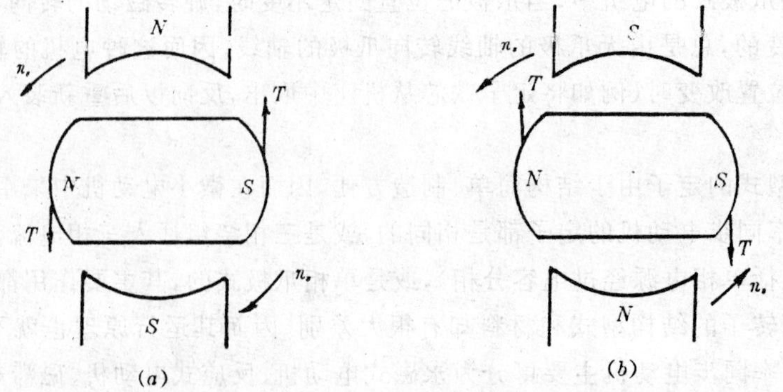

图 2-72　永磁同步电动机的起动转矩

综上所述，影响同步电动机不能自起动的因素主要有以下两个方面：

(1) 转子本身存在有惯性；

(2) 定、转子磁场之间转速相差过大。

为了使永磁式同步电动机能自行起动，在转子上一般都装有起动绕组。但若电动机转子本身惯性不大，或者是多极的低速电机，定子旋转磁场转速不很大，则永磁式同步电动机不另装起动绕组还是能自行起动。

永磁式同步电动机典型结构如图 2-73 所示。它的定子与异步电动机的定子完全相同，转子主要由两部分组成，一部分是两块圆形的永久磁钢，可以是两极的，也可以是多极的，装在转子的两端，另一部分是鼠笼式的起动绕组，位于转子的中间，起动绕组的结构与一般鼠笼式伺服电动机完全相同。当永磁式同步电动机起动时，依靠鼠笼式起动绕组，就可以使电机如同异步电动机工作时一样产生起动转矩，使转子转动起来，等到转子速度上升到接近同步速时，定子旋转磁场就与转子永久磁钢相互吸引把转子拉入同步，与旋转磁场一起以同步速旋转。

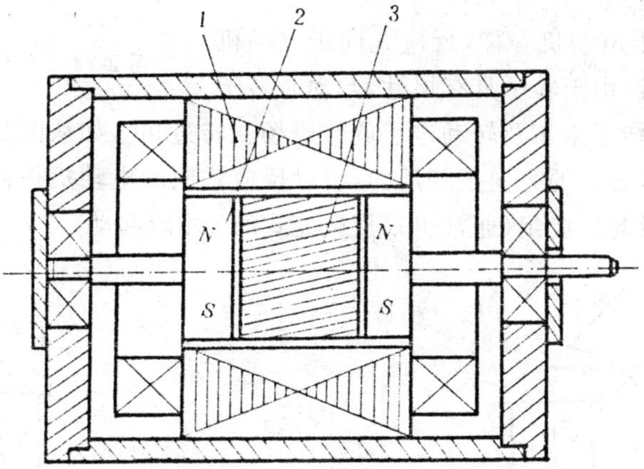

图 2-73　永磁式同步电动机的结构

1 — 定子；2 — 永久磁钢；3 — 鼠笼式的起动绕组

二、反应式同步电动机

(一) 工作原理

反应式同步电动机又称为磁阻电动机，这种电机的转子本身是没有磁性的，只是依靠转子上正交的两个方向磁阻的不同而产生转矩(这种转矩一般称为反应转矩)。图 2-74 所表示的凸极转子就是一个具有正交的两个方向磁阻不同的转子。

反应式同步电动机的工作原理如图 2-74 所示，图中外边的磁极表示定子绕组所产生的旋转磁场，中间是一个凸极式的转子，凸极转子可以看成是有两个方向，一个顺着凸极的方向称为直轴方向，另一个与凸极轴线正交方向称为横轴方向。显然当旋转磁场轴线与转子直轴方向一致时，磁通所通过的路径的磁阻最小，与转子横轴方向一致时，磁阻最大，其它位置时磁阻处于两者之间。

如果在某一瞬间，旋转磁场的轴线与转子直轴方向相夹 θ 角，磁通所经过的路径如图中所示，由图可见，这时磁通被扭歪，由于磁通类似于弹簧或橡皮筋，有尽量把自己收缩到最短、使磁通所经过的路径其磁阻为最小的性质，因此磁通就要收缩，力图使转子直轴方向与定子磁极的轴线一致，到达磁阻最小的位置。由于磁通的收缩，转子就受到转矩的作用，迫使转子跟着旋转磁场以同步速转动。所以反应式同步电动机的转速也总是等于同步速，即

$$n = n_s = \frac{60f}{p}(\text{转} / \text{分})$$

显然,加在转子轴上的负载转矩越大,则定子旋转磁场的轴线与转子直轴方向的夹角 θ 也就越大,磁通有更大的歪曲,磁通的收缩力更大,可以产生出更大的转矩,与加在转子轴上的负载阻转矩相平衡。

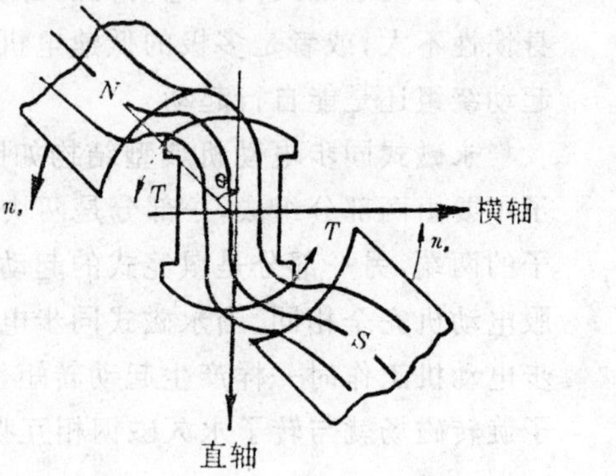

图 2-74　反应式同步电动机工作原理

与永磁式同步电动机相同,只要负载阻转矩不超过一定限度,反应式电动机转子始终跟着旋转磁场以同步速转动,但如果负载阻转矩超出此限度,电机就会失步,甚至停转,这个最大限度的转矩也称为最大同步转矩。

与永磁式同步电动机一样,反应式同步电动机的起动也比较困难。由于转子具有惯性,起动时转子受到作用力矩后,转子来不及转动定子旋转磁场就转过 90°,如从图 2-75(a) 转到图 2-75(b),显然这二种位置反应转矩的方向是相反的,所以反应式同步电动机往往也不能自己起动,在转子上也须要另外装设起动绕组(通常也采用鼠笼式的) 才能起动。

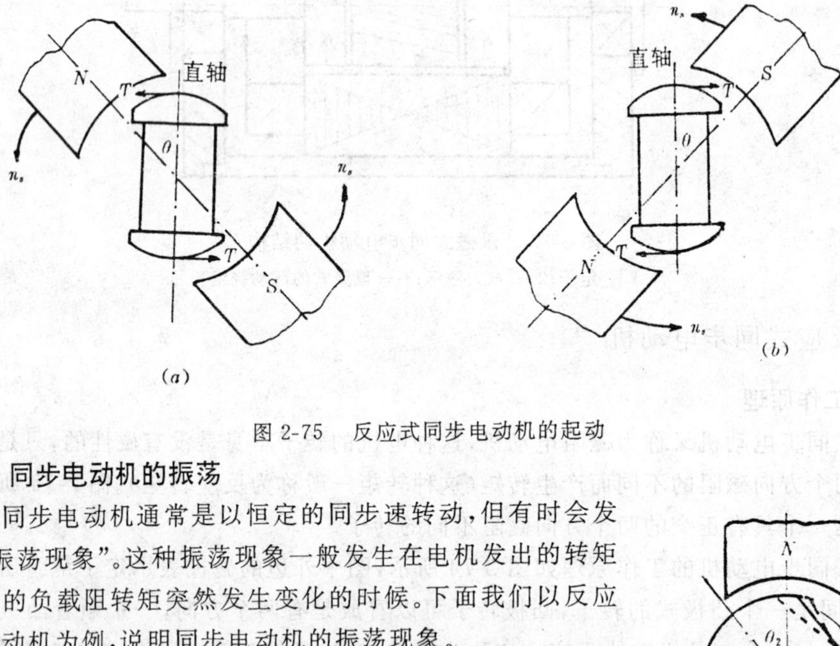

图 2-75　反应式同步电动机的起动

(二) 同步电动机的振荡

虽然同步电动机通常是以恒定的同步速转动,但有时会发生所谓"振荡现象"。这种振荡现象一般发生在电机发出的转矩或者轴上的负载阻转矩突然发生变化的时候。下面我们以反应式同步电动机为例,说明同步电动机的振荡现象。

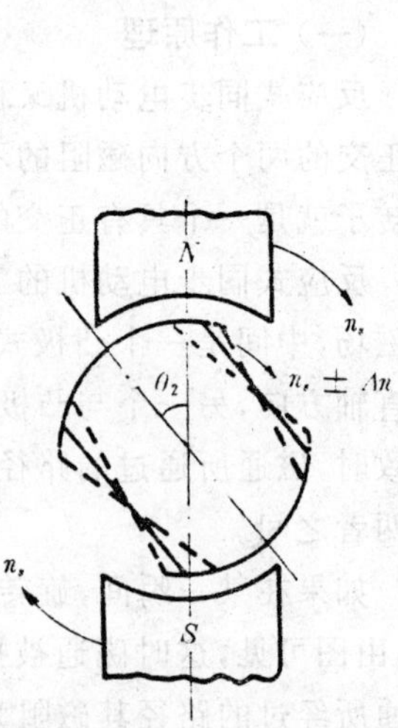

图 2-76　同步电动机的振荡

图 2-76 是解释同步电动机振荡现象的原理图。假定电机原先是在定子磁场轴线与转子直轴方向夹角为 $\theta = \theta_1$(图中未画出) 的情况下运转,此时电动机发出的反应转矩 T_1 与轴上负载阻转矩 T_{L1} 相平衡。但如果突然发生扰动(如空气、轴上摩擦等阻转矩发生变化),使轴上负载阻转矩突然减小为 T_{L2},则电动机发出的转矩就大于负载阻转矩,电机就加速,定子磁场轴线与转子直轴方向之间的夹角就减小,直到夹角 $\theta = \theta_2$,此时电动机发出的反应转矩 T_2 又等于 T_{L2},照例电动机应该在这新的平衡点运转,但此时转子速度已超过同步

速，由于转子具有惯性，在惯性矩作用下，转子不能停留在这个新的平衡点运转，而要越过平衡点，这样夹角 θ 就会小于 θ_2，但此时电动机发出的转矩小于负载阻转矩，电动机就要减速，夹角 θ 又开始增大并趋向 θ_2，但当 $\theta=\theta_2$ 时转子转速已低于同步速，又由于转子惯性矩作用，转子要越过 θ_2 使夹角 θ 大于 θ_2，然后再重复前面的过程。这样，转子要在 $\theta=\theta_2$ 处来回振荡一段时间，由于空气和轴上摩擦或其它阻尼作用，振荡就会逐渐衰减，最后在新的平衡点 $\theta=\theta_2$，$T_2=T_{L2}$ 情况下运转。

必须指出，振荡现象在各种不同的同步电动机中都会发生，只是程度上有所不同。由于振荡，使同步电动机的瞬时转速产生忽高忽低的不稳定现象。这种情况对于一些要求转速稳定度很高的仪器和设备，例如同步随动系统、无线电通讯设备、录音传真设备等会带来很大误差，所以在选用同步电动机时，一般还会提出速度稳定度的要求。减弱同步电动机振荡的方法是很多的，其中之一是在转子上装设鼠笼式的短路绕组，当转子振荡时，转子相对于旋转磁场发生相对运动，在鼠笼导条中产生了切割电流，根据楞次定律，这个电流与磁场相互作用所产生的转矩是阻止转子相对于旋转磁场运动的，因而使振荡得到很大减弱。

（三）结构型式

反应式电动机的定子与一般同步电动机或异步电动机相同，在定子槽中嵌着三相或二相绕组，也可以是爪极式的单相绕组。转子结构型式是多种多样的，但是不管型式如何，根据前面

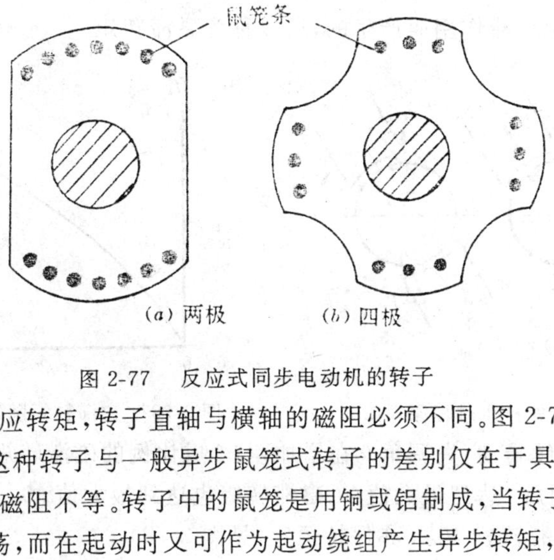

图 2-77　反应式同步电动机的转子

所述的原理，为了产生反应转矩，转子直轴与横轴的磁阻必须不同。图 2-77 是最常见的结构型式，称为凸极鼠笼转子，这种转子与一般异步鼠笼式转子的差别仅在于具有与定子极数相等的凸极，以形成直轴与横轴磁阻不等。转子中的鼠笼是用铜或铝制成，当转子振荡时，它可以作为阻尼绕组削弱电机的振荡，而在起动时又可作为起动绕组产生异步转矩，使反应式同步电动机异步起动，待到转子转速上升到接近同步速时（$n\approx0.95-0.97n_s$），依靠反应转矩将转子拖入同步运行。

反应式同步电动机由于结构简单，成本低廉，运行可靠，因而在自动及遥控装置、同步联络装置、录音传真及钟表工业中获得了广泛的应用。目前国内外反应式同步电动机有单相的和三相的，功率从几瓦到几百瓦。

三、磁滞式同步电动机

磁滞同步电动机是一种交流电动机，转子由磁滞材料作成。在定子旋转磁场作用下，转子产生磁滞转矩，将电动机起动并牵入同步运行。与其它同步电动机相比，它具有以下特点：不需任何起动装置，即能自行起动并平稳到达同步转速；起动电流与额定工作电流相差无几；在电

源电压与轴上负载发生波动情况下，仍保持转速不变；结构简单，运行可靠，噪音低。它广泛用于各种需要恒速驱动的场合。若配以各种变速驱动装置，亦可工作在变速驱动场合。

目前，国内磁滞电动机亦已系列生产，电源频率有50、400赫，转速从1500转／分至24000转／分，功率从0.1瓦至100多瓦。

(一) 作用原理

磁滞同步电动机结构上的主要特点是在于它的转子铁芯不是一般的软磁材料，而是用硬磁材料作成的。这种硬磁材料具有比较宽的磁滞回环，它的剩余磁感应 B_r 及矫顽磁力 H 要比软磁材料大。

如图2-78所示，假设转子是实心转子，定子是一个二极的永久磁铁。当转子被磁化后，在转子中产生恒定的磁场，此时转子磁场的轴线和定子磁场的轴线重合，其间的电磁作用力 F 为径向如图2-78(a)所示，电动机不产生旋转转矩。

当定子磁极转动时，若转子为软磁材料，没有磁滞作用，被磁化的转子磁场轴线也跟着定子磁场转动，定、转子之间的作用力仍然是径向的，不产生旋转转矩，转子仍不动(这里忽略转子涡流效应)，如图2-78(b)所示。转子若是硬磁材料，有明显的磁滞作用，转子中无数单元磁体受旋转磁化后形成的总摩擦力力图保持最初磁化的方向，使转子磁极落后于定子磁极某一角度 θ。一般称 θ 角为失调角，如图2-78(c)所示。这样，定子和转子磁极间的磁拉力，除了径向分力 F_r 外，还有一对大小相等，方向相反的切向分力 F_t；切向分力产生旋转转矩使转子转动起来，由于这一转矩是由磁滞作用而产生的，所以称为磁滞转矩。

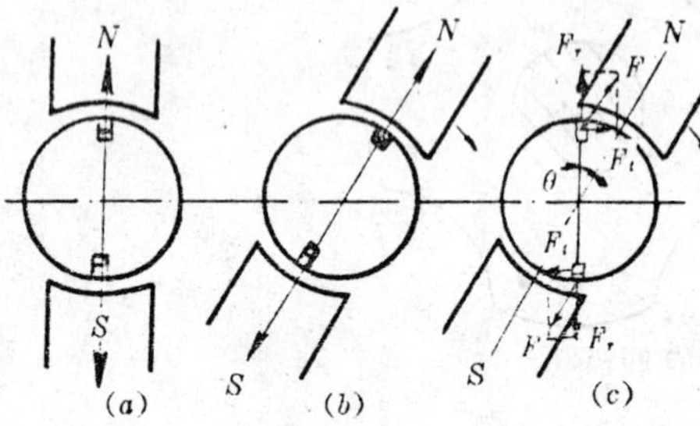

图2-78　磁滞电动机转矩产生过程原理图

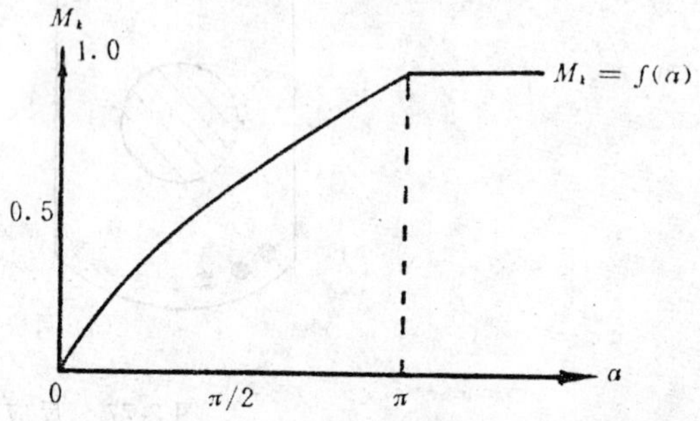

图2-79　磁滞转矩随定子磁极转动增长的曲线图

随着定子磁极继续转动，失调角 θ 在增加，与 θ 成比例的磁滞转矩 M_h 也增加。而当定子磁极转过 π 电弧度，失调角 θ 达到最大值 θ_m。磁滞转矩也达到最大值 $M_{h\max}$。定子磁极转过 π 电弧度以后，θ_m 保持不变，磁滞转矩 $M_{h\max}$ 亦保持恒定(见图2-79)。

由于转子磁滞层的磁滞效应，转子磁密在空间上滞后定子磁势一角度 γ_m，因而，产生旋转转矩，也即最大磁滞转矩。在磁滞转矩的作用下，转子将转动起来。由于转子有惯性，转子速度不能立即和定子磁场的速度相等。因此，定子磁场相对于转子磁滞层有滑动，转子磁滞层上每一点被磁场反复磁化，反复磁化的频率正比于定子磁场与转子之间的相对旋转速度。反复磁化在转子中产生损耗——磁滞损耗，以发热形式发散掉。

由于转子的负载转矩小于最大磁滞转矩，转子将进一步加速运动，直到和定子磁场的转速相等。随着转子转速的升高，定子磁场与转子磁滞层的相对转速下降，转子内磁场交变频率下降，因而转子上磁滞损耗也跟着减小，直到同步转速时，损耗为零。

在转子达到同步转速后，相当于转子具有固定极性的永磁同步电动机。转子磁极落后于定子磁极一角度 θ，θ 的大小取决于电动机轴上的负载转矩。在刚刚进入同步转速时，失调角 θ 为

θ_m。此时，最大磁滞转矩大于负载转矩，转子将加速，使得在瞬时的转子转速高于定子磁场的速度。这时定子磁场对磁滞层将起退磁作用，使磁滞回线面积有所减小，失调角 θ 将减小，直到磁滞转矩和负载转矩相等，转子就保持在这个失调角下同步运转。在同步状态下，随着负载大小的不同，θ 角可以从零（理想空载）变化到 θ_m（最大磁滞转矩），相应于转子磁滞层的磁滞回线从基本磁化曲线到稳态磁滞回线。永磁同步电动机与磁滞电动机的区别，仅仅在于磁滞电动机的转子采用矫顽力 H_c 相对较小的硬磁材料，且没有经过预先充磁。所以一旦失步以后，转子很容易在定子磁势作用下改变磁极在转子上的位置，永磁同步电动机则不可能。

理想磁滞电动机在同步运行时，输出的最大功率在数值上等于转子不动时在转子内的磁滞损耗（同一磁密条件下）。最大转矩与转子的转速无关，仅决定磁滞材料的磁状态（一定磁密时的比磁滞损耗）、材料的有效磁滞层体积及极对数。

理想磁滞电动机的机械特性如图 2-80 所示。

在异步段（$0 \leqslant n \leqslant n_s$）—— 直线 AB

$$T_e = T_L = \text{常数}$$

在同步段（$0 \leqslant T_e \leqslant T_L$）—— 直线 BC

$$n = n_s = \text{常数}$$

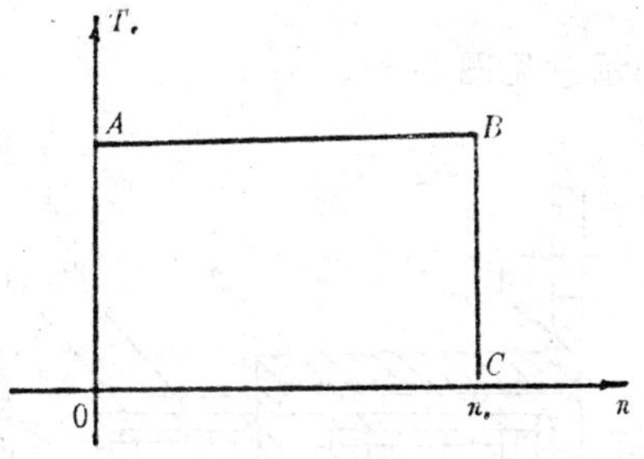

图 2-80　理想磁滞电动机的机械特性

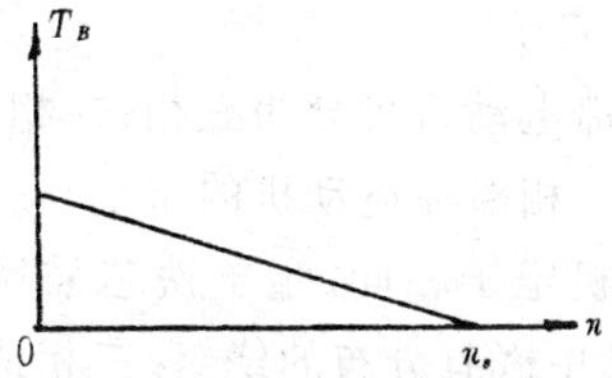

图 2-81　涡流转矩的机械特性

磁滞电动机和其它类型的同步电动机的区别就在于：起动特性好，在同一磁滞转矩作用下，电动机起动并进入同步运行，不需要任何附加装置；结构简单；既可工作在同步状态，亦可工作在异步状态。

除了磁滞转矩以外，当转子低于同步速运行时，转子和旋转磁场之间存在相对运动，这时磁滞转子也要切割旋转磁场而产生涡流，转子涡流与旋转磁场互相作用就产生涡流转矩，用 T_B 表示。这种涡流转矩的性质与交流伺服电动机产生的转矩完全相同，涡流转矩随着转子转速的增加而减小，当转子以同步速旋转时，涡流转矩为零，其机械特性如图 2-81 所示。涡流转矩能增加起动转矩，但在磁滞电动机中，由于转子是硬磁材料，涡流转矩与磁滞转矩相比一般是非常小的。

考虑了磁滞转矩 T_e 和涡流转矩 T_B 以后，磁滞同步电动机的总转矩

$$T = T_e + T_B$$

相应的总转矩的机械特性如图 2-82 所示。

由图可见，磁滞同步电动机不但在同步状态运行时能发生转矩，而且在异步状态运行时，也能发出转矩，因而它既可以在同步状态也可以在异步状态下运行。当负载阻转矩小于 T_e 时（如图 2-82 中的负载阻转矩 T_{L1}），电机在同步状态运行（如运转在特性上 a 点）；当负载阻转矩

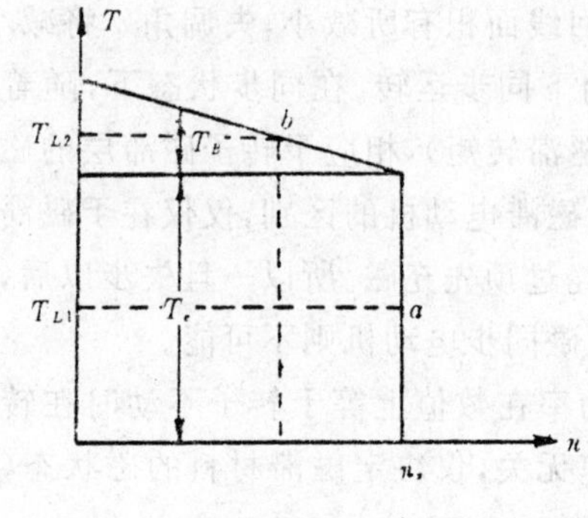

图 2-82　磁滞同步电动机的机械特性

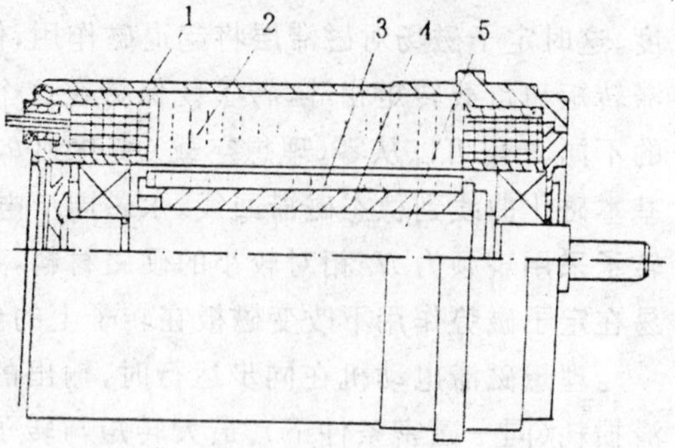

图 2-83　磁滞同步电动机结构图

1 — 机壳；2 — 带绕组定子铁芯；

3 — 转子磁滞层；4 — 轴套；5 — 转轴

大于T_e时（如图中负载阻转矩T_{L2}），电机在异步状态下运行时，转子铁芯被交变磁化，会产生很大的磁滞损耗（由硬磁材料磁分子之间的摩擦力引起的）和涡流损耗，这些损耗随转差率S增大而增大，只有当转子转速等于同步速时才等于零，而在起动时为最大。所以磁滞同步电动机在异步状态运行，尤其在低速时是很不经济的。

（二）结构型式

磁滞电动机分定子和转子两大部分，其典型结构示意见图 2-83。

1. 定子

磁滞电动机可分为三相、二相或单相。三相和二相磁滞电动机的定子与一般的交流电动机定子相同。定子铁芯采用隐极分布槽，槽中嵌有分布的绕组。三相或二相绕组接通电源后，定子绕组产生一旋转磁势，用以反复磁化转子磁滞层。

单相磁滞电动机的定子有两种结构型式：一种是与三相、二相磁滞电动机一样，但其电源是单相，用电容分相来产生旋转磁势；另一种是套有短路环的爪极式结构，如图 2-84 所示。

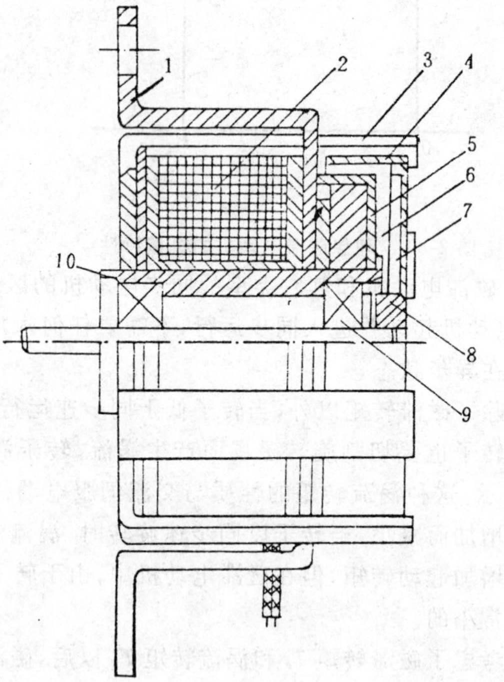

图 2-84　爪极式单相磁滞电动机结构图

1 — 支架；2 — 集中绕组；3 — 磁极片 a；4 — 磁滞层环；

5 — 铜短路环；6 — 磁极片 b；7 — 转子支架；

8 — 磁极片 c；9 — 转轴；10 — 导磁轴承座

爪极式单相磁滞电动机的定子绕组是单相集中绕组，磁极片 3、6、8 具有同样数目的爪极。定子绕组通电后，磁通经过磁极片 3，穿过气隙，磁化磁滞环，又经气隙进入磁极片 6 与磁极片 8。由于铜短路环的作用，使进入磁极片 6 与磁极片 8 上的两部分磁通产生相移，形成旋转磁势。这种定子结构简单，冲压零件多，不要按槽下线，制造方便，生产周期较短，但输出功率不大，仅几瓦以下。多用在计时机构、电钟、自动记录仪及继电器等装置。此外，还有一些其它结构形式。

2. 转子

转子一般由磁滞层、轴套和转轴三部分组成。有时也采用无轴套，磁滞层直接套在转轴上，如图 2-83 中 3、4、5 所示。

（三）磁滞同步电动机的性能特点及应用

1. 性能特点

磁滞电动机可归纳有如下一些特点：

① 具有自起动能力，不需要在转子上加起动绕组或其它起动装置，即可将任何大小的惯性负载稳定地牵入同步运行。

② 起动电流与正常工作电流相差很小，这对小容量电源，特别是晶体管线路，是非常有利的。

③ 同步运行时，在负载变化（不超过最大磁滞转矩）和电源电压波动情况下，电动机仍能保持转速不变，稳定工作。

④ 没有任何接触滑动的零部件，结构简单，运行可靠。

⑤ 转子机械强度高，转子结构对称，容易校平衡，适合高速传动应用。

⑥ 转子上没有固定的磁极，其极对数仅取决于定子绕组的极对数，极矩可以相当小。若采用多极定子绕组，便可制成低速磁滞电动机，而且同一转子可适用于不同极对数的定子，只要定子绕组极对数变换，便可制成多速的磁滞电动机。

⑦ 磁滞材料的线膨胀和体膨胀系数很小，磁性能稳定，受外界温度影响甚微，并能在较宽的温度范围内稳定工作。

⑧ 采用过激激磁改善性能，是磁滞电动机独有特点之一。当电动机在起动或同步运行时，短时增加额定电压的 50～100%，使转子在更强磁势下磁化，然后电压再回到额定值。因此，可使磁化电流大大减小，电动机的效率、功率因数、输出转矩均显著提高。

2. 应用

磁滞电动机主要应用在下列几个方面：

(1) 速度保持不变的同步传动装置。如在录像机、录音机、磁带机、电唱机、传真机、电影机、电钟、自动记录仪、时间机构等装置中，作同步传动的驱动元件或提供转速与时间的标准。例如：广播电视设备中的录像机，磁滞电动机作为驱动磁鼓是录像机磁头组件的重要元件之一。

(2) 传动陀螺仪等大惯量负载。

(3) 高速和低速的传动装置。由于转子结构对称、简单、坚固，又较易平衡，故适于高速驱动。如激光系统中的高速同步驱动用的磁滞电动机，转速高达 12 万转／分以上。其中，关键问题要解决高速轴承和轴承润滑脂等的发热问题。

此外，磁滞电动机极距可以做得相当小，便于制成低速形式，如 $f=50$ 赫，电机转速可低到 $n_s=300$ 转／分或更低些。

(4) 多速同步传动装置。同一个转子与不同极对数的定子绕组配合，可以得到二速、三速或四速的同步转速。一般，以二速的同步电机使用为多。

(5) 频率控制的调速传动装置。磁滞电动机的转速 $n_s=\dfrac{60f}{p}$，为此，改变电网频率 f，可得到相应的不同转速，调速范围可达十几倍。

(6) 与速度无关的恒转矩传动装置。若消除高次谐波和涡流转矩的影响，电网频率保持恒定，可使电机的输出转矩与转速无关，或在一定速度范围内，保持转矩恒定。如用于纺织系统编织网带，作恒张力电磁制动器，保证每根丝或纤维编织时，张力一致并且恒定。

(7) 伺服机构中作伺服元件。磁滞电动机若运行在异步状态，可作伺服元件使用，其优点是转动惯量小，体积小，效率高。

(8) 磁滞式转矩测量仪。利用磁滞材料的磁滞效应可做成磁滞式转矩测量仪。

综上所述，磁滞电动机已被实践证明是一种结构牢固、使用方便、性能良好、寿命很长的驱动元件，目前已广泛用于各种仪器仪表和自动装置中。随着性能的不断改善和成本的降低，磁滞电动机的应用范围必将日益广泛。

第五节　步进电动机

步进电动机是一种用电脉冲信号进行控制，并将电脉冲信号转换成相应的角位移或线位移的控制电机。它由专用电源供给电脉冲，每输入一个脉冲，步进电动机就移进一步。这种电动机的运动形式与普通匀速旋转的电动机有一定的差别，是步进式运动，所以称为步进电动机。又因其绕组上所加的电源是脉冲电压，有时也称为脉冲电动机。

步进电动机是受脉冲信号控制的，因此适合于作为数字控制系统的伺服元件。它的直线位移量或角位移量与电脉冲数成正比，所以电机的线速度或转速也与脉冲频率成正比，通过改变脉冲频率的高低就可以在很大的范围内调节电机的转速，并能快速起动、制动和反转。若用同一频率的脉冲电源控制几台步进电动机，可使它们同步运行。电动机的步距角和转速大小不受电压波动和负载变化的影响，也不受环境条件如温度、气压、冲击和振动等影响，仅与脉冲频率有关。它每转一周都有固定的步数，在不丢步的情况下运行，其步距误差不会长期积累。这些特点使它完全适用于数字控制的开环系统中作为伺服元件，并使整个系统大为简化而又运行可靠。当采用了速度和位置检测装置后，也可以用于闭环系统中。

近 20 多年来，步进电动机已广泛地应用于数字控制系统中，例如数控机床、绘图机、计算机外围设备、自动记录仪表、钟表和数 — 模转换装置等。

步进电动机有下列优点：它可以开环方式驱动而无需反馈；无稳定问题；无累积定位误差；能响应数字输入讯号，所以步进电动机适合于数字计算机控制；机械结构简单，很少或无需维护，不易受污染；可重复地堵转而不会损坏，相当坚固耐用。但步进电动机的缺点为：运动增量或步距角是固定的，在步进分辨率上缺乏灵活性；采用普通驱动器时效率低；在单步响应中有过冲量和振荡；承受大惯性负载的能力有限；开环控制时摩擦负载增加了定位误差，尽管误差是非积累的；采用的控制线路种类繁多；可供使用的电机尺寸和输出功率是有限的。

步进电机的种类很多，通常可分为三种类型 —— 反应式(VR)、永磁式(PM) 和混合式(同步感应子式 HB)，现分述如下：

一、反应式步进电动机

反应式步进电动机是利用磁阻转矩使转子转动的，是我国目前使用最广泛的步进电动机型式。

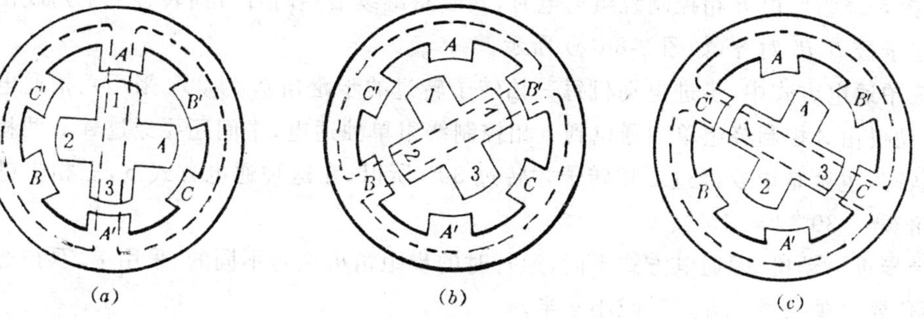

图 2-85　三相反应式步进电动机工作原理图

(一) 工作原理

图 2-85 所示为三相反应式步进电动机的工作原理图。它的定子上有六个极,每个极上都装有控制绕组,每相对的两极组成一相。转子是四个均匀分布的齿,上面没有绕组,当 A 相控制绕组通电时,因磁通要沿着磁阻最小的路径闭合,将使转子齿 1、3 和定子极 A、A' 对齐,如图 2-85(a) 所示。A 相断电、B 相控制绕组通电时,转子将在空间转过 30°,即步距角 $\theta_s = 30°$。转子齿 2、4 与定子极 B、B' 对齐,如图 2-85(b) 所示。如再使 B 相断电,C 相控制绕组通电,转子又在空间转过 $\theta_s = 30°$,使转子齿 1、3 和定子极 C、C' 对齐,如图 2-85(c) 所示。如此循环往复,并按 $A - B - C - A$ 顺序通电,电动机便按一定的方向转动。电动机的转速取决于控制绕组与电源接通或开断的变化频率。若按 $A - C - B - A$ 的顺序通电,则电机反向转动。控制绕组与电源的接通或开断,可由电子逻辑线路或微机进行控制。

定子控制绕组每改变一次通电方式,称为一拍。上述的通电方式称为三相单三拍。"单"是指每次只有一相控制绕组通电;"三拍"是指经过三次切换控制绕组的通电状态为一个循环。

三相步进电动机除了单三拍通电方式外,还经常工作在三相单、双六拍通电方式。这时通电顺序为:$A - AB - B - BC - C - CA - A$,或是 $A - AC - C - CB - B - BA - A$。即先 A 相控制绕组通电;以后 A、B 相控制绕组同时通电;然后断开 A 相控制绕组,由 B 相控制绕组单独通电;再使 B、C 相控制绕组同时通电,依此进行。在这种通电方式时,定子三相控制绕组需经过六次切换通电状态才能完成一个循环,故称为"六拍"。

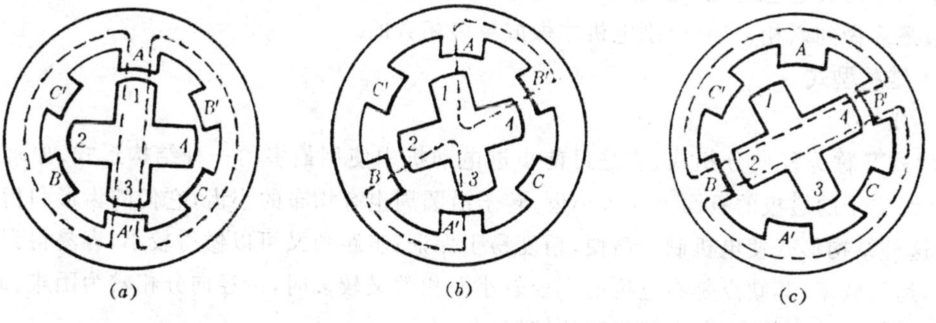

图 2-86　六拍运行时的三相反应式步进电动机

在这种通电方式时,步距角也有所不同。参看图 2-86(a) 所示。当 A、B 相控制绕组同时通电时，转子齿 2、4 在定子极 B、B' 的吸引下使转子沿逆时针方向转动，直至转子齿 1、3 和定子极 A、A' 之间的作用力与转子齿 2、4 和定子极 B、B' 之间的作用力相平衡为止，如图 2-86(*b*) 所示。当断开 A 相控制绕组而由 B 相控制绕组通电时，转子将继续沿逆时针方向转过一个角度使转子齿 2、4 和定子极 B、B' 对齐，如图 2-86(*c*) 所示。

在单三拍通电方式中，步进电动机每一拍转子转过的步距角 θ_s 为 30°。采用六拍通电方式后，步进电动机由 A 控制绕组单独通电到 B 相控制绕组单独通电，中间还要经过 A、B 两相同时通电这个状态，也就是说要经过二拍转子才转过 30°，所以，在这种通电方式下，三相步进电动机的步距角 $\theta_s = 30°/2 = 15°$。

同一台步进电动机，因通电方式不同，运行时的步距角 θ_s 也是不同的。采用单、双拍通电方式时，步距角要比单拍通电方式时减小一半。

在实际使用中，单三拍通电方式由于在切换时一相控制绕组断电而另一相控制绕组才开始通电容易造成失步。此外，由单一控制绕组通电吸引转子，也容易使转子在平衡位置附近产生振荡，故运行的稳定性较差，所以很少采用。通常将它改为“双三拍”通电方式，即按 $AB-BC-CA-AB$，或 $AC-CB-BA-AC$ 的通电顺序运行。这时每个通电状态均为两个控制绕组同时通电。它的步距角应和单三拍通电方式相同，也是 30°。

上述这种简单结构形式的反应式步进电动机具有较大的步距角，在实际使用时就会影响到系统的精度。为此，近年来国内外都在研制小步距角、特性较好的步进电动机。

步进电动机的步距角 θ_s 的大小是由转子的齿数 Z_r、控制绕组的相数 m 和通电方式所决定。它们之间存在以下关系：

$$\theta_s = \frac{360°}{mZ_rC} \tag{2-76}$$

式中　C—— 通电状态系数，当采用单拍或双拍方式时，$C=1$；而采用单、双拍方式时，$C=2$。

若步进电动机通电的脉冲频率为 f(即每秒的拍数或每秒的步数)，则步进电动机的速度为

$$n = \frac{60f}{mZ_rc} \tag{2-77}$$

式中　f 的单位是 1/s；　n 的单位是 r/min。

步进电动机除了做成三相外，也可以做成二相、四相、五相、六相或更多的相数。由式(2-80)可知，电机的相数和转子齿数越多，则步距角 θ_s 就越小。从式(2-81)又可知，这种电机在脉冲频率一定时转速也越低。但电机相数越多，相应电源就越复杂，造价也越高。所以，步进电动机一般最多做到六相，只有个别电机才做成更多相数的。

(二) 结构型式

1. *单段式*

单段式又称为径向分相式。它是目前步进电动机中使用最多的一种结构形式。原理如图 2-87 所示。定子的磁极的极面上开有小齿。转子沿圆周也有均布的小齿，它们的齿形和齿距完全相同。这种结构形式使电机制造简便，精度易于保证；步距角又可以做得较小，容易得到较高的起动和运行频率。其缺点是在电机的直径较小而相数又较多时，沿径向分相较为困难。此外，这种电机消耗的功率较大，断电时无定位转矩。

2. *多段式*

多段式又称为轴向分相式。按其磁路的特点不同，又可分为轴向磁路多段式和径向磁路多

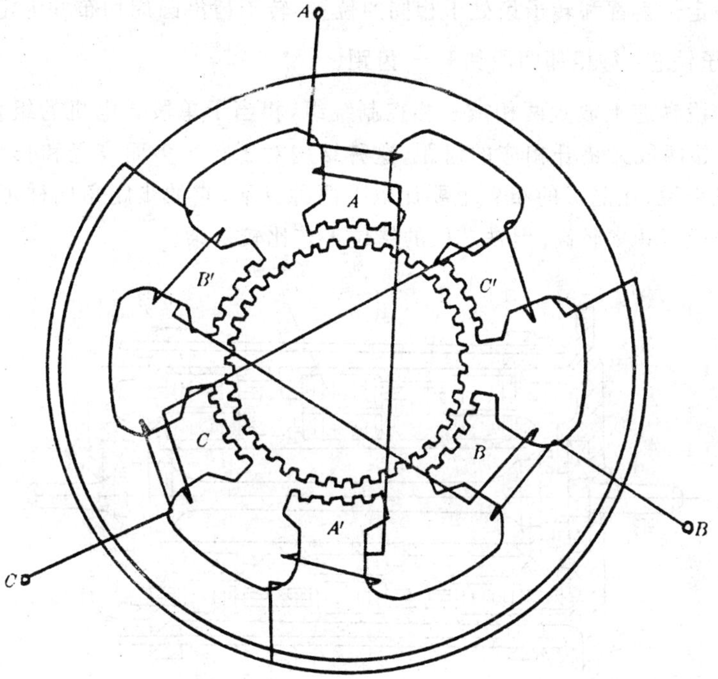

图 2-87　径向分相式步进电动机原理图

段式两种。

轴向磁路多段式步进电动机的结构如图 2-88 所示。定、转子铁芯均沿电机轴向按相数分段，每一组定子铁芯中间放置一相环形的控制绕组。定、转子圆周上冲有齿形相近和齿数相同的均布小齿槽。定子铁芯（或转子铁芯）每两相邻段错开$\frac{1}{m}$齿距。

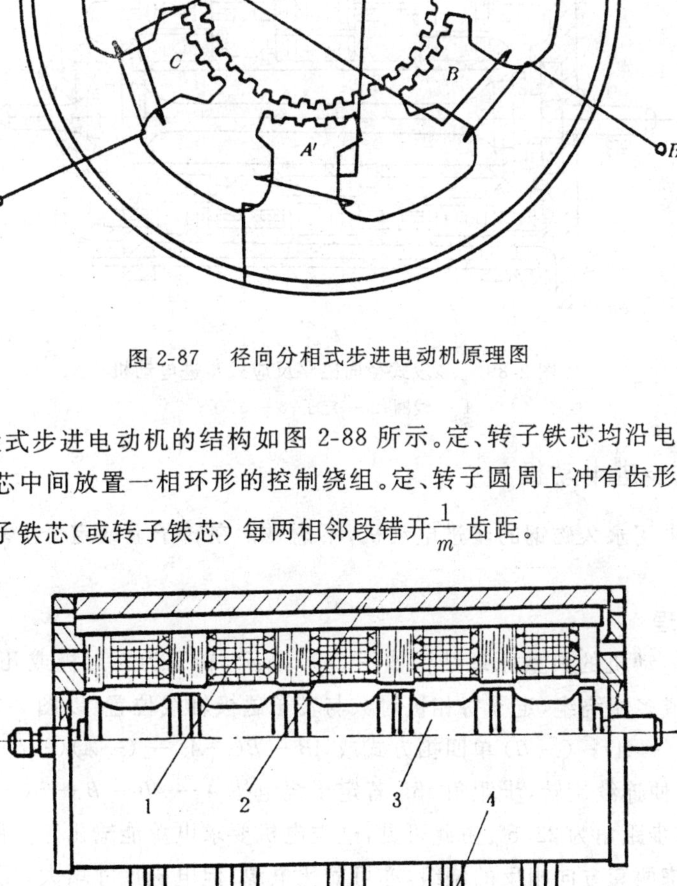

图 2-88　多段式轴向磁路反应式步进电动机

1 — 线圈；2 — 定子；3 — 转子；4 — 引出线

这种结构使电机的定子空间利用率较好，环形控制绕组绕制较方便，转子的惯量较低，步距角也可以做得较小，因此起动和运行频率较高。但在制造时，铁芯分段和错位工艺较复杂，精度不易保证。

径向磁路多段式步进电动机的结构如图 2-89 所示。定、转子铁芯沿电机轴向按相数分段，每段定子铁芯的磁极上均放置同一相控制绕组。定子的磁极数是由结构考虑决定的，最多可与转子齿数相等，少则可为二极、四极、六极等。定、转子圆周上有齿形相近并有相同齿距的齿槽。每一段铁芯上的定子齿都和转子齿处于相同的位置。转子齿沿圆周均布并为定子极数的倍数。定子铁芯（或转子铁芯）每相邻两段错开$\frac{1}{m}$齿距。

也可以在一段铁芯上放置两相或三相控制绕组，相当于单段式电机的组合。定子铁芯（或转子铁芯）每相邻两段又错开相应的齿距。这种结构对于相数多而直径和长度又有限制的反应式步进电动机来说，在磁极的布置上要比以上两种灵活。它的步距角同样可以做得较小，并使电机的起动和运行频率较高。但铁芯段的错位工艺比较复杂。

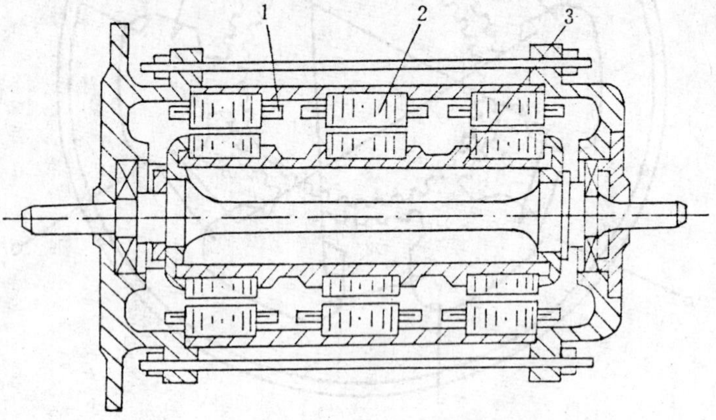

图 2-89　多段式径向磁路反应式步进电动机

1 — 线圈；2 — 定子；3 — 转子；

二、永磁式步进电动机

凡在结构上采用永久磁钢的步进电动机，不论磁钢在转子上或定子上均称为永磁式步进电动机。

（一）工作原理

永磁式步进电动机的典型原理结构如图 2-90 所示，转子为一对极或几对极的星形磁钢，定子上绕有二相或多相绕组，定子每相极对数与转子磁极轴线位置。以图 2-90 所示为例，当定子绕组按 A—B—$(-A)$—$(-B)$ 单四拍方式或 $AB-B(-A)-(-A)(-B)-(-B)A$ 双四拍方式通电时，转子便连续旋转，步距角 45°。若定子绕组按 $A-AB-B-B(-A)$…… 八拍方式通电，则转子旋转步距角为 22.5°。由此可见，这类电机要求电源能输出正负脉冲，电源较复杂。若在每个磁极上绕两套方向相反的绕组，亦可简化电源，但电机尺寸增大，用铜量增多，利用率降低。

永磁式步进电动机的优点是，控制功率小，电磁阻尼大以及由于采用永久磁钢具有自锁制动能力。但这种电机步距角大，起动频率低。

（二）结构型式

永磁式步进电动机可根据不同用途发展出各种不同的结构型式。

图 2-91 为永磁式转子多段式步进电动机，图 2-92 为定子多段式步进电动机，其它结构还有数码显示用步进电动机、定子带磁钢的步进电动机等，不再一一列举。

永磁步进电动机的优缺点如下：

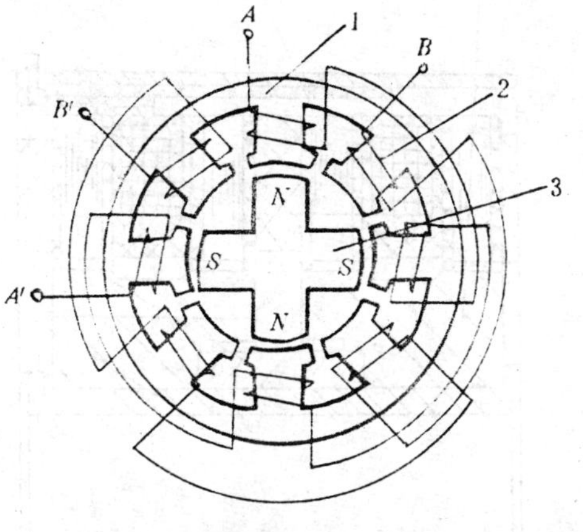

图 2-90　永磁式步进电动机结构原理图

1 — 定子；2 — 绕组；3 — 永磁转子

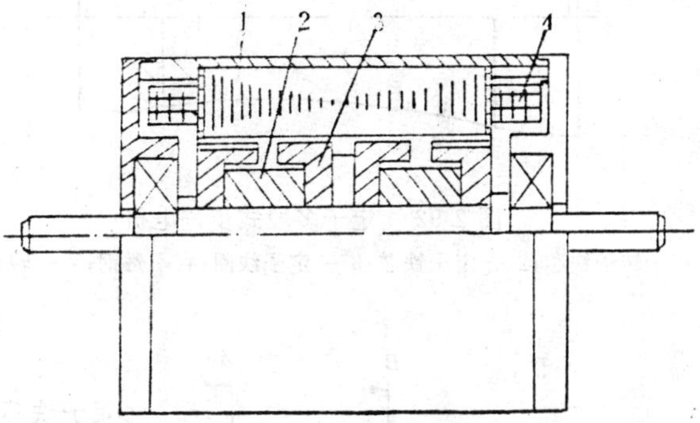

图 2-91　转子多段式步进电机

1 — 定子铁芯；2 — 磁钢；3 — 转子铁芯；4 — 绕组

优点：绕组不通电时具有一定的定位转矩（固有的记忆能力）；静转矩尺寸比高；采用永磁转子，所需的运行功耗小；机械结构简单；采用永磁转子，阻尼特性较好；能双向工作；由于许多部件是冲压件，所以价格低廉。

缺点：转矩与转子惯量比低；由于固有的定位作用，不能自由转动（对于某些专门用途而言，这点也许是可取的）；永磁体的磁化强度可能有变化；反电势高，而最高转速低；由于其本身结构所限，不适于小步距角用途。

三、混合式步进电动机

混合式步进电动机是在永磁和变磁阻原理共同作用下运转的，所以称为混合式或永磁感应子式。

（一）工作原理

这种电动机最初是作为一种低速驱动用的交流两相同步电动机而设计的，后来发现如果各相绕组通以直流脉冲，这种电动机也能作步进增量运动。由于效率较高以及其它优点，混合式步进电动机和反应式步进电动机一起成为现在工业上应用最广泛的步进电动机。混合式步进电动机用得最多的步距角是 1.8°，或每转 200 步。

图 2-93 及图 2-94 中的截面示意图对混合式步进电动机的工作和结构原理作了说明。图

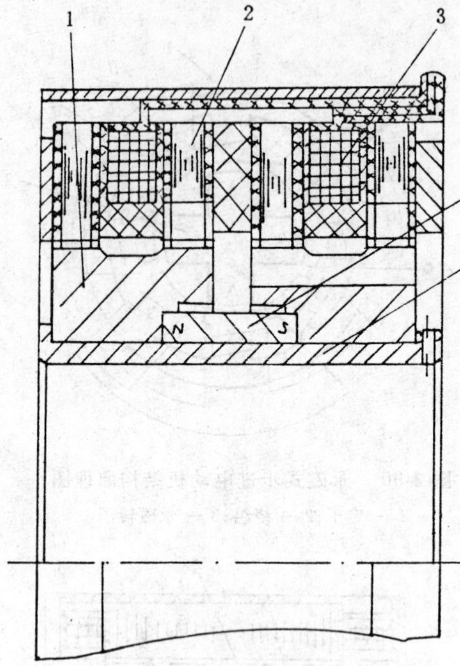

图 2-92　定子多段式步进电机

1 — 转子铁芯；2 — 定子铁芯；3 — 定子线圈；4 — 磁钢；5 — 转子套筒

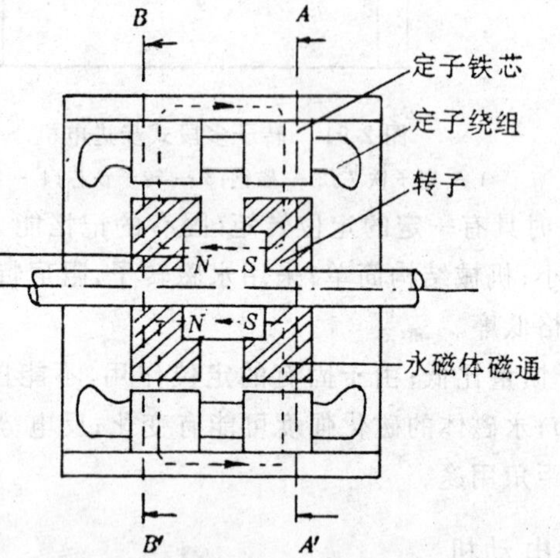

图 2-93　混合式步进电动机轴向剖面图

2-93 所示的是混合式步进电动机的轴向剖面图。电动机转子装有一个轴向磁化永磁体用以产生一个单向磁场。图 2-93 示出了永磁体的磁通路径。转子包括两段，一段经永磁体磁化为S极，另一段磁化成N极。每段转子齿以一个齿距间隔均匀分布，但两段转子的齿相互间错开 1/2 个转子齿距。图 2-94(*a*) 和图 2-94(*b*) 表示出电动机的截面图。这里所示的定子上有八个磁极(或八个大齿)。通常，定子小齿以不同于转子的齿距全部均匀分布，定子上面绕有一个两相四极绕组，可以采用双绕组或单线圈绕组。采用双绕结构时，每相将具有两个绕组，而按照常规对永磁

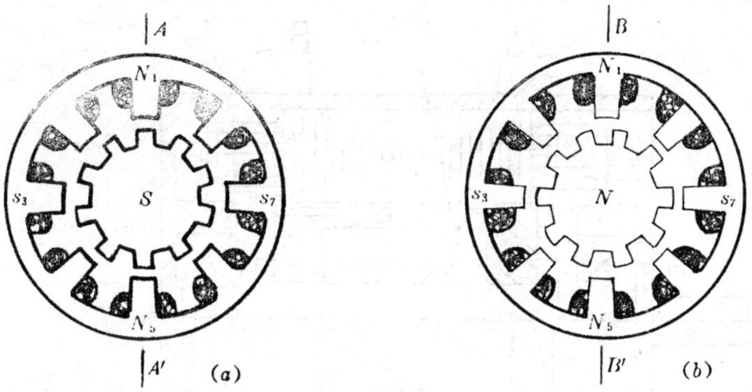

图 2-94　混合式步进电动机横截面图

转子电动机所下的定义，混合式电动机可以称为四相电动机。

图 2-94 中所示混合式步进电动机的唯一特征是定子转子齿距排列得使只有转子两个对面的齿与两个相距 180° 的定子齿完全对齐。同时，相距 90° 机械角处的定转子齿则完全错开（见图 2-94）。

图 2-94(*a*) 表明，当电动机的两相中有一相通电时，四个交错磁极经磁化成如图所示的假定极性，而转子则处于锁定位置。当从一相通电转换为另一相时，转子将顺时针或逆时针转过 9°，其旋转方向则取决于各磁极的极性。

在上述情况下，可采用单极性驱动双绕组也可采用双极性驱动单线圈绕组的通电相转换线路。

应该说明，当定子绕组通电时，这些绕组产生的气隙磁通将对永磁产生的气隙磁通有所帮助。在定子断电时，永磁磁通足以满足在电动机中产生一定的内部定位转矩。

如前面所述，混合式步进电动机又叫做感应子式同步电动机。当混合式步进电动机通以两相正弦交流电后，就可当作同步电动机使用。电动机的转速可由下式求得：

$$S=\frac{60f}{N_r}$$

式中　S— 同步转速　　转 / 分

f— 电源频率　　赫

N_r— 转子齿数

（二）结构型式

混合式步进电动机的结构图如图 2-95 所示。

四、直线和平面步进电动机

在许多自动装置中，要求某些机构快速地作直线或平面运动，而且要保证精确的定位，如自动绘图机、自动打印机等。一般旋转式的反应式步进电动机也可以完成这样的动作。如采用一台旋转的步进电机，通过机械传动装置将旋转运动变成直线位移，就能快速而正确地沿着某一方向轨道把物体定位在某一点上。当要求机构作平面运动时，这时可采用二台旋转的步进电机，一台步进电机带动传动装置作 x 方向的移动，另一台步进电机装在该传动装置上带动物体作 y 轴方向的移动，这样便可得到沿着 x、y 轴方向的位移，精确地将物体定位在 xy 平面上的任何一点。目前大部分高精度工业定位系统都是用旋转式的步进电机来制成的。但是这种机构需要将步进电机的旋转运动变成直线运动，这就使传动装置变得复杂，而且由于传动装置中的齿

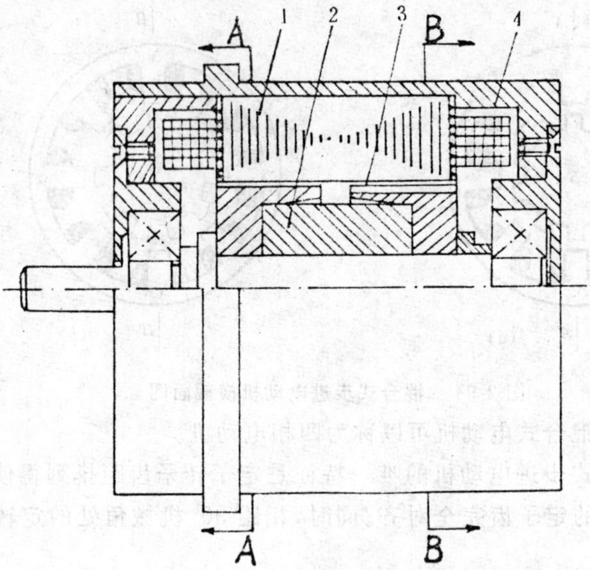

图 2-95　混合式步进电动机结构示意图

1 — 定子；　2 - 磁钢；　3 — 转子；　4 — 绕组

轮、齿条等零件的磨损，使定位精度受到影响，振动和噪声也将增加。因此国内外正在试制性能优良的直接作直线运动的步进电动机（简称直线步进电动机）来取代一般旋转式的步进电动机。下面介绍的是直线步进电动机的一种类型，简略地说明它的工作原理如下：

图 2-96 是这种电机的结构和工作原理。其中定子用铁磁材料制成如图所示那样的"定尺"，其上开有间距为 t 的矩形齿槽，槽中填满非磁材料（如环氧树脂）使整个定子表面非常光滑。动子上装有两块永久磁钢 A 和 B，每一磁极端部装有用铁磁材料制成的 Π 形极片，每块极片有两个齿（如 a 和 c），齿距为 $1.5t$，这样当齿 a 与定子齿对齐时，齿 c 便对准槽。同一磁钢的两个极片间隔的距离刚好使齿 a 和 c' 能同时对准定子的齿，即它们的间隔是 kt，k 代表任一整数：1、2、3、4……。

磁钢 B 与 A 相同，但极性相反，它们之间的距离应等于 $(k \pm \frac{1}{4})t$，这样当其中一个磁钢的齿完全与定子齿和槽对齐时，另一磁钢的齿应处在定子的齿和槽的中间。

在磁钢 A 的二个 Π 形极片上装有 A 相控制绕组，磁钢 B 上装有 B 相控制绕组。如果某一瞬间，A 相绕组中通入直流电流 i_A，并假定箭头指向左边的电流为正方向，如图 2-96(a) 所示。这时 A 相绕组所产生的磁通在齿 a、a' 中与永久磁钢的磁通相迭加，而在齿 c、c' 中却抵消，这时齿 c、c' 全部去磁，不起任何作用。在这过程中 B 相绕组不通电流，即 $i_B = 0$，磁钢 B 的磁通量在齿 d、d'、b 和 b' 中大致相等，沿着动子移动方向各齿产生的作用力互相平衡。

概括说来，这时只有齿 a 和 a' 在起作用，它使动子处在如图 2-96(a) 所示的位置上。

为了使动子向右移动，就是说从图 2-96(a) 移到图 2-96(b) 的位置，就要切断 A 相绕组的电源，使 $i_A = 0$，同时给 B 相绕组通入正向电流 i_B，这时在齿 b、b' 中 B 相绕组产生的磁通与磁钢的磁通相迭加，而在齿 d、d' 中抵消。因而动子便向右移动半个齿宽，即 $t/4$，使齿 b、b' 移到与定子齿相对齐的位置。

如果切断电流 i_B，并给 A 相绕组通上反方向电流，这时 A 相绕组及磁钢 A 产生的磁通在齿 c、c' 中相迭加，而在齿 a、a' 中相抵消，动子便向右又移动 $t/4$，使齿 c 和 c' 与定子齿相对齐，见图

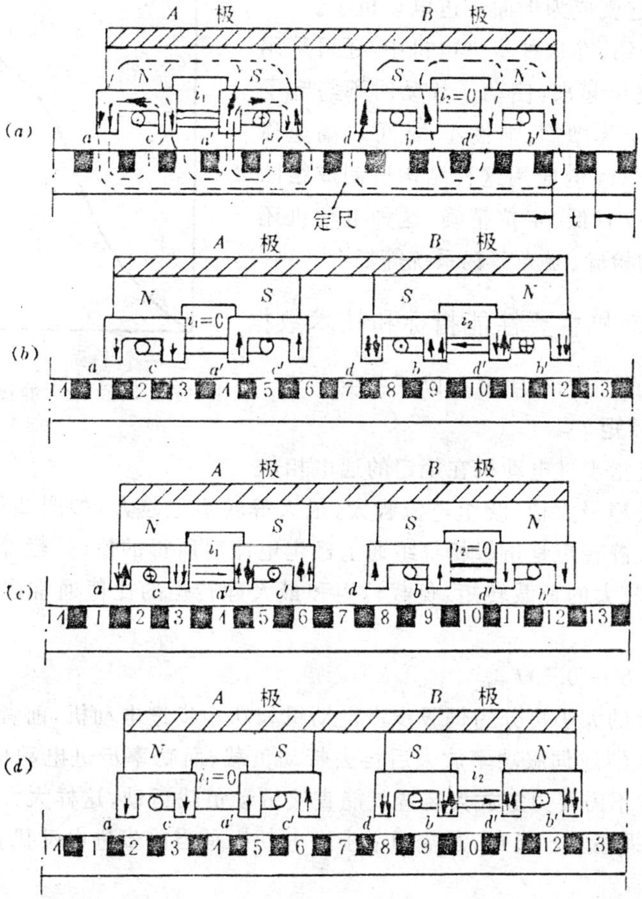

图 2-96　直线步进电动机工作原理

2-96(c)。

同理,如切断电流 i_A,给 B 相绕组通上反向电流,动子又向右移动 $t/4$,使齿 d 和 d' 与定子齿相对齐,见图 2-96(d)。这样经过图 2-96(a)、(b)、(c)、(d) 所示的四个阶段后,动子便向右移动了一个齿距 t。如果还要继续移动,只需重复前面次序通电。

相反,如果想使动子向左移动,只要把四个阶段倒过来,即从图 2-96(d)、(c)、(b) 到(a)。

上面介绍的是直线步进电机的原理,如果要求动子作平面运动,这时应将定子改为一块平板,其上开有 x、y 轴方向的齿槽,定子齿排成方格形,槽中注入环氧树脂,而动子是由两台上述这样的直线步进电机组合起来制成,如图 2-97 所示。其中一台保证动子沿着 x 轴方向移动,与它正交的另一台保证动子沿着 y 轴方向移动,这样,只要设计适当的程序控制语言,借以产生一定的脉冲信号,就可以使

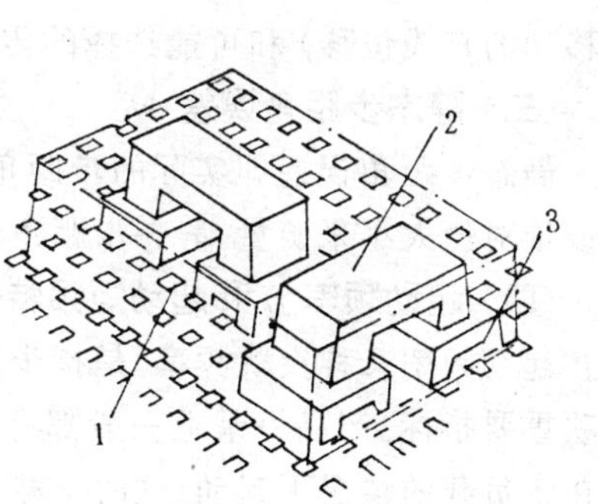

图 2-97　平面步进电动机

1 — 平台;2 — 磁钢;3 — 磁极

动子在 xy 平面上作任意几何轨迹的运动，并定位在平面上任何一点，这就成为平面步进电动机了。

据国外资料介绍，在这种步进电机中，还可采用气垫装置将动子支承起来，使动子移动时不与定子直接接触。这样由于无摩擦、惯性小，故可以高速移动，线速度高达 102cm/s。应用这种结构所制成绘图机动作快速灵敏、噪音低、定位精确。这种电动机还可用于数控机床的检验、激光剪裁系统等场合。

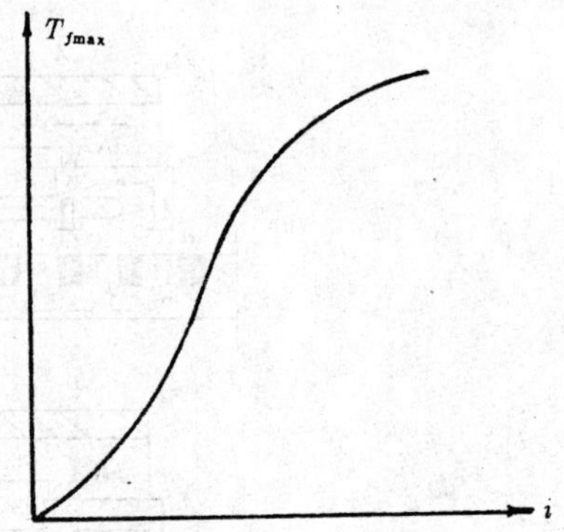

图 2-98　最大静转矩与电流的关系

五、步进电动机主要性能指标和技术数据

步进电动机的性能指标主要有以下各项：

（一）最大静转矩 $T_{j\max}$

最大静转矩是指步进电动机在规定的通电相数下矩角特性上的转矩最大值。绕组电流越大，最大静转矩也越大，如图 2-98 所示。通常技术数据中所规定的最大静转矩是指每相绕组通上额定电流时所得的值。一般说来，最大静转矩较大的电机，可以带动较大的负载转矩。负载转矩和最大静转矩的比值通常取为 0.3 — 0.5 左右，即

$$T_L = (0.3 - 0.5)T_{j\max}$$

按最大静转矩的大小可分为伺服步进电动机和功率步进电动机，前者输出力矩较小，需要经过液压力矩放大器或伺服功率放大后再去带动负载，而功率步进电动机一般最大静转矩能大于 0.5kg · m，它不需要力矩放大装置就能直接带动负载运动，这样大大简化了系统，提高了传动的精度。所以提高输出转矩，制造功率步进电动机是当前步进电动机发展方向之一。

（二）步距角 θ_b

每输入一个电脉冲信号转子转过的角度称为步距角。步距角大小会直接影响步进电动机起动和运行频率。外型尺寸相同的电机，步距角小的往往起动、运行频率比较高，但转速和输出功率不一定高，试用时，可根据需要的脉冲当量(每一脉冲步进电动机带动负载所转过的转角或移动的直线位移）和可能选择的传动比来选择步进电动机的步距角 θ_b。

（三）静态步距角误差 $\Delta\theta_b$

静态步距角误差即实际的步距角与理论的步距角之间的差值，通常用理论步距角的百分数或绝对值大小来衡量。静态步距角误差小，表示电机精度高，通常是在空载情况下测量的。

（四）起动频率 f_q 和起动矩频特性

起动频率又称突跳频率，是指步进电动机能够不失步起动的最高脉冲频率，是步进电动机一项重要指标。产品目录上一般都有空载起动频率的数据，但在实际使用时，步进电动机大都要在带负载的情况下起动，这时负载起动频率是一个重要指标。负载起动频率与负载转矩及惯量的大小有关。负载惯量一定，负载转矩增加，或负载转矩一定，负载惯量增加都会使起动频率下降。在一定的负载惯量下，起动频率随负载转矩变化的特性称为起动矩频特性，通常以表格或曲线形式给出。

（五）运行频率 f_y 和运行矩频特性

步进电动机起动后，当控制脉冲频率连续上升时能不失步的最高频率称为运行频率。通常给出的一般也是空载情况下的运行频率。当电机带着一定负载运行时，运行频率与负载转矩大

小有关，两者的关系称为运行矩频特性，在技术数据中通常也是以表格或曲线形式表示。提高运行频率对于提高生产率和系统的快速性具有很大的实际意义。由于运行频率比起动频率要高得多，所以使用时常通过自动升降频控制线路先在低频（不大于起动频率）下使电机起动，然后逐渐升频到工作频率使电机处于连续运行状态。升频时间一般为0.1秒到1秒左右。

另外必须注意，步进电动机的起动频率、运行频率及其矩频特性都与电源型式有密切关系，使用者必须了解技术数据给出的性能指标是在怎样型式的电源下测定的。一般高低压切换型电源其性能指标较高，如使用时改为单一电压型电源，则性能指标要作相应降低。

（六）额定电流

电机不动时每一相绕组容许通过的电流定为额定电流。当电机运转时，每相绕组通的是脉冲电流，电流表指示的读数为脉冲电流平均值，并非为额定电流（此值比额定电流低）。绕组电流太大，电机温升会超过容许值。

（七）额定电压

步进电动机额定电压指的是驱动电源应供给的电压，一般不等于加在绕组两端的电压。

必须注意电源及分配方式对电机性能的影响很大，步进电动机是由专门的驱动电源供给的，驱动电源和步进电动机是一个有机整体，步进电动机的运行性能是电动机及其驱动电源二者配合的综合表现，具体将在第五章控制放大器中予以介绍。

六、产品的选择

（一）种类的选择

1. *永磁式步进电动机*　特点：功率损耗比反应式小；在断电的情况下有定位转矩；步距角大（例如15°、22.5°、30°、45°、90°）；需要供给正负脉冲；起动和运行频率较低。应用范围：主要用于新型自动化仪表。既可作驱动元件又可作执行元件。

2. *反应式步进电动机*　特点：步距角小（例如1°～1.5°甚至更小）；起动和运行频率高；在一相绕组长期通电状态下具有自锁能力；断电无定位转矩；消耗的功率较大。应用范围：广泛用于开环数字系统。如计数器指示装置；闸门控制；数控机床及其它数控装置。

3. *混合式步进电动机*　特点：步距角小；起动和运行频率较高；消耗功率小；有定位转矩；需正负脉冲。应用范围：用于计算机外部设备及与反应式步进电动机相同的领域。

（二）相数的选择

选择相数应兼顾电机和电源两方面的经济和技术指标。一般的讲，随着相数的增加，电机的步距角变小，起动频率和运行频率相应提高，稳定性好，但驱动电源复杂，元器件数增多，成本高。在性能要求不高的地方应首先考虑采用相数少的电机和线路简单的驱动电源，常用的相数是三、四、五、六相。

（三）步距角的选择

步距角的大小与相数、转子齿数（反应式和混合式）或极对数（永磁式）有关。

在选择步距角时，必须考虑脉冲当量和机械传动系统的传动比。

（四）最大静转矩的选择

根据负载的阻转矩、传动效率和传动比，计算出折算到电动机轴上的负载转矩T_L。电机最大静转矩约为$T_L/(0.3\sim0.5)$。

（五）可根据负载和传动装置的转动惯量，计算出折算到步进电动机轴上的等效转动惯量。

综合以上结果，权衡步距角、最大静转矩、起动频率和运行频率以及传速比，最后选择步进电动机的具体规格和驱动电源。

步进电动机与直流电动机的运行方式不同。步进电动机的运动受输入脉冲控制，其位移是断续的，位移量决定于输入脉冲数；速度值决定于脉冲频率；其运动方向，取决于控制绕组的通电顺序。因此，步进电动机特别适用于数字控制系统。由步进电机组成的控制系统，可以实现位置或速度的控制，可以是开环或闭环两种形式进行控制。

开环控制系统的精度，主要取决于步进电机的步距精度和负载情况。步距误差一般约为步距角的5%～10%。系统的最高工作速度受步进电动机动态特性所限制，对应于一定的负载转矩和负载惯量。步进电机有一最高的起动频率和运行频率，超过这个频率极限，系统就不能正常工作。

开环控制系统不需要反馈元件，结构比较简单，工作可靠、成本低廉。因而，在数字控制系统中得到广泛的应用。

闭环控制系统：对于高精度的数控系统，采用开环控制系统的精度及动态性能往往满足不了要求，因此必须在控制回路中增加反馈环节，即成为闭环系统。闭环系统的精度不仅与步进电机有关，而且主要是取决于传感器的精度以及安装质量，故其精度比开环系统为高。

第三章　电液控制机构

在第一章图 1-8 中可见当控制系统的功率及动态要求都较高时，一般采用电液控制机构，这是由于电液控制机构具有很大的功率重量比，而且有响应快、精度高、功率大等优点，因而近年来这种控制系统正日益广泛应用于冶金机械、轻工机械、机械制造、大型科学实验装备及航空航天、舰船、军工等部门。

电液控制机构既具有电子控制的灵活性，又有液压元件的巨大功率。随着计算机技术的发展，电液控制机构与之相结合，更具有控制灵活、操作方便、显示清晰并能进行数据处理和实现大系统控制的功能。随着生产水平的发展，机械装备自动化程度的日益提高，在工作性能的要求力求完善的情况下，集机电液于一体的电液控制机构将更普遍地应用于各个领域之中。

第一节　概述

电液控制机构的组成、分类、发展及应用范围分述如下：

一、电液控制系统的组成

电液控制系统的基本组成如图 3-1 所示，这是一种由电液控制阀控制的系统，它由以下基本元件组成：

(一) 指令元件

可以是信号发生器、电位计、计算机或其他电子器件；根据系统动作的需要发出相应的电压信号。若采用计算机，可由计算机软件发出相应的指令，由 D/A 转换器转换成电压信号。

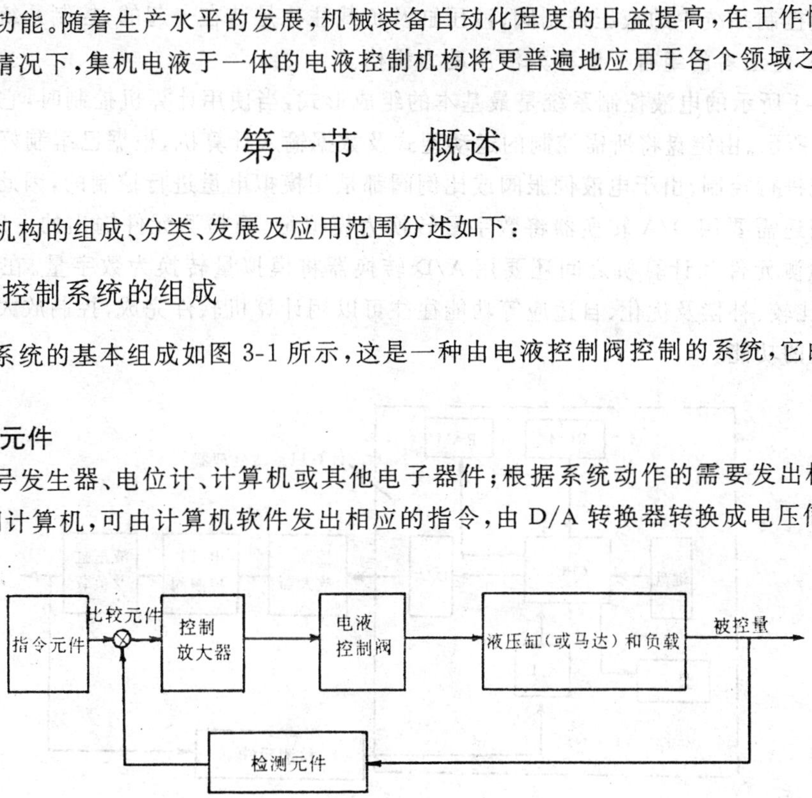

图 3-1　电液控制系统的基本组成

(二) 比较元件

将控制信号与反馈信号相比较得出偏差信号。一般由包括在控制放大器内的运算放大器完成。

(三) 控制放大器

根据配用的电液控制阀的不同，有伺服控制器、比例控制器或开关式放大器等。它将输入的电压信号转换成电流信号，并包括各种补偿环节和功率放大装置等。

(四) 电液控制阀

可以是电液伺服阀、电液比例阀或电液数字阀，它包括电 — 机械转换器及液压阀两部分，可将输入的电流信号转换成液压量输出，液压量即液流的压力及流量。

（五）液压缸（或液压马达）

是液压系统的执行元件，根据液压控制阀输出液流的流量和压力使活塞或轴动作。它的运动部分与负载连接在一起，有时内部装有位移传感器、压力传感器等检测元件。

（六）负载

电液控制系统的负载就是控制对象，如塑料机械中就是模具等可动部分，试验机中就是试件，它们和液压缸（或液压马达）相连接并同时运动，它的输出量即系统的控制量，如模具的位置、模腔的压力，预塑螺杆的转速，试验机中试件的作用力、位移及变形等。

（七）检测元件

用以检测控制量的元件，如检测位移、速度、加速度、压力等。它包括传感器及其二次仪表，使被控量转换为电压以便测量、反馈及显示等。

电液控制系统中的液压控制阀、液压缸及负载往往是装在一起的，控制系统的性能和它们密切相关，这三者的组合一般称为液压动力机构。

图 3-1 所示的电液控制系统是最基本的组成形式，当使用计算机控制时，它最简单的组成如图 3-2 所示。由键盘将所需控制的运动型式及数据输入计算机，根据已编制好的软件对电液控制系统进行控制。由于电液伺服阀或比例阀都是用模拟电量进行控制的，因此在计算机和放大器之间还需要用 D/A 转换器将数字量转换为模拟量。而检测元件输出的一般是模拟电量，所以在检测元件和计算机之间还要用 A/D 转换器将模拟量转换为数字量。在数控电液系统中，有关比较、补偿及优化、自适应等功能往往可以用计算机软件完成，控制放大器部分只执行功率放大的功能。

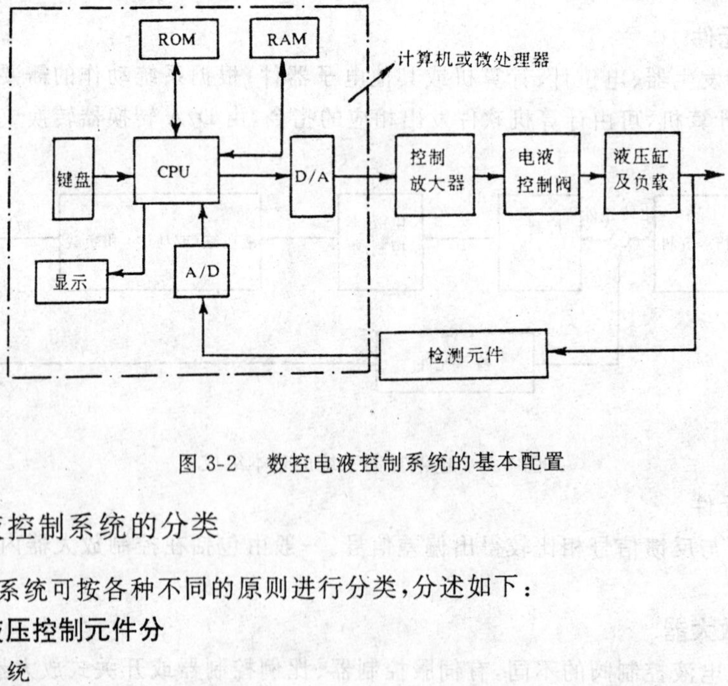

图 3-2　数控电液控制系统的基本配置

二、电液控制系统的分类

电液控制系统可按各种不同的原则进行分类，分述如下：

（一）按液压控制元件分

1. 阀控系统

由液压控制阀利用节流原理控制流入液压缸的流量或压力；这种控制系统应用比较普遍。图 3-1 所示即为这种控制系统，它的动态响应较快，但系统的效率较低。

2. 泵控系统

由液压阀控制变量泵的变量机构，改变泵的流量或压力，使液压缸按要求运动，它的控制系统方框图如图 3-3 所示。

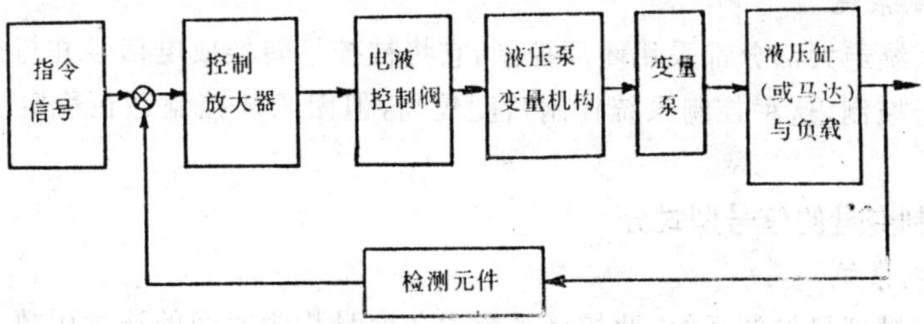

图 3-3　泵控电液系统

这种控制系统功率损失小，效率较高，最高可达 90%，在省能上效益显著，在目前能源问题得到重视时，对这种控制系统进行研究较多。但这种控制系统动态响应较慢，只能用于动态性能要求不高的场合。

（二）按电液控制阀分

1. 电液伺服系统

用电液伺服阀作为控制阀的系统。这种系统动作灵敏、频带宽、精度高，但价格较贵，抗污染性较差，效率较低。

2. 电液比例系统

用电液比例阀作为控制阀的系统。这种系统抗污染性能好，在工业中应用较广泛。但在动态性能要求较高时，不能满足要求。

3. 数控电液系统

用数字式液压控制元件控制的系统。采用的数字式液压控制元件可以是数字阀、数控液压缸、数控马达或数控泵等。这种系统可直接用计算机或微处理机控制。

（三）按被控的物理量分

1. 位置控制系统
2. 速度控制系统
3. 加速度控制系统
4. 压力控制系统
5. 力控制系统
6. 其他物理量控制系统

（四）按反馈与否的情况分

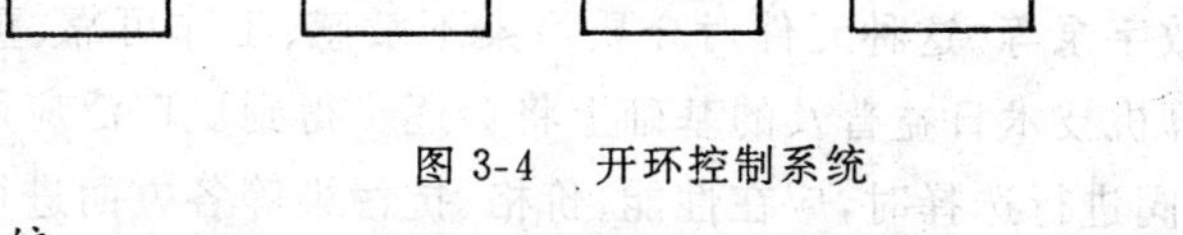

图 3-4　开环控制系统

1. 开环控制系统

这种控制系统如图 3-4 所示，由图可见这种控制系统的被控量不再反馈到输入端与指令信号相比较，因此有了误差后无法纠正，控制精度比较低，但它不存在稳定性问题，调试方便。

由于系统中没有了反馈、比较等部分，价格也较便宜，比例阀及数字式电液控制元件可以采用这种开环控制系统。伺服阀由于零区要求较高，死区很小，存在零漂等情况，不宜开环使用。

2. 闭环控制系统

电液控制系统绝大部分都采用闭环控制。它将被控量转换成电信号并与指令信号相比较，再根据偏差进行控制，这种控制系统控制精度较高，但因闭环控制存在稳定性问题，所以调试比较困难。

（五）以控制变量的信号型式分

1. 连续控制系统

有时也称为模拟量控制系统。此控制系统中各变量均为时间的连续函数，目前一般电液控制系统中大都用这种连续信号进行控制。

2. 离散控制系统

有时也称数字量控制系统。这种控制系统中信号是用脉冲或数码形式实现的，它是时间上离散、幅值上量化的信号。数字计算机控制的系统是一种离散控制系统。离散控制系统同样有开环和闭环之分。

三、电液控制系统的发展和选择

电液控制系统是在各学科发展的基础上产生的，它的根源来自四个方面：液压流体力学、控制理论、电器学和电子学。在这些学科发展的基础上，电液控制系统在第二次世界大战时得到了开发。由于它具有很高的功率重量比，能在较大的功率时达到准确而快速的控制，因而得到重视，其中的关键是电液伺服阀。首先开发的是伺服阀，它是直接由伺服电机或螺管电磁铁带动的滑阀，伺服电机等的惯性较大，限制了系统的动特性。50年代初美国开发了高速响应的永磁力矩马达和无摩擦的喷嘴挡板先导级伺服阀，这使电液伺服阀的性能达到一个新水平。60年代后各种结构的电液伺服阀相继问世。目前电液伺服系统已得到广泛的应用，除在航空、航天等军工部门上使用外，工业上的应用也有广阔的前景，其中较引人注意的是塑料成形的过程控制、工业机器人的控制等，这些系统的动态性能要求并不高，但希望系统工作可靠、抗污染性能好、价格低廉，因此电液比例控制系统得到了发展。

比例控制有二种情况，一是由伺服阀简化而来，如Moog公司将伺服阀的结构及工艺简化，降低动态性能要求，使价格下降，抗污染性能提高，这种阀该公司称为比例阀，其他公司也有称为廉价伺服阀或工业伺服阀。为与另一种比例电磁铁驱动的比例阀相区别，一般称为工业用伺服阀。

另一种是在传统液压阀的基础上采用廉价而又可靠的螺管式比例电磁铁来控制有关的阀，即比例溢流阀、比例流量阀、比例方向阀等。这种阀价格低廉，抗污染性能好，性能虽比伺服阀低，但已能满足工业应用的需要，因此它的应用面比电液伺服控制更为广泛。

近年来由于计算机技术日益广泛地得到应用，数字式电液控制元件得到了关注，如数字阀、数控缸、数控马达、数字泵等。这种元件对介质污染不敏感、工作可靠、重复精度高，容易和计算机连接，在今后计算机技术日益普及的基础上将会逐步得到更广泛应用和发展。

对这三种电液控制阀进行选择时，应在性能、价格、抗污染等各方面进行考虑，一般可按图3-5所示进行选择。

随着机电一体化的进展，电液控制阀也向着这方向发展，目前新开发的电液控制阀往往将阀的检测元件和放大器等和液压阀装在一起，使用时只需供给直流电压，这样就使电液控制阀的应用更易普及和推广。

第二节　液压控制阀

液压放大元件分为液压控制变量泵和液压控制阀两大基本类型。液压控制阀是液压控制系统中最主要的一种控制元件。

液压控制阀以输入的机械运动控制输出流体的压力和流量，在液压控制系统中，它是机械—液压转换装置，把输入的小功率机械信号，转换为大功率的液压信号输出，所以它也是一种功率放大装置，有时被叫做液压放大元件。

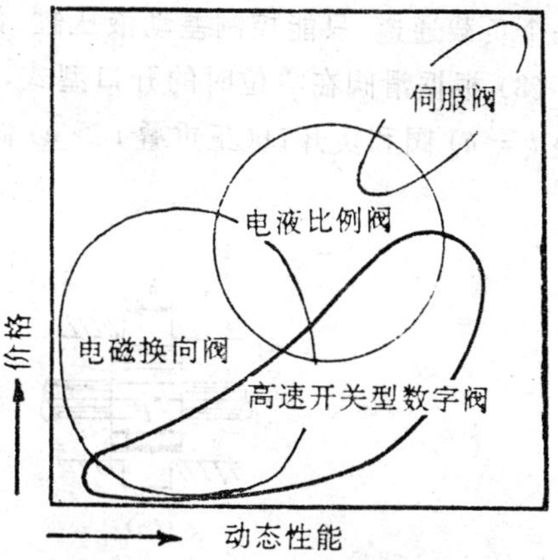

图 3-5　电液控制阀的应用范围

液压控制阀，在节流式液压控制系统中，它直接控制液压执行元件的动作；在容积式液压系统中，它控制液压泵的变量机构，改变其输出流量，从而间接地对液压执行元件进行控制，所以，液压控制阀的性能直接影响系统的工作性能。

一、液压控制阀的结构及分类

液压伺服控制系统中，常用的典型液压控制阀有滑阀、喷嘴挡板阀和射流式阀。

（一）滑阀

这种阀因具有良好的控制性能，在液压控制系统中应用最广泛。由于使用场合不同，滑阀具有各种结构形式。

（1）根据滑阀上控制边（工作节流棱边）的数目，圆柱滑阀可分为双边和四边滑阀，如图 3-6(*d*)、(*a*)、(*b*)、(*c*) 所示。从加工工艺来看，单边滑阀最简单，四边滑阀最复杂；从控制性能来看，双边滑阀较差，四边滑阀最好。在要求较高的液压控制系统中，四边滑阀应用最多。

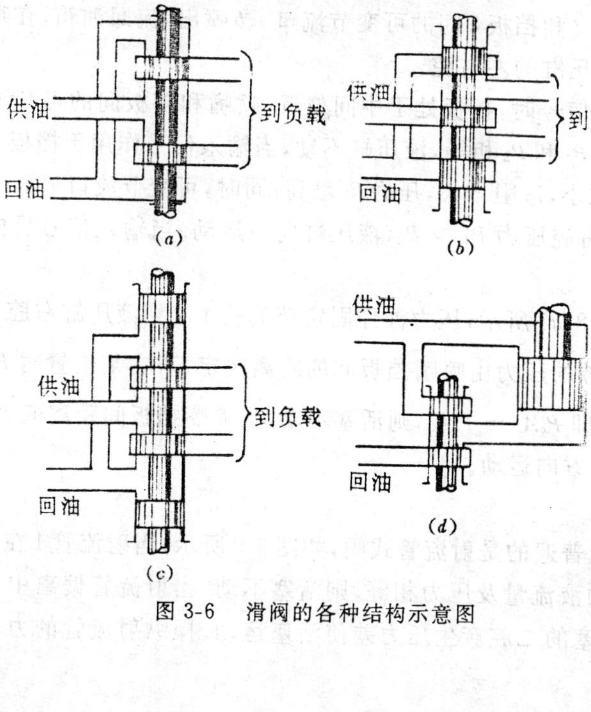

图 3-6　滑阀的各种结构示意图

(2) 根据滑阀的通道数，圆柱滑阀可分为二通阀、三通阀和四通阀等。二通阀和三通阀只有一个负载通道，只能控制差动液压缸，如图 3-6(*d*) 所示。

(3) 根据滑阀在零位时的开口型式，圆柱滑阀可分为正开口(负重叠，$t < h$) 阀，零开口(零重叠 $t = h$) 阀和负开口(正重叠 $t > h$) 阀，分别如图 3-7 所示。

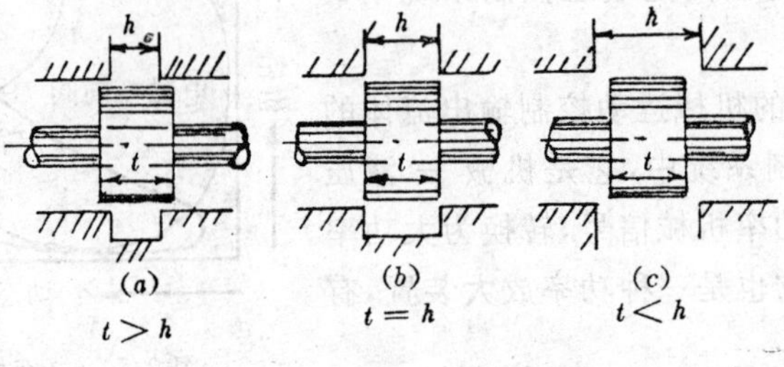

图 3-7　滑阀的不同开口形式

滑阀的优点是功率放大系数大，特性易于计算和控制，因此功率级均采用滑阀；其缺点是要求严格的配合公差、制造成本高，作用于阀芯上的力较多且较大、又是变化的，因此灵敏度和动态响应较低，要求控制力大。

(二) 喷嘴挡板阀

喷嘴 — 挡板式阀没有摩擦副，灵敏度高；挡板惯性很小，动态响应高；所需的控制力小，缺点是喷嘴直径很小，对工作油的过滤要求很高，抗污染差，效率低，因此，适用于小功率，通常作前置放大级用。

喷嘴挡板阀有单喷嘴挡板阀和双喷嘴挡板阀两种结构型式，如图 3-8(*a*)、(*b*) 所示，主要由喷嘴 2、固定节流孔 1 和挡板 3 组成。挡板与喷嘴之间形成一个可变节流口，挡板一般由扭轴或弹簧支承，挡板的位置由输入信号控制。

对于双喷嘴挡板阀〔如图 3-8(*b*) 所示〕，当压力油 P_s 进入阀后，分别通过两个液阻相等的固定节流口 1，再经喷嘴 2 和挡板 3 间的可变节流口 *a*、*b* 喷出，流回油箱，在喷嘴腔 *c*、*d* 内分别形成压力 P_1、P_2，作用在液压缸的左右腔。

当挡板上没有输入信号时，挡板处于中间位置，喷嘴和挡板间的可变节流口液阻相等，作用在液压缸左右腔压力 P_1 和 P_2 相等，液压缸不动，当输入信号作用于挡板上时，例如使挡板向左偏转，可变节流口 *a* 减小，液阻增大，压力 P_1 增高；同时，可变节流口 *b* 增大，液阻减小，压力 P_2 降低，作用在液压缸左右腔压力 $P_1 > P_2$，液压缸向右运动。当输入信号反向时，液压缸向相反方向运动。

单喷嘴挡板如图 3-8(*a*) 所示，压力油经固定节流孔 1 流到液压缸右腔，另方面压力油又向下流到液压缸左腔。右腔的压力由喷嘴挡板间的距离决定，若在某位置时 $P_c = \frac{1}{2}P_s$，而活塞二端面积之比也是 2 : 1，即 $P_cA_1 = P_sA_2$，则活塞不动，当喷嘴挡板间距离变大时，P_c 下降，活塞向右移动，反之，则向相反方向运动。

(三) 射流式阀

射流式阀中应用最普遍的是射流管式阀，如图 3-9 所示，当射流管 1 在中间位置时，接受器上两个受流孔接受的油液流量及压力相等，则活塞不动，当射流管偏离中央位置时，由于射到两孔的流量不同，在活塞的二腔产生压力差使活塞运动。操纵射流管的力比挡板大，结构上也

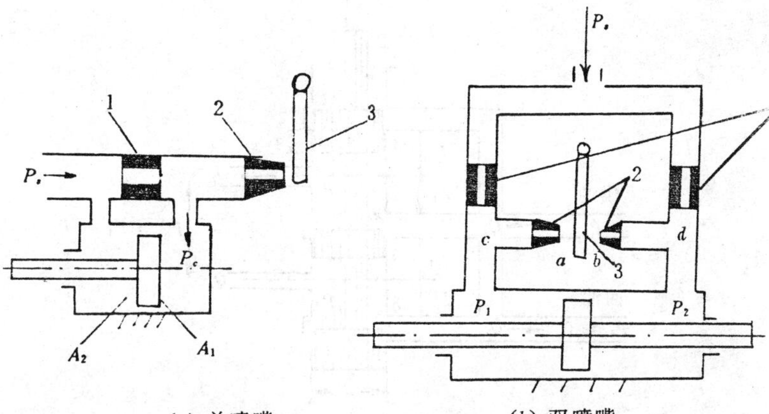

(a) 单喷嘴　　　　(b) 双喷嘴

图 3-8　喷嘴挡板阀

1 — 固定节流孔；2 — 喷嘴；3 — 挡板

较复杂，但这种阀的抗污染性较好，由于存在着功率损耗，因此一般仅作为控制阀的前置级使用，但应用范围远比喷嘴挡板阀小。

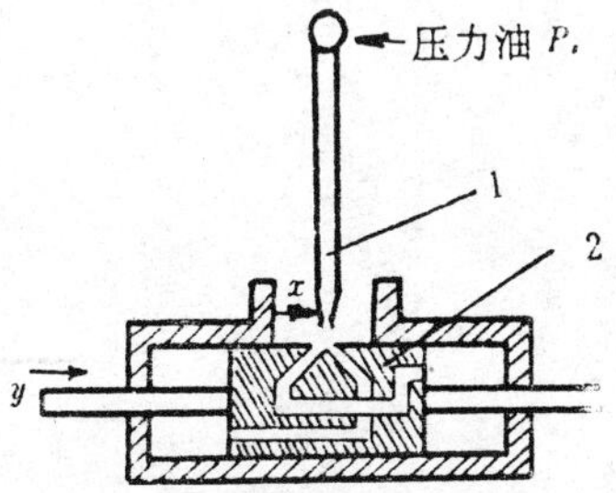

图 3-9　射流管阀

二、滑阀静态特性的分析

以滑阀为例，分析液压控制阀的静态特性，但所涉及的原理及导出的一般关系式将适用于各种结构的控制阀。

图 3-10 为一简化阀控系统。主要工作参数有负载流量 Q_L，负载压力 P_L 和阀芯位移 X_V。

阀的静态特性（即压力 — 流量特性），是指在稳态情况下负载流量 Q_L，负载压力 P_L 和阀位移 X_V 三者之间的函数关系，即 $Q_L = f(P_L, X_V)$，它反映阀本身的工作能力和性能。

阀的静态特性，可以用实验或解析两种方法求得，由解析法求得的静态特性是在一定的简化条件下得出的，所以不如实验法得到的精确。阀的静态特性可用特性方程式、特性曲线和特性参数（阀系数）表示，阀系数可由特性方程式或相应的特性曲线求得。

（一）滑阀的静态特性方程

在分析时假定：只考虑稳态工作情况；流体是理想流体；油源供油压力恒定。设有四边滑阀及等效液压桥路如图 3-10 所示，供油压力为 P_s，回油压力 $P_0 \approx 0$，供油量为 Q_s，负载流量为 Q_L，通往负载液压缸两腔压力分别为 P_1 和 P_2。

根据节流公式可得通过各节流窗口的流量

$$Q_1 = C_d A_1 \sqrt{2(P_s - P_1)/\rho} \tag{3-1}$$

$$Q_2 = C_d A_2 \sqrt{2(P_s - P_2)/\rho} \tag{3-2}$$

$$Q_3 = C_d A_3 \sqrt{2P_2/\rho} \tag{3-3}$$

$$Q_4 = C_d A_4 \sqrt{2P_1/\rho} \tag{3-4}$$

由连续方程可得

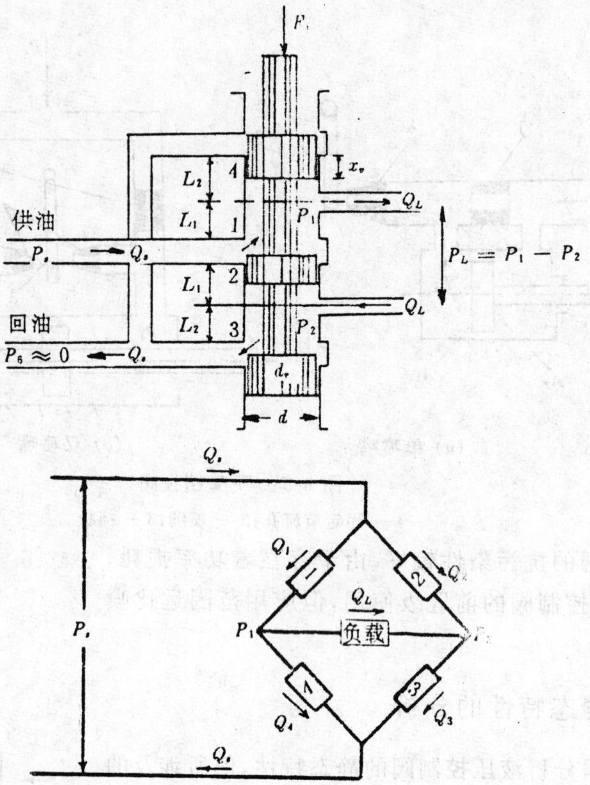

图 3-10　四边滑阀及等效液压桥路

$$Q_L = Q_1 - Q_4 = Q_3 - Q_2 \tag{3-5}$$

$$Q_s = Q_1 + Q_2 = Q_3 + Q_4 \tag{3-6}$$

这里假设四个节流窗口是匹配而且对称的。所谓匹配是指这阀沿轴向有某一位移 X_V 时，进、回节流窗口面积相等，即

$$A_1 = A_3 \tag{3-7}$$

$$A_2 = A_4 \tag{3-8}$$

所谓对称是指滑阀向正、反两个方向的位移量相同时，相应的节流窗口面积相等，即

$$A_1(X_V) = A_2(-X_V) \tag{3-9}$$

$$A_3(X_V) = A_4(-X_V) \tag{3-10}$$

在匹配并且对称的条件下可得

$$Q_1 = Q_3 \tag{3-11}$$

$$Q_2 = Q_4 \tag{3-12}$$

由式(3-1) 和式(3-3) 可得

$$P_s - P_1 = P_2$$

即

$$P_s = P_1 + P_2 \tag{3-13}$$

若令

$$P_L = P_1 - P_2 \tag{3-14}$$

由式(3-13) 和式(3-14) 可得

$$P_1 = (P_s + P_L)/2 \tag{3-15}$$

$$P_2 = (P_s - P_L)/2 \tag{3-16}$$

将式(3-15)和式(3-16)分别代入式(3-1)和式(3-2)可得

$$Q_1 = Q_3 = C_d A_1 \sqrt{(P_s - P_L)/\rho} \tag{3-17}$$

$$Q_2 = Q_4 = C_d A_2 \sqrt{(P_s + P_L)/\rho} \tag{3-18}$$

将式(3-17)和式(3-18)分别代入式(3-5)和式(3-6)可得

$$Q_L = C_d A_1 \sqrt{(P_s - P_L)/\rho} - C_d A_2 \sqrt{(P_s + P_L)/\rho} \tag{3-19}$$

$$Q_s = C_d A_1 \sqrt{(P_s - P_L)/\rho} + C_d A_2 \sqrt{(P_s + P_L)/\rho} \tag{3-20}$$

式(3-19)即为滑阀静态特性方程式(压力 — 流量方程式)。

(二)滑阀的静态特性曲线

1. 滑阀的流量特性

阀的流量特性,是指负载压力等于常数时,负载流量与阀位移之间的关系:即 $Q_L = f(x_v)|_{P_L=\text{常数}}$。若以曲线形式表示即为阀的流量特性曲线,负载压力 $P_L = 0$ 的流量特性称为空载特性,相应的曲线为阀的空载流量特性曲线。对于不同的开口形式,相应的空载流量特性曲线如图 3-11 所示,从图中可以看出,负开口阀具有死区,正开口阀在零点附近流量增加很快,过零点附近后和零开口阀一样。零开口阀流量特性是线性的。

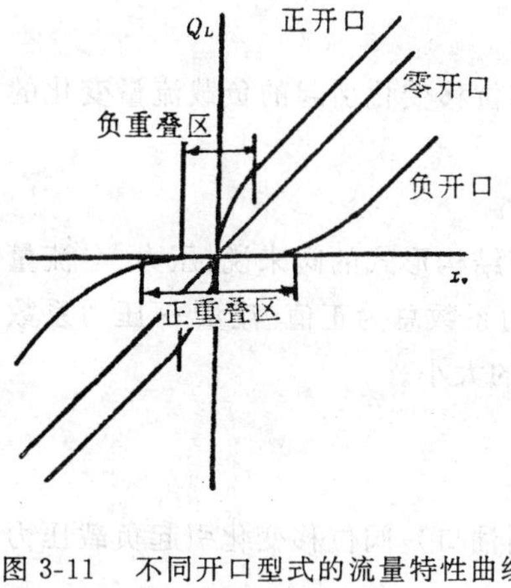

图 3-11 不同开口型式的流量特性曲线

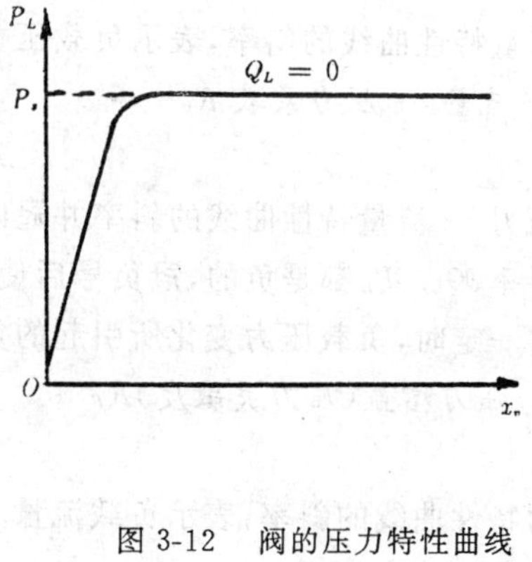

图 3-12 阀的压力特性曲线

2. 滑阀的压力特性

阀的压力特性,是指负载流量等于常数时,负载压力与阀位移之间的关系,即 $P_L = f(X_V)|_{Q_L=\text{常数}}$,其相应的曲线为压力特性曲线,一般所说压力特性均指负载流量 $Q_L = 0$(即关闭阀的控制油口)时的压力特性,其曲线如图 3-12 所示,由图可见,只要阀有一微小位移,负载压力很快增加到供油压力。

3. 滑阀的压力 — 流量特性

滑阀的压力 — 流量特性(即阀的静态特性),是指负载压力、负载流量和阀芯位移之间的关系,即 $Q_L = f(P_L, X_V)$,其相应曲线为阀的压力 — 流量特性曲线,如图 3-13 所示。

(三)阀系数

式(3-19)是非线性方程,对它进行线性化,并以增量形式表示为

$$\Delta Q_L = \frac{\partial Q_L}{\partial X_V}\Delta X_V + \frac{\partial Q_L}{\partial P_L}\Delta P_L \tag{3-21}$$

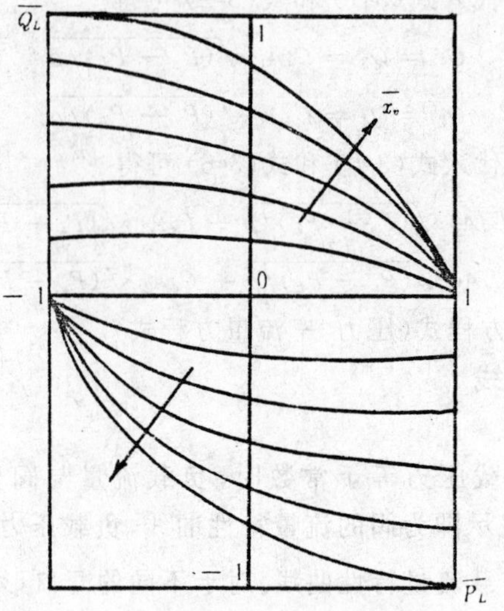

图 3-13　滑阀的压力 — 流量特性曲线

式中偏导数是确定阀的重要参数，即阀系数 — 流量增益，流量 — 压力系数和压力增益。

1. 流量增益(流量放大系数)K_q

$$K_q = \partial Q_L/\partial X_V \tag{3-22}$$

它是流量特性曲线的斜率，表示负载压力一定时，阀芯位移变化引起的负载流量变化的大小。

2. 流量 — 压力系数 K_c

$$K_c = -\partial Q_L/\partial P_L \tag{3-23}$$

它是压力 — 流量特性曲线的斜率并冠以负号，对任何结构形式的阀来说，压力 — 流量特性曲线的斜率 $\partial Q_L/\partial P_L$ 都是负的，冠负号后使得流量 — 压力系数总为正值。流量 — 压力系数表示阀芯位移一定时，负载压力变化所引起的负载流量变化的大小。

3. 压力增益(压力灵敏度)K_P

$$K_P = \partial P_L/\partial X_V \tag{3-24}$$

是压力特性曲线的斜率，表示负载流量为零(关闭控制油口)，阀位移变化引起负载压力变化的大小。

因为$\dfrac{\partial P_L}{\partial X_V} = -\dfrac{\partial Q_L/\partial X_v}{\partial Q_L/\partial P_L}$，所以阀的三个系数之间有以下关系

$$K_P = K_q/K_c \tag{3-25}$$

定义了阀系数后，式(3-21)可以写成

$$\Delta Q_L = K_q\Delta X_V - K_c\Delta P_L \tag{3-26}$$

阀的三个系数是表征阀静态特性的三个性能参数，这些参数影响系统的稳定性和响应特性。

阀系数的数值随工作点变化而变化。最重要的工作点是压力 — 流量特性曲线的原点(即 Q_L, P_L, X_V 均为零处)，因为系统经常在原点附近工作，在此处，阀的流量增益最大，因而系统的增益最高；但流量 — 压力系数最小，所以阻尼最小，因此，从稳定性看，原点最关键，如果一个系统在这一点是稳定的，则在其余各个工作点也是稳定的。在原点附近的阀系数称为零位阀系数，分别以 K_{qo}、K_{co} 和 K_{Po} 表示，若工作点在原点，则增量和变量相等，式(3-26)的增量符号 Δ 可

以去掉,可得阀的线性化方程为

$$Q_L = K_q X_V - K_c P_L \tag{3-27}$$

上述分析对所有液压阀都适用。

(四) 零开口四边滑阀的分析

1. 理想零开口四边滑阀的分析

为了简化分析,我们引入理想滑阀的概念,如果滑阀阀芯与阀套的径向间隙为零,并且所有控制边为理想锐边即圆角半径为零,这样的滑阀叫做理想滑阀。

(1) 理想零开口四边滑阀的压力 — 流量方程,参看图 3-10,对于具有匹配且对称节流窗口的理想零开口滑阀

当 $X_V > 0$ 时,$A_2 = A_4 = 0$,即 $Q_2 = Q_4 = 0$

当 $X_V < 0$ 时,$A_1 = A_3 = 0$,即 $Q_1 = Q_3 = 0$

因此式(3-19) 可简化为

$$\text{当 } X_V > 0 \text{ 时} \quad Q_L = C_d A_1 \sqrt{(P_s - P_L)/\rho} \tag{3-28}$$

$$\text{当 } X_V < 0 \text{ 时} \quad Q_L = - C_d A_2 \sqrt{(P_s + P_L)/\rho} \tag{3-29}$$

式中的负号表示负载流量 Q_L 的方向相反(即从负载流回滑阀)。由于考虑到符号的统一,式(3-28) 和式(3-29) 用同一方程表示,即

$$Q_L = C_d |A_1| \frac{X_V}{|X_V|} \sqrt{\frac{1}{\rho}(P_s - \frac{X_V}{|X_V|} P_L)} \tag{3-30}$$

如果节流窗口为矩形,面积梯度为 W,则 $A_1 = WX_V$,故式(3-30) 变为

$$Q_L = C_d W X_V \sqrt{\frac{1}{\rho}(P_s - \frac{X_V}{|X_V|} P_L)} \tag{3-31}$$

这就是具有匹配且对称节流窗口的理想零开口四边滑阀的压力 — 流量方程。

为了使方程具有通用性,可将上式变为无量纲方程

$$\overline{Q}_L = \overline{X}_V \sqrt{1 - \frac{X_V}{|X_V|} \overline{P_L}} \tag{3-32}$$

式中: $\overline{Q}_L$—— 无量纲负载流量,$\overline{Q}_L = Q_L/Q_0 = Q_L/(C_d W X_{V\max} \sqrt{P_s/\rho})$;

$\overline{X}_v$—— 无量纲阀位移,$\overline{X}_V = X_V/X_{V\max}$;

$\overline{P}_L$—— 无量纲负载压力 $\overline{P}_L = P_L/P_s$。

式(3-32) 可用无量纲特性曲线表示。图 3-14 为零开口四边滑阀的压力 — 流量无量纲特性曲线。

(2) 理想零开口四边滑阀的阀系数。理想零开口四边滑阀的阀系数可通过对式(3-31) 求偏微分得到

$$K_q = C_d W \sqrt{(P_s - P_L)/\rho} \tag{3-33}$$

$$K_c = \frac{C_d W X_V \sqrt{(P_s - P_L)/\rho}}{2(P_s - P_L)} \tag{3-34}$$

$$K_P = \frac{2(P_s - P_L)}{X_V} \tag{3-35}$$

理想零开口四边滑阀的零位阀系数为

$$K_{q0} = C_d W \sqrt{P_s/\rho} \tag{3-36}$$

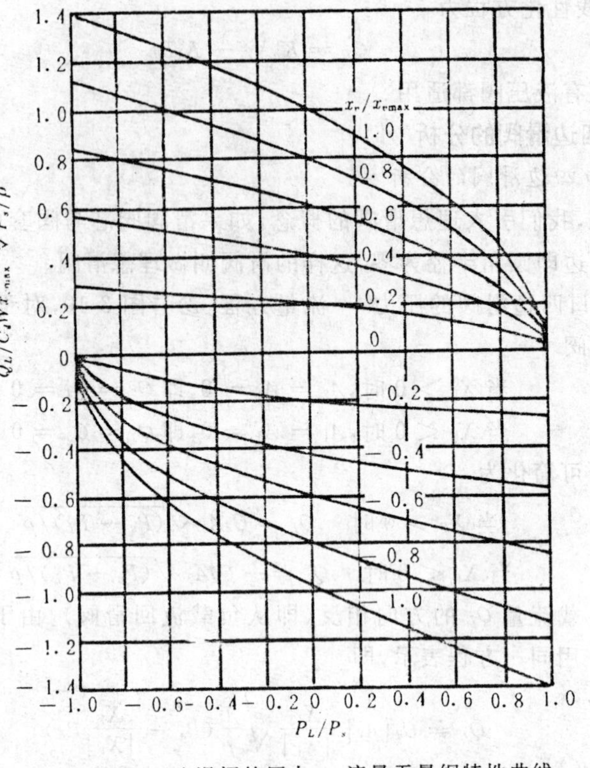

图 3-14　零开口四边滑阀的压力 — 流量无量纲特性曲线

$$K_{c0}=0 \tag{3-37}$$

$$K_{P0}=\infty \tag{3-38}$$

式(3-36)说明，理想零开口四边滑阀的 K_{qo} 只取决于阀的面积梯度 W 和供油压力 P_s，这两个量很容易测量，故 K_{qo} 可较准确地计算和控制。经验证明，用式(3-36)求得的值与实际零开口阀的实验数值十分接近，可用它来计算实际零开口阀的 K_{qo}。液压控制系统的稳定性与 K_{qo} 有关，而 K_{qo} 很容易控制，因此液压伺服系统有可靠的稳定性，由于泄漏的影响，K_{co} 和 K_{po} 的计算值和实验数值相差很大。

2. 实际零开口四边滑阀的分析

(1) 实际零开口四边滑阀的零区特性

实际的和理想的零开口滑阀之间的差别就在于零位泄漏量，理想阀具有理想的几何形状，因此零位泄漏量为零。实际阀具有径向间隙，而且往往还有微小的正重叠量(<0.025mm)，因此在零位区域内，阀的泄漏特性决定了阀的零区特性，在零位区域外，理想阀的特性才与实际阀的特性一致。

实际阀的零区特性，可通过实验确定，如图 3-10 所示，把负载通道关死，即 $Q_L=0$，并在负载通道和供油口分别接上压力表，在回油口上接流量计或量杯，固定供油压力 P_s，改变阀位移 X_V，测出相应的负载压力 P_L 和泄漏流量 Q_c。根据测得的结果可作出压力特性曲线(图 3-15)和泄漏量曲线(图 3-16)。如果使阀处于零位不动，改变供油压力 P_s，则可得到阀的零位泄漏流量 Q_c，其曲线如图 3-17 所示。

图 3-15 曲线在原点处的斜率就是 K_{Po} 值，只要有一很小位移，负载压力 P_L 就会很快地增加到供油压力 P_s，图 3-16 的泄漏曲线表示阀的液压功率损失，泄漏量在阀处于零位时具有最大值，因为此时阀的密封长度最短，随着阀芯移动，回油密封长度增加，泄漏量就急剧减少，图

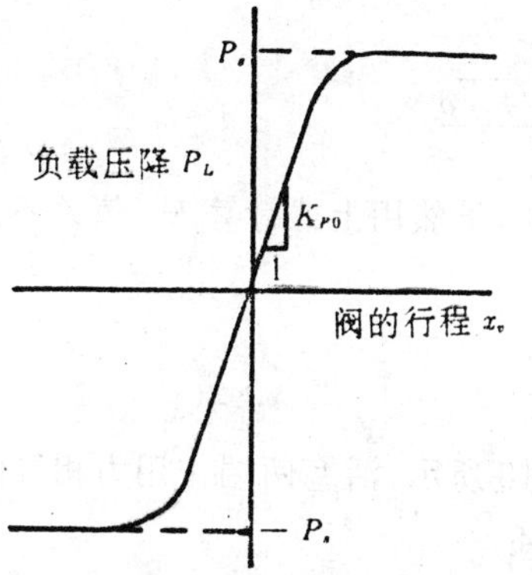

图 3-15　关闭负载通道后的压力增益曲线

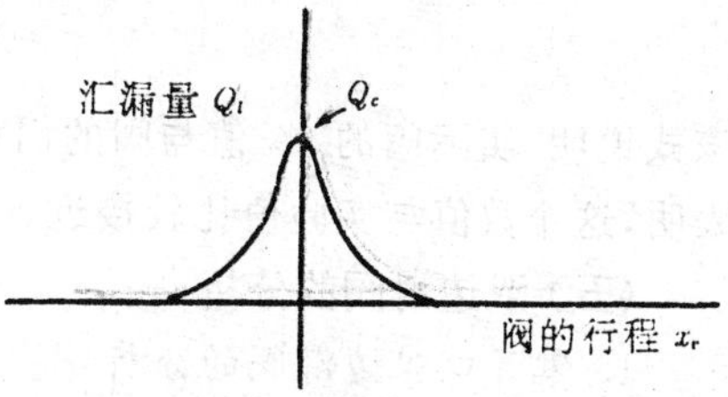

图 3-16　典型的泄漏量曲线

3-17 中，新阀和旧阀零位泄漏量不同，新阀的间隙小，故泄漏量小且液流为层流状态；旧阀由于控制边被磨损，泄漏通道面积增大，故泄漏量增大且液流为紊流状态。

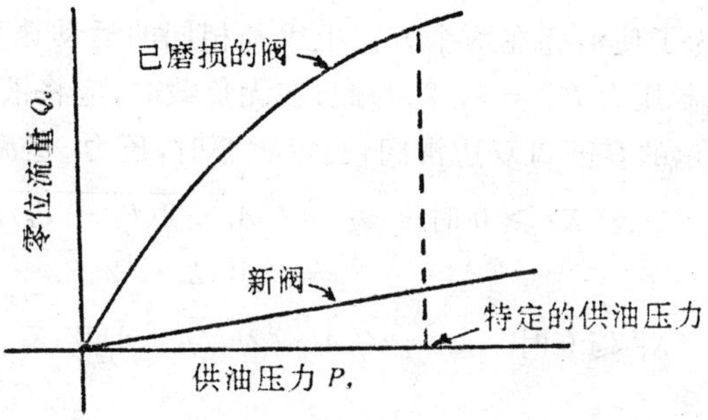

图 3-17　零位泄漏流量曲线

(2) 实际零开口四边滑阀的阀系数

当实际零开口阀处于零位时，每个节流窗口压力差和泄漏量分别为 $P_s/2$ 和 $Q_s/2$，由流体力学层流泄漏公式，可得总的泄漏量为

$$Q_c = \frac{\pi W r_c^2}{32\mu} P_s \tag{3-39}$$

式中　W—— 阀口的面积梯度；

r_c—— 阀的径向间隙；

μ—— 油液的绝对粘度；

P_s—— 供油压力；

Q_c—— 阀的零位泄漏量。

对式(3-39) 微分可得

$$K_{co} = \frac{\pi W r_c^2}{32\mu} \tag{3-40}$$

该式说明，实际阀的 K_{co} 值与阀的面积梯度 W 值有关，上式可用来近似计算实际阀的零位流量 — 压力系数，结果比理想阀的 $K_{co} = 0$ 要准确。

零位流量增益

$$K_{qo} = C_d W \sqrt{P_s/\rho} \tag{3-41}$$

实际阀的 K_{qo} 和理想阀的 K_{qo} 相同。

零位压力增益

$$K_{Po} = \frac{32\mu C_d \sqrt{P_s/\rho}}{\pi r_c^2} \tag{3-42}$$

该式说明，实际阀的 K_{Po} 值与阀的面积梯度 W 值无关，虽然用上式计算 K_{Po} 值并不严格，但经验表明，这个数值与实验值比较接近。

（五）双边滑阀的分析

1. 零开口双边滑阀的分析

双边滑阀必须和差动液压缸组合使用，如图 3-18 所示，活塞两端作用力相等时，

$$P_s A_r = P_c A_h \tag{3-43}$$

式中 P_s—— 供油压力；

P_c—— 控制压力；

A_h—— 活塞无杆腔面积；

A_r—— 活塞有杆腔面积。

当活塞静止不动，给滑阀一正向位移 X_V，节流口 1 开大，2 关小，控制压力 P_c 升高，活塞向下运动，反之亦然。为了使活塞在两个方向上得到相同的运动速度和加减速能力，应使阀在零位工作点工作时，控制压力 $P_{co} = P_s/2$。为此，在无负载时，应将液压缸活塞设计成 $A_h = 2A_r$。

对于图 3-18 所示的零开口双边滑阀，当零重叠时，压力—流量方程为

$$X_V \geqslant 0 \text{ 时} \quad Q_L = C_d A_1 \sqrt{2(P_s - P_c)/\rho} = C_d W_1 X_V \sqrt{2(P_s - P_c)/\rho} \tag{3-44}$$

$$X_V \leqslant 0 \text{ 时} \quad Q_L = C_d A_2 \sqrt{2P_c/\rho} = C_d W_2 X_V \sqrt{2P_c/\rho} \tag{3-45}$$

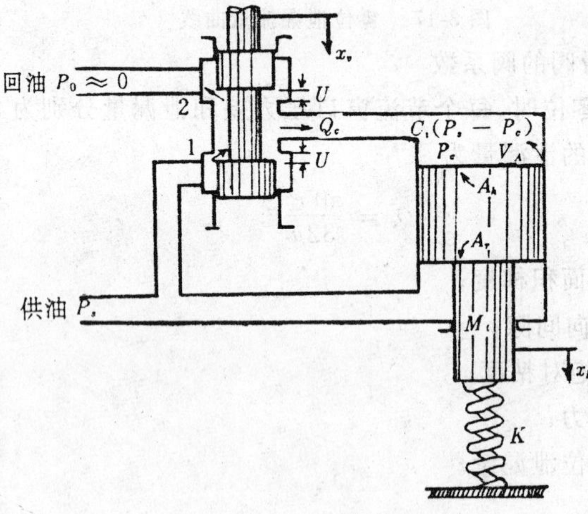

图 3-18 双边滑阀及差动缸

2. 零开口双边滑阀的零位阀系数

$$\left.\begin{aligned} K_{q0} &= C_d W P_s/\rho \\ K_{c0} &= 0 \\ K_{P0} &= \infty \end{aligned}\right\} \tag{3-46}$$

将上式与零开口四边滑阀的阀系数进行比较，可以看出，K_{q0}相同，K_{P0}理论值亦相同，但实际值为四边阀的一半，因此，对双边滑阀来说，由常值负载力和摩擦负载力引起的稳态误差，是四边阀的两倍。对于实际零开口双边滑阀，泄漏量和零位阀系数可用类似实际零开口四边滑阀的分析方法求得。

通过上述对各种滑阀静态特性的分析，可以得出以下几点结论：

(1) 影响滑阀静态性能的因素，有阀的结构形式如阀的控制边数，阀口的开口形式和阀口的几何形状等，阀的制造精度（影响阀的开口形式，径向间隙和控制边圆角等）和阀的使用条件（供油压力、油液的性质等）。

(2) 四边阀和双边阀由于结构的对称性，其压力 — 流量特性对称于零位工作点，说明阀在两个方向上的控制性能相同，这种特性是液压系统所希望的。

(3) 从图 3-11 可看出，滑阀在零位附近流量特性不同。一般情况下，液压控制系统希望尽可能具有线性增益特性，故零开口阀得到广泛的应用；负开口阀由于流量增益特性具有死区，将导致稳态误差，但比例阀因在开环使用时，能完全切断液流，没有零漂等现象而得到应用；正开口阀由于有一个连续的液流，它的损耗较大，一般仅在特殊情况下使用。

三、喷嘴挡板阀的特性

喷嘴挡板阀的惯性小、位移量小，因而动态性能及灵敏度都较高，它的制造精度要求比滑阀的低，没有相对滑动的表面，所以这种阀在先导级中应用很广泛。

（一）单喷嘴挡板阀的压力 — 流量特性及阀系数

单喷嘴挡板阀及其活塞负载如图 3-19 所示，在挡板处起控制作用的是喷嘴和挡板间形成的环周面积而不是喷嘴面积，根据液流的连续性，可得

$$Q_1 = Q_2 + Q_L \tag{3-47}$$

式中流量方程为

$$Q_1 = A_0 C_{do}\sqrt{\frac{2}{\rho}(P_s - P_c)} = \frac{\pi}{4}D_o^2 C_{do}\sqrt{\frac{2}{\rho}(P_s - P_c)} \tag{3-48}$$

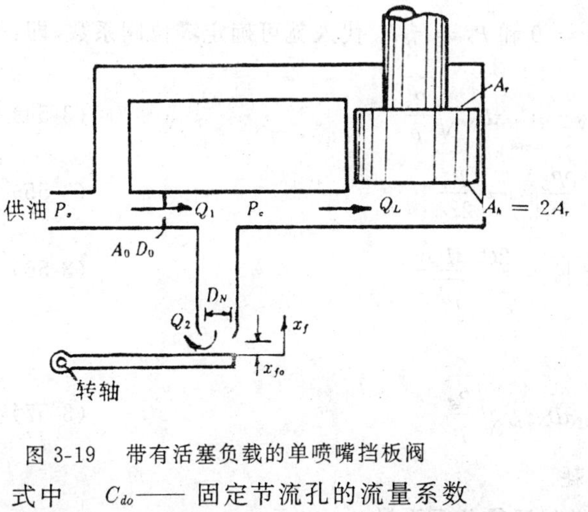

图 3-19　带有活塞负载的单喷嘴挡板阀

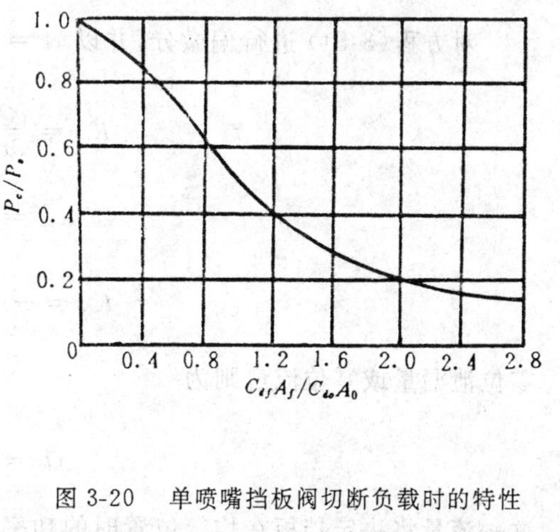

图 3-20　单喷嘴挡板阀切断负载时的特性

式中　C_{do}—— 固定节流孔的流量系数

$$Q_2 = A_f C_{df} \sqrt{\frac{2}{\rho} P_c} = \pi D_N (x_{fo} - x_f) C_{df} \sqrt{\frac{2}{\rho} P_c} \tag{3-49}$$

C_{df}—— 可变节流孔的流量系数；

x_{f0} 是挡板在平衡位置时的间隙，挡板偏离该位置的位移为 x_{fo}，如果没有流量通过负载，即负载是被切断的，则 $Q_1 = Q_2$，两个节流孔的流量相等，其结构经简化后可得

$$\frac{P_c}{P_S} = [1 + (\frac{C_{df} A_f}{C_{do} A_o})^2]^{-1} \tag{3-50}$$

这个切断负载的特性方程示于图 3-20，由曲线可明显地看出，当比值($C_{df}A_f/C_{do}A_o$) $\geqslant 2.8$ 时，挡板对中间腔室压力 P_c 就不起调节控制作用了。而且还可以看出，在曲线的中间部分，压力增益最大，所以一般取 $P_c/P_S = 0.5 \sim 0.6$。此外，为了均衡调节控制压力，通常取 $P_c = 0.5P_S$ 作为设计准则。这个准则要求节流孔在零位的比值为

$$\frac{C_{df} A_f}{C_{do} A_o} = \frac{C_{df} \pi D_N x_{fo}}{C_{do} A_o} = 1 \tag{3-51}$$

这对于单喷嘴或双喷嘴挡板阀来说都是一个良好的设计目标。这个准则还要求和单喷嘴阀一起工作的活塞两边面积比为 2。

压力 — 流量曲线方程可通过把式(3-48)和式(3-49)代入式(3-47)而得到。经过代数简化后结果为

$$\frac{Q_L}{C_{do} A_o \sqrt{\frac{1}{\rho} P_S}} = \sqrt{2(1 - \frac{P_c}{P_S})} - \frac{C_{df} \pi D_N x_{fo}}{C_{do} A_o} (1 - \frac{x_f}{x_{fo}}) \sqrt{\frac{2P_c}{P_S}} \tag{3-52}$$

如果满足设计准则(3-51)式，则上式可改写为

$$\frac{Q_L}{C_{do} A_o \sqrt{\frac{1}{\rho} P_S}} = \sqrt{2(1 - \frac{P_c}{P_S})} - (1 - \frac{x_f}{x_{fo}}) \sqrt{2 \cdot \frac{P_c}{P_S}} \tag{3-53}$$

或

$$\overline{Q}_L = \sqrt{2(1 - \overline{P}_c)} - (1 - \overline{x}_f) \sqrt{2\overline{P}_c}$$

这就是单喷嘴挡板阀的压力 — 流量曲线的最终表示式，并以无因次的形式示于图 3-21。

对方程(3-51)进行偏微分，并以 $x_f = Q_L = 0$ 和 $P_c = \frac{1}{2} P_S$ 代入就可确定零位阀系数，即：

$$K_{qo} = \frac{\partial Q_L}{\partial x_f}|_0 = C_{df} \pi D_N \sqrt{\frac{P_S}{\rho}} \tag{3-54}$$

$$K_{Po} = -\frac{\partial P_L}{\partial x_f}|_0 = \frac{P_S}{2x_{fo}} \tag{3-55}$$

$$K_{co} = -\frac{\partial Q_L}{\partial P_c}|_0 = \frac{2C_{df} \pi D_N x_{fo}}{\sqrt{\rho P_s}} \tag{3-56}$$

零位泄漏量或零位流量则为

$$Q_c = C_{df} \pi D_N x_{fo} \sqrt{\frac{P_S}{\rho}} \tag{3-57}$$

这一流量将决定挡板在均衡位置时的功率损耗。

(二) 双喷嘴挡板阀的压力 — 流量特性曲线及零位阀系数

双喷嘴挡板阀示于图 3-22。压力 — 流量特性方程为

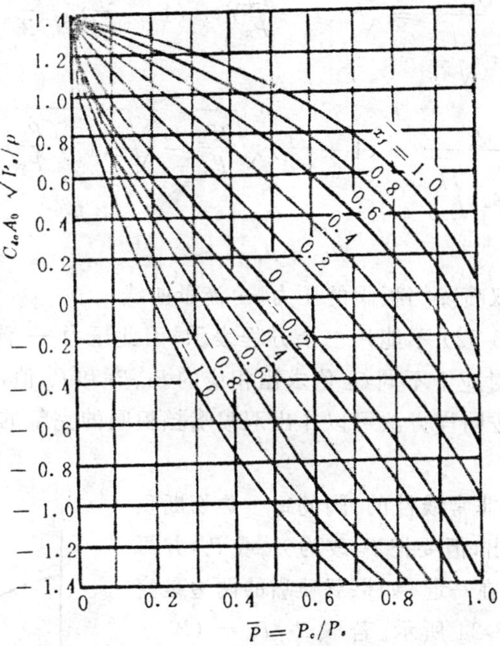

图 3-21　单喷嘴挡板阀的压力－流量曲线

$$Q_L = Q_1 - Q_2 = C_{do}A_o\sqrt{\frac{2}{\rho}(P_S - P_1)} - C_{df}\pi D_N(x_{fo} - x_f)\sqrt{\frac{2}{\rho}P_1} \tag{3-58}$$

及

$$Q_L = Q_4 - Q_3 = C_{df}\pi D_N(x_{fo} + x_f)\sqrt{\frac{2}{\rho}P_2} - C_{do}A_o\sqrt{\frac{2}{\rho}(P_S - P_2)} \tag{3-59}$$

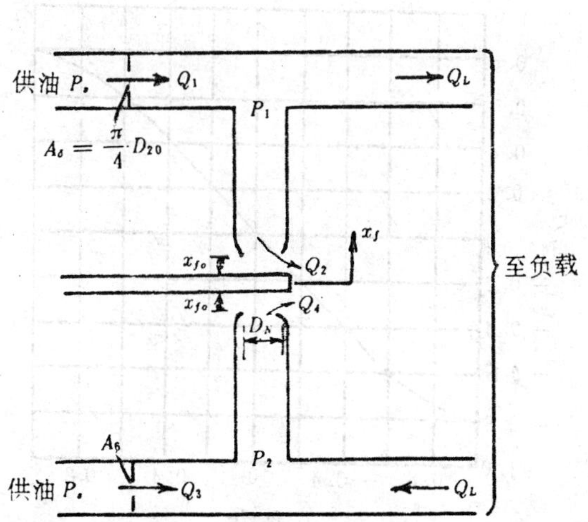

图 3-22　双喷嘴挡板阀

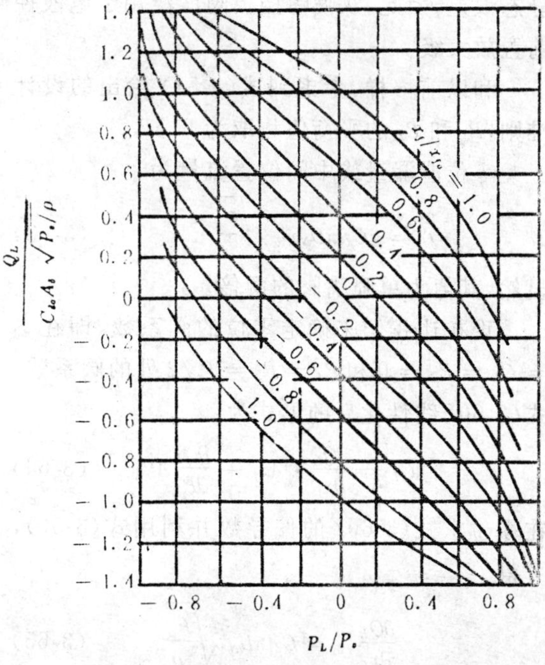

图 3-23　双喷嘴挡板阀的压力－流量曲线

利用方程(3-51),则以上方程可简化为

$$\frac{Q_L}{C_{do}A_o\sqrt{\frac{P_S}{\rho}}}=\sqrt{2(1-\frac{P_1}{P_S})}-(1-\frac{x_f}{x_{fo}})\sqrt{\frac{2P_1}{P_S}} \tag{3-60}$$

$$\frac{Q_L}{C_{do}A_o\sqrt{\frac{P_S}{\rho}}}=(1+\frac{x_f}{x_{fo}})\sqrt{\frac{2P_2}{P_S}}-\sqrt{2(1-\frac{P_2}{P_S})} \tag{3-61}$$

由于

$$P_L=P_1-P_2 \tag{3-62}$$

联立上述三式可完全确定双喷嘴挡板阀的压力 — 流量曲线。

但式(3-60)、(3-61)、(3-62) 不能用一个方程表示。因此压力 — 流量曲线可按下法绘制：先假定一个 x_f/x_{fo} 值,然后对应于不同 Q_L 值求出相应的 P_1、P_2 和 P_L 值,这些数字可以画出一根特 性曲线。改变 x_f/x_{fo} 值,按同样方法可以作出双喷嘴挡板阀的完整的压力 — 流量特性曲线,如图 3-23 所示。

可以看出,这组曲线是非常线性的。阀的每一边切断负载时的特性由式(3-50) 给出,但要把 P_c 改为 P_1 或 P_2,并可将 它们的($P_c \sim x_f$) 曲线画在一起,如果双喷嘴的两边是完全对称的,则其图形如图 3-24 所示。若取 $P_L/P_s=(P_1-P_2)/P_s$ 为纵坐标,取挡板的无因次位移 x_f/x_{fo} 为横坐标,则($P_L/P_s \sim x_f/x_{fo}$) 的图形如图 3-25 所示。双喷嘴挡板阀的压力增益比单喷嘴阀的为大,因而灵敏度较高,而且由于结构是对称的并且是按差动原理工作的,所以当某些参数(如供油压力,工作油温) 由于外界条件变化而变化时,不会产生静态误差,因此,双喷嘴挡板阀广泛用于电液控制阀中作为前置放大级。

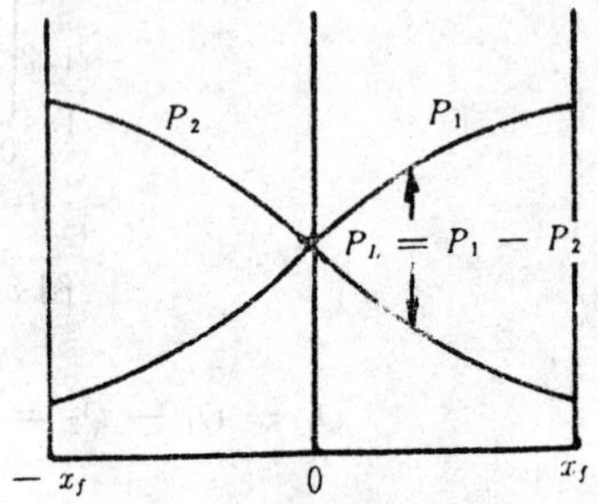

图 3-24　完全对称的双喷嘴挡板阀的每边切断负载时的特性

和以前一样,考虑到式(3-51) 给出的设计准则,P_1 和 P_2 的平衡值均取为 $0.5P_s$。

零位泄漏量或中间位置流量为

$$Q_d=2C_{df}\pi D_N x_{fo}\sqrt{\frac{P_S}{\rho}} \tag{3-63}$$

显然,其值为单喷嘴阀的两倍。

现在让我们来确定零位的阀系数,即在 $x_f=Q_L=P_L=0$ 和 $P_1=P_2=P_s/2$ 处的阀系数。式(3-60) 线性化后的形式为

$$\Delta Q_L=\frac{\partial Q_L}{\partial x_f}\cdot\Delta x_f+\frac{\partial Q_L}{\partial P_1}\Delta P_1 \tag{3-64}$$

在零位求式(3-60) 的偏导数并利用式(3-50),可得

$$\frac{\partial Q_L}{\partial x_f}\Big|_0=C_{df}\pi D_N\sqrt{\frac{P_S}{\rho}} \tag{3-65}$$

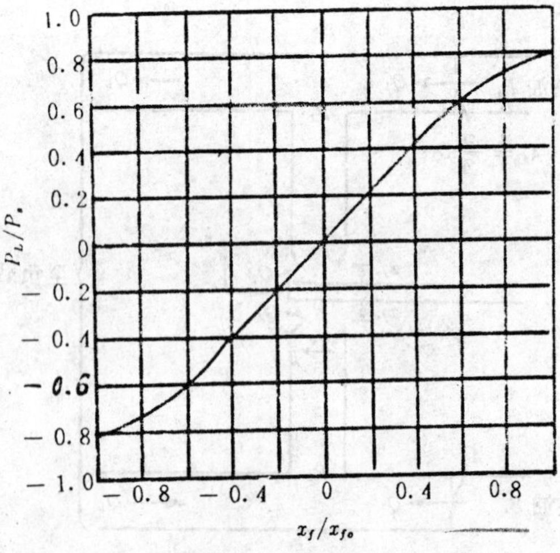

图 3-25　双喷嘴挡板阀切断负载时的特性

$$\frac{\partial Q_L}{\partial P_1}|_0 = -\frac{2C_{df}\pi D_N x_{fo}}{\sqrt{\rho P_S}} \tag{3-66}$$

因而

$$\Delta Q_L = C_{df}\pi D_N\sqrt{\frac{P_S}{\rho}}\cdot\Delta x_f - \frac{2C_{df}\pi D_N x_{fo}}{\sqrt{\rho P_S}}\cdot\Delta P_1 \tag{3-67}$$

对于式(3-61),可用类似的方法得到

$$\Delta Q_L = C_{df}\pi D_N\sqrt{\frac{P_S}{\rho}}\cdot\Delta x_f + \frac{2C_{df}\pi D_N x_{fo}}{\sqrt{\rho P_S}}\cdot\Delta P_2 \tag{3-68}$$

将式(3-67)和(3-68)相加,并与 $\Delta P_L = \Delta P_1 - \Delta P_2$ 联立可得:

$$\Delta Q_L = C_{df}\pi D_N\sqrt{\frac{P_S}{\rho}}\cdot\Delta x_f - \frac{C_{df}\pi D_N x_{fo}}{\sqrt{\rho P_S}}\cdot\Delta P_L \tag{3-69}$$

这就是双喷嘴挡板阀在零位工作时的压力 — 流量方程的线性化形式。其零位阀系数可由该方程直接得出:

$$K_{qo} = \frac{\Delta Q_L}{\Delta x_f}|_{\Delta P_L=0} = C_{df}\pi D_N\sqrt{\frac{P_s}{\rho}} \tag{3-70}$$

$$K_{Po} = \frac{\Delta P_L}{\Delta x_f}|_{\Delta Q_L=0} = \frac{P_s}{x_{fo}} \tag{3-71}$$

$$K_{co} = -\frac{\Delta Q_L}{\Delta P_L}|_{\Delta x_f=0} = \frac{C_{df}\pi D_N x_{fo}}{\sqrt{\rho P_s}} \tag{3-72}$$

将这些关系式与单喷嘴挡板阀的相应关系式比较时,我们可以看到,两者的流量增益是一样的,而双喷嘴阀的压力增益增大了一倍,很明显压力增益的增大是以零位泄漏量的增大为代价而得到的。双喷嘴挡板阀的物理对称性使因温度和供油压力的变化而产生的零漂减小了。另一个相对于单喷嘴结构的优点是作用在挡板上的压力在零位时是平衡的。对于双喷嘴挡板阀来说,此力近似为 $P_L A_N$(忽略了速度压力)。

第三节　液压动力元件

液压动力元件或称液压动力机构,它包括液压控制阀、液压缸(或液压马达)及负载所组成。它是液压控制系统中必不可少的组成部分,它的动态性能对大多数液压控制系统的性能有决定性的影响。

(1) 阀控,又称节流控制。用控制阀来控制从油源流入执行元件的流量,油源通常为恒压油源。属于此种控制方式的有:阀控液压缸和阀控液压马达。

(2) 泵控,又称容积控制。用伺服变量泵给执行元件供油,通过改变泵的排量来控制流入执行元件的流量,从而改变输出速度。系统的压力取决于负载。属于这种控制方式的有:泵控液压缸和泵控液压马达。

泵控系统实际上是由阀控变量机构,再由变量机构控制泵的流量。所以在分析动态性能时,我们着重分析阀控系统。

阀控系统可分为三通阀控差动缸、四通阀控制单出杆缸及四通阀控制双出杆缸和四通阀控制液压马达等四种情况,见图 3-26。后两种情况尤其是四边阀控制双出杆缸的情况应用最多,因此本节着重分析这种动力元件的特性,对其他各种动力元件只作简略的介绍,可采取类似的方法分析、了解它们的特性。

(a) 三通阀控制差动缸

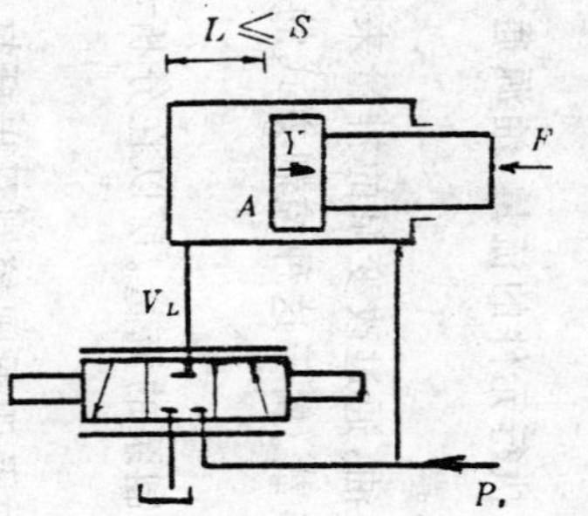

$$K_h = \frac{A^2E_h}{AL + V_L}$$

$$K_{h\min} = \frac{A^2Eh}{AS + V_L}$$

若 $V_L \ll AS$

$$K_{h\min} = \frac{AE_h}{S} \quad \left[\frac{N}{m}\right]$$

$$\omega_h = \sqrt{\frac{k_h}{M}} \geqslant \sqrt{\frac{AE_h}{MS}} = \sqrt{\frac{A^2E_h}{MV_t}}$$

(b) 四通阀控制单出杆缸

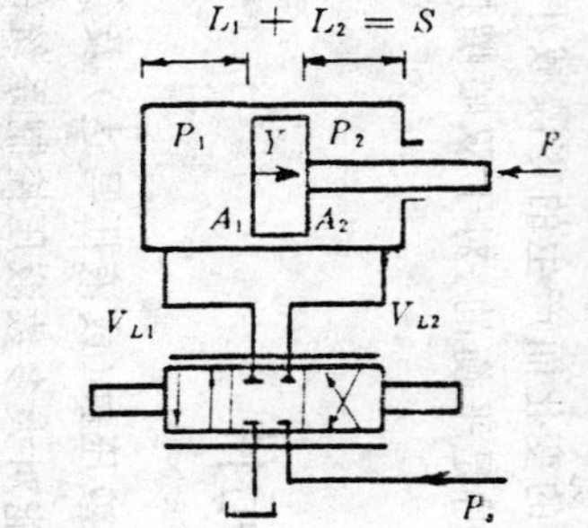

$$K_h = \frac{A_1^2E_h}{A_1L_1 + V_{L_1}} + \frac{A_2^2E_h}{A_2L_2 + V_{L_2}}$$

$$K_{h\min} = \frac{E_h(\sqrt{A_1} + \sqrt{A_2})^2}{S + \frac{V_{L1}}{A_1} + \frac{V_{L_2}}{A_2}}$$

若 $V_{L1} \ll A_1S$； $V_{L2} \ll A_2S$

$$K_{h\min} = \frac{E_h(\sqrt{A_1} + \sqrt{A_2})^2}{S}$$

若 $A_2 \leqslant 5A_1$

$$K_{h\min} = \frac{2E_h(A_1 + A_2)}{S} \quad \left[\frac{N}{m}\right]$$

$$\omega_h \geqslant \sqrt{\frac{2E_h(A_1 + A_2)}{MS}}$$

(c) 四通阀控制双出杆缸

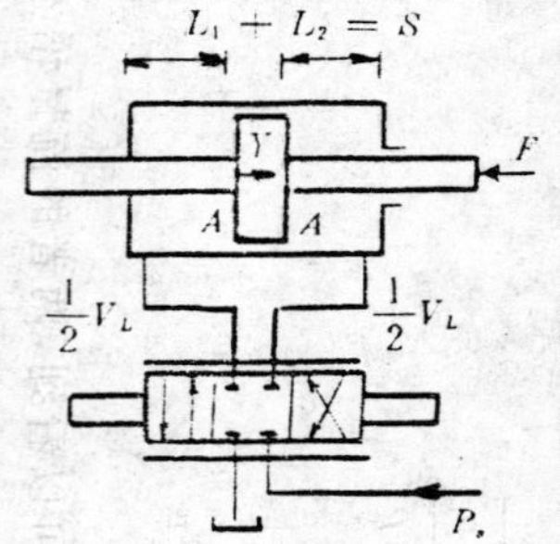

$$K_h = \frac{A^2E_h}{AL_1 + \frac{1}{2}V_L} + \frac{A^2E_h}{AL_2 + \frac{1}{2}V_L}$$

$$K_{h\min} = \frac{4A^2E_h}{AS + V_L}$$

若 $V_L \ll AS$

$$K_{h\min} = \frac{4AE_h}{S} \quad \left[\frac{N}{m}\right]$$

$$\omega_h = \sqrt{\frac{K_h}{M}} \geqslant 2\sqrt{\frac{AE_h}{MS}} = \sqrt{\frac{4A^2E_h}{MV_t}}$$

(d) 四通阀控制液压马达

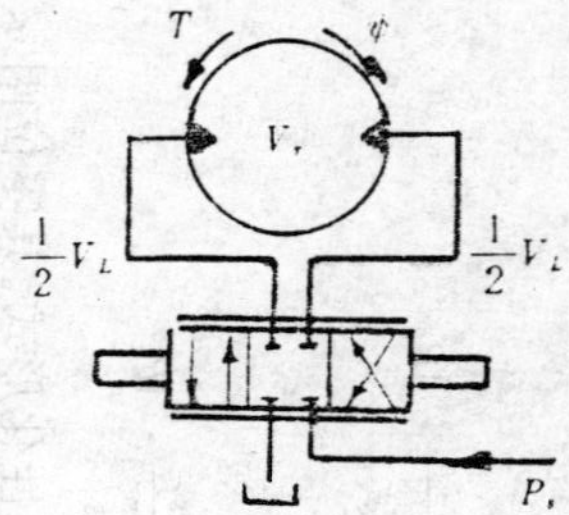

$$K_h = \frac{4V_r^2E_h}{\pi V_r + V_L} \quad \left[\frac{N_m}{rad}\right]$$

$$\frac{V_L}{\pi} > V_r \quad ?!$$

$$\omega_h = \sqrt{\frac{K_h}{J_{tot}}}$$

$$J_{tot} = J_m + J_r + \frac{J_1}{i_1^2} + \frac{J_2}{i_1^2i_2^2} + M\left[\frac{\lambda}{2\pi i_1 i_2}\right]$$

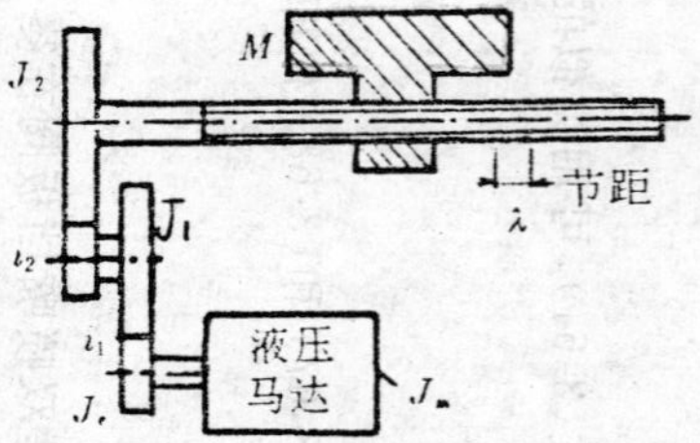

图 3-26　阀控系统的各种型式

一、四通阀控制双出杆液压缸

阀控液压缸的动态特性取决于阀和液压缸的特性并和负载有关。分析时按集中参数考虑，假定负载是质量、弹簧和粘性阻尼构成的单自由度系统。由于描述动力元件的一些微分方程是非线性的，为了分析简便和便于应用，采用线性化分析方法，即研究在某一稳态工作点附近作微小运动时的特性，当工作点变动时必须谨慎地对所有工作点进行研究。但实际上动力元件的参数可在较宽的范围内用于不同的工作点，所以线性化的分析结果还是相当实用的。

(一) 基本方程

1. 滑阀的线性化流量方程

由上节得出

$$Q_L = K_q x_v - K_c P_L$$

2. 液压缸流量连续性方程

假定所有连接管道都是短而粗的，管道内的摩擦损失、流体质量影响和管道的动态等均忽略不计；液压缸整个工作腔内各处的压力相同，油液温度和体积弹性模量可认为是常数；液压缸的内外泄漏为层流流动。

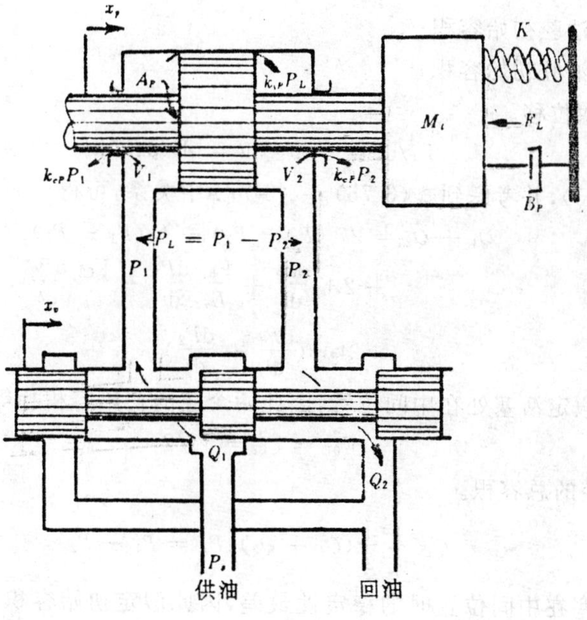

图 3-27　四通阀控制双出杆缸

在这种情况下，可压缩流体连续性方程为

$$\sum Q_r - \sum Q_c = \frac{dV}{dt} + \frac{V}{E_h}\frac{dP}{dt} \tag{3-73}$$

式中　V—— 控制腔的体积；

$\sum Q_r$—— 流入控制腔的总流量；

$\sum Q_c$—— 流出控制腔的总流量；

E_h—— 有效体积弹性模量(包括液体、混入油中的空气以及工作腔体的机械柔度)；

将式(3-73)用于图3-27所示液压缸的进油腔，并考虑内外泄漏时，可得

$$Q_1 - k_{ic}(P_1 - P_2) - k_{ec}P_1 = \frac{dV_1}{dt} + \frac{V_1}{E_h}\frac{dP_1}{dt} \tag{3-74}$$

该式的物理意义是，流进进油腔的净流量等于液体压缩流量与活塞运动所需流量之和。

同理，式(3-73)用于回油腔时可得

$$k_{ic}(P_1 - P_2) - k_{ec}P_2 - Q_2 = \frac{dV_2}{dt} + \frac{V_2}{E_h}\frac{dP_2}{dt} \tag{3-75}$$

式中 k_{ic}—— 液压缸的内泄漏系数；

k_{ec}—— 液压缸的外泄漏系数；

V_1—— 液压缸进油腔容积(包括阀、连接管道和进油腔的体积)；

V_2—— 回油腔体积(包括阀、连接管道和回油腔的体积)；

液压缸工作腔的体积可写成

$$V_1 = V_{01} + A_P x_P \tag{3-76}$$

$$V_2 = V_{02} - A_P x_P \tag{3-77}$$

式中 A_P—— 活塞有效面积；

V_{01}—— 进油腔初始容积；

V_{02}—— 回油腔初始容积；

x_P—— 活塞位移。

故

$$dV_1/dt = - dV_2/dt = A_P(dx_P/dt) \tag{3-78}$$

式(3-74)减式(3-75)，并考虑到式(3-76)～(3-77)中关系，可得

$$\begin{aligned} Q_1 + Q_2 = {} & 2k_{ic}(P_1 - P_2) + k_{ec}(P_1 - P_2) \\ & + 2A_P\frac{dx_P}{dt} + \frac{V_{01}}{E_h}\frac{dP_1}{dt} - \frac{V_{02}}{E_h}\frac{dP_2}{dt} \\ & + A_P x_P\left(\frac{dP_1}{dt} + \frac{dP_2}{dt}\right) \end{aligned} \tag{3-79}$$

为了使分析简化，假定活塞处在中间位置，因此两个腔的初始容积相等，即

$$V_{01} = V_{02} = V_t/2 \tag{3-80}$$

式中 V_t 是两个油腔的总容积。

$$Q_L = \frac{1}{2}(Q_1 + Q_2);P_L = P_1 - P_2$$

应该指出，活塞在中间位置时的稳定性最差，因此假定初始容积相等是谨慎的。因 $|A_P x_P| \ll V_0$，并假定动态时 $P_1 + P_2 = P_s$ 仍能适用，则 $dP_1/dt + dP_2/dt = 0$，式(3-79)可写成

$$Q_L = A_P dx_P/dt + k_{tc}P_L + (V_t/4E_h)(dP_L/dt) \tag{3-81}$$

式中 $k_{tc} = k_{ic} + k_{ec}/2$ 是液压缸的总泄漏系数。

这是动力元件流量连续性方程的常见形式，它表明阀的负载流量除用于推动活塞运动外，还用于补偿泄漏量和压缩性流量。

3. 液压缸和负载的力平衡方程

忽略库仑摩擦等非线性负载，忽略油液的质量，根据牛顿第二定律，可得

$$A_P(P_1 - P_2) = A_P P_L = m(d^2x_P/dt^2) + B_P(dx_P/dt)$$

$$+ K x_P + F_L$$

或写成

$$P_L = 1/A_P(\mathrm{m}\mathrm{d}^2x_P/\mathrm{d}t^2 + B_P\mathrm{d}x_P/\mathrm{d}t + K\ x_P) + (F_L/A_P) \tag{3-82}$$

式中 m—— 活塞及负载的总质量；

B_P—— 活塞和负载的粘性阻尼系数；

K—— 负载的弹簧刚度；

F_L—— 作用在活塞上的外负载力。

（二）阀控液压缸的方块图

式(3-27)、(3-81)和(3-82)是阀控液压缸的三个基本方程，式中各物理量都是指初始条件下的变化量，这三个方程决定了阀控液压缸的动特性。

式(3-27)、(3-81)和(3-82)的拉氏变换式为

$$Q_L = k_qX_v - K_cP_L \tag{3-83}$$

$$Q_L = A_PsX_P + [k_{tc} + (V_t/4E_h)s]P_L \tag{3-84}$$

或

$$X_P = \{Q_L - [k_{tc} + (V_t/4E_h)s]P_L\}/(A_Ps) \tag{3-85}$$

$$P_L = (Q_L - A_PsX_P)/[k_{tc} + (V_t/4E_h)s] \tag{3-86}$$

$$P_L = 1/A_P(ms^2 + B_Ps + K\ )X_P + (F_L/A_P) \tag{3-87}$$

或

$$P_L = (1/A_P)[(ms + B_P)sX_P + K\ X_P + F_L] \tag{3-88}$$

$$X_P = (P_LA_P - F_L)/(ms^2 + B_Ps + K\ ) \tag{3-89}$$

由式(3-83)、(3-85)和(3-88)，可画出阀控液压缸的方框图，如图3-28所示。图中，前向通路为负载流量至液压缸，即位移由流量算出，它适合于质量较轻的场合，一般位置控制系统多采用此方块图。

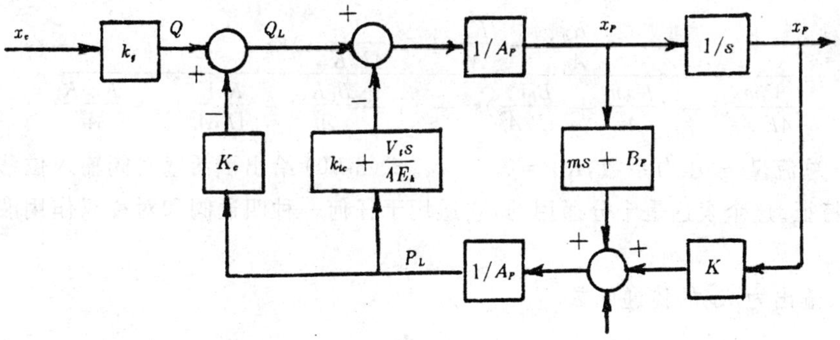

图 3-28 阀控液压缸的方块图

同理，由式(3-83)、(3-84)和(3-89)可得动力元件另一种方块图，如图3-29所示。图中前向通路为负载压降至液压缸。即位移由负载压降算出，它多用于质量和泄漏系数均较大的场合。

若以阀位移 X_V 为输入，负载压降 P_L 为输出时，利用三个基本方程或直接由图3-29经变换可得图3-30所示方块图，F_s 为液压缸产生的力，在力和压力控制系统中多采用此方块图。

（三）阀控液压缸的传递函数

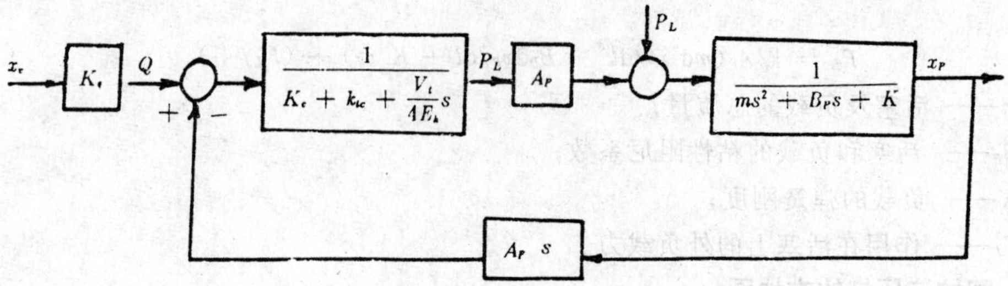

图 3-29　阀控液压缸的方块图

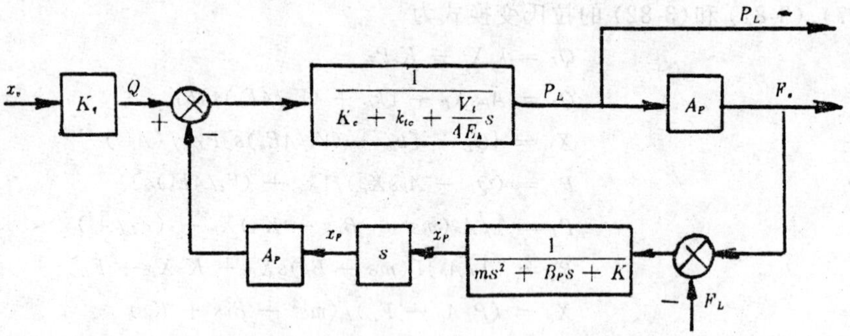

图 3-30　以 P_L 为输出的阀控液压缸的方块图

1. 传递函数

阀控液压缸的传递函数可通过联解三个基本方程求得，也可由方块图通过化简求得：

$$X_P=\frac{\frac{K_q}{A_P}X_v-\frac{K_{ce}}{A_P^2}(1+\frac{V_t}{4E_hK_{ce}}s)F_L}{\frac{V_tm}{4E_hA_P^2}s^3+(\frac{K_{ce}m}{A_P^2}+\frac{B_PV_t}{4E_hA_P^2})s^2+(1+\frac{B_PK_{ce}}{A_P^2}+\frac{K\,V_t}{4E_hA_P^2})s+\frac{K_{ce}\,K}{A_P^2}} \tag{3-90}$$

式中　K_{ce}—— 总流量－压力系数，$K_{ce}=K_c+k_{tc}$。式(3-90)给出了活塞对阀输入位移和负载力扰动的响应特征。这个表达是十分通用的，它适用于任何一种四通阀和对称双作用液压缸组合。

输入为 X_v、输出为 X_P 的传递函数

$$\frac{X_P}{X_v}=\frac{K_q/A_P}{\frac{V_tm}{4E_hA_P^2}s^3+(\frac{K_{ce}m}{A_P^2}+\frac{B_PV_t}{4E_hA_P^2})s^2+(1+\frac{B_PK_{ce}}{A_P^2}+\frac{K\,V_t}{4E_hA_P^2})s+\frac{K_{ce}\,K}{A_P^2}} \tag{3-91}$$

输入为 F_L 输出为 X_P 的传递函数

$$\frac{X_P}{F_L}=\frac{-\frac{K_{ce}}{A_P^2}(1+\frac{V_t}{4E_hK_{ce}}s)}{\frac{V_tm}{4E_hA_P^2}s^3+(\frac{K_{ce}m}{A_P^2}+\frac{B_PV_t}{4E_hA_P^2})s^2+(1+\frac{B_PK_{ce}}{A_P^2}+\frac{K\,V_t}{4E_hA_P^2})s+\frac{K_{ce}\,K}{A_P^2}} \tag{3-92}$$

2. 传递函数的简化形式

上面推导传递函数时考虑了各种因素，如质量、阻尼、弹簧、油液的压缩性和液压缸的泄漏等。但在实际应用中，负载往往比较简单，特定条件下可忽略一些次要因素，这样可以使传递函

数大为简化。

(1) 负载为惯性负载，有外加负载力，但无弹簧负载，并考虑油液的压缩和液压缸的泄漏。此时，$K=0$，由于 $A_P^2/K_{ce} \gg B_P$，即 $B_P K_{ce}/A_P^2 \ll 1$，因此，此项可以忽略不计，代入式(3-90) 得

$$X_P = \frac{\frac{K_q}{A_P}X_v - \frac{K_{ce}}{A_P^2}(1+\frac{V_t}{4E_hK_{ce}}s)F_L}{s(\frac{s^2}{\omega_h^2}+\frac{2\zeta_h}{\omega_h}s+1)} \tag{3-93}$$

式中　ω_h—— 液压固有频率

$$\omega_h = \sqrt{4E_hA_P^2/(V_tm)} = \sqrt{\frac{K_h}{m}} \tag{3-94}$$

其中 K_h 为液压弹簧刚度　$K_h = \frac{4E_hA_P^2}{V_t}$

ξ_h—— 阻尼比

$$\xi_h = (K_{ce}/A_P)\sqrt{E_hm/V_t}) + (B_P/4A_P)\sqrt{V_t/(E_hm)} \tag{3-95}$$

活塞位移对阀位移的传递函数

$$\frac{X_P}{X_v} = \frac{K_q/A_P}{s[s^2/\omega_h^2+(2\zeta_h/\omega_h)s+1]} \tag{3-96}$$

活塞位移对外负载力的传递函数

$$\frac{X_P}{F_L} = \frac{-\frac{K_{ce}}{A_P^2}(1+\frac{V_t}{4E_hK_{ce}}s)}{s(\frac{s^2}{\omega_h^2}+\frac{2\zeta_h}{\omega_h}s+1)} \tag{3-97}$$

(2) 负载为惯性负载，有弹性负载和外加负载，并考虑油液的压缩性和液压缸的泄漏。

根据式(3-90) 可见，如果三阶方程可因式分解，传递函数就易进行分析，为了将三阶方程因式分解，必须作一些近似处理。负载粘性阻尼系数 B_P 一般较小，可以忽略不计，这样式(3-90) 就可写为

$$X_P = \frac{\frac{K_q}{A_P}X_v - \frac{K_{ce}}{A_P^2}(1+\frac{V_t}{4E_hK_{ce}}s)F_L}{\frac{V_tm}{4E_hA_P^2}s^3+\frac{K_{ce}m}{A_P^2}s^2+(1+\frac{K\,V_t}{4E_hA_P^2})s+\frac{K_{ce}\,K}{A_P}} \tag{3-98}$$

假设此式能分解为

$$X_P = \frac{\frac{K_q}{A_P}X_v - \frac{K_{ce}}{A_P^2}(1+\frac{V_t}{4E_hK_{ce}}s)F_L}{(s+\frac{K_{ce}K}{A_P})(\frac{s^2}{\omega_h}+\frac{2\zeta_h}{\omega_h}s+1)} \tag{3-99}$$

将式(3-99) 的分母展开，再与式(3-98) 比较，就可看出式(3-98) 能够分解成式(3-99) 的条件为

$$K \ll K_h;\quad K_{ce}^2mK/A_P^4 \ll 1$$

液压弹簧刚度 K_h 一般总是比负载弹簧刚度 K 大得多，所以 $K \ll K_h$ 这条件总是成立的(只有少数情况如材料疲劳试验机等才希望 $K \doteq K_h$)。另一条是 $K_{ce}^2mK/A_P^4 \ll 1$，可将此条件改写为

$$\frac{K_{ce}^2mK}{A_P^4} = \frac{4K_{ce}^2E_hm}{A_P^2V_t}(\frac{K}{K_h}) = 4\zeta_h^2(\frac{K}{K_h})$$

因为 $\xi_h < 1$，$K \ll K_h$，所以一般情况下此条件总是能满足的。

将式(3-99) 与式(3-93) 比较，可以看出有弹性负载时只须把无弹性负载时的积分环节改

成惯性环节 $s+(K_{ce}K/A_P^2)$ 即可。当弹簧刚度趋于零时，则惯性环节变成积分环节。

（四）动态参数分析

在上述传递函数中，决定动力元件特性的主要性能参数有：$\omega_h,\zeta_h,K_q/A_P$。

1. 速度增益 K_q/A_P

对于一个既定的动力元件，A_P 是一个固定常数，故 K_q/A_P 随阀的流量增益而变。不同结构形式的阀具有不同的流量增益，同一种阀在不同工况下流量增益也不同，故 K_q/A_P 与所选阀的结构形式及工况有关。对于零开口阀，若按一般设计原则取最大负载压降为 $P_L=(2/3)P_s$，那么阀的流量增益将下降到空载时的 $\sqrt{P_s-P_L}/\sqrt{P_s}=\sqrt{1/3}=57.7\%$，由于一般的控制系统中增益的降低都对稳定有利，所以按动态性能分析和设计系统时，K_q 通常取空载时的数值。系统中的速度增益大体上被看成是一个相对恒定的量。

2. 液压固有频率 ω_h

密闭在油腔中的液体被压缩时，会象弹簧一样，它和一个外加质量一起振动时的频率称为液压固有频率。如图 3-27 所示的双出杆缸，如果油液被困在油腔 V_1 及 V_2 中而活塞因惯性仍顺 X_P 方向运动，若不计泄漏，则由于液体被压缩，P_2 将增加而 P_1 将下降，可得：

$$\Delta P_1=-(E_h/V_{01})A_P\Delta X_P,\quad \Delta P_2=(E_h/V_{02})A_P\Delta X_P$$

两腔的压差迫使质量 m 作减速运动，其所受力方程为

$$F_h=A_P(\Delta P_2-\Delta P_1)=E_hA_P^2(\frac{1}{V_{01}}+\frac{1}{V_{02}})\Delta X_P \tag{3-100}$$

是一个简谐运动方程，振动源是液体在油腔中被压缩，振动频率是式(3-94) 中的液压固有频率。由式(3-100) 可以看出，两腔的总液压弹簧刚度为

$$K_h=E_hA_P^2(1/V_{01}+1/V_{02})$$

可见 K_h 是活塞位置的函数。当 $V_{01}=V_{02}$ 时，即当活塞处于中间位置时，K_h 最低，从而液压固有频率最低，因此活塞处在中间位置时，稳定性最差。当活塞运动到行程的一端时，较小腔的液压弹簧刚度就起了主导作用，于是固有频率就将提高，所以推导流量方程时，假设 $V_{01}=V_{02}=V_t/2$ 是合理的。

3. 阻尼比 ζ_h

从式(3-92) 可以看出，阻尼比是由阀的流量－压力系数、系统泄漏和摩擦损失所决定，由于随着工作点的不同，K_c 会有很大变化，如在零位时 K_c 值最小，从而 ζ_h 也最小，因此，在计算系统的稳定性时，应取零位时的 K_{c0} 值，实际的 K_{c0} 比理论计算的 K_{c0} 大些，ζ_h 一般在 0.1～0.2 范围内变化，但有时也高些。K_c 值随着阀开口的增大而增大，因此 ζ_h 值的变化范围就更大，变化幅度达 20～30 倍。

4. 阀控液压缸的动态刚度 F_L/X_P

负载干扰力的变化引起的动态过程一般并不计算，因它不影响系统的稳定性。但负载变化对输出是有影响的，因此需要研究，即研究系统动态刚度。X_P/F_L 称为阀控液压缸的动态柔度，而它的倒数 F_L/X_P 称为动态刚度，由式(3-93) 得

$$\frac{F_L}{X_P}=-\frac{\frac{A_P^2}{K_{ce}}s(\frac{s^2}{\omega_h^2}+\frac{2\zeta_h}{\omega_h}s+1)}{1+s/\omega_1} \tag{3-101}$$

式中　ω_1——转折频率

在 $K=0,B_P=0$ 时，$\omega_1=4E_hK_{ce}/V_t=2\zeta_h\omega_h$ (3-102)

一般 $\omega_1<\omega_h$，这是由于 ζ_h 值很小，并且 ω_1 值随 ζ_h 值在很宽的范围内变化。

式(3-101) 表示外加扰动力的变化对输出位移的影响。图 3-31 表示动态刚度的对数幅频特性,因为负载干扰力 F_L 的增加将引起液压缸速度的降低,所以式(3-101) 带负号,低频段($\omega < \omega_1$) 渐近线斜率为 20dB/dec,中频段($\omega_1 < \omega < \omega_h$) 渐近线斜率为零,高频段渐近线斜率为 40dB/dec。在低频段,由式(3-101) 可知

$$F_L = -(A_P^2/K_{ce})sX_P \tag{3-103}$$

此 时,伺服液压缸相当于一个阻尼系数为 A_P^2/K_{ce} 的粘性阻尼器。从物理意义上看,在低频段时因负载压差而产生的泄漏流量被泄漏通道所阻碍,从而产生粘性阻尼作用。在中频段时,由于没有足够的时间使泄漏流量通过泄漏通道,油液被封死在液压缸腔内,因而动态刚度等于液压弹簧刚度。在高频段时,负载惯性将明显地起作用,阻止液压缸速度变化,因而动态刚度显著增加。

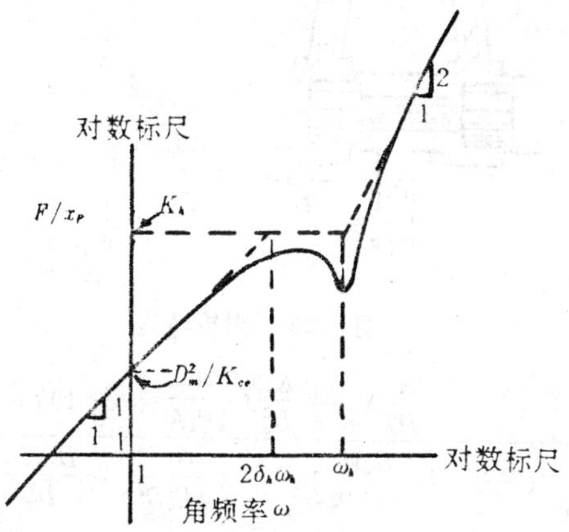

图 3-31　动态刚度随负载频率的变化

当负载频率 $\omega = 0$ 时,所得的刚度即为静刚度。由式(3-101) 可知,静态位置刚度为

$$\frac{F_L}{X_P}\Big|_{\omega=0} = 0 \tag{3-104}$$

静态速度刚度为

$$\left|\frac{F_L}{\dot{X}_P}\Big|_{\omega=0}\right| = \frac{A_P^2}{K_{ce}} \tag{3-105}$$

该值大,则闭环系统的动态位置刚度也大,因此,希望该值尽可能大。事实上,液压控制系统的静态速度刚度是很大的,这正是液压控制系统得到广泛应用的一个原因。

二、四通阀控制液压马达

用阀控制液压缸做直线往复运动,行程总是有限的,要想得到无限的运动,就要采用阀控液压马达。阀控液压缸与阀控液压马达两者的区别除了执行元件的结构及运动方式不同外,其分析方法完全相同。所建立的基本方程形式完全一样,只是参数符号不同,所以二者的传递函数形式也必然完全相同,只要在阀控液压缸传递函数中的相应参数换成阀控液压马达的参数,即可得到阀控液压马达的传递函数。如图 3-32,用阀控液压马达的参数 D_m、θ_m、B_m、G、T_L、J 去替换式(3-90) 中的 A_P、X_P、B_P、K、F_L、m 各项,就可得到液压马达轴的转角 θ_m 与作用在液压马达轴上的外负载力矩 T_L 及阀芯位移 X_v 的关系式

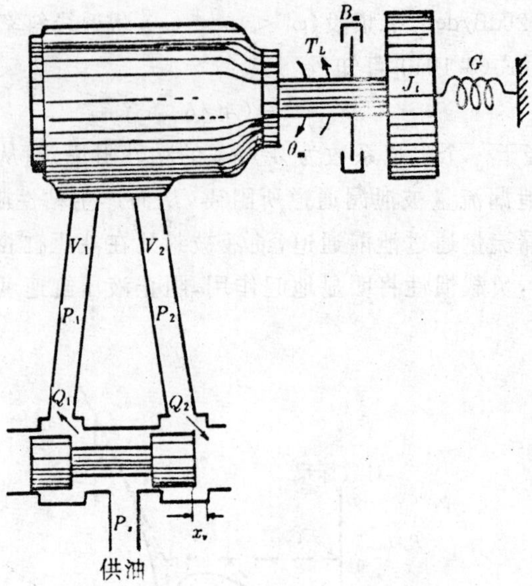

图 3-32 阀控马达

$$\theta_m = \frac{\frac{K_q}{D_m}X_v - \frac{K_{ce}}{D_m^2}(\frac{V_t}{4E_hK_{ce}}s + 1)T_L}{\frac{V_tJ}{4E_hD_m}s^3(\frac{K_{ce}J}{D_m^2} + \frac{B_mV_t}{4E_hD_m^2})s^2 + (\frac{GV_t}{4E_hD_m^2} + \frac{B_mK_{ce}}{D_m^2} + 1)s + \frac{K_{ce}G}{D_m^2}} \tag{3-106}$$

式中 θ_m—— 液压马达轴的转角；

D_m—— 液压马达的理论平均排量；

k_{tm}—— 液压马达的平均总泄漏系数，$k_{tm} = k_{im} + (1/2)k_{em}$；

k_{em}—— 液压马达外部泄漏系数；

k_{im}—— 液压马达内部泄漏系数；

V_t—— 阀腔、马达腔和连接管道的总容积；

J—— 液压马达和负载(折算到马达轴上)的总惯量；

B_m—— 负载和液压马达的粘性阻尼系数；

G—— 负载的扭转弹簧刚度；

T_L—— 作用于液压马达轴上的任意外负载力矩。

同理，根据不同的应用条件并忽略不同的因素，也可得到各种简化的传递函数，将传递函数中阀控缸的参数改换为阀控马达的参数，即可得到阀控液压马达的各种简化传递函数，如图 3-26(d) 所示。阀控液压缸的结论都可以应用于阀控液压马达，对性能参数也可参照阀控液压缸的分析方法求得。

三、三通阀控制单出杆液压缸

如图 3-26(a) 所示，三通阀控制单出杆液压缸，是机液伺服控制系统中常见的控制形式，它的分析方法和四通阀控制液压缸完全相同，所得结论也很相似，只是由于控制腔的多少不同，导致动态参数 ω_h 和 ξ_h 不相同。图 3-33 所示为三通阀控制单出杆液压缸，其活塞位移 X_P 与

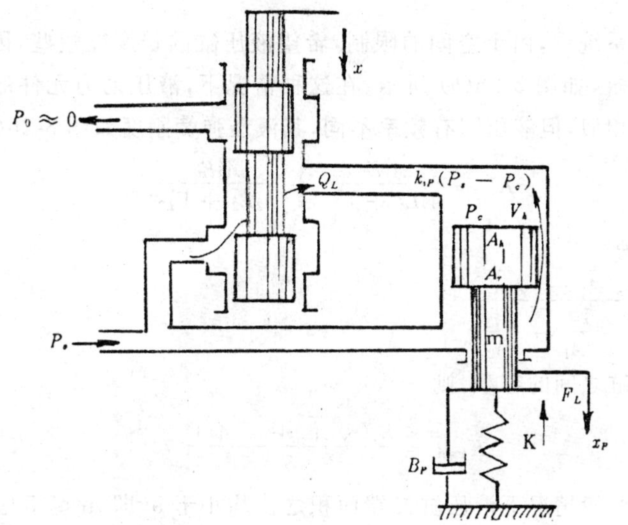

图 3-33　三通阀控制单出杆液压缸原理图

阀芯位移 X_v 及外负载力 F_L 的关系式为

$$X_P = \frac{\frac{K_q}{A_h}X_v - \frac{K_{ce}}{A_h^2}(1 + \frac{V_0}{E_h K_{ce}}s)F_L}{\frac{V_0 m}{E_h A_h^2}s^3 + (\frac{mK_{ce}}{A_h^2} + \frac{B_P V_0}{E_h A_h^2})s^2 + (1 + \frac{B_P K_{ce}}{A_h^2} + \frac{K V_0}{E_h A_h^2})s + \frac{K K_{ce}}{A_h^2}} \tag{3-107}$$

式中　V_0—— 液压缸控制腔体积的初体积；

A_h—— 液压缸被控腔的活塞面积。

其它参数的含义和四通阀控液压缸相同。

它的各种简化传递函数与四通阀控制液压缸相同，只是动态参数 ω_h 和 ξ_h 不一样。图 3-33 所示的三通阀控制液压缸，只有一个控制腔，而四通阀控制液压缸其控制腔为两个，形成两个液压弹簧，其总刚度是一个控制腔的两倍。在其他参数相同的条件下，四通阀控制液压缸比三通阀控制液压缸动态应好得多。

在没有弹簧负载，有惯性负载，忽略粘性阻尼，并考虑油液压缩性的条件下比较两种不同控制方式的 ω_h 及 ξ_h 值。四通阀控制液压缸的频率 $\omega_h \sqrt{4E_h A_P^2/(V_t m)}$，$V_t$ 是液压缸及与之相连接的管道等的总容积。而三通阀控制液压缸的频率 $\omega_h = \sqrt{E_h A_h^2/(V_0 m)}$，$V_0$ 是液压缸单侧的容积，如果四通阀控制液压缸的容积 V_t 改为以单侧的容积 V_0 计算，即 $V_t = 2V_0$，则四通阀控制液压缸的频率 $\omega_h = \sqrt{2E_h A_P^2/(V_0 m)}$。与三通阀控制液压缸的频率 ω_h 相比，三通阀控制液压缸的固有频率为四通阀控制液压缸的约 $1/\sqrt{2}$ 倍。同理，三通阀控制液压缸的阻尼为 ξ_h，只有四通阀控制液压缸的 $1/\sqrt{2}$ 倍。这是三通阀控制液压缸的主要缺点之一。

在工作过程中，被压缩的封闭容积是变化的，对四通阀控制系统来说，当活塞处在中间位置，即两侧的封闭容积相等时频率最低，阻尼最小，故设计计算时应取 $V_0 = V_t/2$ 时才可靠。但对于三通阀控制液压缸系统来说，由于它只有一个容积被压缩，当这部分液压弹簧的容积最大时，固有频率及阻尼比达到最小值。所以为了可靠起见，在设计计算时 V_0 值应取最大，即活塞移动到端头时液压缸控制腔以及与之相连的管道等的总容积为 V_0。

四、四通阀控制单出杆液压缸

有时在电液控制系统中，由于空间的限制，希望液压缸的长度能短些，因此往往采用四通阀来控制单出杆液压缸，如图 3-26(b) 所示。在这种情况下，液压动力元件的传递函数分析和四通阀控制双出杆缸相似，但液压固有频率不同，其液压弹簧刚度如图 3-26(b) 所示为

$$K_h \doteq \frac{A_1^2 E_h}{A_1 L_1 + V_{L1}} + \frac{A_2^2 E_h}{A_2 L_2 + V_{L2}} \tag{3-108}$$

若 $L_1 + L_2 = S$

则 $$K_{h\min} = \frac{E_h(\sqrt{A_1} + \sqrt{A_2})^2}{S + \dfrac{V_{L1}}{A_1} + \dfrac{V_{L2}}{A_2}} \tag{3-109}$$

若略去阀到液压缸之间的容积，则

$$K_{h\min} = \frac{E_h(\sqrt{A_1} + \sqrt{A_2})^2}{S} \tag{3-110}$$

为了便于计算且一般情况下液压缸二端面积之比均小于 5，即 $A_1 \leqslant 5A_2$，可用简化方法使液压弹簧刚度成为

$$K_{h\min} = \frac{2E_h(A_1 + A_2)}{S} \tag{3-111}$$

而液压固有频率则近似为

$$\omega_h \geqslant \sqrt{\frac{2E_h(A_1 + A_2)}{MS}} \tag{3-112}$$

有了无阻尼液压固有频率后，即可根据四通阀控制双出杆同样的分析方法，求得液压动力元件的传递函数。

但在这种使用情况下，必须注意在开环控制情况下，在反向时，液压缸两腔的压力将急骤变化，这将导致液压缸运动不光滑。如在空载，即 $P_1A_1 - P_2A_2 = F = 0$ 时，当活塞运动的速度由 $\dot{y} > 0$ 改变为 $\dot{y} < 0$ 时，活塞由向右运动改为向左运动时，压力将产生突变，如在 $A_1/A_2 = 2/1$ 时，理论上推导，可得 P_1/P_s 将由 0.111 突变为 0.444，而 P_2/P_s 将由 0.222 变为 0.889，实际上由于有负载及反馈的影响，压力变化要小一些，但不能完全消除，此外若无反馈控制，在同样阀芯位移的情况下，液压缸左右移动的速度也不同。在对液压缸有双向运动要求且对运动曲线形状要求较高时，可以采用不对称的阀口周长来匹配不对称的活塞面积。

若活塞面积 $A_1/A_2 = 2/1$ 时，则阀口通流面积也应设计成 2∶1，由于阀芯位移 X_r 要求相同则可以制造二边周长 w 不相同的阀与之匹配，当 $w_1 = 2w_2$ 时，$Q_{L1} = 2Q_{L2}$，这时左右运动速度相同，液压缸变换方向时也无压力突变现象，但这种阀要特殊订货，价格要比一般阀贵。

第四节　电液伺服阀

电液伺服阀是电液控制阀中静、动态性能较好，但价格较昂贵的一种。在工业中应用的一些电液伺服阀，简化了结构和工艺，降低了价格，相应的动、静态性能也有所下降而与电液比例阀相似。因此国外有些公司也称为比例阀。为与另一种用比例电磁铁控制的比例阀相区别，将其作为工业用伺服阀放入此节。此外国外已推出机电一体化的电液伺服阀，它除一般伺服阀外还包括了伺服放大器和位移传感器、压力传感器及其测量放大器等，其中 $P - Q$ 控制阀既能控

制压力也能控制流量。这种机电一体化的工业用伺服阀，是目前在工业中得到广泛应用的型式。

电液伺服阀的结构种类很多，分类方式也各异，可见表 3-1。

表 3-1 电液伺服阀的分类

按放大级数分	单级、二级、三级
按前置级结构分	滑阀、喷嘴挡板、射流管
按内部的反馈型式分	1. 位置反馈（一般的流量阀） (1) 无反馈（弹簧对中） (2) 力反馈 (3) 直接反馈 (4) 电反馈 (5) 机械反馈 2. 负载压力反馈（压力阀） (1) 静压反馈 (2) 动压反馈 3. 负载流量反馈（流量阀）

一、结构及工作原理

电液伺服阀的功率级一般都采用滑阀式结构，采用位置反馈或电反馈，常用的伺服阀一般用喷嘴挡板作为前置级，特殊用途的也有用滑阀作为前置级，现分述如下：

（一）力反馈喷嘴 — 挡板滑阀式电液伺服阀

这种阀的结构如图 3-34 所示。它由力矩马达、喷嘴 — 挡板前置级和功率级滑阀所组成，由反馈杆进行力反馈。

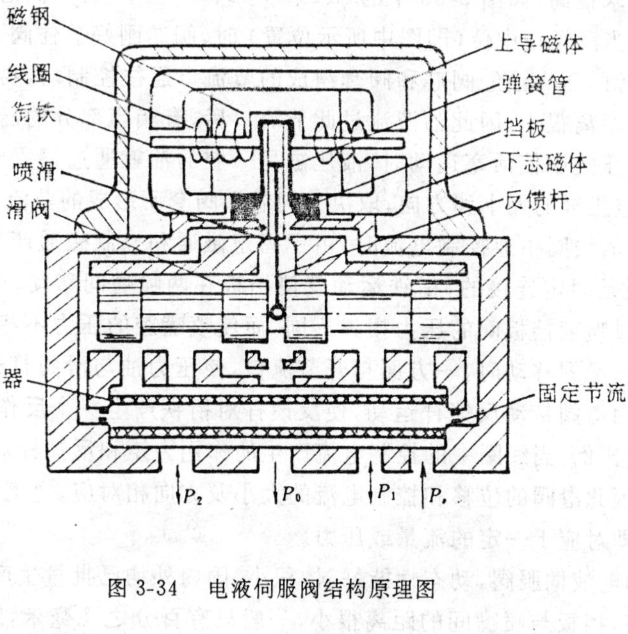

图 3-34 电液伺服阀结构原理图

力矩马达部分已在第二章中予以说明，它由二个线圈、上下导磁体、磁钢、衔铁和薄壁弹簧管组成，磁钢和导磁体形成一个固定的磁场，在衔铁和导磁体的气隙中形成固定的磁通。衔铁装在薄壁弹簧管上，并套在二个线圈中，当线圈通以控制电流时，导磁体和衔铁产生控制磁通，与磁钢产生的固定磁通在气隙中相互作用而产生作用在衔铁上的力，使衔铁绕薄壁弹簧管中心旋转。转动力的大小和方向与控制电流成比例。薄壁弹簧管还使阀的液压部分和电气部分隔开，起着密封作用。

喷嘴 — 挡板部分在力矩马达的下面，挡板与衔铁中心相连接并在弹簧管内延伸下来，二个喷嘴在挡板的两侧。压力油通过滤油器、固定节流孔到喷嘴的两腔。这两腔与滑阀的端面相通。挡板由于衔铁的运动而产生在喷嘴间的运动，改变了喷嘴与挡板间的距离，使喷嘴腔（即滑阀两端）产生压差。

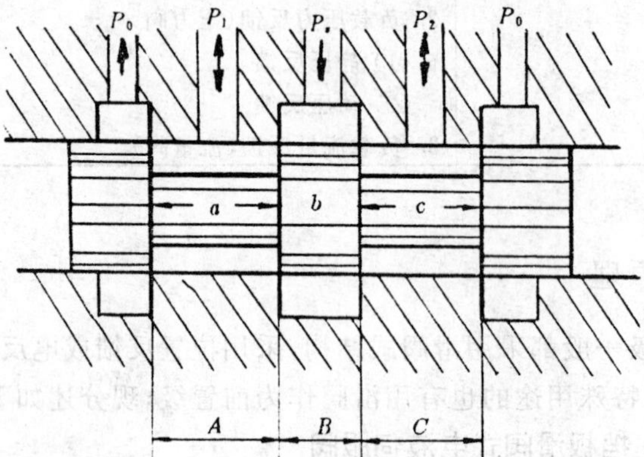

图 3-35　四通滑阀和阀套

功率级是四通滑阀，它的阀芯和阀套，除径向尺寸配合较精密外，轴向尺寸也是相匹配的，而且尺寸精度要求很高，如图 3-35 中的 A、B、C 与 a、b、c 三个尺寸，阀芯和阀套要配磨，使二者误差在 2μ 以内。当滑阀在中位（即图中所示位置）时，阀芯刚好盖住阀套的流道，液流不通。阀芯移动后，液压源的压力油经阀芯和阀套组成的节流口通往控制口，再由控制口流至液压缸，由于阀芯的移动距离很小，因此油液流过此节流口后，有相当部分的压力被损耗掉。当压力油由控制口流到液压缸中使活塞运动时，液压缸另一腔的油就通过伺服阀的另一节流口通往回油。压力油流往液压缸的大小和方向，取决于阀芯和阀套所形成的节流口的大小和位置。

当力矩马达的线圈中通控制电流时，由于固定磁通和控制磁通产生作用力，使衔铁转动，由于衔铁和挡板是固定连接的，衔铁运动就使挡板在两喷嘴间移动。改变喷嘴与挡板间的距离，使压力油通过喷嘴挡板间的压力损失不同，而使喷嘴腔的压力不相等。喷嘴腔所产生的压差推动滑阀移动。滑阀移动时，一方面打开节流口，使压力油与滑阀打开的大小成比例地流到控制腔；另一方面滑阀带动反馈杆运动，使反馈杆对衔铁产生一个反作用力矩，这力矩的大小和阀芯的位移成比例。当线圈中的控制电流产生的作用力矩和反馈杆对衔铁的力矩相平衡时，滑阀停止运动。因此滑阀的位移和控制电流的大小及方向相对应。也就是一定的电流对应于一定的阀芯位移，即对应于一定的流量或压力。

这种型式的电液伺服阀，动态性能好，体积小，国内外均已批量生产并得到广泛应用。但这种阀精度比较高，挡板与喷嘴间的距离很小，一般只有百分之几毫米，阀芯与阀套径向间隙只有千分之几毫米，因此对油质的清洁度要求较高，抗污染性能较差，价格也较昂贵。

由于薄壁弹簧管壁厚只有百分之几毫米，所以有一定的疲劳极限，使阀的寿命受到限制。此外，密封用的 O 型圈要老化，滑阀节流口的锐边要磨损等。因此电液伺服阀有一定的寿命，经过一定使用期限后要有备件更换。

(二) 工业用伺服阀(比例控制阀)

这种阀有时也称廉价伺服阀，它的结构与伺服阀相似，虽然制造厂称之为比例控制阀，但在我国为与比例电磁铁控制的比例阀相区别，仍称为伺服阀或工业用伺服阀。

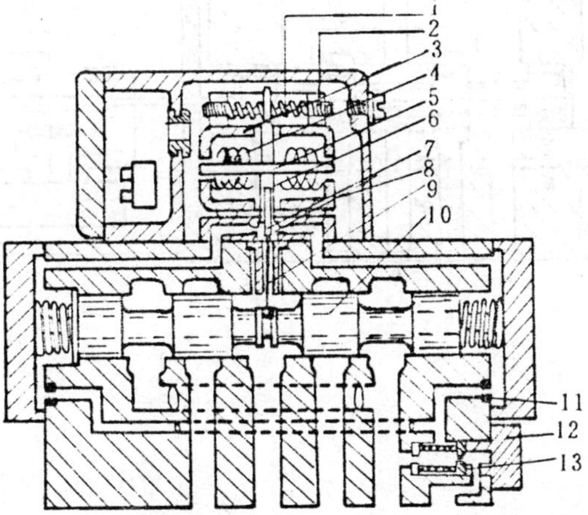

图 3-36　工业用伺服阀

1 — 弹簧；2 — 调节螺钉；3 — 上导磁体；4 — 线圈；5 — 衔铁；6 — 弹簧管
7 — 挡板；8 — 喷嘴；9 — 反馈杆；10 — 阀芯；11 — 固定节流孔；12 — 盖；13 — 滤油器

由图 3-36 可见，它的结构与图 3-34 相似，也有力矩马达、喷嘴 — 挡板式先导级和功率级滑阀副，用反馈杆进行力反馈。所不同的是在力矩马达上具有机械的零位调节机构，即由图中零位调节弹簧及零位调节螺钉组成。弹簧管的结构也由整体式改为分体焊接而成。增加了零位调节机构和其他措施后可使力矩马达的制造工艺简化，精度要求降低，从而使成本下降，调零机构在电气部分发生故障时还可用手动操纵，功率级滑阀往往具有重叠量，虽然静态特性中具有部分死区，但这可使轴向尺寸的加工精度要求降低，节省成本。此外有了足够的重叠量，使油路关闭可靠，无零位漂移，可以使系统在开环状态工作。在流量较大时，滑阀两端有弹簧对中。

这种阀的先导级在图 3-36 中所示为内部供油状态，它也可以外部供油，以减少功率级压力变化对先导级的影响。当外部供油时，先卸下图中右下角处所示的滤油器盖，用螺钉拧入滤芯尾端，拔出滤芯将其调头安装，则滑阀尾端将与 P 腔隔开而与 X 口相通。

(三) 带电反馈的大流量工业伺服阀

当所需控制的流量较大时，可以采用二级阀或三级阀，如图 3-37(a)、(b) 所示。这种阀可用以控制位置、速度或负载力，特别适用于需要高速、大推力的场合。

这种伺服阀，包括先导阀和功率级滑阀，功率级滑阀的阀芯位置由位移传感器检测，由集成电路提供传感器激磁电压，并调制其输出电压，反馈到放大器输入端环绕功率级滑阀形成位置闭环。即当相应于阀芯某期望位置的电信号输入放大器后，推动力矩马达，使挡板移动，与喷嘴间改变距离而形成主阀芯两端压力差，主阀芯移动并带动位移传感器运动，传感器将检测到的位移信号转换成电量，反馈到放大器并与输入信号相比较，直到给定的电信号与反馈信号相

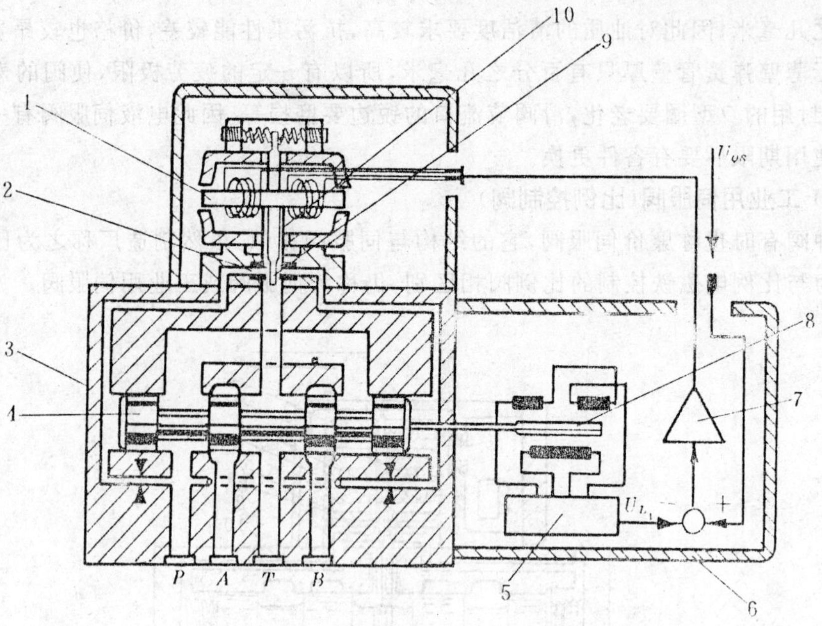

(a) 二级阀

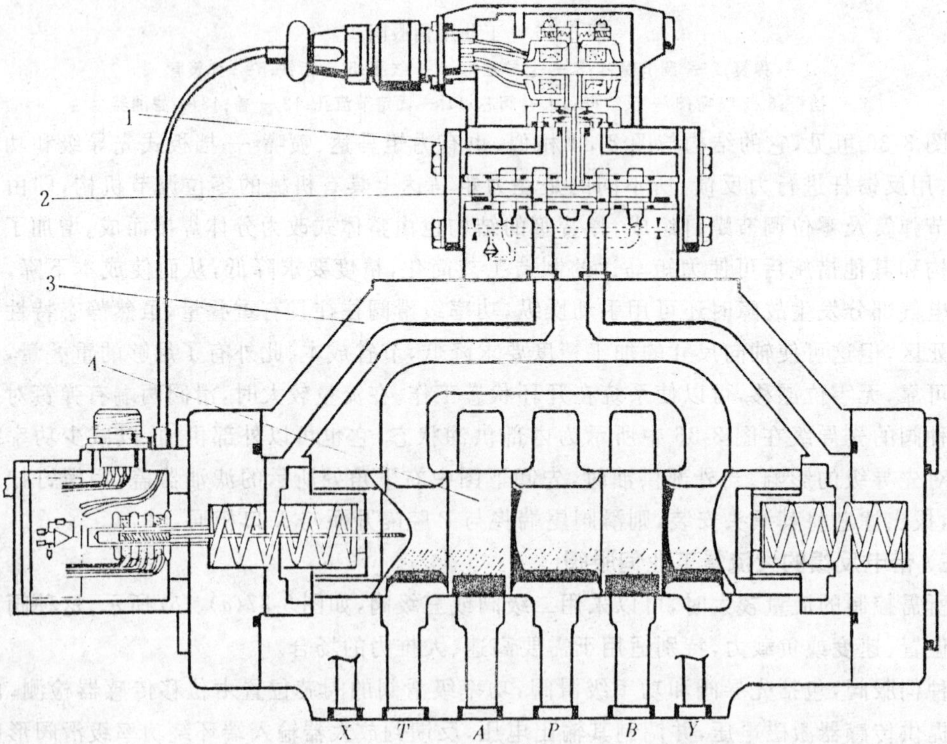

(b) 三级阀

图 3-37　带电反馈的大流量工业伺服阀

等时主阀芯停止运动。因此主阀芯的位置与电信号成比例关系。

这种阀的实际流量除取决于电信号的大小外还取决于阀压降，即阀的流量 $Q_L = Q_N\sqrt{\frac{\Delta P_V}{\Delta P_N}}$。$\Delta P_V$ 为阀压降；Q_N 为额定流量；ΔP_N 为额定压降。这类阀的流量较大。

这种电反馈的阀由于取消了力反馈杆，可消除由于反馈杆球头和与之配合的阀芯槽的间隙影响，使滞环减小，灵敏度及寿命提高。

三级阀也可采用射流管的结构型式，使抗污染性能得到提高。

（四）$P-Q$ 控制阀

这种控制阀既能控制压力又能控制流量，控制精度高而快速性好，所以称为 $P-Q$ 控制阀。它除控制阀外，还包括滑阀位置控制的传感器及其放大电路和压力控制的压力传感器及其放大电路，如图 3-38 所示。

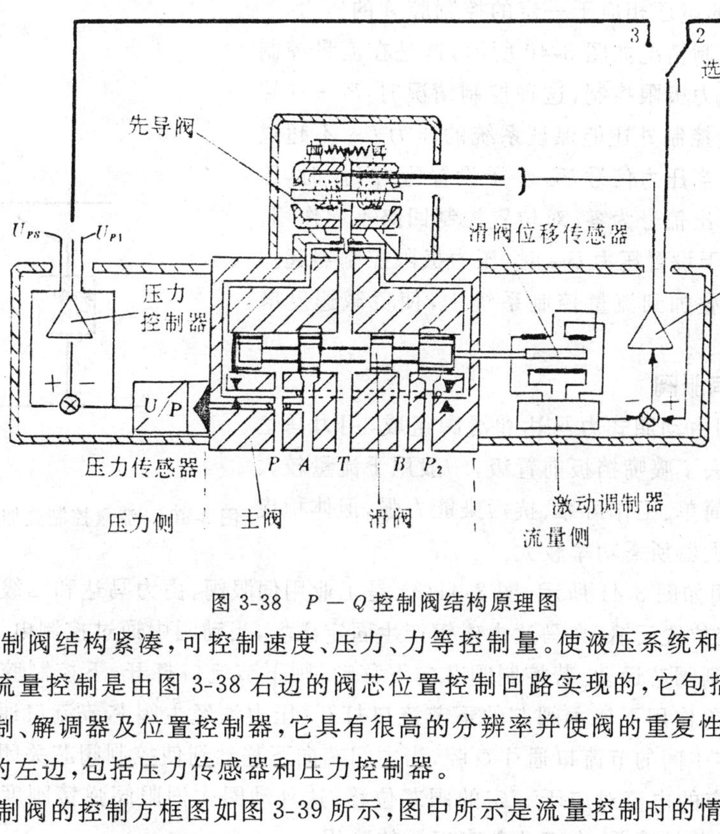

图 3-38　$P-Q$ 控制阀结构原理图

$P-Q$ 控制阀结构紧凑，可控制速度、压力、力等控制量。使液压系统和装置得到简化，便于维修。它的流量控制是由图 3-38 右边的阀芯位置控制回路实现的，它包括差动变压器式位移传感器，调制、解调器及位置控制器，它具有很高的分辨率并使阀的重复性提高。压力控制回路在图 3-38 的左边，包括压力传感器和压力控制器。

$P-Q$ 控制阀的控制方框图如图 3-39 所示，图中所示是流量控制时的情况，外部选择开关选择在 1－2 位置。输入给定信号 U_{QS}，它与位移传感器的输出信号 U_{LI} 相比较，若实际值与给定值存在误差，则位置控制器输出电流信号到力矩马达，使阀芯移动，误差减小直到二个信号差值为零。因此一定的给定信号比例于一定的阀芯位移。在阀压降一定时，阀芯的位移与流量成比例。

压力控制有二种情况：一是由流量控制改为压力控制，如图 3-39 所示，但外部选择开关要放在 1－3 位置，负载压力是由压力传感器测出图 3-38 中 A 腔的压力。实际的压力由压力传感器等转换为电压 U_{P1} 输出。若给定电压为 U_{PS}，则相应于某一定的压力。当存在误差时，压力控制

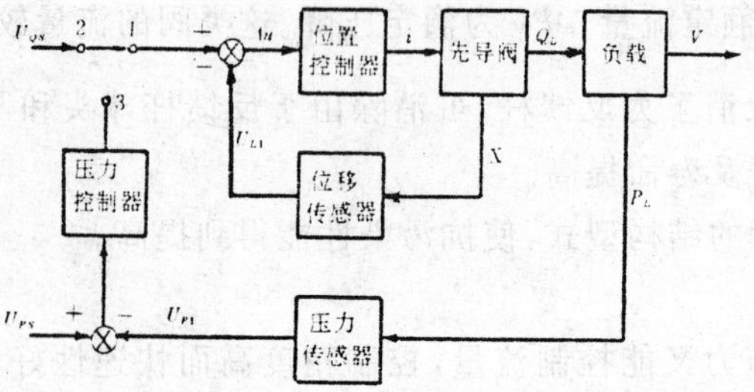

图 3-39 $P-Q$ 阀控制方框图

器给出电流信号，使阀芯位置移动从而改变 A 腔压力，直到给定信号 U_{PS} 与输出信号 U_{P1} 相等为止，因此给定一定的电压相应于一定的控制腔 A 的压力。

第二种压力控制情况如图 3-40 所示，这是在流量控制的基础上叠加了压力极限控制，这种控制情况时，$P-Q$ 控制阀主要用于流量控制外还能保证系统的压力 U_{P1} 不超过设置的压力值 U_{PS}。当压力信号 U_{P1} 小于设置压力 U_{PS} 时，压力极限控制器的输出信号为零，对位置控制回路不起作用。若负载压力 U_{P1} 大于设置压力 U_{PS} 时，压力极限控制器起作用。它将一个信号叠加到流量控制系统中，使负载速度减小，系统压力下降。

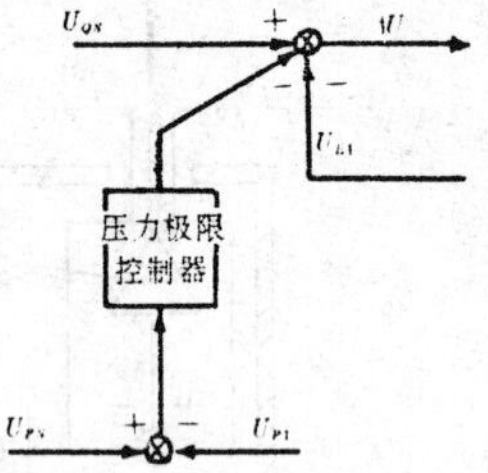

图 3-40 流量控制叠加压力极限控制

（五）动圈式伺服阀

动圈式伺服阀由动圈式力马达和滑阀组成，用力马达直接带动滑阀，省去了喷嘴挡板前置级，一般用于流量较大的场合。它的结构简单、工作可靠、抗污染能力强，但体积庞大，配套的伺服放大器所需功率较大。

动圈式伺服阀如图 3-41 所示。图 3-41(a) 是工业用伺服阀，由力马达和二级滑阀组成，二级阀之间采用直接位置反馈。力马达由磁钢产生固定磁场，当动圈中通过控制电流时产生电磁力，使动圈带动控制阀芯运动。若控制阀芯向下移动，则下节流口打开，下控制腔压力下降，在上、下控制腔的压差作用下使主阀芯的下节流口打开，压力油经主阀芯节流口通往 A 腔，而 B 腔的油也经主阀芯中间的节流口通往 O 腔，当主阀芯向下移动到使控制阀芯关闭时，主阀芯停止运动，因此，一定的电流对应于一定的阀芯位移，这种动圈式伺服阀弹簧刚度较低，行程较长，频率较低，但工艺较简单，在工业上有广泛的应用。

图 3-41(b) 是另一种结构的动圈式伺服阀，也由力马达和二级滑阀组成，采用电反馈式。动圈式力马达带动先导级滑阀运动，先导阀是四通滑阀，它控制主阀芯二端控制腔的压力，使主阀芯运动。主阀芯的位移由位移传感器检测并反馈到放大器的输入端，因此一定的电流对应于一定的阀芯位移。在控制系统所需流量较小时，也可将先导阀单独使用。

若需进一步提高这种伺服阀的性能还可在先导阀阀芯的尾端装上位移传感器或速度传感器，将此信号反馈到放大器中，形成内部小闭环回路，从而提高阀的精度和动态性能。

这种伺服阀若力马达中弹簧片的刚度较大时，可组成高频电液伺服阀，设置得当时，频率

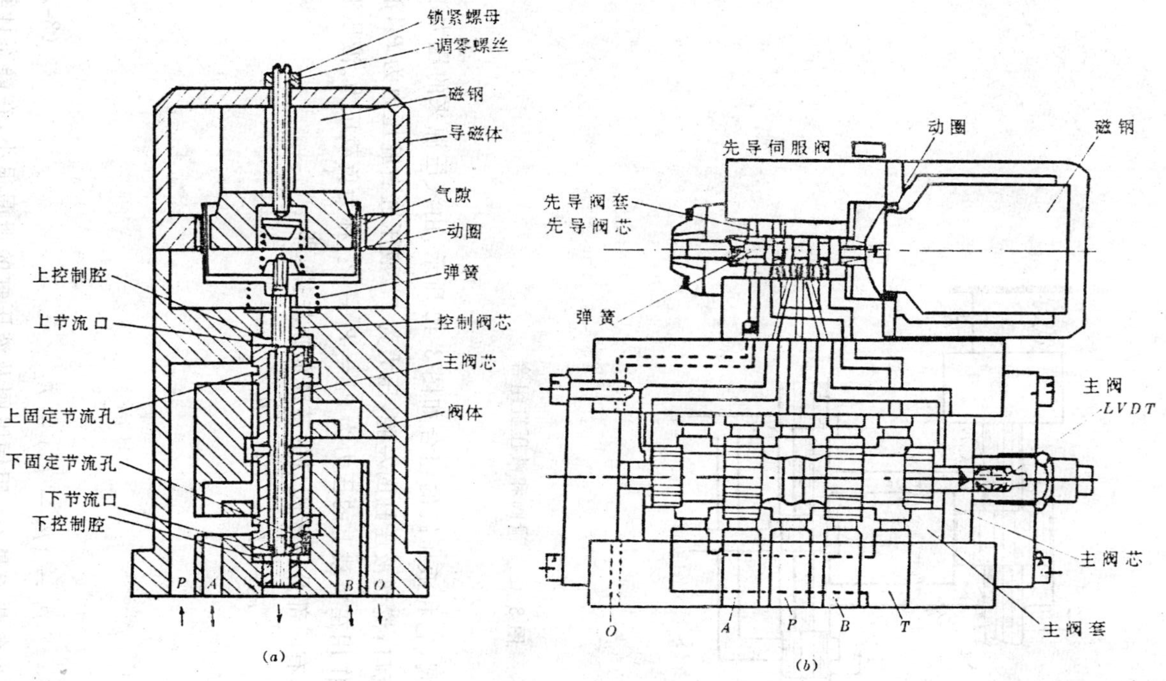

图 3-41 动圈式电液伺服阀

可达 600 ～ 1 000Hz。

二、性能特性

在电液伺服系统中应怎样选用伺服阀；当需要购买时，应提出哪些性能指标；伺服阀所附的性能曲线说明什么，都是我们应当了解的。现就主要的动、静态性能介绍如下：

(一) 静态性能

主要的静态性能有以下几种：

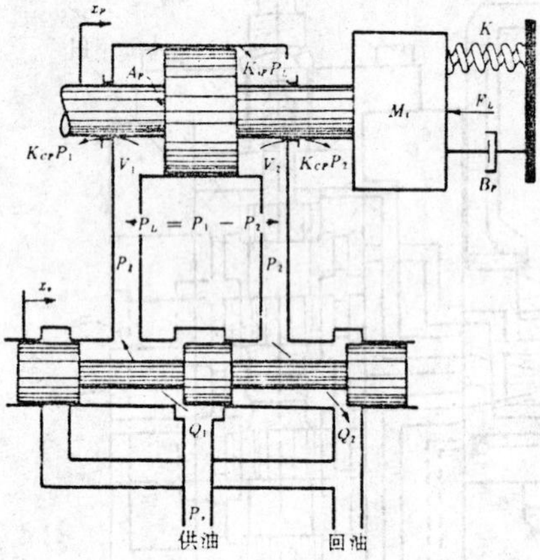

图 3-42　滑阀和液压缸组合

1. 负载流量特性曲线

伺服阀功率级一般都是滑阀，它和液压缸的组合如图 3-42 所示。由液压源来的压力油压力为 P_S，经过滑阀和阀套的节流口，流到液压缸的左腔，压力为 P_1，液压缸右腔压力为 P_2，油液经节流口流回油箱，压力为 P_0。作用在负载上的压力为 $P_L = P_1 - P_2$，称为负载压力。液压源所供给的压力并不都用在负载上，有一部分由于阀口的节流而损失掉，即

$$P_S - P_0 = P_V + P_L$$

式中　P_S—— 供油压力

P_0—— 回油压力

P_V—— 阀口压降

P_L—— 负载压力

即

$$P_V = (P_S - P_0) - P_L \tag{3-113}$$

推动负载运动所需的流量为负载流量 Q_L。因伺服阀及液压缸的泄漏很小，在静态计算时暂不考虑油的压缩量，可以认为 $Q_L = Q_1 = Q_2$，负载流量由滑阀阀口控制，根据流体力学可知

$$Q_L = K_1 X_v \sqrt{P_V}$$

式中　K_1—— 与阀口过流面积周长有关的常数

X_v—— 滑阀偏离中间位置的位移量

由前所述，X_v 相当于一定的控制电流 i，回油压力 P_0 很小，可略去不计，所以

$$Q_L = Ki\sqrt{P_V} = Ki\sqrt{P_S - P_L} \tag{3-114}$$

式中，K 为常数。

公式(3-114)是一抛物线族曲线，称负载流量特性曲线，如图 3-14 所示。所不同的是阀芯 X_v 位移改为相应的电流 i，负载流量由电流的大小及负载压力所决定。当电流一定时，负载压力上升，则负载流量下降。因电流不变，即滑阀开口不变，而供油压力 P_S 不变时，负载压力上升，相当于阻力增加，则节流口处压降减少，通过的负载流量就减少了，这就是负载刚度问题，即在负载变化时，维持流量恒定的能力。当负载压力 $P_L > \frac{2}{3}P_S$ 时，负载刚度很差，所以一般使用的负载压力 P_L 都在 $\frac{2}{3}P_S$ 以内。由图可见，当 $P_L = P_S$ 时，$Q_L = 0$。所以若以 P_S 作为系统作用力时，活塞是不动的，因此 P_S 不能作为动态时的压力。当 $P_L = 0$ 时，$Q_L = Q_{L\max}$，即伺服阀的最大空载流量。

当液压系统采用定压定量泵时，泵所需供给系统的压力是 P_S，流量为系统所需的最大流量 $Q_{L\max}$。而系统中实际利用的是 P_L、Q_L，所以效率 η 为

$$\eta = \frac{P_L Q_L}{P_S Q_{L\max}} = \frac{P_L \cdot K \cdot i\sqrt{P_S - P_L}}{P_S \cdot K \cdot i\sqrt{P_S}} = \frac{P_L\sqrt{P_S - P_L}}{P_S\sqrt{P_S}}$$

效率最高时 $\quad \frac{\partial \eta}{\partial P_L} = 0$

推导后得出当 $\eta = \eta_{\max}$ 时，$P_L = \frac{2}{3}P_S$。

以此值代入可得 $\eta_{\max} = \frac{2}{3}\sqrt{1 - \frac{2}{3}} = 0.384$。

$Q_L = \frac{1}{\sqrt{3}}Q_{L\max}$，由此可见伺服阀控制的系统中能量损失是很大的。

根据前面所述，选择工作点时不论从效率的角度还是负载刚度的角度出发，一般最大负载点或负载极限都选在 $P_L = \frac{2}{3}P_S$， $Q_L = \frac{1}{\sqrt{3}}Q_{L\max}$ 处为宜。其余的负载也应包容在伺服阀的特性曲线内。

选择阀的流量大小时必须注意它的具体情况。如目前国内有的伺服阀所指的流量是在额定压力下的空载流量 $Q_{L\max}$，即这时流量最大。当有负载后，实际流量比这要小，相应的关系可见图 3-14。当系统供油压力不同于电液伺服阀额定压力时，实际流量与额定压力时的流量成压力的开方比例关系，即

$$Q_{L1}/Q_{L2} = \sqrt{P_{S_1}}/\sqrt{P_{S_2}}$$

国际标准规定电液伺服阀都应以阀压降为 7MPa 时的流量为额定流量，即 $P_V = 7\text{MPa}$ 时的流量。当系统使用的压力若为 21MPa，则阀压降 7MPa 时，即为 $P_L = \frac{2}{3}P_S$ 工作点的工况，若情况不同，应进行相应的换算。

伺服阀的选择，必须使负载所有的工作点都包容在伺服阀的负载流量特性曲线内，有关负

载工作点问题将在下一章中叙述。

2. 空载流量特性曲线

每一个伺服阀都必须做空载流量特性曲线，它是在没有负载，即 $P_L = 0$ 时所作的曲线，空载流量随输入电流在正负额定电流之间作一完整循环的连续曲线，即 $Q_L = f(i)$ 曲线，也就是图 3-14 上的 $Q_L = Q_{L\max}$；$P_L = 0$；$i = 0 \sim i_{\max}$。这一工况的曲线，如图 3-43 所示，图 3-43(a) 是 $Q = f(i)$ 的整个完整循环的曲线，虚线是二条线平均值的名义流量曲线。图 3-43(b) 是名义流量曲线，这曲线可以鉴别阀的性能，主要有以下指标：

(1) 流量增益

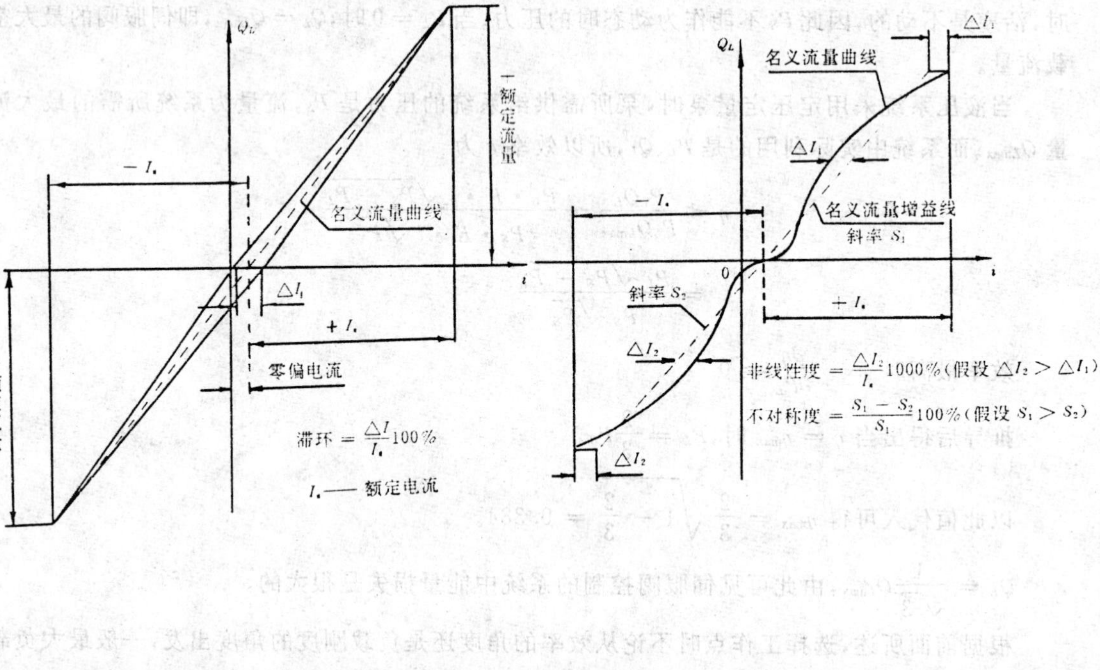

图 3-43　空载流量特性曲线

空载流量曲线的斜率以 L/(min·mA) 表示，即 $\Delta Q_L = K_q \cdot \Delta i$。作一条与名义流量曲线偏差最小的直线，其斜率即伺服阀的名义流量增益 K_q，这是在以后系统动态分析中很有用的系数。

(2) 不对称度

两个极性流量增益的不一致性，取两极性名义流量增益〔见图 3-43(b)〕之差对较大者之比，以百分数表示，即

$$\text{不对称度} = \frac{S_1 - S_2}{S_1} \times 100\%$$

此值应小于 10%。

(3) 非线性度

流量曲线的不直线度，为名义流量曲线对名义流量增益线的最大电流偏差与额定电流之比〔见图 3-43(b)〕。

$$非线性度 = \frac{\Delta i_2}{i_n} \times 100\% \qquad (设\ \Delta i_2 > \Delta i_1)$$

此值应小于 7.5%。

(4) 滞环

在正负额定电流之间，以小于记录仪表的动特性起作用的速度循环(通常不大于 0.1Hz)，产生相同流量时和往返的输入电流之差的最大值对额定电流之比，以百分数表示，见图 3-43(*b*)。高性能伺服阀，滞环一般应为 3% ～ 5%。电反馈的阀，滞环应小于 0.05% ～ 1%。

3. 压力增益曲线

在负载流量为零时负载压降对输入电流的变化率，用 MPa/mA 表示。压力增益通常规定为：在最大负载压降的 ± 40% 之间，负载压降对输入电流曲线的平均斜率，如图 3-44 所示。一般在输入电流为额定值的 1% 时，负载压降应大于 $30\%P_S$。

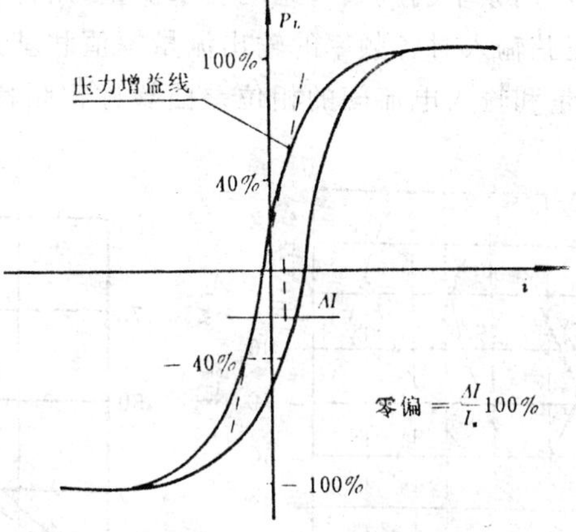

图 3-44　压力增益曲线

4. 分辨率

使电液伺服阀的流量发生变化(增加或减少)的输入电流的最小增量，随输入电流的大小和停留时间长短不同，取其最大值与额定电流之比，以百分数表示。分辨率不大于 1%，高性能的阀一般小于 0.5%。

5. 零位偏置(简称零偏)

空载流量为零时的状态称零位，为使阀处于零位所需的输入电流对额定电流之比称零偏，零偏在验收时应小于 2%，寿命期内不大于 5%。

6. 零位漂移(简称零漂)

工作条件变化引起零偏电流的变化，以额定电流的百分数表示。主要有三种零漂：

供油压力零漂：为供油压力在额定压力的 30% ～ 110% 范围内变化引起的零位漂移，一般应小于 ± 2%。

回油压力零漂：回油压力在额定压力的 0 ～ 20% 范围内变化引起的零位漂移，一般应小于 ± 2%。

温度零漂：工作油液温度每变化 40℃ 时零漂应小于 ± 2%。

7. 零位泄漏

当控制流量为零时，从回油口流出的流量，以 L/min 表示，随控制电流的改变而改变，如图 3-45 所示，取其最大值为零位泄漏。

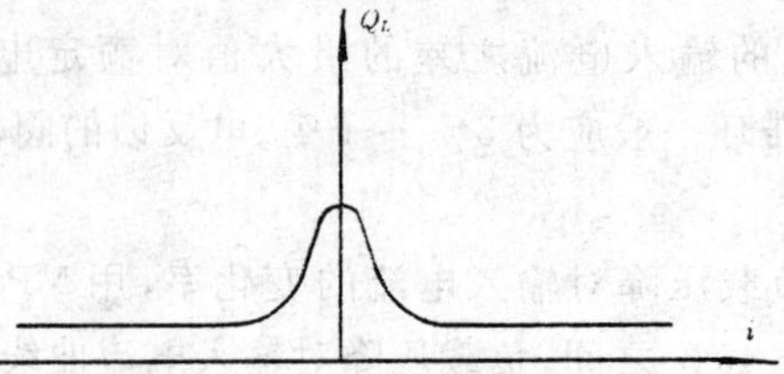

图 3-45　零位泄漏曲线

(二) 动态性能

伺服阀的动态性能可用频率响应或瞬态响应来衡量，用得较多的是频率响应，可由幅频特性和相频特性表示。在正弦输入时各频率的输出流量幅值和基频时幅值之比称幅频特性。正弦输入时各频率的输出流量和输入电流间的相位差曲线称相频特性，如图 3-46(a) 所示，其中三

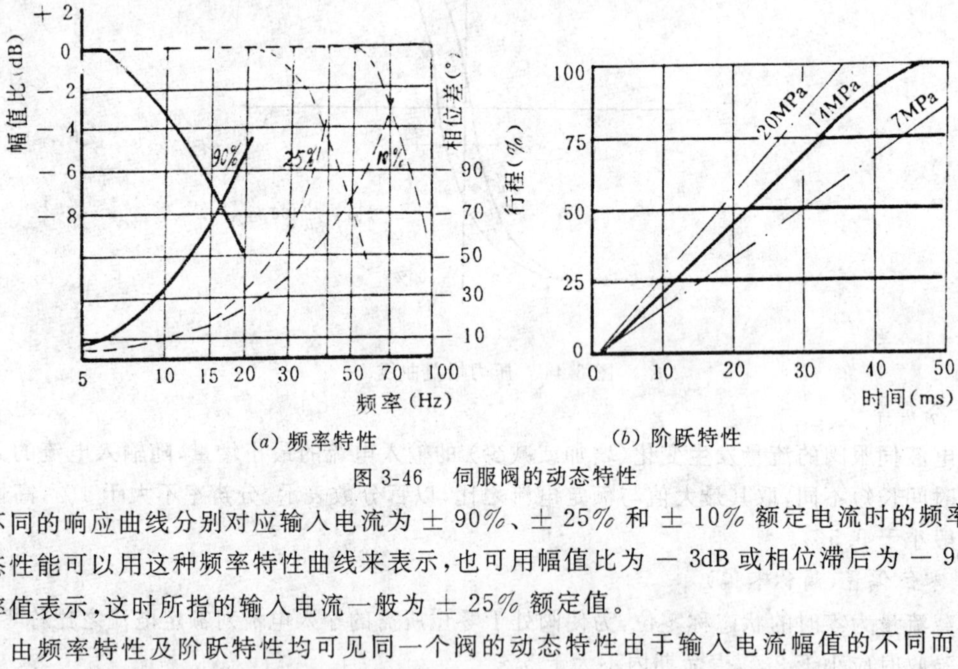

(a) 频率特性　　(b) 阶跃特性

图 3-46　伺服阀的动态特性

种不同的响应曲线分别对应输入电流为 ± 90%、± 25% 和 ± 10% 额定电流时的频率特性。动态性能可以用这种频率特性曲线来表示，也可用幅值比为 − 3dB 或相位滞后为 − 90° 时的频率值表示，这时所指的输入电流一般为 ± 25% 额定值。

由频率特性及阶跃特性均可见同一个阀的动态特性由于输入电流幅值的不同而有所不同，此外供油压力的变化也使动态性能有所变化，一般压力高时频带较宽。

(三) 传递函数

在系统分析中必须了解伺服阀的传递函数，它的传递函数除理论分析外，最后必须由实际测试所得的试验曲线来求得。根据实测曲线，一般频率低于 50Hz 的伺服阀，可用一阶环节表示，即

$$G_v(s) = \frac{Q(s)}{I(s)} = \frac{K_q}{\frac{s}{\omega_v} + 1} \tag{3-115}$$

其中 K_q 即实际测试中所得的流量增益，ω_v 即测试中所得 − 3dB 或 − 90° 时频率值。

一般伺服阀均可用二阶环节表示，即

$$G_v = \frac{Q(s)}{I(s)} = \frac{K_q}{\dfrac{s^2}{\omega_v^2} + \dfrac{2\zeta s}{\omega_v} + 1} \tag{3-116}$$

其中阻尼比 ζ 可由测试所得的曲线中得到，一般为 0.4 ～ 0.7。

这种传递函数可由供应伺服阀的单位所提供的性能曲线或 − 3dB 及 − 90° 的频率值得到。但必须注意，这只是阀在空载时的特性，带载后的流量增益及频率特性均会下降。

三、选择和使用

电液伺服阀广泛应用在各种工业设备、航空航天和军事装备的电液控制系统中，一般用于输出功率大而动态响应要求高的场合，图 3-47 和图 3-48 分别表示根据系统的动态性能和控制功率的大小说明电液伺服阀所能应用的范围及在工业和航空航天及军工领域内的应用情况，所表示的是各种设备在一般情况下的功率及动态要求，在有特殊要求时不受此限制。

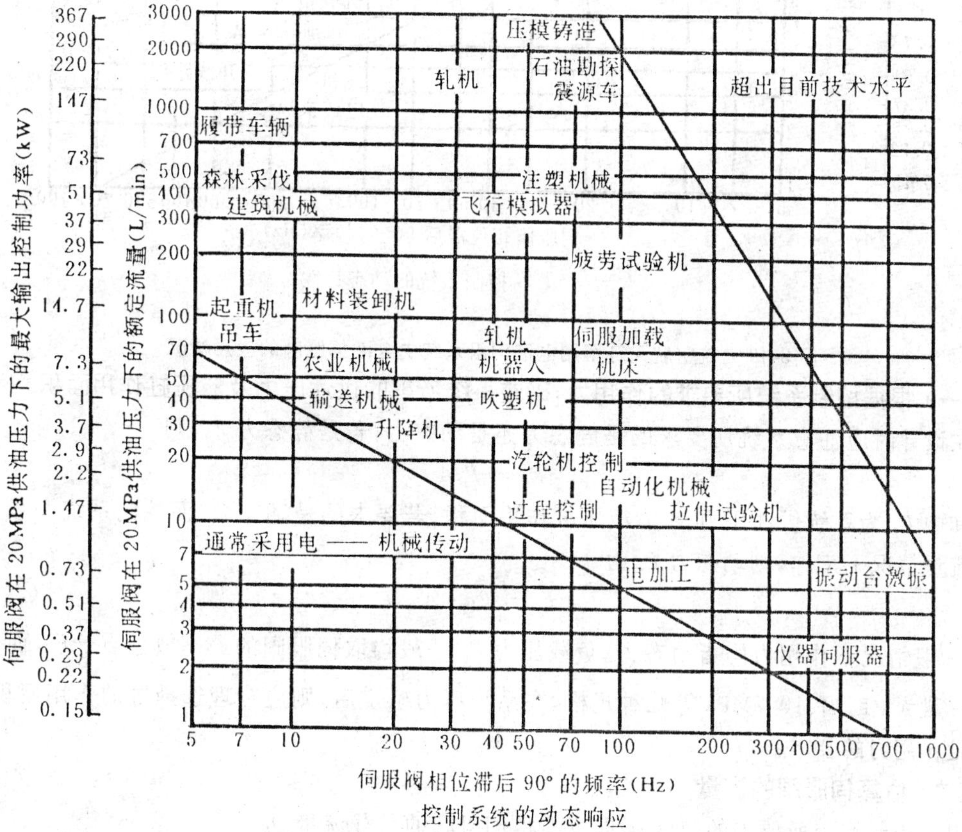

图 3-47　典型工业用电液伺服系统中伺服阀应用情况

选择伺服阀的准则主要应考虑阀的工作压力、额定流量和动态性能是否满足控制系统的要求，在此基础上尽量选用已成批生产的通用型伺服阀，使价格低廉，本章简单叙述对伺服阀进行选择的准则，详细的将在第七章中进行叙述。

伺服阀选择的大致要求如下：

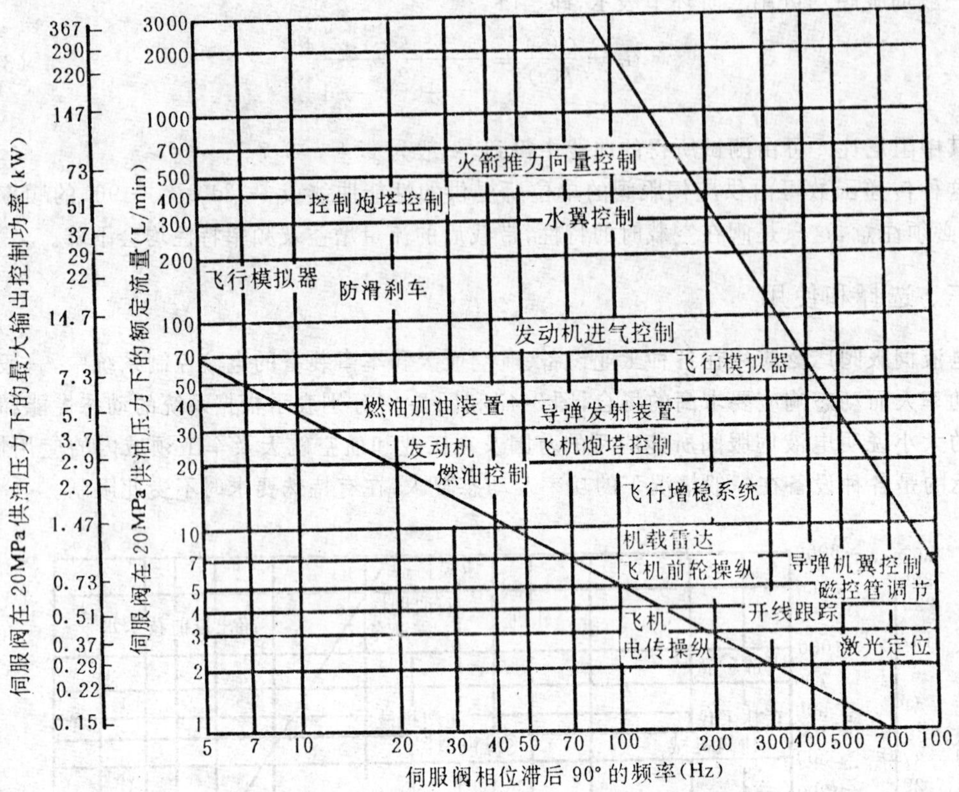

图 3-48　航空航天等军用电液伺服系统中电液伺服阀的应用情况

(一) 根据控制系统所要求的作用力，确定系统所需的供油压力及液压缸作用面积

在设计时应注意系统所要求的是静态力还是动态力，若是静态力 F_S，则

$$F_S = P_S A$$

其中 P_S 为系统供油压力，A 为液压缸作用面积。若要求的是动态力，而控制系统一般在定压定流量情况下工作，则动态力 F_d 为

$$F_d = P_L \cdot A \tag{3-117}$$

一般情况下作用力均指动态力。负载压力 P_L 一般均取伺服阀的最高效率点 $\frac{2}{3}P_S$，而供油压力一般为 21、14、10、7MPa 等几种规格，在系统压力确定后，则应合理选择缸的作用面积，使之满足作用力的要求。

(二) 估算伺服阀的流量

根据控制系统所要求的速度 v，即可求得伺服阀的负载流量 Q_L

$$Q_L = Av$$

但伺服阀的负载流量并不就是它的额定流量，这和伺服阀使用的工作点或额定流量的定义有关，另外还和系统压力有关。

按国际标准，伺服阀的额定流量 Q_n 指阀压降 7MPa 时的流量，即 $P_v = 7\text{MPa}$，若系统压力 P_S 为 21MPa，则负载流量 P_L 即工作点在 $P_L = \frac{2}{3}P_S$ 处的流量，即为其额定流量，但也有的厂方以

供油压力 P_S 时的流量作为额定流量 Q_{n1}，当使用时 Q_L 的流量要比该流量小 $1/\sqrt{3}$，即 $Q_L = \frac{1}{\sqrt{3}}Q_n$。

流量还和系统供油压力有关，若系统使用的压力 P_S 与厂方所提供的供油压力不同时，应进行换算，若厂方提供供油压力为$P_S{}^*$，负载流量为$Q_L{}^*$，则系统的负载流量 $Q_L = Q_L{}^*\sqrt{\frac{P_S}{P_S{}^*}}$。

（三）动态性能要求

伺服阀的动态性能选择及它对系统的影响详细的将在第七章中加以叙述，这里所叙述的只是最简单的选择，即选择伺服阀的频宽约为系统要求频率的 3 ～ 5 倍以上。

在满足系统要求的前提下，不应选择过大流量和过高动态性能的伺服阀。因流量过大，将使系统的精度和性能下降，过高的动态性能要求将使阀的成本上升。

第五节　电液比例阀

电液比例阀自 70 年代以来发展较快，由于它具有可靠、节能、廉价等优点，在工程技术中动态性能要求不高的场合已得到广泛的应用。

一般机构需对力、位移、速度等参量进行控制，而动态性能要求不高，因此电液比例阀是理想的电液控制元件。它是在传统的液压阀基础上采用廉价而可靠的螺管式比例电磁铁进行控制。成为比例溢流阀、比例流量阀、比例方向阀等。这种阀的动态性能虽比伺服阀低，但已能满足普通机械的要求，且具有抗污染能力强、价格低廉等优点，因而已为国内外广大的工业部门所采用。

电液比例阀由比例电磁铁和通用的液压阀组成。比例电磁铁已在第二章第二节的电 — 机械转换器中予以叙述，本节分别叙述各种电液比例阀整体的结构、工作原理及性能等问题。

一、比例方向阀

这类阀往往具有三个或三个以上通道口，它既控制液流的方向，还能对输出的流量大小实行控制，功能与伺服阀相似，但比一般的电液伺服阀抗污染性、抗干扰性好，只用于控制流量的比例方向流量阀系统的能耗小，中位死区较大，采用电反馈的比例方向阀与电液伺服阀的静态性能指标相近。动态响应较伺服阀稍低，— 3dB 时频宽约在 3 ～ 25Hz。

结构及工作原理：

1. 直接作用式比例方向阀

这种阀的结构如图 3-49 所示，由二个比例电磁铁 A、B，阀体 1、阀芯 4、复位弹簧 5 和位移传感器 3 组成。当比例电磁铁不通电时，阀芯处于中位，各腔互不相通，当比例电磁铁 A 通电时，阀芯向右移动，使 P 腔与 B 腔，A 腔与 T 腔沟通。阀芯位移量由位移传感器检测后，反馈到控制器与给定的电流值相比较。直到与输入的给定电流信号相等时，停止运动。因此阀芯位移的大小与输入比例电磁铁的电流成比例。

比例方向阀阀芯的节流断面是半圆形或三角形，用这种型式的节流断面可得到一条递增形式的流量曲线，如图 3-50 所示，这样的流量曲线可提高小流量时的分辨率。

这种电反馈直接作用式比例方向阀滞环较小。能控制的流量较小，一般用于小于 10 的通径。当流量较大时需采用二级阀的结构。

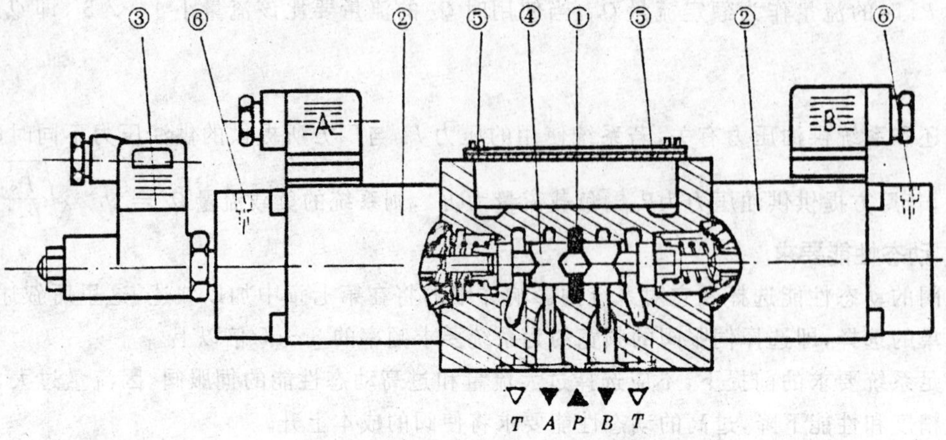

图 3-49　带电反馈直接作用式比例方向阀

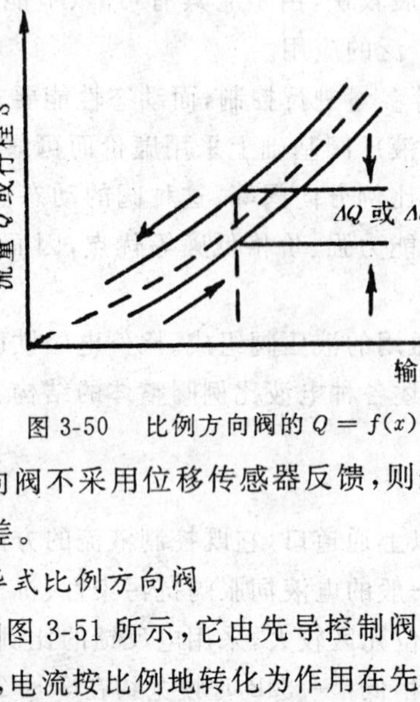

图 3-50　比例方向阀的 $Q=f(x)$ 曲线

若 直接作用式比例方向阀不采用位移传感器反馈，则这类阀的稳定性较差。此外阀的滞环、重复性等静态特性也较差。

2. 单边弹簧对中型先导式比例方向阀

这种阀的结构原理图如图 3-51 所示，它由先导控制阀和功率级滑阀所组成。先导控制阀中比例电磁铁 A 或 B 通电时，电流按比例地转化为作用在先导阀芯 4 上的力，使阀芯移动。在两个控制油口得到相应的压力，这压力作用在主阀芯 8 的端面上，克服弹簧 9 的作用力推动主阀芯移动。直到液压力和弹簧力达到平衡。而液压力与先导阀的位移或比例电磁铁的电流成比例。主阀芯的节流断面形状与直接作用式比例方向阀阀芯相同。

3. 位移力反馈型比例方向阀

位移力反馈型比例方向阀如图 3-52 所示，它的先导级由一对单控制边滑阀所组成。它们由置于左右两端的一对比例电磁铁所推动，主阀芯由左右对中弹簧对中。阀芯中部固定有一反馈弹簧杆，反馈弹簧杆的顶端有球头，它被二个先导阀芯夹持。先导阀和主阀都有一定的遮盖度，主阀芯也采用非全周的异型过流断面。

当二个比例电磁铁无电流通过时，在调零弹簧 C_{FY} 作用下，先导阀处于中位。二个先导阀口均处于关闭状态，无流量输出。主阀芯也在对中弹簧作用下处于中位。若右端比例电磁铁通电，产生电磁力克服反馈弹簧杆和对中弹簧的力使先导阀芯向左移动，使压力油通过右阀芯的

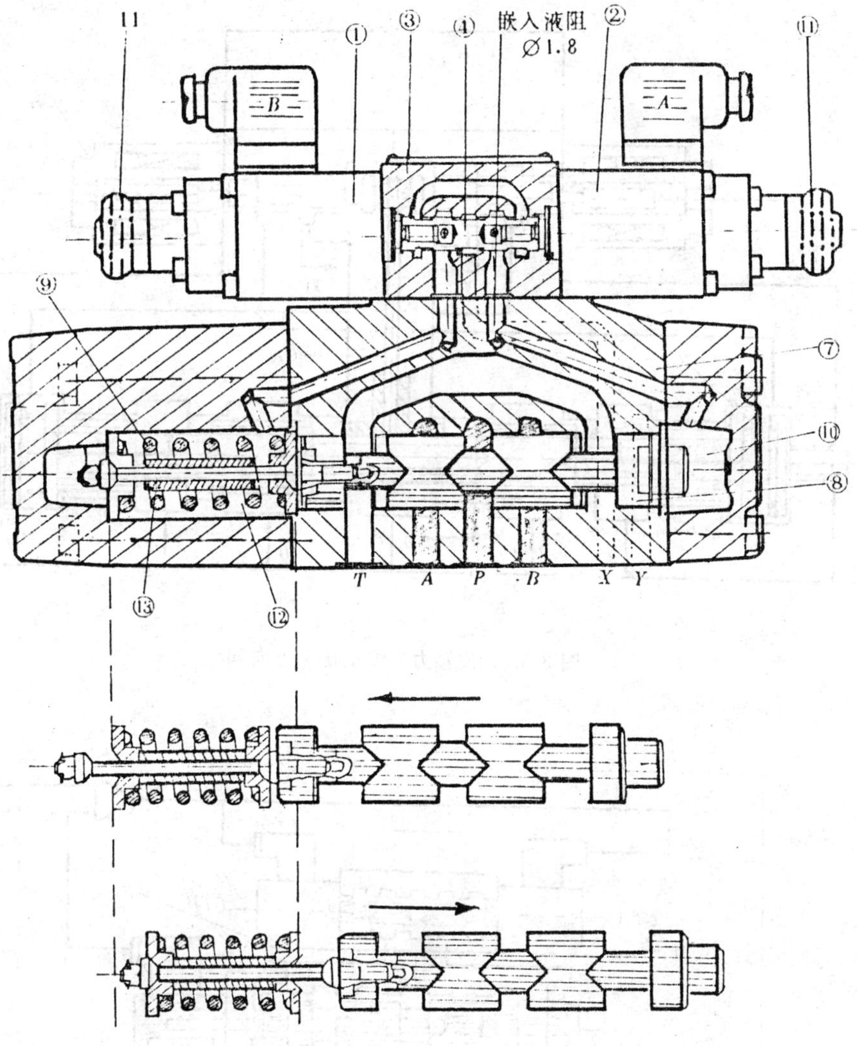

图 3-51　单边弹簧对中型先导式比例方向阀

阀口，先导阀的控制流量经主阀芯左端固定节流孔 R_1' 返回油箱。主阀芯左端油压上升，推动主阀芯右移。当阀芯移动时，带动反馈杆运动，转化为作用在先导右阀芯上的力，使先导阀关闭，当反馈杆作用力与电磁力等相平衡时，主阀芯停止移动。因此，输入比例电磁铁一定的电流就产生一定的电磁力，对应于比例方向阀一定的流量。

4. 先导式电反馈比例方向阀

先导式电反馈比例方向阀如图 3-53 所示，它由二个比例电磁铁推动的先导阀和由位移传感器检测主阀芯的功率级阀所组成。

当比例电磁铁不通电时，先导阀和主阀芯分别由调零弹簧及对中弹簧定位而处于中位。当右端电磁铁通电时，电磁力推动先导阀阀芯向左移动，压力油经先导阀的左边节流口及固定节流口 R_1 进入主阀芯左端，推动主阀芯向右移动，主阀芯移动的同时，带动右端位移传感器的铁芯移动，输出电信号 U_x，该电信号反馈到放大器中与设定电压值 U_i 相比较，当二值相等时，放大器输出为零，因此一定的输入电压 U_i 相应于一定的阀芯位移，也即相应于一定的流量。当左端比例电磁铁通电，则阀芯运动方向及流量与前述的方向相反。

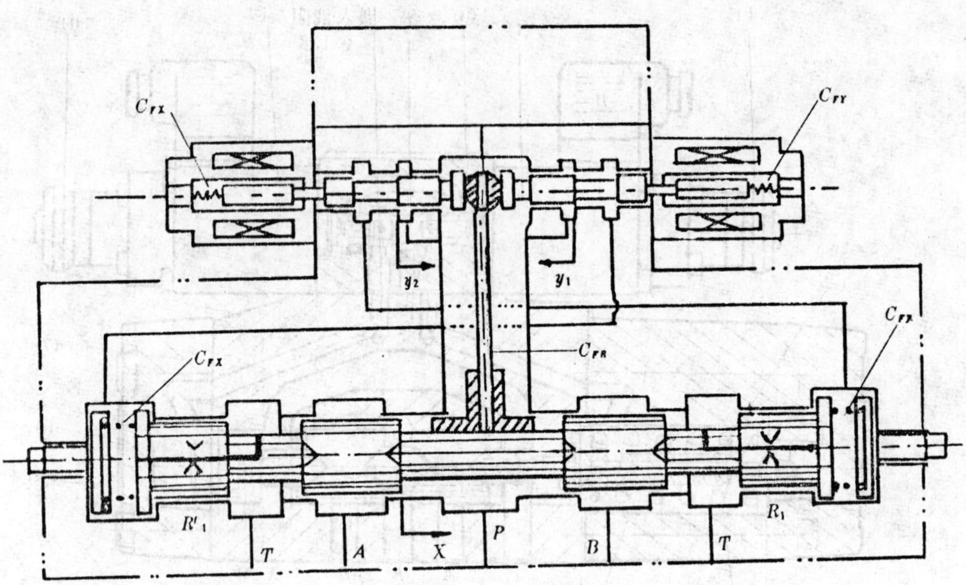

图 3-52　位移力反馈型比例方向阀

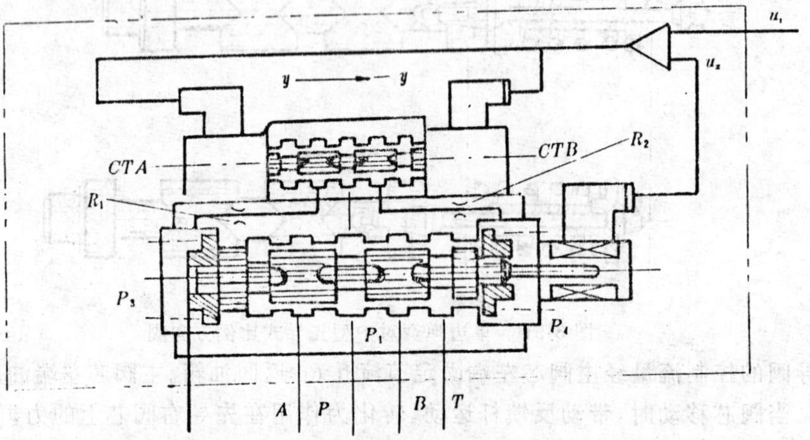

图 3-53　先导式电反馈比例方向阀

这种先导式电反馈比例方向阀，滞环小，重复精度高，16mm 通径的比例方向阀，频宽约10Hz。

二、比例压力阀

比例压力阀可根据生产过程的需要来控制液压系统的压力，压力的升降随时可通过电信号来改变。

(一) 直接控制式比例溢流阀

这种溢流阀有二种结构型式：

1. 直接控制锥阀式比例溢流阀

直接控制锥阀式比例溢流阀如图 3-54 所示，它由壳体 1 带电感式位移传感器 3 的比例电磁铁 2、阀座 4、锥阀 5 和弹簧 6 所组成。它的结构与一般的溢流阀先导级或遥控压力阀相似，只是用比例电磁铁代替手调机构进行压力调整。

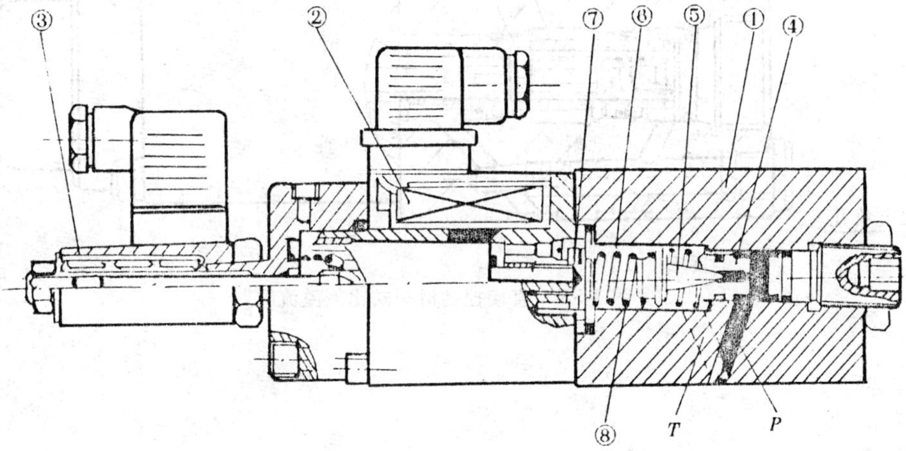

图 3-54　直接控制锥阀式比例溢流阀

给定一个设定电压值，经放大器产生一个与设定值成比例的电磁铁位移，通过弹簧座 7 对弹簧施加压力并将锥阀压在阀座上。弹簧座的位置即比例电磁铁衔铁的位置。当锥阀端面承受的液压力、弹簧力、液动力与比例电磁铁产生的电磁力相平衡时，运动停止。由位移传感器检测出位置，转换为电信号并反馈到电控制器中，若该信号与设定值有偏差则继续调整，直到二个信号值相等。因此一定的控制电流对应于推杆一定的位移，也就相当于一定的压力。由位移传感器组成的闭环，消除了电磁铁衔铁等的摩擦力影响。因此这种直接控制锥阀式比例溢流阀精度高、重复性好，在最大调定压力时滞环 $<1\%$，重复精度 $<0.5\%$，不同压力等级的阀，可通过不同的阀座，即不同的阀座直径来达到，因此当电磁力不变时，阀座直径愈小，压力愈高。在设定值为零时，比例电磁铁及位移传感器中均无电流通过，所得的是最低调定值，这时由弹簧 6 将衔铁等运动组件反推回去以得到尽可能低的 $P_{\min}$ 值。

2. 直接控制滑阀式比例溢流阀

直接控制式比例溢流阀用二端不同直径的滑阀代替锥阀，当比例电磁铁的推力与弹簧力、液动力及滑阀承受的差动液压力相等时，滑阀停止运动。节流阀口是阀芯和阀套处二个圆孔所形成的开口，滑阀阀芯的行程一般不超过阀套节流孔的半径。这种阀的导向性能较好，并可以更换固定节流孔以调整阀的稳定性。

（二）先导式比例溢流阀

先导式比例溢流阀如图 3-56 所示。这阀由带有比例电磁铁(2) 的先导阀(1)、最高压力限制器(3)、带主阀芯(5) 的主阀 4 所组成。

它的基本功能和一般先导式溢流阀相似，只是在先导阀上用比例电磁铁代替手动调压弹簧。当电控器给定一个电流，相应地就有一个与电流成比例的电磁力作用在先导锥阀(6) 上，调节压力与电磁力的大小成比例。由系统来的油从 A 通道口进入主阀作用在主阀芯(5) 上，同时系统压力通过液阻(7)、(8)、(9) 及控制回路(10)，作用在先导锥阀(6) 上与电磁力相平衡。

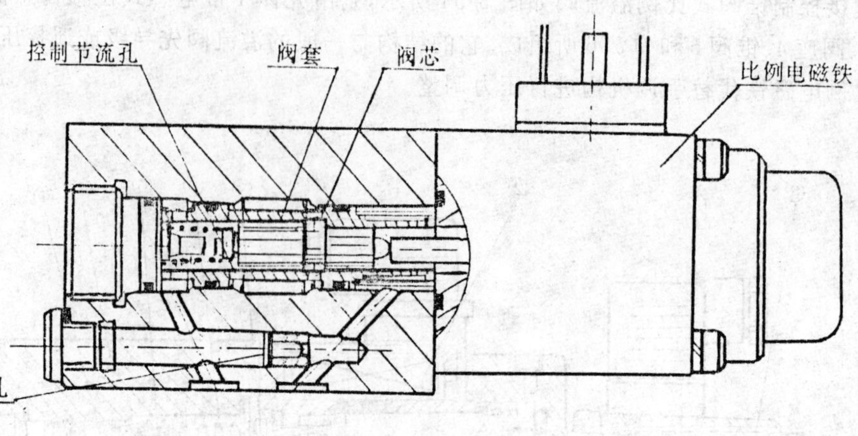

图 3-55　直接控制滑阀式比例溢流阀

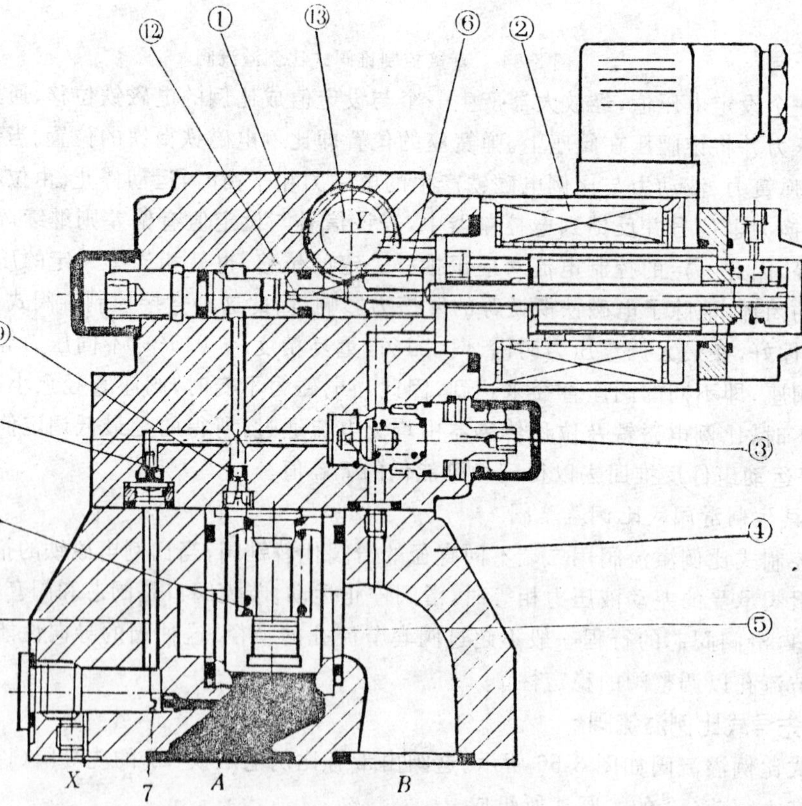

图 3-56　先导式比例溢流阀

当系统压力超过电磁力时，先导阀打开，控制油经 Y 通道回油箱。由于控制回路中液压网络的作用，主阀芯(5) 上下两端产生压力差，使主阀芯抬起，打开 A 腔与 B 腔间的阀口。使系统压力下降，直到锥阀 6 上电磁力与液压力相平衡。

为了防止电气或液压系统发生故障，如过大的电流输入比例电磁铁，液压系统发生尖峰压力等情况下能保证液压系统的安全，可设置一个弹簧式限压阀(3) 作为安全阀，当系统压力超过允许值后，该阀打开。

(三) 先导控制式比例减压阀

先导控制式比例减压阀如图 3-57 所示，与先导式比例溢流阀类似。比例电磁铁的电磁力作用在先导锥阀 20 上。可通过调节比例电磁铁(2) 中的电流来调整 A 通道中的压力。

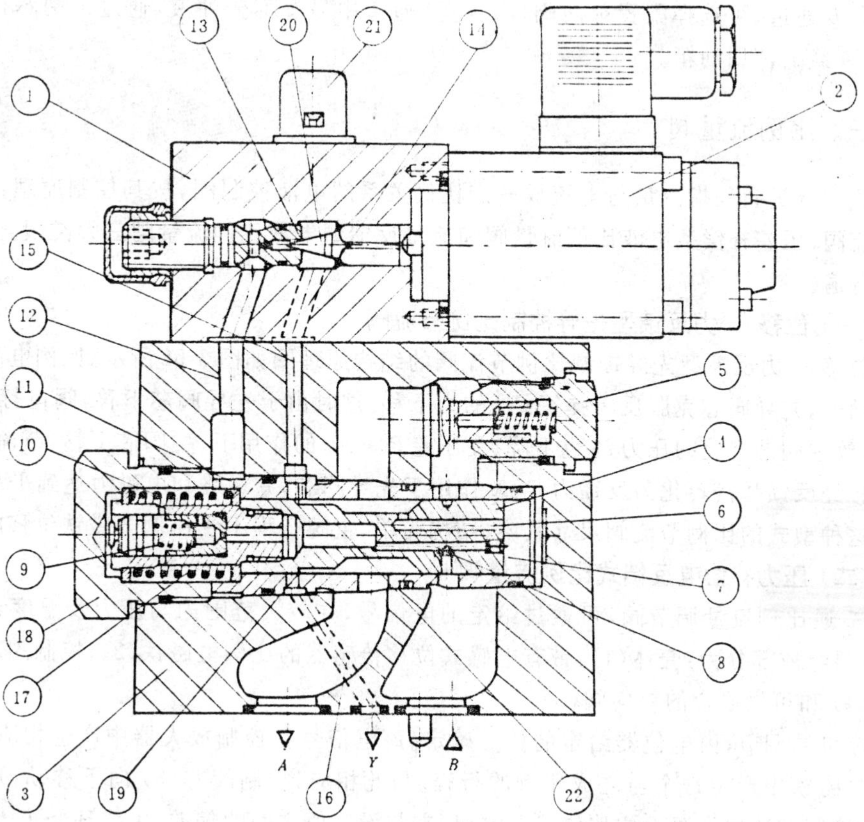

图 3-57　先导控制式比例减压阀

在调定值为零的原始位置，即 B 通道中没有压力或流量，弹簧 10 使主阀芯组件处于输出口位置，A 与 B 之间通道全开，由此抑制了起动阶跃响应。

A 通道的压力通过控制通道(6) 作用在主阀芯的端面(7) 上。B 中的油经通道(8)，通过主阀芯引到小流量调节器(9)，小流量调节器使从 B 通道来的控制油流量保持常数，而与 A、B 通道间的压力差无关。从小流量调节器(9) 流出的控制油进入弹簧腔(10)，通过孔道(11) 和(12)，并经阀座(13) 由 Y 通道(14)、(15)、(16) 流回油箱。

A 通道中希望达到的压力，由配套的放大器预调。比例电磁铁将锥阀芯(20) 压向阀座(13)，并将弹簧腔(10) 中的压力限制在调定值上。如 A 通道中的压力低于预调的设定值时，弹簧腔(10) 中压力较高，使主阀芯向右移动，打开 A 与 B 之间的通道。当 A 通道的压力达到调定值时，主阀芯上的力也达到平衡。作用力的平衡方程式为：

A通道压力 × 阀芯面积(7) = 弹簧腔(10) 中的压力 × 阀芯面积 + 弹簧力(17)。

若A通道中压力上升，则阀芯向从B到A的阀口关闭方向移动。作用在面积(7)上较高的A腔压力将主阀芯压在螺堵(18)上，使A到B的通道关闭，A到Y的通道打开。弹簧(17)的弹簧力与主阀芯端面(7)上的液压力相抗衡。主阀芯在此位置时，A通道的油经控制边(19)，通过Y流回油箱。

当A腔压力降到弹簧腔(10)中的压力加上与弹簧力相应的压差ΔP时，主阀芯移动并关闭从A到Y的控制阀口，A腔中与新的设定值相比高出约1MPa的剩余压差，将通过精细控制孔(22)卸除。这样，将得到一个较好的没有压力分谐波的瞬态响应过程。为了使油能从A通道自由流向B通道，可选择配置单向阀(5)。与A通道中另一部分油液，通过主阀芯打开的控制阀口，从A经Y流回油箱。

三、比例流量阀

比例流量阀是指流量与电流成一定比例关系的电液控制阀，按其控制原理可分为电液比例节流阀、压差补偿型电液比例流量阀和流量反馈型电液比例流量阀三大类型。前二种的应用比较普遍。

（一）位移—力反馈型先导控制比例节流阀

位移—力反馈型先导控制比例节流阀的结构原理图如图3-58所示。比例电磁铁驱动先导阀芯动作。先导阀芯克服反馈弹簧C_{FR}的力下移。这时由于先导阀芯下移，阀口打开，P_4处压力下降，致主阀芯上腔的压力P_3也下降。在压差P_1-P_3的作用下，主阀芯上移，节流阀开启。主阀芯位移经反馈弹簧转化为反馈力$C_{FR}X$作用于先导阀芯，并最终和电磁力达到平衡。

这种型式的比例节流阀尺寸紧凑、结构简单，主阀行程不受比例电磁铁位移的限制。

（二）压力补偿电反馈式比例流量阀

二通比例流量调节阀，可通过给定的电信号，在较大范围内与压力及温度无关地控制流量。主要组成部分为：壳体(1)，带有电感式位移传感器的比例电磁铁(2)，控制阀芯(3)，压力补偿器(4)和可供取舍的单向阀(5)。

流量的调节，由电位器给定的信号确定。该电信号在控制放大器中产生相应的电流，并在比例电磁铁中产生一个与之成比例的行程。与此相应，控制阀芯(3)向下移动，形成一个通流断面。控制窗口的位置由位移传感器测出，它与设定值之间的偏差，由闭环修正。压力补偿器保证控制窗口上的压降始终为定值，因此与负载变化无关。选用合适的控制窗口结构可使温漂较小，反向液流可经单向阀(5)由B流向A。

当控制信号为零时，控制窗口关闭。当控制电流出故障或位移传感器接线断开时，控制窗口也关闭。

流量阀的流量取决于阀口开度和控制窗口的几何形状，可以做成线性开度，如图3-60所示，也可做成平方关系的开度特性如图3-61所示。

四、电液比例阀的性能

电液比例阀的性能指标和电液伺服阀相似。主要的静态性能曲线也有流量特性曲线、负载特性曲线、压力特性曲线等。其中滞环、流量增益、压力增益、零位偏移等定义均与伺服阀相同。

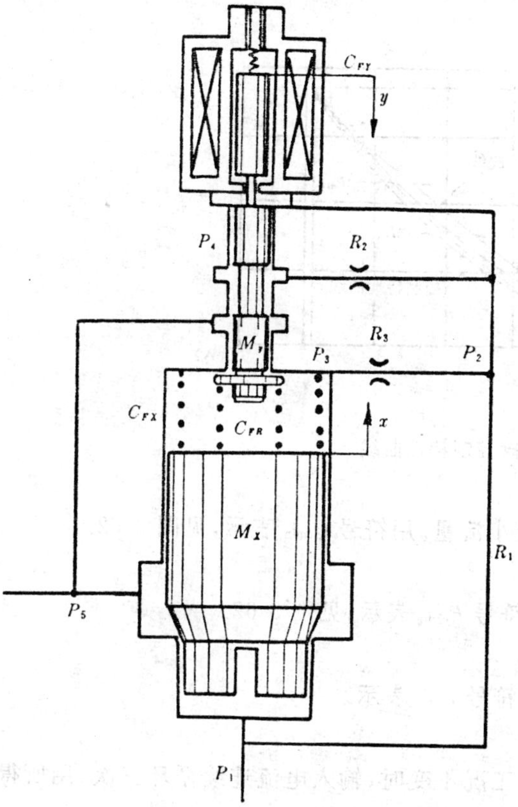

图 3-58 位移力反馈型先导控制比例节流阀

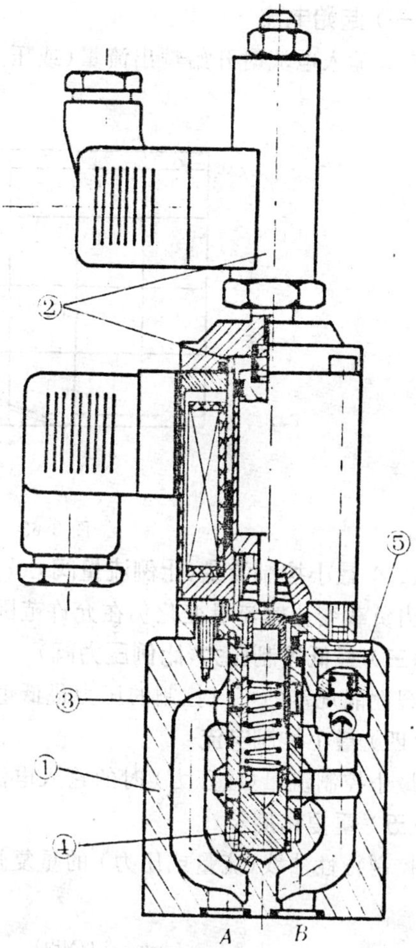

图 3-59 压力补偿电反馈式比例流量阀

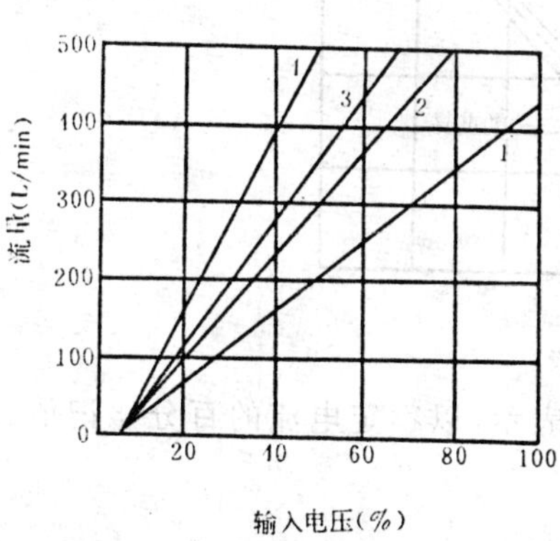

图 3-60 直线型流量特性

1 $\Delta P = 1\text{MPa}$；2 $\Delta P = 2\text{MPa}$；

3 $\Delta P = 3\text{MPa}$；4 $\Delta P = 4\text{MPa}$

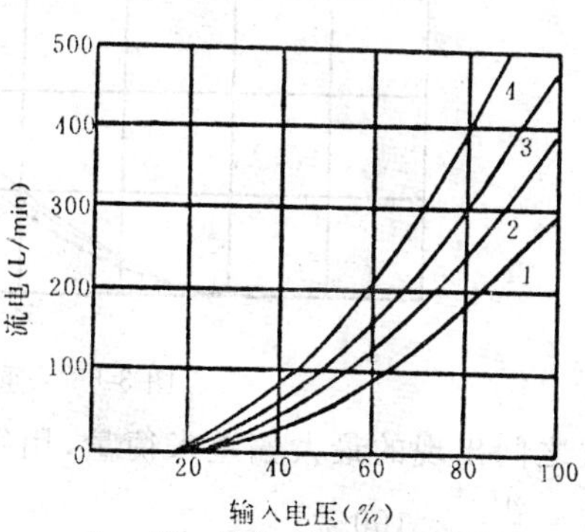

1 — $\Delta P = 1\text{MPa}$； 2 — $\Delta P = 2MPa$；
3 — $\Delta P = 3\text{MPa}$； 4 — $\Delta P = 5\text{MPa}$

图 3-61 抛物线型流量特性

1 $\Delta P = 1\text{MPa}$；2 $\Delta P = 2\text{MPa}$；

3 $\Delta P = 3\text{MPa}$；4 $\Delta P = 4\text{MPa}$

在静态指标上，由于比例阀均具有一定的死区，在工业应用中对重复性有一定的要求，因此有以下几个内容是伺服阀所没有的：

(一) 起始电流

在该输入电流时开始输出流量(或压力)。用符号 I_a 表示，见图 3-62 所示。

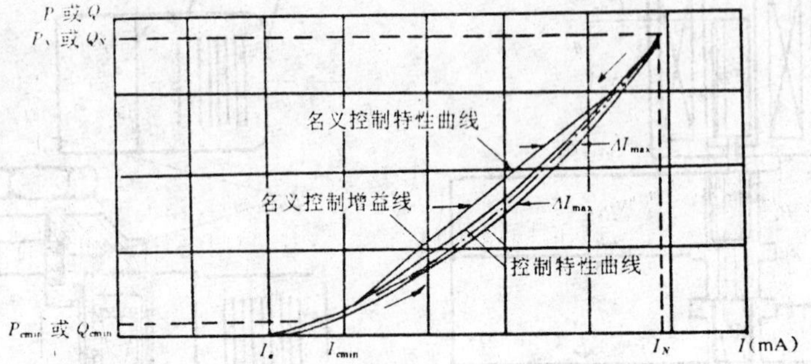

图 3-62 比例阀控制特性曲线

(二) 最小控制流量(比例流量阀)

当负载变化时流量变化仍在允许范围的最小流量。用符号 Q_{cmin} 表示，见图 3-62。

(三) 最低控制压力(比例压力阀)

阀性能规定的可以控制的压力最低值，用符号 P_{cmin} 表示，见图 3-62。

(四) 最小控制电流

最小控制流量(或压力)时的输入电流，用符号 I_{cmin} 表示。

(五) 重复精度

控制特性曲线(流量或压力)的重复性。当工况不变时，输入电流连续循环三次，用所得各

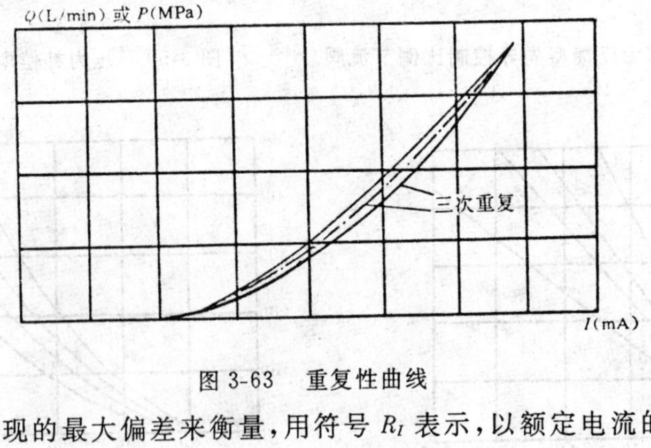

图 3-63 重复性曲线

控制特性曲线之间出现的最大偏差来衡量，用符号 R_I 表示，以额定电流的百分比记值。见图 3-63。其中，$R_I = \dfrac{\Delta I_R}{I_n} \times 100\%$。

电液比例阀的动态特性和电液伺服阀相同，也可用频率特性或阶跃响应表示，指标定义也相同，不再详述。

(六) 电液比例阀的传递函数

电液比例阀可根据它的结构原理作出方框图以求传递函数。但这种方法只在研制阀时使

用。一般都以实际试验得到的数据为根据，用以设计整个液压系统。

比例阀的频率虽然一般都低于 50Hz，但动态特性一般均作为二阶环节处理，频率在 10Hz 左右，个别的可达 30Hz。频率的高低与结构型式、流量大小等有关。同一个阀在压力不同、输入信号大小不同时，频率也不相同。一般来说，具有电反馈的比例阀频率范围稍高。

比例压力阀的频率特性还和阀前管路容腔的大小有关，若压力阀前连接管道太长的话，频率特性将下降。此外，测量点应按试验规范有一定要求，与扰动源(如阀、弯头等) 应保持一定的距离。

比例流量阀的频率特性需注意是按什么输出量测试的，若以阀芯位移作为输出量，由于液动力等影响，实际流量的频率特性要略低一些。

第六节　数字阀及其控制元件

用数字信息直接控制的阀，称为数字控制阀，简称数字阀。在计算机技术日益得到广泛应用的情况下，用计算机对电液控制系统进行实时控制是今后液压技术发展的重要趋向。数字阀可直接与计算机连接，不需要 D/A 转换器。它与伺服阀、比例阀相比，具有结构简单、工艺性好、价格低廉、抗干扰及抗污染能力强、重复性好、工作稳定可靠、功耗小等优点，因此受到国内外液压界的注意，正相继开展这方面的研究。在国外有些数字阀已成为系列产品投入生产。在微机实时控制的电液系统中，它可部分取代比例阀或伺服阀工作，为计算机在液压领域的应用开拓了一种新的方向。

一、数字阀控制系统的工作原理和组成

电液控制系统中最普通的信号是连续变化的电压或电流，然而对计算机来说，最普通的信号是量化为二个量级的信号，即“开”和“关”。用数字量进行控制的方法有脉宽调制(PWM)、脉频调制(PFM)、脉数调制(PNM)、脉码调制(PCM)和脉幅调制(PAM)，它们的调制方法如图 3-64 所示。其中用得最多的是脉宽调制和由脉数调制演变而来的增量控制法。在数字阀中控制幅值较困难。脉频法由于频率与控制量成反比，编制程序较麻烦，因此使用较少。脉码调制是用不同的开关来分别控制与 1,2,4,8 等 2^n 位数成比例的值，在数字阀中可用相应的匝数或容腔等来控制系统，但这种方法只能有级调节，结构也较复杂，因而应用不多。在本节中主要介绍两种类型的数字阀：一是采用步进电机作 D/A 转换器，用增量方式进行控制的数字阀；二是采用脉宽调制原理控制的高速开关型数字阀。现分述如下：

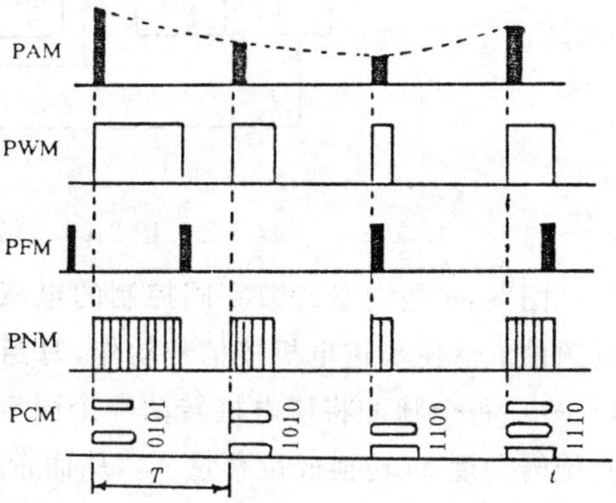

图 3-64　数字量控制的脉冲调制方法

(一) 增量式数字阀控制系统

增量式数字阀是用步进电机作电 — 机械转换器的阀。是在前述脉数(PNM) 信号的基础上，使每个采样周期的步数是前一采样周期步数的基础上，增加或减少一些步数，从而达到需要的幅值，如图 3-65 所示。这种在原有步数的基础上增加或减少一些步数以达到控制目的的方法称为增量法，用这种方法控制的阀称为增量式数字阀。

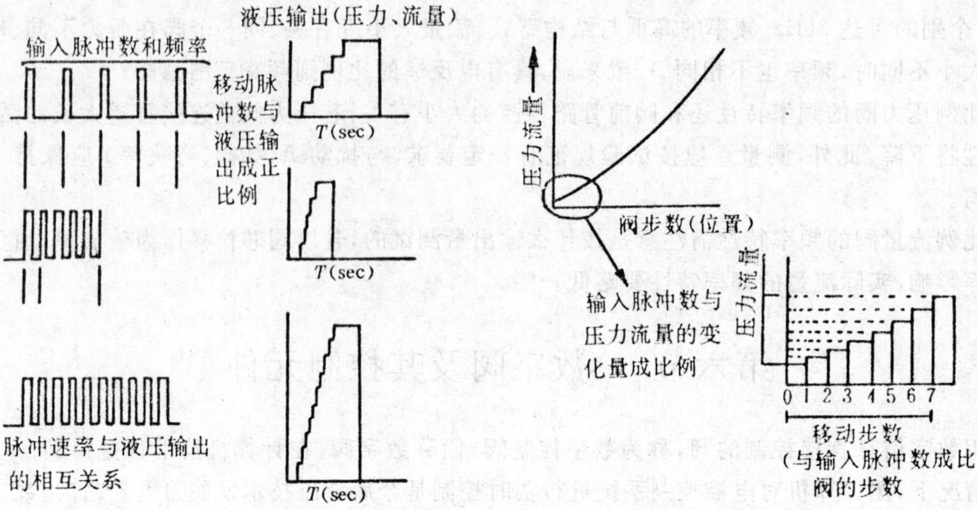

图 3-65 增量控制法

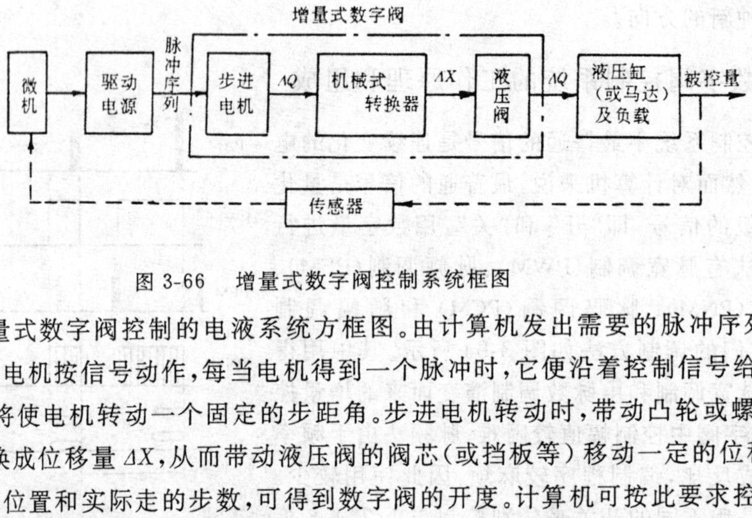

图 3-66 增量式数字阀控制系统框图

图 3-66 是增量式数字阀控制的电液系统方框图。由计算机发出需要的脉冲序列，经驱动电源放大后使步进电机按信号动作，每当电机得到一个脉冲时，它便沿着控制信号给定的方向转一步。每个脉冲将使电机转动一个固定的步距角。步进电机转动时，带动凸轮或螺纹等机构使旋转角度 $\Delta\theta$ 转换成位移量 ΔX，从而带动液压阀的阀芯(或挡板等)移动一定的位移。因此根据步进电机原有的位置和实际走的步数，可得到数字阀的开度。计算机可按此要求控制液压缸(或马达)按需要的规律运动。

这种控制系统由微处理机、驱动电源、数字阀和液压缸及传感器等组成。系统的性能除负载外与微机、驱动电源及数字阀均有关。

(二) 脉宽调制(PWM) 式数字阀控制系统

脉宽调制信号是具有恒频率、不同开启时间比率的信号，如图 3-67 所示。脉宽时间 t_P 对采样周期 T 的比值 t_P/T 为脉宽占空比，用它来表征该采样周期时的幅值。用脉宽信号对连续信号进行调制，可将图 3-67 中的连续信号(a) 调制成脉宽信号(b)。若调制的量是流量，则每个采样周期时平均流量为 $\overline{Q} = Q_n\, t_P/T$，与连续信号处相对应。

脉宽调制式数字阀控制系统的方框图如图 3-68 所示。计算机根据控制的要求发出相应的

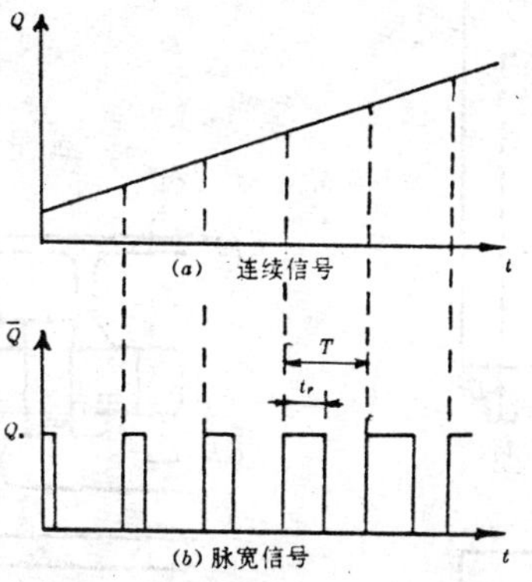

图 3-67 信号的脉宽调制

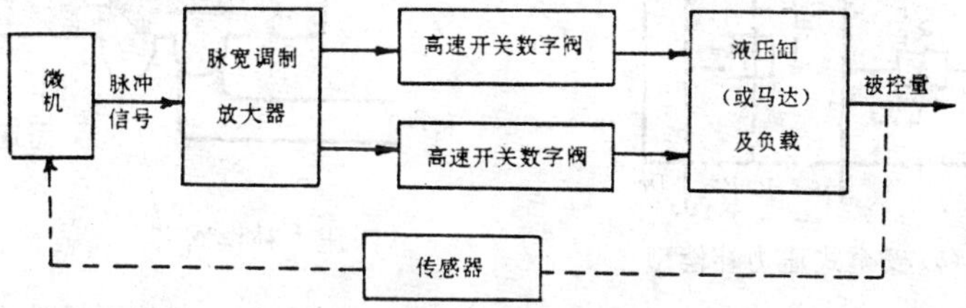

图 3-68 脉宽调制式数字阀控制系统框图

脉宽信号，经放大器放大后控制电 — 机械转换器工作，从而带动高速开关阀开或关。以开启时间的长短来控制流量。在需要作两个方向运动的系统中，要用两个数字阀分别控制不同方向的运动。

与增量式数字阀控制系统相同，该系统的性能与计算机、放大器、数字阀有关，三者相互关连。使用时必须有这些配套的装置。

以上两种系统可以开环控制，也可以如图中虚线所示进行闭环控制。开环控制不存在稳定性问题，控制比较简单。闭环控制精度较高，但控制比较复杂，传感器及 A/D 转换器等价格比较昂贵。

两种控制系统中，步进电机使用较成熟，因此应用较广泛，国外已有系列产品。脉宽调制的数字阀，国外已有产品并在工业中应用，国内已取得不少成果，预期在今后将逐步有产品问世。

二、数字阀结构原理

(一) 增量式数字控制阀

增量式数字阀就是用步进电机驱动的液压阀，国外已有数字流量阀、数字压力阀和数字方向流量阀等系列产品，分述如下：

1. 数字流量控制阀

增量式数字流量阀应用较普遍，型式也较多，现介绍几种已应用于生产中的结构。

(1) 压力补偿型数字流量阀

如图 3-69 所示，其中图 3-69(a) 为定差减压式压力补偿型油路图。图 3-69(b) 是定差溢流

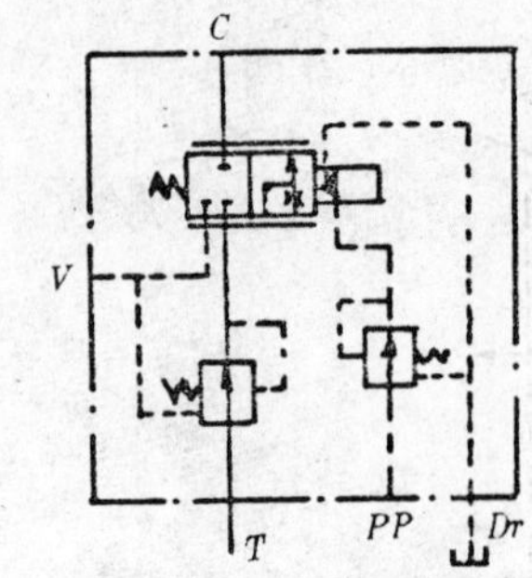

(a) 减压式压力补偿型

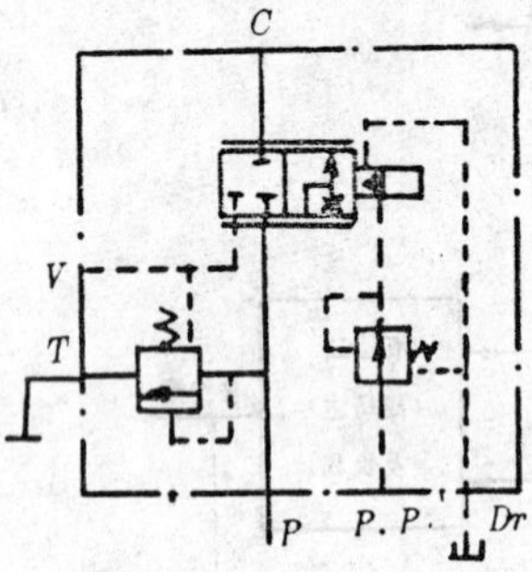

(b) 安全式压力补偿型

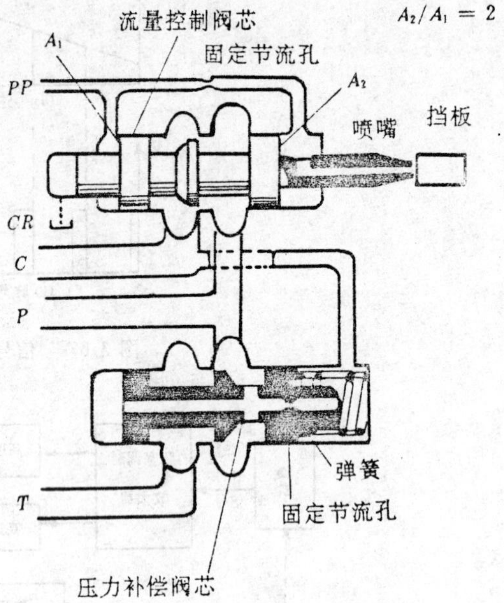

(c) 结构原理图

图 3-69　数字流量阀

式压力补偿型油路图。图 3-69(*c*) 是压力补偿型数字阀的结构原理图。其中 *P* 口通压力油，*C* 口通负载压力腔。当计算机发出信号，步进电机相应转动，通过凸轮使挡板作往复运动。这时挡板与喷嘴间的距离改变。挡板左移则 A_2 处压力上升，推动控制阀阀芯左移，打开控制口，使 *P* 腔与 *C* 腔相通，直到阀芯运动到喷嘴与挡板间的距离与原来相同时，阀芯才停止运动。因此给步进电机一定的步数，相应于阀芯一定的开度。为减少负载对流量的影响，维持控制阀芯节流口前后的压差不变，该流量阀具有压力补偿装置。在图的下方表示了压力被补偿的结构原理，通常补偿阀芯将 *P* 腔与 *T* 腔关闭。补偿阀芯左端与压力油相通。由弹簧的右端经固定节流孔与压力油相通。当负载腔 *C* 的压力下降时，补偿阀芯向右移动，从而使 *P* 腔与 *T* 腔通，压力下降，直到 *P* 腔与负载腔的压差维持原状时，补偿阀芯停止运动。这样就保证了在不同负载时，控制阀芯节流口前后的压差恒定，从而流量也保持恒定。

这种数字流量阀静态性能较好，但结构复杂，动态性能较差。

(2) 步进电机直接带动的数字流量阀

这种阀如图 3-70 所示。当计算机给出信号后，步进电机转动，通过滚珠丝杆使旋转角度转化为轴向位移，带动节流阀阀芯移动，阀口开启。步进电机转动一定的步数，相当于阀芯一定的开度。这种结构可控制相当大的流量，可达 3 600L/min。

这种结构比较紧凑，由于节流阀中液流流入的方向为轴向，如图中左端箭头所示，出口的液流与轴线成垂直方向，如图中下方箭头所示。当阀开启时有向左关闭的液动力，可抵消部分压力油向右作用的力。

该阀有两个节流口，两个节流口的周长不同，可根据需要设计。阀芯移动时首先打开右边

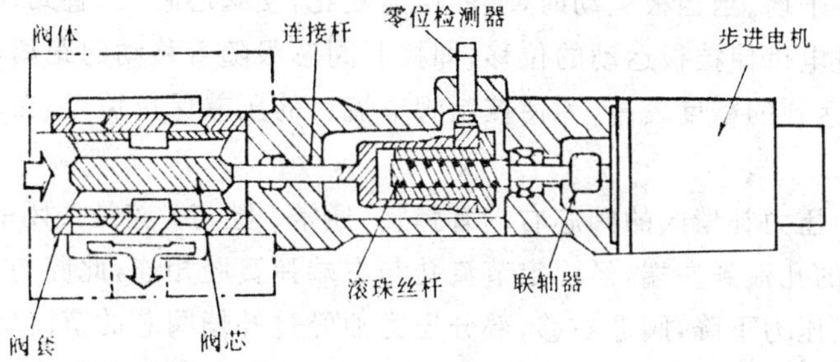

图 3-70　步进电机直接带动的数字流量阀

的节流口，它是非全周开口，流量较小，继续移动后则打开第二个节流口，即在左边的全周节流口，流量较大。该阀的流量由阀芯、阀套及连杆的相对热膨胀取得温度补偿，当油液温度上升时，油的粘度下降，流量增加。与此同时，阀套、阀芯及连杆的不同方向的热膨胀使阀的开口变小，从而维持了恒定的流量。

这种阀是开环控制的，但装有单独的零位移传感器，在每个控制周期终了，阀芯可由零位移传感器控制回到零位。这样就保证每个工作周期都在相同的位置开始，使阀的重复精度比较高。

除以上二种结构外，还有其他各种型式的增量式数字流量阀，但应用不如前述的普遍，不再逐个介绍。

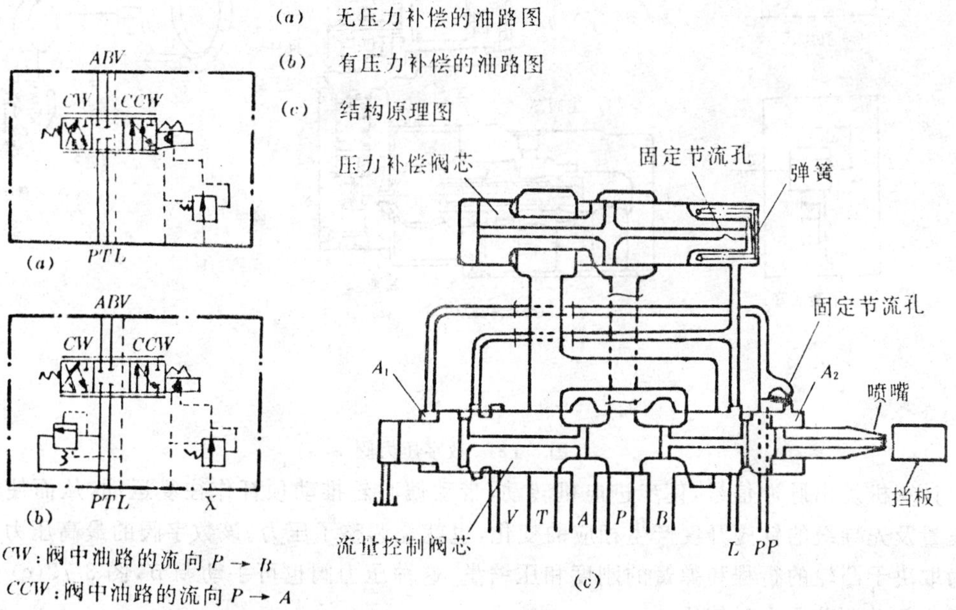

图 3-71　数字方向流量阀

2. 数字方向流量阀

数字方向流量阀的原理图如图 3-71 所示，图 3-71(*a*) 和 (*b*) 是无压力补偿和有压力补偿的数字方向流量阀油路图。图 3-71(*c*) 是结构原理图。图中压力油由 *P* 口进入,*A* 口及 *B* 口通负载腔。*T* 口回油,*PP* 口是先导级控制用的压力油口,与控制阀芯两端容腔相通,与 A_2 腔之间有固定节流孔。控制阀芯右端是喷嘴,左腔 A_1 与右腔 A_2 的面积之比为 1∶2。当 A_2 的压力为 A_1 的 1/2 时,控制阀芯保持平衡。当挡板运动时,A_2 腔压力变化,使阀芯移动,直到恢复为 $P_{A1}=2P_{A2}$ 时停止运动。因此步进电机使挡板运动的位移,即控制阀芯跟随着移动的距离,也就是阀的开度,在这样的控制下可达到的精度较高。为使控制阀节流口的压差保持恒定,在阀的内部可以设置安全型压力补偿阀。

图 3-71(*c*) 中压力补偿阀的阀芯右端有弹簧,通常 *P* 腔与 *T* 腔是关闭的。压力油由 *P* 口经压力补偿阀芯中间的孔流到左端,经固定节流孔与右端弹簧腔相连,此腔与负载腔(*A* 或 *B* 腔)压力相关。当负载腔压力下降,阀芯右移,部分压力油经过补偿阀芯的节流口向 *T* 口排出,供油压力下降。当弹簧力与 *P* 口及负载腔的压差相平衡时,补偿阀芯停止运动,这样可使控制阀芯节流口两侧的压差维持不变,以补偿负载变化时引起的流量变化。

3. 数字压力阀

数字压力控制阀如图 3-72 所示,图 3-72(*a*) 及(*b*) 为数字压力阀的油路图,图 3-72(*c*) 为结构原理图,图 3-72(*d*) 为压力控制示意图。

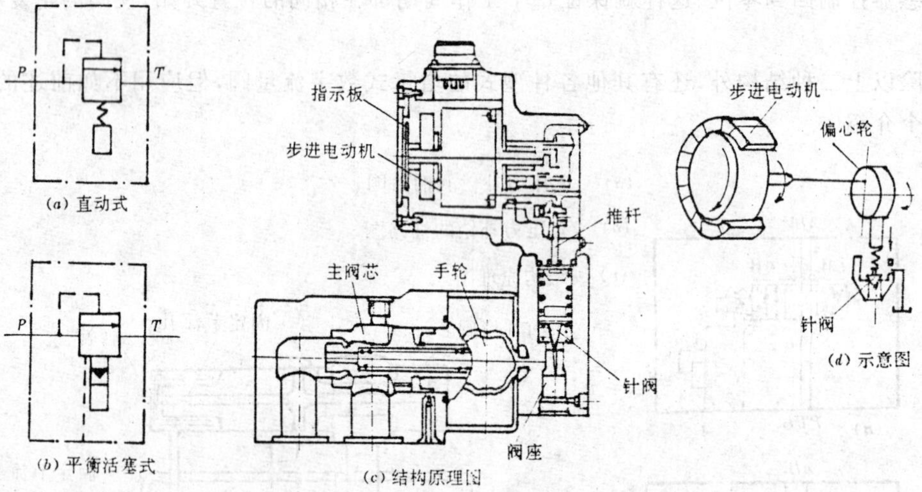

(*a*) 直动式　(*b*) 平衡活塞式　(*c*) 结构原理图　(*d*) 示意图

图 3-72　数字压力阀

计算机发出脉冲信号,使步进电机转动,带动偏心轮推动顶杆作往复运动,从而使弹簧的压缩量及先导级的针阀开度产生相应的变化,也就是调整了压力。该数字阀的最高压力和最低压力取决于凸轮的行程和弹簧的刚度和压缩量。这种压力阀也可手动调节,图 3-72(*c*) 上的手轮即为手动调节压力时使用。

(二) 脉宽调制式数字阀

用脉宽调制原理控制的高速开关型数字阀由于只有"开""关"两种工作状态,因而结构简单、紧凑,价格低廉,抗干扰及抗污染能力强,已引起各国液压界的注意,正相继开展这方面的研究。

用脉宽调制原理进行控制时，采样周期恒定，输出流量正比于脉宽占空比 t_P/T，计算机程序编制比较方便，控制精度可以较高。由于阀的动态性能的限制，即阀开启和关闭需要一定的时间，因此脉宽占空比 t_P/T 不可能由 0 ~ 1 范围内变化，在起始段有死区，终了段有饱和，可控部分只限于一定范围。若阀的动态性能愈高，则在相同采样周期 T 时开、关所需的时间愈短，可控范围愈大。作为数字阀用的高速开关阀切换时间一般均为几毫秒，这不是一般开关阀所能完成的。现就其中某些结构型式加以介绍：

1. 盘式电磁铁和锥阀组合的高速开关型数字阀

这种数字阀的结构如图 3-73 所示，当通电时盘式衔铁左移，不通电时由弹簧使衔铁向右复位。衔铁动作时带动阀芯运动，使锥阀开或关，在恒定的采样周期内，控制“开”和“关”的时间不同，即可得出不同的流量。

这种液压阀行程很短，因此采用了主要受表面力作用的盘式电磁铁。图中所示为二位三通阀，对阀芯略加修改即为二位二通阀。

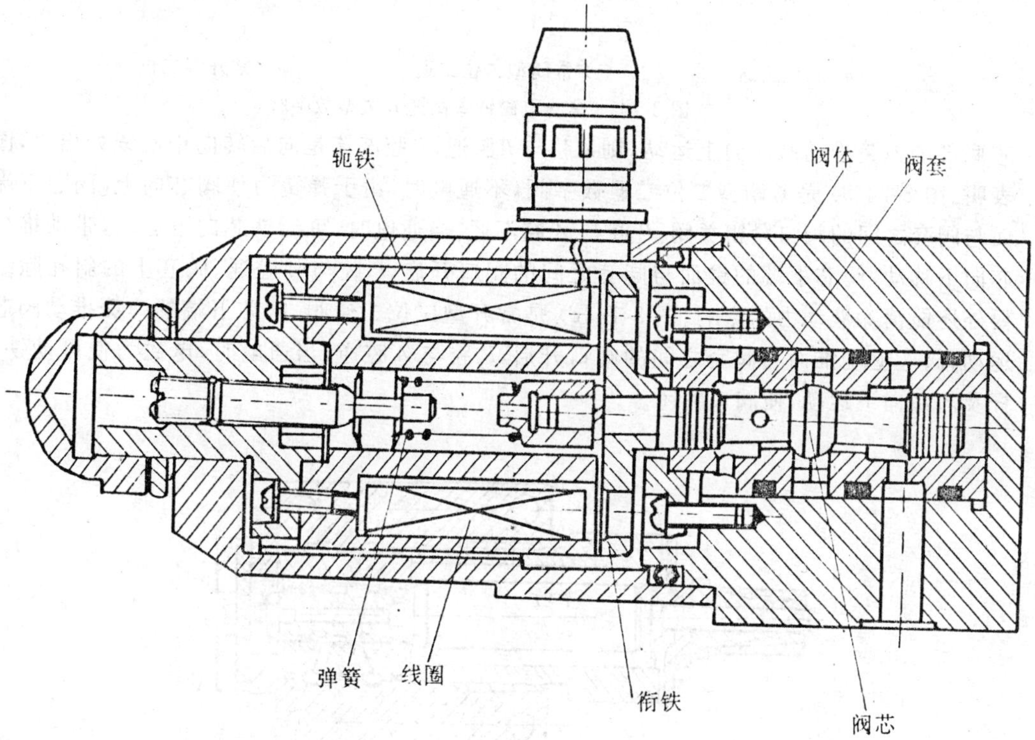

图 3-73　盘式电磁铁的数字阀

这种阀的电磁铁作用力较大，可达 120N，配以适当刚度的弹簧可使阀芯动作迅速，从而达到脉宽控制的要求。

2. 螺管电磁铁和阀组合的高速开关型数字阀

这种组合的高速开关阀结构型式很多，但原理相同，现介绍在工业上已获得广泛应用的三种结构，如图 3-74 所示。其中(a) 为二位三通型，(b) 为常闭型二位二通，(c) 为常开型二位二通。

由图 3-74(a) 可见，当通电时，螺管式电磁铁的可动铁芯向下带动推杆及阀芯向下运动，阀芯在 A 腔处的二个锥面形成的阀口，上面的开启，下面的关闭，则 P 腔与 A 腔通。当断电时，阀

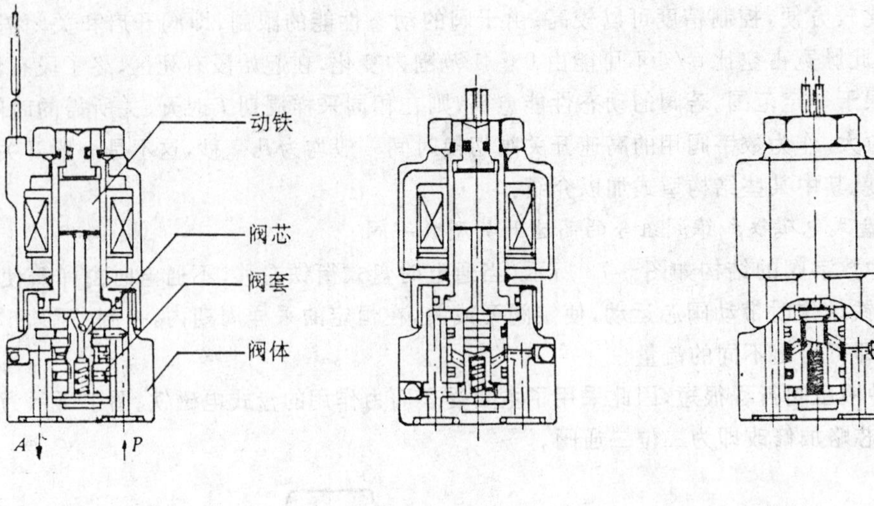

(a) 二位三通　　(b) 常闭型二位二通　　(c) 常开型二位二通

图 3-74　螺管电磁铁式高速开关型数字阀

芯底部的弹簧推动阀芯向上运动，则 A 腔与 T 腔通，T 腔液流是向后转向中心线处出口，图中未表明。图 3-74(b) 是常闭型二位二通数字阀，不通电时，由于弹簧力使阀芯向上，阀芯下端的锥面与阀套之间的阀口紧密关闭，P 腔与 A 腔不通。当通电时，可动铁芯向下运动，带动推杆及阀芯向下移动，阀芯下端的锥面与阀套之间的阀口开启，P 腔与 A 腔通。阀套上的斜孔除结构需要外还能消除液动力的影响。图 3-74(c) 是常开型二位二通阀，阀芯下端的弹簧推动阀芯向上运动，阀芯上端锥面与阀套之间的阀口开启，P 腔与 A 腔通，当通电时，电磁力使可动铁芯、推杆及阀芯向下运动，使阀口关闭。

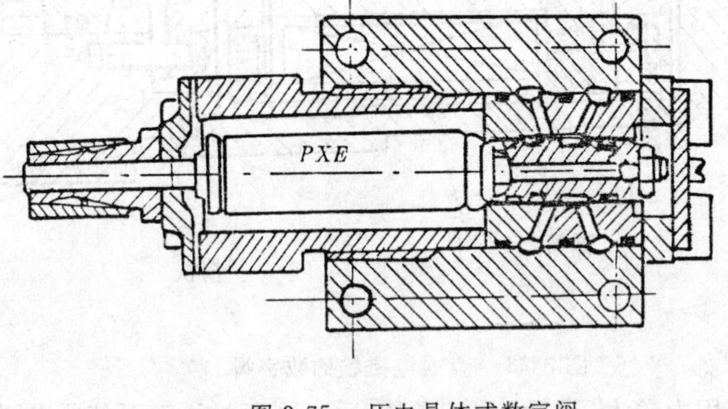

图 3-75　压电晶体式数字阀

3. 压电晶体或磁致伸缩组件和滑阀组合的高速开关型数字阀

用多片压电晶体叠合通电时可产生约 0.02mm 的位移，可带动滑阀运动。该阀在 5MPa 时，流量为 0.65L/min，切换时间 0.5ms。这种阀目前还在研究阶段，使用电压较高，耗能较多。但这种新颖的电 — 机械转换器有成本低、结构简单、动态性能高等优点。最新研制的磁致伸缩的类似结构，性能得到改善，目前各国都相继在开展研究，有可能发展成高速开关型数字阀的新品种。

以上所介绍的脉宽调制式数字阀,形式虽各异,但切换时间都在毫秒级范围,流量都比较小,可以用以控制较小的流量,也可用作先导级控制大流量的阀。

三、数字阀的性能指标

数字阀的性能指标目前还没有统一的规定和标准,数字阀的性能指标既与阀的性能有关,也与放大器的结构、微机的硬、软件有关,所以实际上称为数字阀装置的性能指标更为恰当。它的静态和动态性能有下列各项,分述如下:

(一) 静态性能

反映数字阀静态性能的曲线为静特性曲线,是输入的脉冲数或脉宽占空比与输出的流量或压力的关系曲线。这是数字阀的主要性能曲线,由此可得出阀的线性度、滞环、死区、饱和等性能指标。有时有些阀也作出负载特性曲线,即负载流量与负载压力的关系曲线。

1. 增量式数字阀的静态特性曲线

如图 3-76 所示,(*a*) 为数字压力阀的压力特性曲线,即脉冲数与压力的关系。由图可见约有 4% 的起始压力。它的性能与比例压力阀相近。控制脉冲数为 100 步,因此分辨率为 1/100。(*b*) 为数字流量阀的流量特性曲线,即脉冲数和流量的关系。由图可见该阀约有 15% 死区,虽然全流量时总脉冲数为 100 步,但删去死区后,分辨率仅约 1/85,而且在 40 步以内线性度较差。(*c*) 为方向流量阀的特性曲线,死区约 ± 15%,全流量时为 ± 63 步,分辨率较低。死区和线性度的指标与比例阀相近。

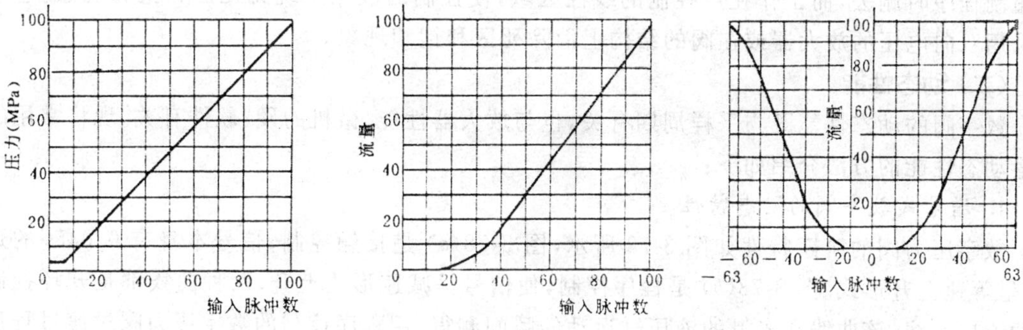

(*a*) 压力阀特性　　(*b*) 流量阀特性　　(*c*) 方向流量阀特性

图 3-76　增量式数字阀的静态特性曲线

图 3-76 的曲线是圆滑化了的,实际的曲线,由于是一步步的变化,曲线上是有曲折的,阀的滞回是很小的,两条往复曲线基本上是重合的。

数字阀的优点之一是重复性好,尤其在低速时,阀的重复性很好。

2. 脉宽调制式数字阀的静态曲线

脉宽调制式数字阀的静态性能与采样周期有关,当采样周期 T 比较小时,由于可控的脉宽比较小,所以控制流量也较小,但动态性能较好。反之,则可控的脉宽大,控制流量也大,如图 3-77 所示。流量特性是脉宽占空比和输出流量的关系曲线。

由图可见,这种流量曲线看起来虽有近 20% 的死区和 10 ~ 20% 的饱和区,但这些区域可

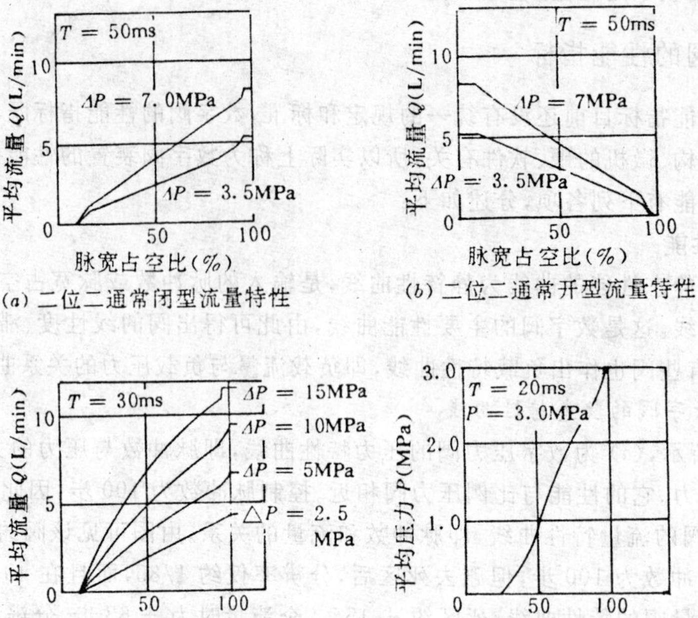

(a) 二位二通常闭型流量特性　(b) 二位二通常开型流量特性

(c) 二位三通型流量特性　(d) 二位三通型压力特性

图 3-77　脉宽调制式数字阀的流量特性曲线

在编制程序时删去，而工作在可控制的线性区域，使控制的液压系统无死区和饱和现象。也可以采用双向电压的放大器或在阀的结构上消除死区和饱和现象。

（二）动态性能

数字阀的动态性能既与采样周期有关，也与放大器性能、微机的硬、软件有关。现将常用的衡量动态性能的方法介绍如下：

1. 增量式数字阀的动态特性

数字压力阀的阶跃特性如图 3-78 所示，图 3-78(a) 是接触控制，信号本身有 0.045s 的迟后，呈等速上升形式。图 3-78(b) 是程序控制，使信号呈减速形式上升，两种曲线都是开环控制时的响应曲线，该曲线在光滑的液压缸运动的瞬间测得。用程序控制的数字压力阀过渡过程用减速信号，可减少压力的超调，也使响应的时间缩短。由图可见数字压力阀由 3.5MPa 到 14MPa 程序控制时，压力上升的响应时间约为 0.07s，压力下降时约为 0.095s。

数字流量阀没有给出动态指标，这种阀的主要优点在于重复性好，而重复性好的前提是阀的动作过程中每一步的过渡过程响应要稳定，如图 3-76 所示，但这是在每步的时间为 1s 时的情况。要保持在快速动作时重复性好，必须使阀的动态性能提高，即每步的开、停时间要少，每步开停时间的指标与脉宽调制式数字阀相同。

2. 脉宽调制式数字阀的动态特性

脉宽调制式数字阀动态特性可用它在脉宽调制时的快速切换时间来衡量。若阀芯的位移较难测量，也可在电流波形的曲折点看出阀芯的切换时间，如图 3-79 所示。

高速开关型数字阀的动态指标是最小开启时间 t_{on} 和最小关闭时间 t_{off}，t_{on} 是从给定开启信号到阀全开所需的时间，t_{off} 是从给定关闭信号到阀全关所需的时间。如图 3-79(b) 所示，采样

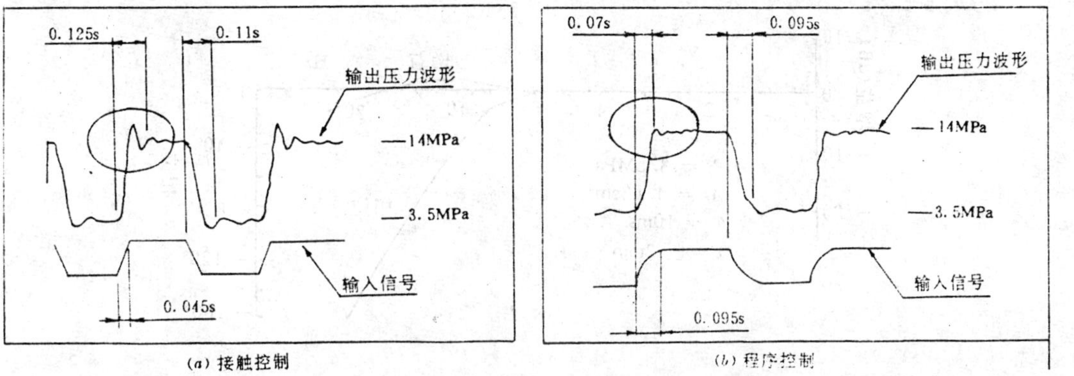

(a) 接触控制　　　　(b) 程序控制

图 3-78　数字压力阀的阶跃特性

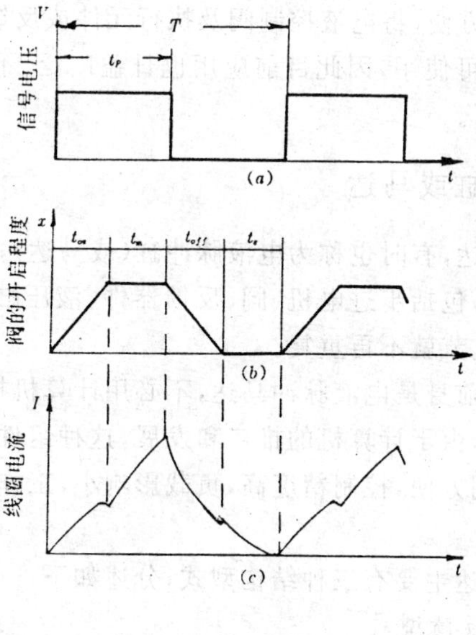

图 3-79　脉宽调制式数字阀的切换时间

周期 $T=t_{on}+t_{off}+t_m+t_s$，其中 $t_c=t_m+t_s$ 是可控制的脉宽时间。t_c 愈大系统对信号的分辨率愈高，但采样周期也增加，而 t_{on} 和 t_{off} 愈小在同样的采样周期 T 时，分辨率可提高，一般都调整复位弹簧使 t_{on} 约与 t_{off} 相近。

t_{on} 和 t_{off} 的波形可从阀的电流波形求出，如图 3-79(c) 所示。值得注意的是不同脉宽占空比时，阀的切换时间是不同的。即相当于平均电流不同，它产生的电磁力不同，切换时间也因而各异，需求出其中的最小开启时间 t_{on} 和最小关闭时间 t_{off}。

用二个二位三通阀控制液压缸，可以做出阀的频率特性，以便与一般的阀的动态性能相比较。但这种频率特性仅可供参考。因各种条件相同时，采样频率不同，系统的频率特性也将有差别。图 3-80 是脉宽调制阀的频率特性曲线。由图可见，该阀频率约 15～20Hz 左右，与比例阀相当。

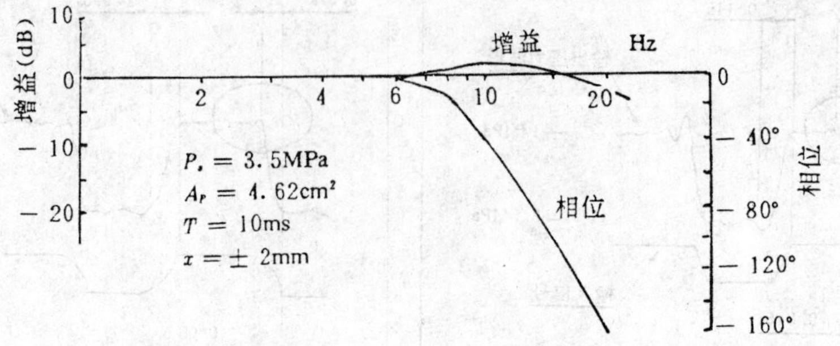

图 3-80　数字阀的频率特性

第七节　阀控缸（或马达）组件

这种产品为用户使用方便，将电液控制阀及执行元件或反馈元件等组成一个整体，用户只需带上负载接上电信号即可使用，因此目前应用也日益广泛。不论数字、伺服及比例控制的都有所应用，现分别介绍如下。

一、数控步进液压缸或马达

数控步进液压缸或马达，有时也称为电液脉冲缸（或马达），或简称数控缸、步进缸等。它是由数字量控制的电液组件，包括步进电机、阀、反馈器件、液压缸（或马达）等。有关步进电机控制的原理等已作了介绍，这节就不再重复。

数控步进液压马达的前身是电液脉冲马达，不必用计算机控制，早在 60 年代已得到应用，但发展不快，到 70 年代末，由于计算机的推广和发展，这种组件与计算机连接容易，控制方便，又得到了发展。它具有使用方便，控制精度高，负载影响小，工作可靠等优点。

（一）结构原理

数控步进液压缸或马达主要有三种结构型式，分述如下：

1. 伺服阀控制、螺纹反馈型式

这种数控缸的结构型式如图 3-81 所示。步进电机经过弹性联轴节带动伺服阀阀芯转动，由于阀芯端部的螺纹在反馈螺母中转动，使阀芯产生轴向移动，阀口打开，压力油经伺服阀到液压缸使活塞移动，活塞移动时，其内部的滚珠丝杆转动，带动反馈螺母旋转，使阀芯回复原来位置。一定的脉冲数相应于一定的活塞位移。步进电机转向不同，则活塞移动方向相反。如图 3-81 所示。

这种数控步进缸可用于开环控制系统，也可用于闭环控制系统，用以控制位置或速度，具有较高的控制精度和分辨率。分辨率取决于步进电机的步距角，或在一定位移时的脉冲数，步距角越小、脉冲数愈多则分辨率愈高，但动态响应变慢。

当需要采用模拟量控制时，也可采用直流伺服电机取代步进电机。

若将其中的液压缸改为液压马达，则成为数控步进液压马达。控制叶片式液压马达的为数

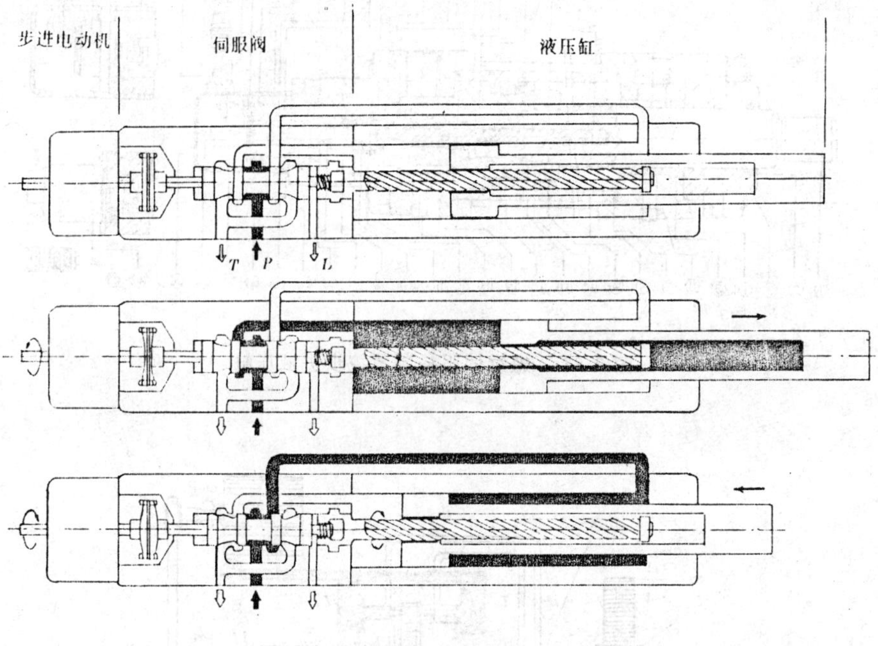

图 3-81 伺服阀控制的数控步进液压缸

控步进叶片式液压马达，如图 3-82 所示。用以控制柱塞式液压马达的为数控步进柱塞式液压马达。阀与马达之间可以直接反馈，如叶片式液压马达。也可以用皮带或齿轮，将液压马达的运动传到反馈螺母上，如柱塞式马达。

这些液压马达容量大、精度高、响应快，能用于位置、速度或力控制系统中。

这种伺服阀控制、螺纹反馈的数控步进液压缸和马达结构紧凑，通用性好，控制部分可以互换，在工业应用和生产时比较方便。

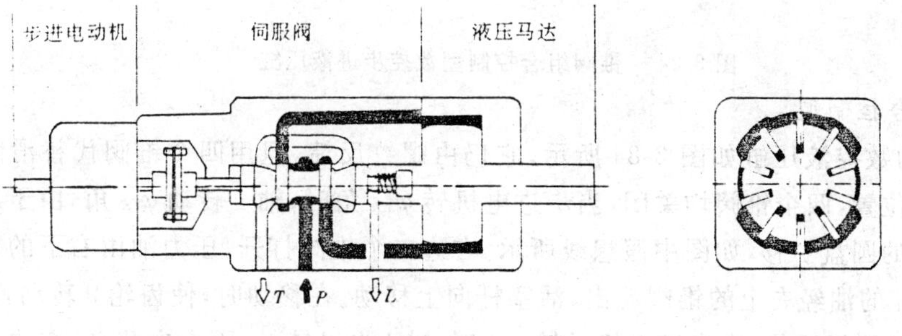

图 3-82 数控步进叶片式液压马达

2. 螺纹伺服控制型

螺纹伺服控制的数控步进液压缸如图 3-83 所示，它采用螺纹型式的阀芯，步进电机转动时，带动螺杆转动，用螺纹的棱边来控制阀芯开口的大小，当压力油通过螺纹棱边进入液压缸后，活塞移动，将棱边阀口关闭。这种数控液压缸结构简单，工作可靠，但螺纹的加工精度要求较高，液压缸的行程不能太长，不能用于控制液压马达。

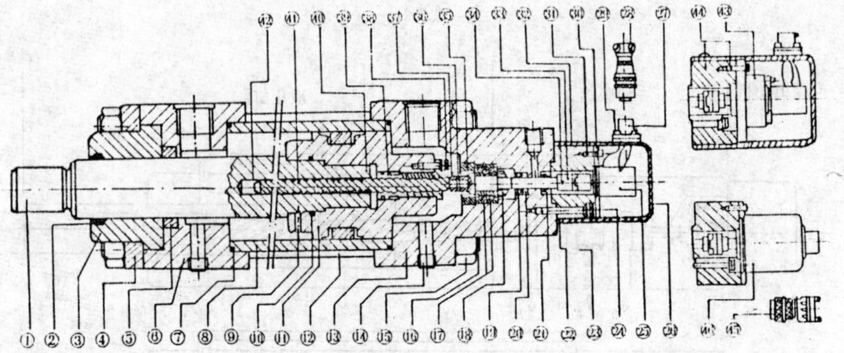

图 3-83　螺纹伺服控制数控步进液压缸

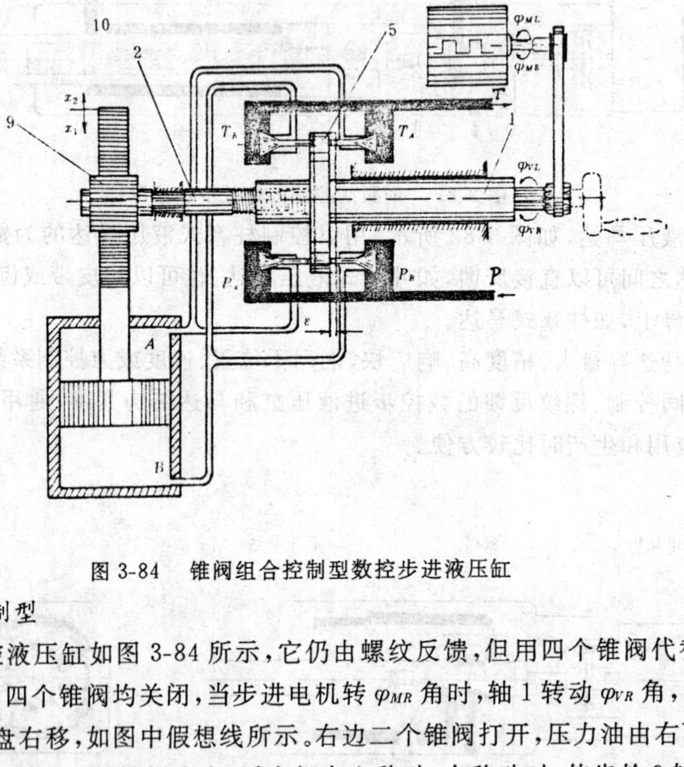

图 3-84　锥阀组合控制型数控步进液压缸

3. 锥阀组合控制型

这种结构的数控液压缸如图 3-84 所示，它仍由螺纹反馈，但用四个锥阀代替滑阀进行控制，图示为中间位置，四个锥阀均关闭，当步进电机转 φ_{MR} 角时，轴 1 转动 φ_{VR} 角，由于反馈螺纹的作用，轴 1 上的圆盘右移，如图中假想线所示。右边二个锥阀打开，压力油由右下的锥阀进入液压缸 B 腔，A 腔的油经右上的锥阀流出，活塞杆向上移动。在移动时，使齿轮 9 转动，经轴 2 及反馈螺纹，使轴 1 回复原位。当步进电机反转 φ_{ML} 时，轴 1 也以转 φ_{VL} 而向左移动，左边二个锥阀打开，使活塞下移，因此一定的脉冲数，使活塞移动一定的距离。

当液压缸换成液压马达则成为锥阀组合控制型数控液压马达，如图 3-85 所示。

(二) 方框图及传递函数

数控液压缸(或马达)本身构成一个小闭环，它的方框图如图 3-86 所示。

这是一种机液反馈控制系统，它的开环传递函数为

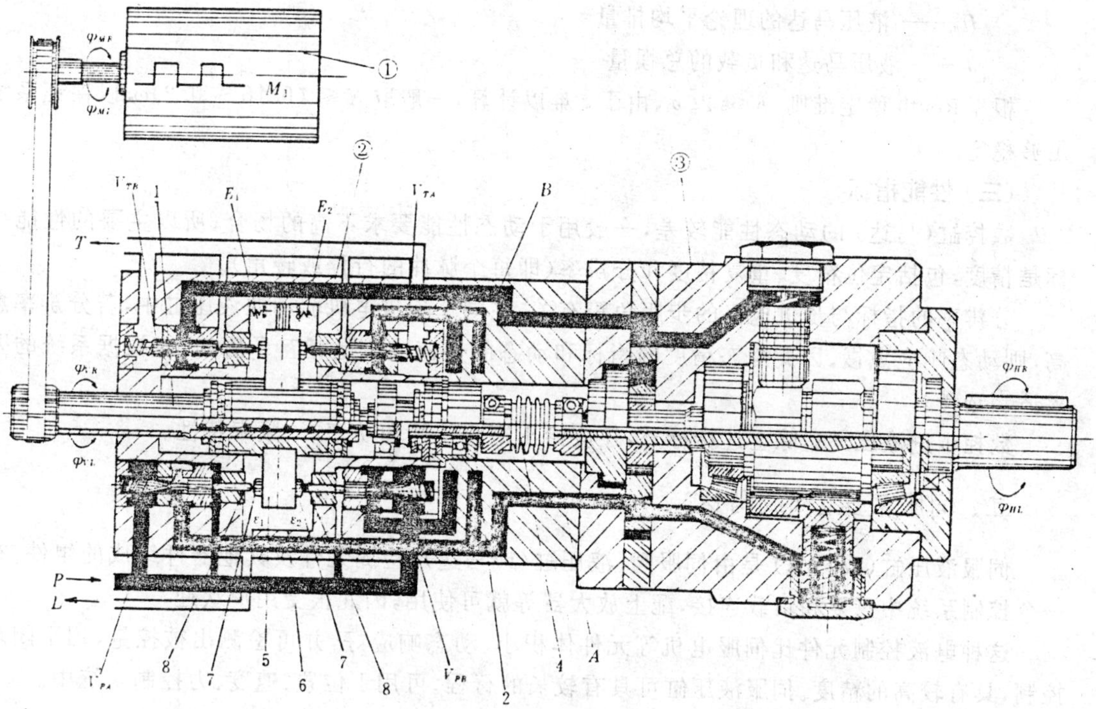

图 3-85　锥阀组合控制型数控步进液压马达

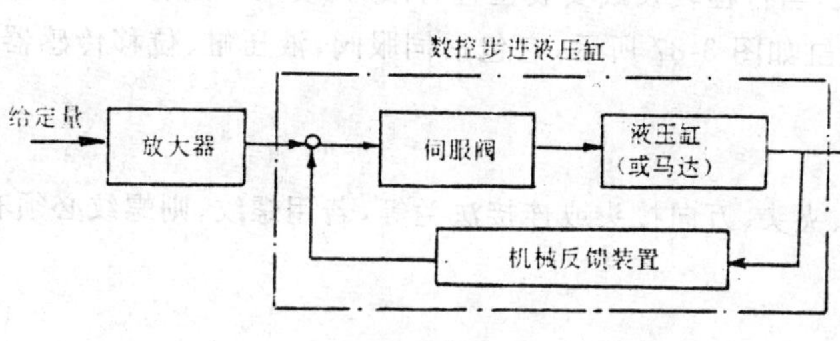

图 3-86　数控步进液压缸方框图

$$G(s)=\frac{K}{s\left(\frac{s^2}{\omega_h^2}+\frac{2\xi s}{\omega_h}+1\right)}$$

其中　K—— 系统开环总增益

s—— 拉氏算子

ξ—— 阻尼比

$$\omega_h=\sqrt{\frac{4E_hA^2}{mV}}\text{ 或 }\sqrt{\frac{4D_m^2E_h}{JV}}$$

前者为液压缸的固有频率,后者为液压马达的固有频率,

其中　E_h—— 液压油的弹性模量

A—— 液压缸作用面积

m—— 可动部分质量

V—— 控制腔体积

D_m—— 液压马达的理论平均排量

J—— 液压马达和负载的总惯量

根据Routh稳定准则，$K \leqslant 2\xi\omega_h$，由于ξ难以计算，一般取$K \leqslant (0.16 \sim 0.2)\omega_h$以保证系统足够稳定。

(三) 性能指标

数控缸(马达)的动态性能较差，一般用于动态性能要求不高的场合；所以主要的性能指标是精度，包括定位精度、重复精度和分辨率(即每个脉冲的行程或转角)。

分辨率的指标与步进电机的步距角等有关，在同一步进电机驱动的液压缸中，若分辨率愈高，则动态响应愈慢。因此静态精度的指标和动态的快速响应是相互矛盾的，应根据系统的要求适当选择。

数控步进液压马达除上述指标外，还应给出矩频特性和功率 — 频率特性。

二、伺服液压缸(或马达)

伺服液压缸(或马达)是由伺服阀、液压缸(或马达)、检测元件及其他器件组成的组件。在一个控制系统中只要和负载连接，配上放大器等就可使用，因此很受用户欢迎。

这种电液控制元件比伺服电机等元件体积小、动态响应好，并可检测出被控量，用于闭环控制，具有较高的精度。伺服液压缸可具有较长的行程。可用于位置、速度、力控制系统中。

(一) 伺服液压缸

伺服液压缸有双出杆液压缸和单出杆液压缸二种，双出杆缸二端作用面积相等，动作均匀平稳，但占据空间较大，当行程较长或安装位置有限时，使用单出杆液压缸较为合理。

双出杆伺服液压缸如图3-87所示，它包括伺服阀、液压缸、位移传感器及其他器件，它的结构说明如下：

1. 活塞杆上端

用于装力传感器、夹头、万向接头或连接法兰等，若用螺纹，则螺纹必须有较好的抗疲劳性能并且无连接间隙。

2. 通道口

通道口的尺寸根据所需的流量而定。同样大小的活塞作用面积，可以因系统工作的频率不同、活塞运动速度不同而通道口尺寸不同。通道口的内部流道应布置得使液流阻力损失尽量小。通道的孔径不应太小以免增加阻尼力及影响动态性能。

3. 伺服阀安装块

伺服阀安装块是将电液伺服阀和缸体相连接的过渡板，当系统需要较大流量时，可将二个或更多个伺服阀并联在上边。还可根据需要在上面装压差传感器、负载限止阀等。

4. 整体式活塞杆

双出杆的活塞二边作用面积相等，活塞和活塞杆是整体加工的。活塞杆的直径较大，中间是空的，以便安装位移传感器。活塞杆经过珩磨或镀铬，以增加密封和轴承的寿命。

活塞中安装位移传感器的结构原理图如图3-88所示，位移传感器是差动变压器式位移传感器，装在活塞内部，传感器的线圈与外壳连接，传感器芯与活塞连接，组成一个整体，并可调节传感器芯杆的位置，使之在适当的位置。

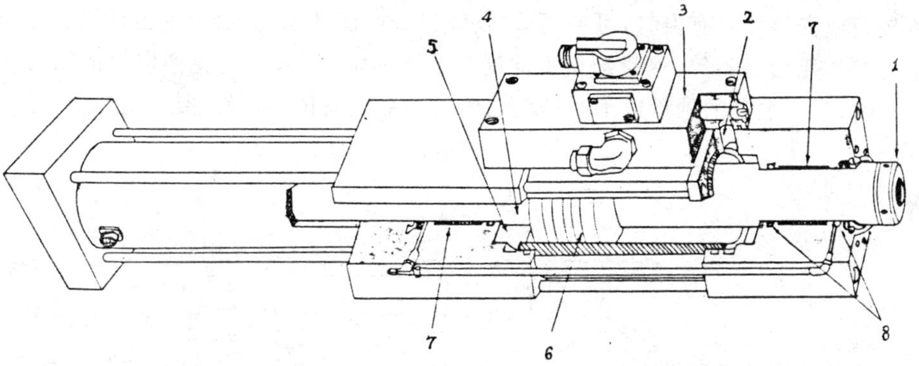

图 3-87　双出杆伺服液压缸

5. 缓冲装置

一般情况下，伺服系统的液压缸没有缓冲装置以免降低系统的动态性能。但在高速或大惯量的情况下，液压缸需要装缓冲装置以免引起撞缸或瞬时压力上升过高等现象。

6. 活塞密封

可用间隙密封或密封圈等措施将活塞的二腔隔绝。间隙密封是在活塞上装一个车出迷宫槽的套，并使它和缸体精密地配合。这样，摩擦力较小，在活塞高速运动时是很有利的。用密封圈密封时，一般在活塞上嵌有聚四氟乙烯圈或聚四氟乙烯和耐油橡胶组合的密封圈。

7. 活塞杆轴承

由于液压缸所承受的负载不一定和活塞的中心轴相重合，有时需承受侧向负载。所以活塞杆需有轴承，既起导向作用，又能承受侧向负载。

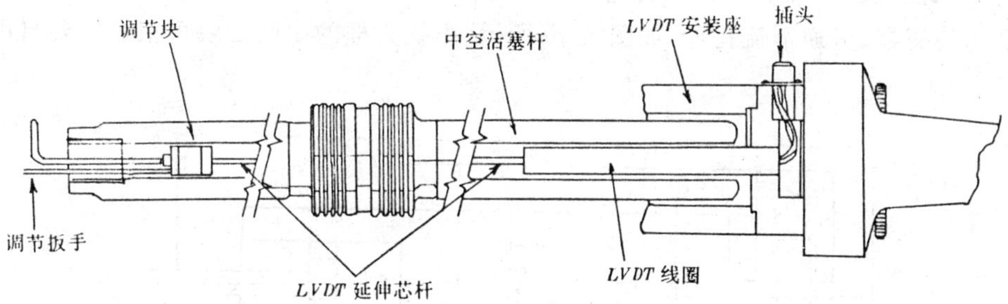

图 3-88　活塞杆及位移传感器

一般采用铜基金属轴承。国外也有使用聚酰亚胺的轴承，它承受侧向负载的能力比铜基金属轴承强。当侧向负载比较大时，也可采用静压轴承，使活塞杆能由于静压轴承的液压力而自动对中，以减少运动时的摩擦。

8. 活塞杆密封装置

一般有三道密封，最里面的一道是聚四氟乙烯塑料环或 O 型圈和聚四氟乙烯组合的高压密封圈。这种密封圈应允许有少量的油通过以提供润滑。第二道是回油通道，高压密封圈流出的油通过它流回油源。最后一道是 J 型防尘圈，既能在高频和高速时防止油的外泄漏，又防止了密封和轴承污染。

图 3-87 所示的结构是基底式的，根据需要可在两端再加上可活动的关节式铰节。

行程较长或安装位置有限时，可使用单出杆液压缸，图 3-89 所示为单出杆伺服液压缸，由于液压缸二腔作用面积不等，尽量配用不同周长节流的伺服阀，以避免换向时的压力冲击。在侧向力较大时，采用加长的轴承以承受较大的侧向力并提高抗磨损性能。

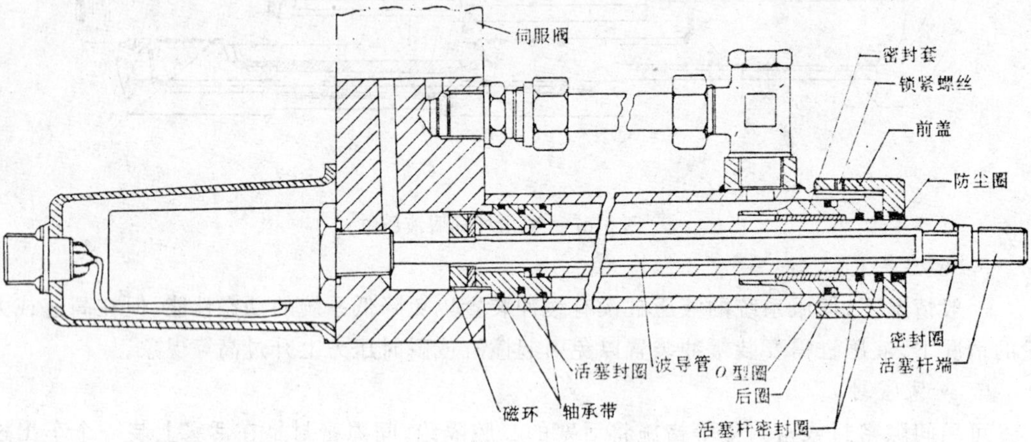

图 3-89 单出杆伺服液压缸

与双出杆液压缸不同的是位移传感器，可采用差动变压器式的，也可采用超声脉冲式的。图中所示是采用超声脉冲式的，磁环与活塞连接在一起，波导管及导线固定在缸的左端并和发讯、接受信号的二次仪表连接在一起。

为了保证液压系统的安全及能进行力控制，有的伺服液压缸在伺服阀安装块上设置安全阀及压力传感器、旁通节流孔等，如图 3-90 所示。虚线方框的中间二块可根据需要自由选用。

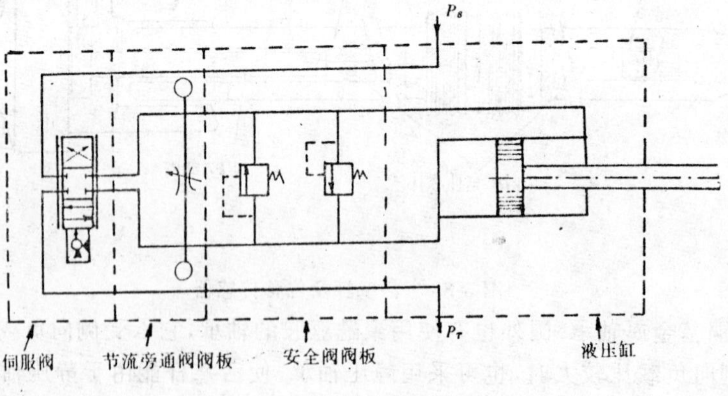

图 3-90 伺服液压缸液压回路图

在要求摩擦力特别小的场合，可使用静压低摩擦液压缸，如图 3-91 所示，它采用静压低摩擦轴承，液压缸的活塞 4 及轴承 6 的配合处均呈微小的锥度，使摩擦力减小、运动光滑、反向时没有因摩擦而产生的突跳现象。由于摩擦减小到极小值，也可消除由此引起的闭环不稳定等现象。

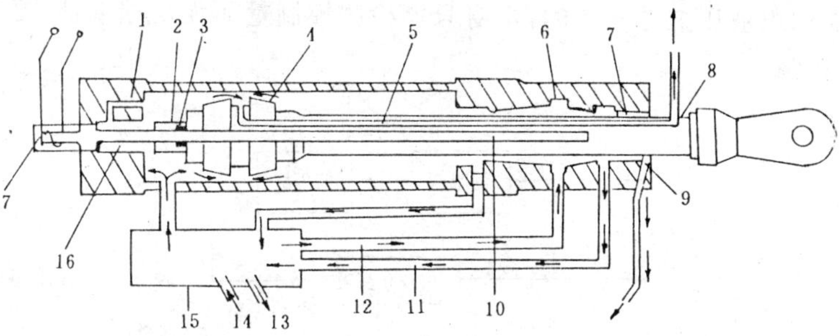

图 3-91　静压低摩擦单活塞杆液压缸

1 — 节流孔；2 — 缓冲块；3 — 磁环；4 — 静压活塞；5 — 泄漏压力

6 — 静压轴承；7 — 塑料密封；8 — 活塞杆；9 — 泄漏集油口；10 — 波导管

11 — 泄漏压力；12 — 供油压力；13 — 低压；14 — 高压；15 — 伺服阀

16 — 缓冲腔；17 — 位移传感器的发射、接受器

这种液压缸内部装的位移传感器也是超声脉冲位移传感器，它由磁环 3、波导管 10 和超声波发射及接受装置 17 所组成。

比例方向阀也可用以控制液压缸，与位移传感器组成比例液压缸，除使用的阀为比例阀外，其他结构与伺服液压缸相同，但由于比例阀动态响应较低，因此应用较少。

(二) 伺服(比例) 液压马达

伺服液压马达是伺服阀和液压马达、检测元件及其他器件的组件，如图 3-92 所示。伺服阀和液压马达直接组合，结构紧凑，动态性能好。液压马达的右尾端通过联轴节与速度传感器直接连接。左端可与负载相连接。

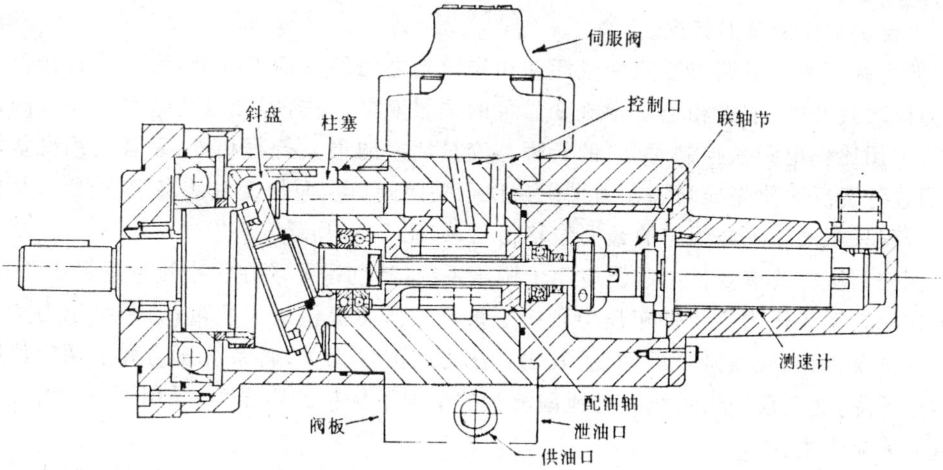

图 3-92　伺服液压马达

在液压马达的阀板上可根据需要设置可调节流孔、安全阀等，和图 3-90 的相似，所不同的只是将液压缸改为液压马达。

（三）方框图及性能

伺服液压缸或马达的方框图如图3-93所示。与图3-86比较可见数控液压缸本身构成一个闭环回路，而伺服液压缸是开环的，本身只能检测控制量而无反馈功能，必须与放大器配合才能构成闭环控制。

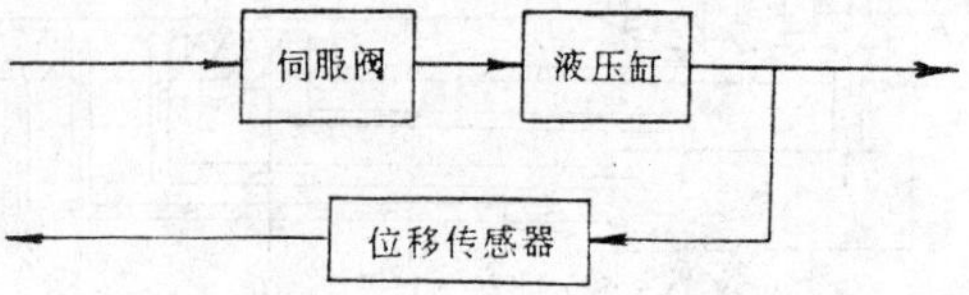

图3-93　伺服缸方框图

伺服液压缸或马达的性能指标与数控液压缸相似，但它的阀的动态性能比较高，常用于控制动态性能要求较高的场合。由于伺服液压缸或马达是模拟量控制的，不存在分辨率，即每个脉冲的行程等指标，而强调最高速度能达到的数值和控制精度。

三、比例泵、伺服泵及数控泵

电液控制阀直接控制的系统，动态响应较快，但能量消耗较大，为了节能，目前转而由变量液压泵来控制，因此比例泵、数控泵及伺服泵发展都较迅速。在系统的动作快速性要求不高时，采用泵控系统，能满足工作要求，这样能达到节能目的。

比例泵、数字泵或伺服泵是用不同的电液控制阀来控制泵的变量机构。控制变量机构的位置使泵的排量和输入信号成正比，这种控制功能为变量泵的排量调节。若需要进行恒功率调节、恒压调节和恒流量调节，需对压力、流量或功率进行控制。但这些控制实际上都是对排量或压力调节提出特定的要求来实现的。因此在结构上主要是变量机构的位置或力控制。

由于泵控系统响应比较缓慢，因此在泵控系统中比例泵的应用比伺服泵及数字泵广泛，因此此节主要例举比例泵的情况。

比例控制泵的排量调节按照变量活塞和先导阀之间的反馈方式分，有位移直接反馈及位移—力反馈式两类。前者相当于常规变量泵的伺服变量方式，即变量活塞跟踪先导阀的位移而定位。采用比例电磁铁控制时，它的行程与变量活塞的最大行程相等，后者利用变量活塞的位移，通过弹簧反馈使先导阀芯在力平衡条件下关闭阀口从而使变量活塞定位。所采用的比例电磁铁行程只要求和先导阀芯的最大位移相当，如图3-94所示。

比例控制压力调节变量泵广泛应用于调压系统，特别是要求在很小流量下保压的系统。这种泵工作时若系统压力低于调定压力则按定量泵工作而提供最大流量；若系统压力达到调定值则按变量泵工作，流量随负载而变，其出口压力与流量无关；若系统压力大于调定值则泵的流量迅速下降，能在仅提供系统各处泄漏流量的情况下保持调定压力。采用压力调节变量泵具有显著的节能作用。

压力调节变量机构的控制方式有直接控制式和先导控制式两种，如图3-95所示。

其他还有比例控制流量调节泵、恒功率调节泵、复合比例控制变量泵等，不一一列举。

变量泵的结构型式主要是叶片和柱塞式，调节方式有单向调节和双向调节二种。单向调节是指排量调节参数只在零到最大值之间变化。而双向调节是排量参数能在正、负最大值范围内变化。后者一般用于闭式回路。

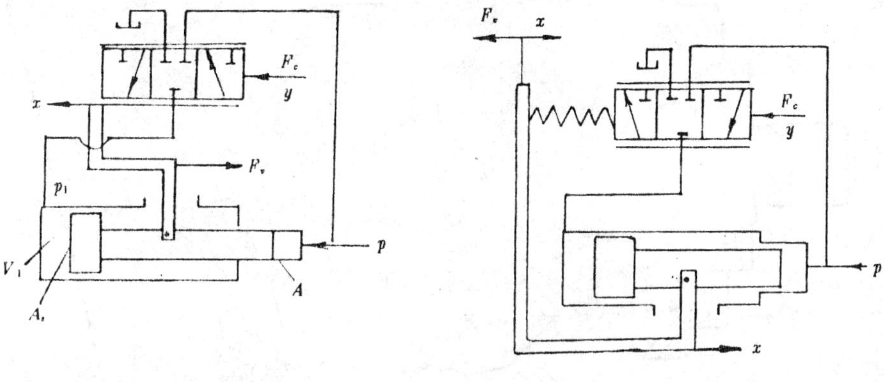

(a) 位移直接反馈式　　　　(b) 位移—力反馈式

图 3-94　排量调节泵原理图

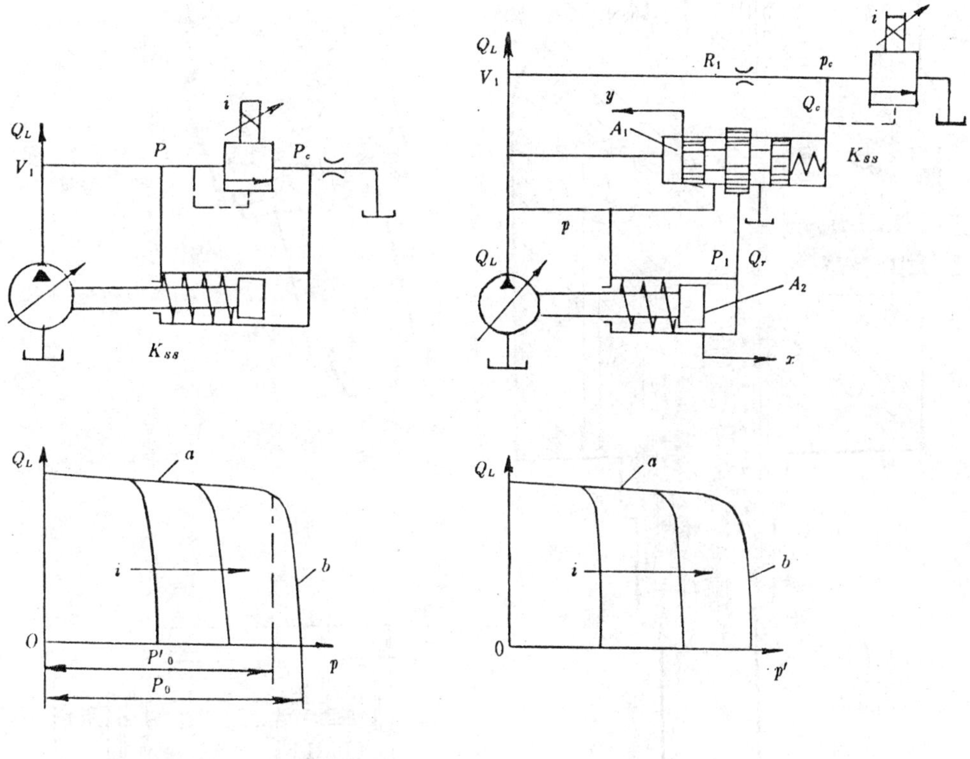

(a) 直接控制式及其调节特性　　　　(b) 先导控制式及其调节特性

图 3-95　比例控制压力调节原理图

单向调节的变量活塞可等效地看作是一个差动活塞，一般带有单向作用的预调弹簧和三位三通先导滑阀，如图 3-96 所示。双向调节的变量机构有对称的控制功能，往往采用双作用活塞而不是差动活塞并带有复位弹簧，如图 3-97 所示。

图 3-96 所示为压力控制泵，右下角是它的控制原理图。

图 3-97 为双向调节泵，是力反馈式排量高调节变量泵，但也能作油马达使用。右下角是它的工作原理图。它除了控制泵外还有一个辅助泵供给控制阀低压控制油源，控制阀驱动变量机

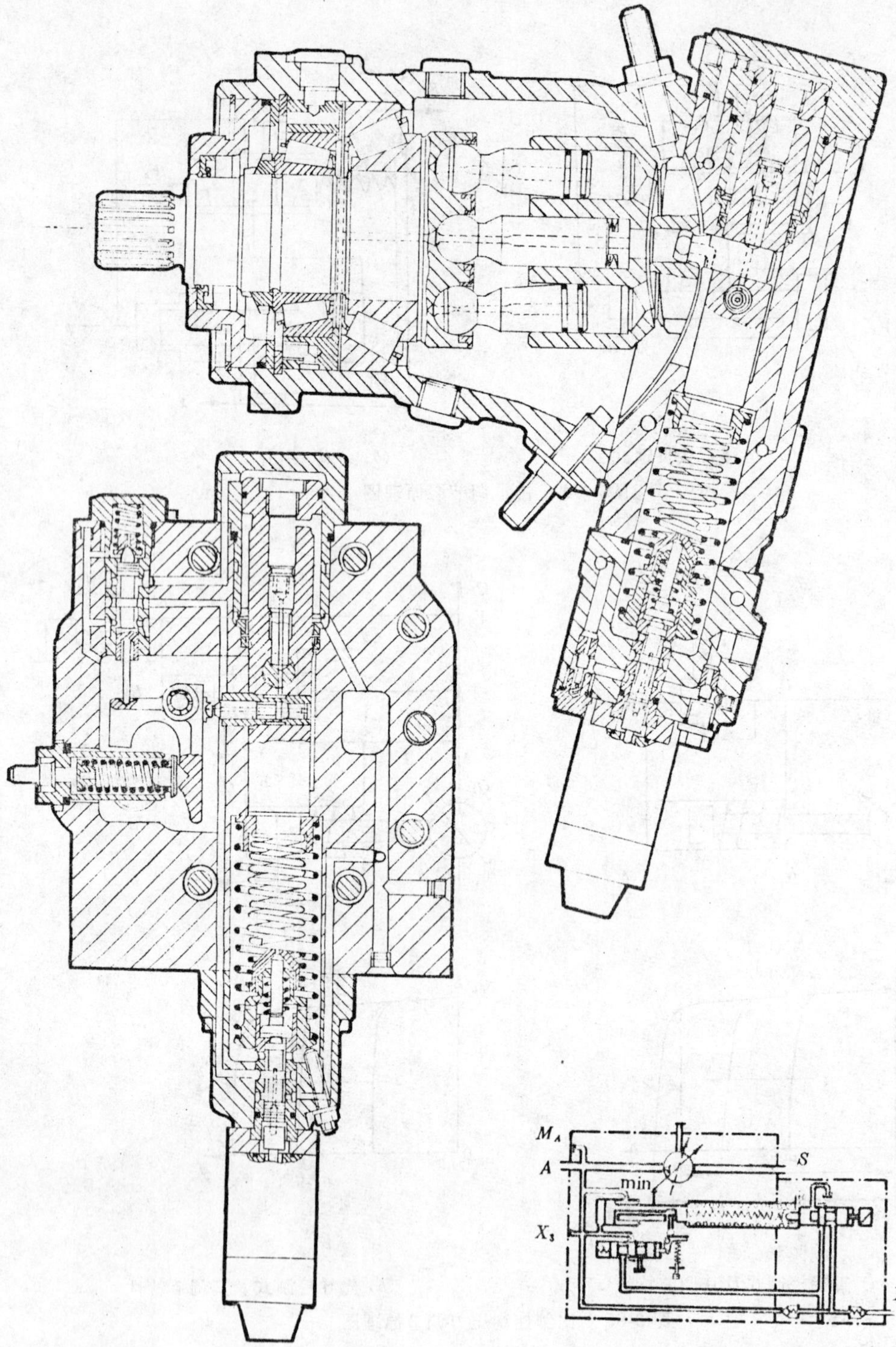

图 3-96　单向调节比例变量泵(马达)

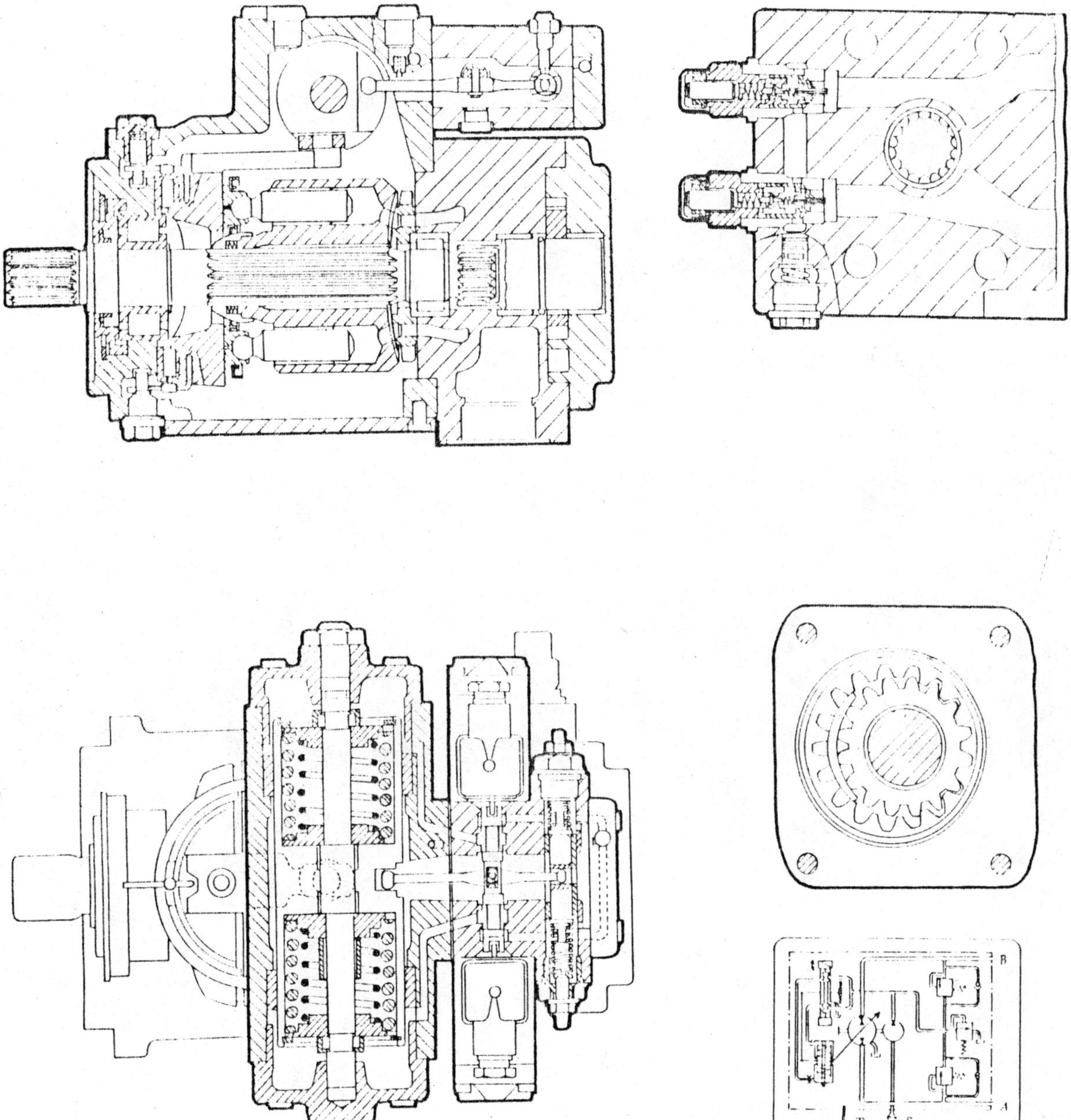

图 3-97　双向调节比例变量泵(马达)

构活塞移动，从而使泵的倾斜角改变。变量活塞改变位置产生的力反馈到先导阀芯，当比例电磁铁产生的力与活塞位置反馈的力相等时运动停止。它的工作原理和图 3-94(b) 相似，只是双向都起作用。

第四章　气动控制

第一节　概述

一、气动控制的发展及其优缺点

(一) 气动控制的发展

气压传动与控制也称为气动技术，是指以压缩空气为工作介质传递力和控制信号的系统。气动控制技术的发展主要经历了以下几个发展阶段：

1. 压缩空气在一开始只是被用来传递动力，如电、汽车的自动开门、火车的自动抱闸、采矿用的风钻等。

2. 到了本世纪 50 年代，人们利用压缩空气来传递信号、进行控制，气动执行元件的种类主要为气缸、气马达，控制元件主要为由射流元件组成的气动逻辑控制元件和各种气控阀。

3. 大约到了 70 年代，由于电子技术的渗透，出现了各式各样的电磁钢，在航空航天领域甚至应用了气动伺服控制，从而由射流控制发展到了电 — 气控制，使得气动技术得到了迅速发展。

4. 到了 80 年代，随着微型计算机为代表的微电子技术的发展和生产自动化程度的提高，气动技术得到了进一步的发展，气动元件的种类发展到了几百种，出现了无杆气缸、阀控缸、带接近开关气缸。控制系统发展为计算机控制、可编程控制器控制系统。

5. 到 80 年代后期，在一般工业领域，也开始应用电 — 气伺服控制，在电 — 液比例控制技术推广应用的同时，电 — 气比例控制也得到了发展。目前，电 — 气比例控制正得到完善和推广应用。这标志着气动控制已由以往的开关控制、开环控制，发展为连续控制、闭环控制，这必将进一步推动气动技术的发展和应用。今天，气动技术已和电子、液压技术一样，成为实现生产过程自动化不可缺少的重要手段。

(二) 气压传动的优点

1. 以空气为工作介质，较容易取得，用后的空气排到大气中，处理方便，与液压相比不必设置回收油的油箱和管道。外泄漏对环境无污染。

2. 因为空气的粘度很小(约为液压油动力粘度的万分之一)，其损失也很小，便于集中供气、远距离输送。同时，由于气体粘度小，温度变化对粘度的影响在气动控制系统中通常可以忽略不计。另外，温度对气体的容积弹性模量影响很小。

3. 工作环境适应性好，特别在易燃、易爆、多尘、强磁、辐射、振动等恶劣工作环境中，比液压、电子、电气控制优越。

4. 与电气传动相比，气动控制具有过载自动保护功能。

5. 由于气体的可压缩性，气动控制的能量储存较方便。

6. 气动元件体积小、重量轻、成本低，维护简单。

(三) 气压传动的缺点

1. 由于是以可压缩的气体为工作介质，所以工作速度的稳定性较差，系统刚度较差，系统的响应速度低。

2. 由于气体的粘度小，造成控制系统阻尼比小，从而使得气动闭环控制较难，一般不能采用简单比例闭环控制。

3. 噪声较大，在高速放气时要加消声器。

4. 由于气动系统没有泵控系统，所以气动伺服系统的效率低。

5. 气动系统的润滑性能不好，运动副之间的干摩擦相对较大，负载易于爬行。

二、气动控制系统的组成和分类

（一）气动控制系统组成

典型的气动系统（图 4-1）由以下四部分组成：

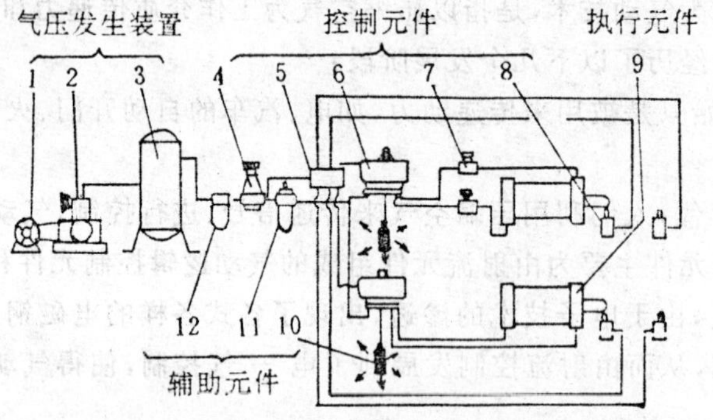

图 4-1 气动控制系统组成示意图

1 — 电动机；2 — 空气压缩机；3 — 气罐；4 — 压力控制阀；5 — 逻辑元件；6 — 方向控制阀
7 — 流量控制阀；8 — 行程阀；9 — 气缸；10 — 消声器；11 — 油雾器；12 — 分水滤气器

1. *气压发生装置* 其主体是空气压缩机，它将原动机供给的机械能转变为气体的压力能。一般带有贮气罐等附属设备，应用气动设备较多的厂矿，常将压缩空气集中于空压站内，由空压站统一向各用气点分配压缩空气，即所谓集中供气。

2. *执行元件* 是以压缩空气为工作介质产生机械运动，并将气体的压力能转变为机械能的能量转换装置。其中主要有作直线运动的气缸和作回转运动的摆动缸、气马达等。

3. *控制元件* 是用来控制压缩空气的压力、流量和流动方向等，以便使执行机构完成预定运动规律的元件。如各种压力阀、流量阀、逻辑元件、射流元件和行程阀等。

4. *辅助元件* 是使压缩空气净化、润滑、消声以及用于元件间连接等所需的一些装置。如分水滤气器、油雾器、消声器及管件等。

（二）气动控制系统的分类

按对控制元件的选用，气动控制系统可分为逻辑元件控制系统、射流元件控制系统、气阀控制系统等，其中气阀控制系统又可根据控制信号的不同分为气控气动系统和电控气动控制系统。

由于气动技术的迅速发展，尤其是电子技术与气动技术的紧密结合，使得射流元件和气动逻辑元件的使用场合愈来愈小，本书只介绍气阀控制系统。需要了解其他控制系统的读者可参阅有关文献。

第二节　气体流动的基本方程

在流体力学课程中，已介绍了流体运动规律的基本方程，我们再考虑气体的一些特性如下：

一、可压缩气体绝热流动柏努里方程

如果忽略气体流动时的能量损失和位能变化则得到下式

$$\left.\begin{aligned}\frac{k}{k-1}\frac{p_1}{\rho_1}+\frac{v_1^2}{2}=\frac{k}{k-1}\frac{p_2}{\rho_2}+\frac{v_2^2}{2}\\ \frac{k}{k-1}\frac{p_1}{\gamma_1}+\frac{v_1^2}{2g}=\frac{k}{k-1}\frac{p_2}{\gamma_2}+\frac{v_2^2}{2g}\end{aligned}\right\}\tag{4-1}$$

式中　k—— 绝热指数

dp、ρ、v—— 分别为流管任一截面的微压力、密度、速度。

二、有机械功的压缩性气体能量方程

若在所研究的管道两截面 1－1 与 2－2 之间有流体机械（如压气机、鼓风机或动活塞）对单位质量气体作功，则绝热过程能量方程为

$$\frac{k}{k-1}\frac{p_1}{\rho_1}+\frac{v_1^2}{2}+L=\frac{k}{k-1}\frac{p_2}{\rho_2}+\frac{v_2^2}{2}\tag{4-2}$$

由此式可得

绝热过程

多变过程

$$\left.\begin{aligned}L_k=\frac{k}{k-1}\frac{p_1}{\rho_1}\left[\left(\frac{p_2}{p_1}\right)^{\frac{k-1}{k}}-1\right]+\frac{v_2^2-v_1^2}{2}\\ L_n=\frac{n}{n-1}\frac{p_1}{\rho_1}\left[\left(\frac{p_2}{p_1}\right)^{\frac{n-1}{n}}-1\right]+\frac{v_2^2-v_1^2}{2}\end{aligned}\right\}$$

如果忽略速度 v 的影响，则得

绝热过程

多变过程

$$\left.\begin{aligned}L'_k=\frac{k}{k-1}\frac{p_1}{\rho_1}\left[\left(\frac{p_2}{p_1}\right)^{\frac{k-1}{k}}-1\right]\\ L'_n=\frac{n}{n-1}\frac{p_1}{\rho_1}\left[\left(\frac{p_2}{p_1}\right)^{\frac{n-1}{n}}-1\right]\end{aligned}\right\}\tag{4-3}$$

式中　L_k、L_n—— 分别为绝热、多变过程流体机械对单位质量气体所作的全功，J/kg；

L'_k、L'_n—— 分别为绝热、多变过程流体机械对单位质量气体所作的压缩功，J/kg。

式(4-3)可作为气缸缓冲设计计算的基础。

第三节　气动控制阀的压力流量特性

与液压控制阀的相似，气动控制阀的压力流量特性，也就是气动控制阀的静特性，是指稳定气流通过节流控制阀的压力与流量之间的关系。

值得注意的是，压缩气体通过节流控制阀时所发生的流量密度的变化，比液体流动时要大许多倍，所以，在气动控制系统中通常采用质量流量。因为气体的密度同温度和压力均有很大

关系，所以在气动系统中，温度是一个重要的变量。气体中的声速要比液体中的声速低得多。当压力降约为节流孔上游压力的50%时，通过节流孔的气体流动有可能达到声速。一旦达到声速后，节流孔下游的压力不论怎样进一步降低，都不能改变通过节流孔的质量流量。

以下讨论的压力流量特性是在假定气体为理想气体和忽略节流孔中摩擦的影响的前提下进行的。

一、气体通过单节流孔的压力流量特性

下面研究理想气体通过小孔的稳定流动，如图4-2所示。小孔上游取横截面1，其面积为A_1。小孔的面积为A_0，收缩面的横截面2其面积为A_2。A_2和A_0之比为收缩系数α。即

$$A_2 = \alpha A_0$$

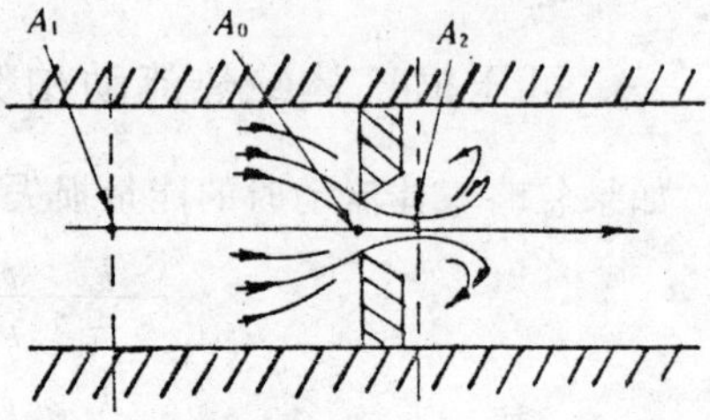

图 4-2　理想气体通过小孔的稳定流动

在截面1处气体的状态是p_1、v_1、T_1，而在截面2处是p_2、v_2、T_2。

对于绝热状态变化，则有

$$p_1 v_1^k = p_2 v_2^k = \text{常数}$$

式中　p_1、p_2—— 分别表示截面1和2处的气体的绝对压力，N/m^2；

v_1、v_2—— 分别表示截面1和2处气体的比容，m^3/kg；

k—— 气体的绝热指数（或称比热比）是定压比热C_P与定容比热C_V之比，对于理想气体$k = 1.40$。

由于比容v是密度ρ的倒数，$v = 1/\rho$，则

$$p_1 = \rho_1^k p_2 \rho_2^{-k} \tag{4-4}$$

若气体流速为ω，根据欧拉方程，在忽略位能变化，可得

$$\omega \mathrm{d}\omega + \frac{\mathrm{d}p}{\rho} = 0$$

将式(4-4)对ρ_1微分，并注意到$p_2\rho_2^{-k} = \text{常数}$，可有

$$\mathrm{d}p_1 = k\rho_1^{k-1}\mathrm{d}\rho_1 p_2 \rho_2^{-k} \tag{4-5}$$

对截面1处有

$$\omega_1 \mathrm{d}\omega_1 + \frac{\mathrm{d}p_1}{\rho_1} = 0$$

再将式(4-5)代入上式，得

$$\omega_1 \mathrm{d}\omega_1 + p_2\rho_2^{-k} k \rho_1^{k-2} \mathrm{d}\rho_1 = 0$$

在注意到$p_2\rho_2^{-k} = p_1\rho_1^{-k} = \text{常数}$，并对上式积分，可得

$$\frac{\omega_1^2}{2} + p_2\rho_2^{-k} k \frac{\rho_1^{k-1}}{k-1} = \text{常数}$$

或

$$\frac{\omega_1^2}{2} + \frac{k}{k-1}\frac{p_1}{\rho_1} = \text{常数}$$

因此，得出

$$\frac{\omega_1^2}{2} + \frac{k}{k-1}\frac{p_1}{\rho_1} = \frac{\omega_2^2}{2} + \frac{k}{k-1}\frac{p_2}{\rho_2} \tag{4-6}$$

根据连续性方程

$$\rho_1 \omega_1 A_1 = \rho_2 \omega_2 A_2$$

由此得出

$$\omega_1 = \frac{\rho_2 A_2}{\rho_1 A_1}\omega_2 = (\frac{p_2}{p_1})^{1/k}\frac{A_2}{A_1}\omega_2 \tag{4-7}$$

将式(4-7)代入式(4-6)并简化后得

$$\frac{\omega_2^2}{2} = \frac{\frac{k}{k-1}(\frac{p_1}{\rho_1} - \frac{p_2}{\rho_2})}{1 - (\frac{p_2}{p_1})^{2/k}(\frac{A_2}{A_1})^2} \tag{4-8}$$

如果面积 A_2 与面积 A_1 相比足够小，并注意到 $p_2/p_1 < 1$，则有

$$1 - (\frac{p_2}{p_1})^{2/k}(\frac{A_2}{A_1})^2 \approx 1$$

这样一来，式(4-8)简化为

$$\frac{\omega_2^2}{2} = \frac{k}{k-1}(\frac{p_1}{\rho_1} - \frac{p_2}{\rho_2})$$

把 $\rho_2 = (p_2/p_1)^{1/k}\rho_1$ 代入上式，可得

$$\frac{\omega_2^2}{2} = \frac{k}{k-1}\cdot\frac{p_1}{\rho_1}[1 - (\frac{p_2}{p_1})^{(k-1)/k}]$$

或

$$\omega_2 = \sqrt{\frac{2k}{k-1}\frac{p_1}{\rho_1}[1 - (\frac{p_2}{p_1})^{(k-1)/k}]} \tag{4-9}$$

质量流量 Q_m 为

$$Q_m = \rho_2 \omega_2 A_2 = \rho_2 A_2 \sqrt{\frac{2k}{k-1}\frac{p_1}{\rho_1}[1 - (\frac{p_2}{p_1})^{(k-1)/k}]}$$

由于 $\rho_2 = (p_2/p_1)^{1/k}\rho_1$ 和 $A_2 = \alpha A_0$。则质量流量方程可写成

$$Q_m = \alpha A_0 \sqrt{\frac{2k}{k-1}p_1\rho_1[(\frac{p_2}{p_1})^{2/k} - (\frac{p_2}{p_1})^{(k+1)/k}]} \tag{4-10}$$

上述推导，没有考虑气体的粘性摩擦，将忽略的粘性摩擦和收缩系数合在一起，引入一个流量系数 C，并将 $p_1 = \rho_1 R T_1$ 代入，则式(4-10)可简化成下面形式

$$Q_m = C A_0 \frac{p_1}{\sqrt{T_1}}\sqrt{\frac{2k}{k-1}\frac{1}{R}[(\frac{p_2}{p_1})^{2/k} - (\frac{p_2}{p_1})^{(k+1)/k}]} \tag{4-11}$$

式中　Q_m—— 质量流量，kg/s；

T_1—— 截面 1 处气体的绝对温度，K；

R—— 气体常数，N・m/(kg・K)。

从式(4-11)可以看出，在 p_1、ρ_1、A_0、α 值给定的情况下，质量流量 Q_m 只是 p_2 的函数。但是，气体通过小孔的质量流量和压力降之间的关系不能用单一方程式来表示。因为有两种不同类型的流动条件 —— 音速和亚音速的。图 4-3 表示了 Q_m 与 p_2 的关系曲线。曲线 AB 段表示 p_2 从较小值变成等于临界压力 p_c 之前，质量流量保持为常数 Q_{max}，这是由于气流在 $A-B$ 段间是音速流动。在音速流动条件下，压力 p_2 在收缩断面上保持为临界压力 p_c，而与下游的压力无关。当压力 p_2 大于临界压力 p_c 时，质量流量就下降，如曲线 $B-C$ 段。气流在 $B-C$ 段是亚音速流动。

在图 4-3 中，曲线 B 点的压力 p_2 值，即临界压力 p_c 值可从以下条件得出

$$\frac{\partial Q_m}{\partial p_2} = 0$$

根据式(4-11) 此条件可以写成

$$\frac{\partial[(p_2/p_1)^{2/k}-(p_2/p_1)^{(k+1)/k}]}{\partial p_2}=0$$

由此得出

$$(\frac{p_c}{p_1})^{(k-1)/k}=\frac{2}{k+1}$$

或 $$p_c=(\frac{2}{k+1})^{k/(k-1)}p_1 \qquad (4\text{-}12)$$

将 $p_2=p_c$ 值代入式(4-10) 可得出最大质量流量

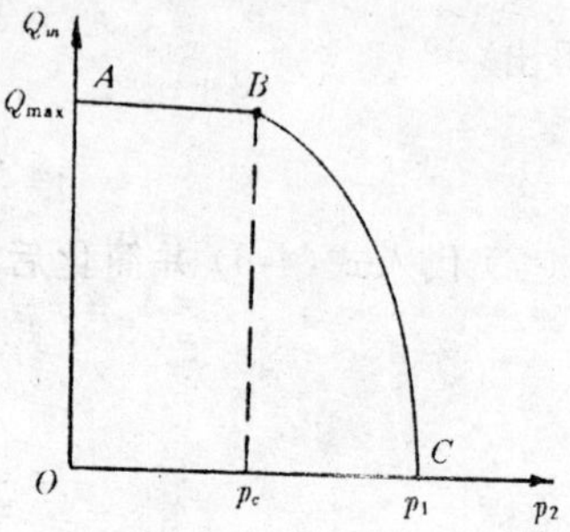

图 4-3 质量流量 Q_m 与压力 p_2 的关系曲线

$$Q_{\max}=\alpha A_0\sqrt{\frac{2k}{k-1}p_1\rho_1[(\frac{p_c}{p_1})^{2/k}-(\frac{p_c}{p_1})^{(k+1)/k}]}$$

$$=\alpha A_0\sqrt{\frac{2k}{k+1}(\frac{2}{k+1})^{2/(k-1)}p_1\rho_1} \qquad (4\text{-}13)$$

这样就得出了两种不同类型流动条件下的流量表达式:

当 $p_2/p_1>0.528$ 时,用式(4-11);当 $p_2/p_1\leqslant 0.528$ 时,用式(4-13)。

对于理想气体通过单节流孔的压力流量特性的另一种表达形式,其流动基本方程为

$$Q_m=\alpha A_0 f(p_1,T_1,p_2/p_1) \qquad (4\text{-}14)$$

或写成

$$f(p_1,T_1,\frac{p_2}{p_1})=\frac{Q_m}{\alpha A_0}=C_1\frac{p_1}{\sqrt{T_1}}(\frac{p_2}{p_1})^{\frac{1}{k}}\sqrt{1-(\frac{p_2}{p_1})^{(k-1)/k}} \qquad (4\text{-}15)$$

式中 $C_1=\sqrt{\dfrac{2k}{R(k-1)}}$。

而

$$f_{\max}(p_1,T_1,\frac{p_2}{p_1})=(\frac{Q_m}{\alpha A_0})_{\max}=C_2\frac{p_1}{\sqrt{T_1}} \qquad (4\text{-}16)$$

式中 $C_2=\sqrt{\dfrac{k}{R}(\dfrac{2}{k+1})^{(k+1)/(k-1)}}$

根据式(4-16) 可写成

$$\frac{Q_m}{\alpha A_0}(\frac{Q_m}{\alpha A_0})_{\max}=\frac{Q_m}{\alpha A_0}C_2\frac{p_1}{\sqrt{T_1}}$$

或改写成

$$Q_m=\alpha A_0\frac{Q_m/\alpha A_0}{(Q_m/\alpha A_0)_{\max}}C_2\frac{p_1}{\sqrt{T_1}}=\alpha A_0 f_1(\frac{p_2}{p_1})C_2\frac{p_1}{\sqrt{T_1}} \qquad (4\text{-}17)$$

当 p_2/p_1 大于 0.528 时

$$f_1(\frac{p_2}{p_1})=\frac{C_1}{C_2}(\frac{p_2}{p_1})^{1/k}\sqrt{1-(\frac{p_2}{p_1})^{(k-1)/k}} \qquad (4\text{-}18)$$

此时,通过单节流孔的气体流量为

$$Q_m=\alpha A_0 f_1(\frac{p_2}{p_1})C_2\frac{p_1}{\sqrt{T_1}} \qquad (4\text{-}19)$$

当 p_2/p_1 小于 0.528 时,$f_1(\dfrac{p_2}{p_1})=1.0$

此时,通过单节流孔的气体流量为

$$Q_m = \alpha A_0 C_2 \frac{p_1}{\sqrt{T_1}} \tag{4-20}$$

$f_1(p_2/p_1)$ 与 p_2/p_1 之间的关系曲线，如图 4-4 所示。

在研究通过面积可变的节流孔的气体流量时，采用流量无量纲表达式显得更加方便。首先取一个参考流量，其计算式为

$$Q_{m0} = \alpha C_2 A_s \frac{p_s}{\sqrt{T_s}} f_1(\frac{p_e}{p_s}) \tag{4-21}$$

式中　Q_{m0}—— 参考流量，kg/s；

A_s—— 起始节流面积(或最大面积)，m^2；

p_s—— 恒定的供气压力，N/m^2；

T_s—— 恒定的气源滞止绝对温度，K；

p_e—— 恒定的排气压力，N/m^2。

若α的变化不考虑，并假定所有时候节流孔上游温度T_1均等于供气温度T_s时，将流经变节流孔的流量除以参考流量，即可得出变节流孔流量的无量纲表达式

$$\frac{Q_m}{Q_{m0}} = \gamma \frac{p_1 f_1(p_2/p_1)}{p_s f_1(p_e/p_s)} \tag{4-22}$$

式中　$\gamma = A_0/A_s$。

将式(4-22)改写为另一种形式，即

$$\frac{Q_m}{Q_{m0}} = \gamma \frac{p_2}{p_e} \frac{(p_1/p_2)}{(p_s/p_e)} \frac{f_1(p_2/p_1)}{f_1(p_e/p_s)} = \gamma \frac{p_2}{p_e} \frac{f_2(p_2/p_1)}{f_2(p_e/p_s)} \tag{4-23}$$

式中　$f_2(p_2/p_1) = \frac{p_1}{p_2} f_1(p_2/p_1)$

$$f_2(p_e/p_s) = \frac{p_s}{p_e} f_1(p_e/p_s)$$

图 4-5 是 $f_2(p_2/p_1)$ 与 p_2/p_1 的关系曲线。

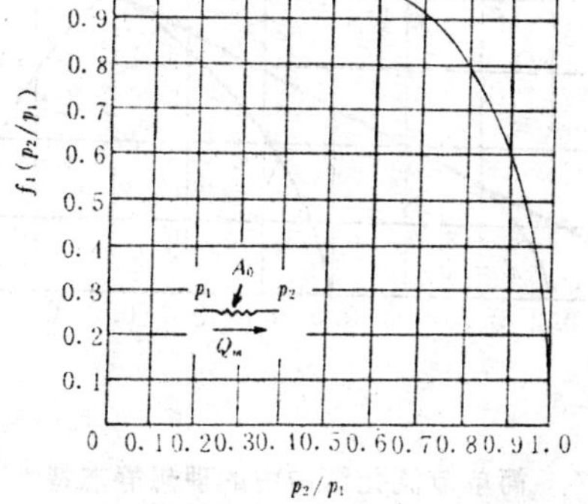

图 4-4　$f_1(p_2/p_1) \sim p_2/p_1$ 曲线

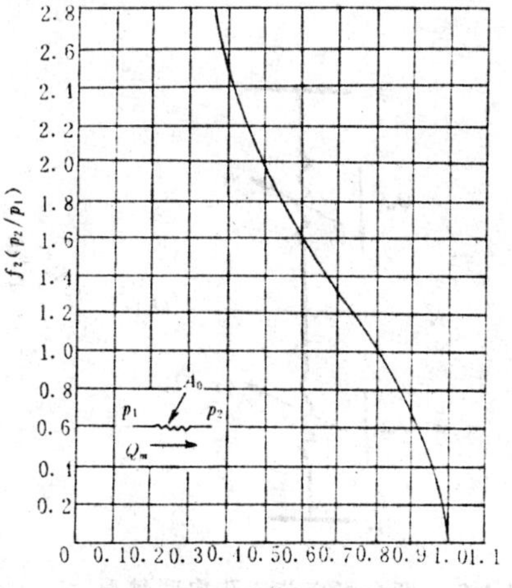

图 4-5　$f_2(p_2/p_1) \sim p_2/p_1$ 曲线

若节流孔上游压力恒定，即上游压力 p_1 等于供气压力 p_s 时，按式(4-22)可得

$$\frac{Q_m}{Q_{m0}} = \gamma \frac{f_1(p_2/p_s)}{f_1(p_e/p_s)}$$

而 p_e 恒定时，$f_1(p_e/p_s)$ 也恒定。当 $p_e/p_s < 0.528$ 时，$f_1(p_e/p_s) = 1$，所以得出

$$\left[\frac{Q_m}{Q_{m0}}\right]_{p_1=p_s} = \gamma f_1(p_2/p_1) \tag{4-24}$$

若节流孔下游压力恒定时，即下游压力 p_2 等于排气压力 p_e 时，按式(4-23)可得

$$\frac{Q_m}{Q_{m0}} = \gamma \frac{f_2(p_e/p_1)}{f_2(p_e/p_s)}$$

而当 $p_e/p_s \leqslant 0.528$ 时，则有

$$f_2\left(\frac{p_e}{p_s}\right) = \frac{p_s}{p_e} f_1\left(\frac{p_e}{p_s}\right) = \frac{p_s}{p_e} = n$$

式中 n 为恒定的气源压力 p_s 和恒定的排气压力 p_e 的比值。所以可以得出

$$\left[\frac{Q_m}{Q_{m0}}\right]_{p_2=p_e} = \gamma \frac{f_2(p_e/p_1)}{n} \tag{4-25}$$

二、两个可变节流孔串联的稳定流动

图 4-6 是两个可变节流孔串联时，气体流动情况示意图。

由于 p_e 恒定，故流经上节流孔的流量为：

$$\frac{Q_{m1}}{Q_{m0}} = \gamma_1 f_1(p_a/p_s) \tag{4-26}$$

式中　p_a—— 两个节流孔之间的压力，N/m^2。

由于 p_c 恒定，流经下节流孔的流量为：

$$\frac{Q_{m2}}{Q_{m0}} = \gamma_2 \frac{f_2(p_e/p_a)}{n} = \gamma_2 \frac{f_2(p_s/np_a)}{n} = \gamma_2 f'_2(p_s/p_a) \tag{4-27}$$

图 4-7 是表示不同 n 值时，Q_{m1}/Q_{m0} 和 Q_{m2}/Q_{m0} 两个流量随 p_a/p_s 的变化曲线，从而可以求出负载流量：

$$\frac{Q_m}{Q_{m0}} = \frac{Q_{m1}}{Q_{m0}} - \frac{Q_{m2}}{Q_{m0}} \tag{4-28}$$

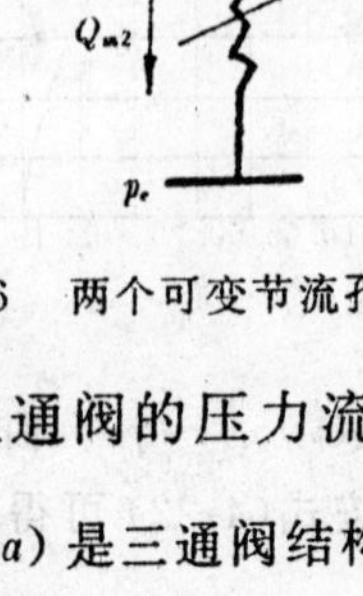

图 4-6　两个可变节流孔串联情况

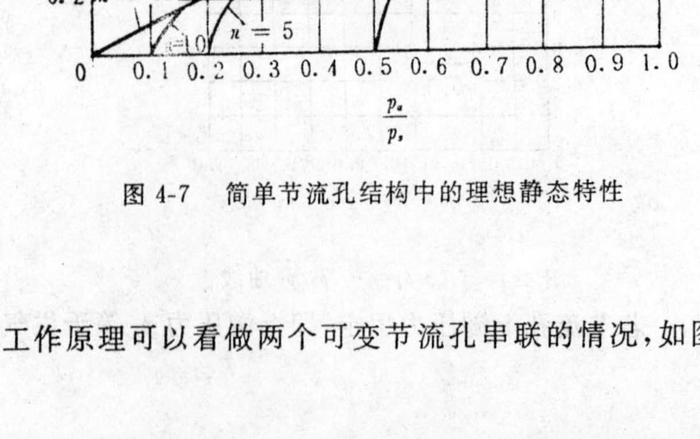

图 4-7　简单节流孔结构中的理想静态特性

三、三通阀的压力流量特性

图 4-8(a) 是三通阀结构原理图，其工作原理可以看做两个可变节流孔串联的情况，如图

4-8(b) 所示。

当一个节流孔面积增加时，另一个节流孔的面积减小。

设
$$\gamma_1 = \frac{A_1}{A_0} = \frac{A_0 + Wx}{A_0} = 1 + \frac{x}{U} \tag{4-29}$$

$$\gamma_2 = \frac{A_2}{A_0} = \frac{A_0 - Wx}{A_0} = 1 - \frac{x}{U} \tag{4-30}$$

式中 γ_1、γ_2—— 分别为节流孔增加的面积比和减小的面积比；

A_0—— 节流孔的初始面积，m^2；

A_1—— 节流孔增加后的面积，m^2；

A_2—— 节流孔减小后的面积，m^2；

x—— 滑阀的移动量，m；

W—— 滑阀的面积梯度，m；

U—— 滑阀的预开口量，m。

通过两个可变节流孔的流量为：

$$\frac{Q_{m1}}{Q_{m0}} = \gamma_1 f_1(\frac{p_a}{p_s}) = (1 + \frac{x}{U}) f_1(\frac{p_a}{p_s}) \tag{4-31}$$

$$\frac{Q_{m2}}{Q_{m0}} = \gamma_2 f'_2(\frac{p_s}{p_a}) = (1 - \frac{x}{U}) f'_2(\frac{p_s}{p_a}) \tag{4-32}$$

图 4-9 是根据式(4-31) 和(4-32) 作出的。图中有两组曲线，一组是 $p_a/p_s \sim \frac{Q_{m1}}{Q_{m0}}$ 曲线，另一组 $p_a/p_s \sim Q_{m2}/Q_{m0}$ 曲线。从而可以求出负载流量 Q_m/Q_{m0}。

图 4-10 是三通阀的负载流量 Q_m/Q_{m0} 与压力比 p_a/p_s 之间的关系曲线。

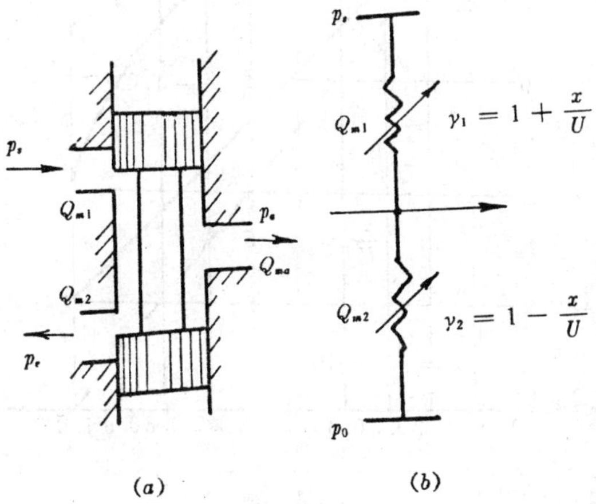

图 4-8　三通阀工作原理图

四、四通阀的压力流量特性

图 4-11 是四通阀控气缸的结构原理图，图 4-12 是示意图。

从示意图中看出，控制气缸运动的四通阀可以看做是由两个三通阀组成的。而气缸是这两个三通阀的耦合件。在分析四通阀的压力流量特性时，为了只考虑主要因素的影响，可作如下假定：

1) 活塞与气缸内壁没有摩擦；
2) 气缸两腔之间没有泄漏；
3) 热传导速度足够大，活塞两腔气体温度保持不变；
4) 气缸两腔的气体是均匀的；
5) 气缸两腔的气体压力不随时间变化。

这样，在考虑流进气缸和流出气缸的气体容积流量相等时，其无量纲表达式为：

$$\frac{Q_a}{Q_0} = \frac{Q_b}{Q_0} \tag{4-33}$$

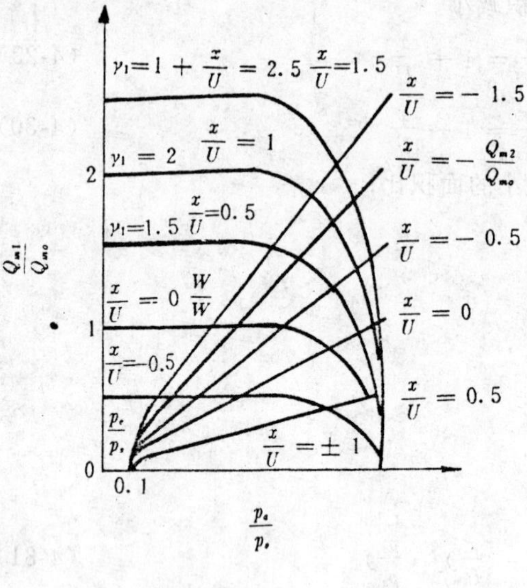

图 4-9　$p_a/p_s \sim \frac{Q_{m1}}{Q_{m0}}$ 和 $p_a/p_s \sim \frac{Q_{m2}}{Q_{m0}}$ 曲线

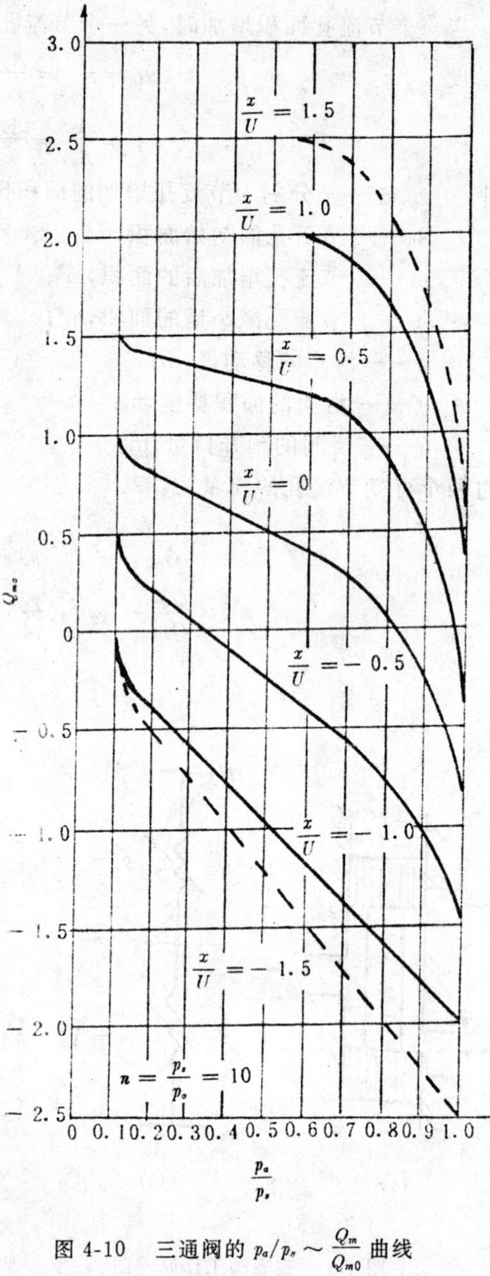

图 4-10　三通阀的 $p_a/p_s \sim \frac{Q_m}{Q_{m0}}$ 曲线

式中　Q_a—— 流进气缸的气体容积流量，m^3/s；

Q_b—— 流出气缸的气体容积流量，m^3/s；

Q_0—— 参考容积流量，m^3/s。

根据质量流量和容积流量的关系，式(4-33)可改写成

$$\frac{Q_{ma}/\rho_a}{Q_{m0}/\rho_0} = \frac{Q_{mb}/\rho_b}{Q_{m0}/\rho_0} \tag{4-34}$$

上式可用活塞速度来表示，即

$$\frac{Q_{ma}\rho_0}{Q_{m0}\rho_a} = \frac{Q_{mb}\rho_0}{Q_{m0}\rho_b} = \frac{v}{v_0} \tag{4-35}$$

又假定气体流动为等温过程，应用理想气体状态方程，式(4-35)中的密度可用压力来表示，即

$$\frac{Q_{ma}p_s}{Q_{m0}p_a} = \frac{Q_{mb}p_s}{Q_{m0}p_b} = \frac{v}{v_0} \tag{4-36}$$

再根据流量方程

$$\frac{Q_{ma}}{Q_{m0}} = \gamma_1 f_1(\frac{p_a}{p_s}) - \gamma_2 f'_2(\frac{p_s}{p_a}) \tag{4-37}$$

$$\frac{Q_{mb}}{Q_{m0}} = \gamma_4 f'_2(\frac{p_s}{p_b}) - \gamma_3 f_1(\frac{p_b}{p_s}) \tag{4-38}$$

将式(4-35)、(4-36)、(4-37)和(4-38)联立可得：

$$\frac{Q_{ma}}{Q_{m0}}\frac{p_s}{p_a} = \frac{p_s}{p_a}[\gamma_1 f_1(\frac{p_a}{p_s}) - \gamma_2 f'_2(\frac{p_s}{p_b})] = \frac{v}{v_0} \tag{4-39}$$

$$\frac{Q_{mb}}{Q_{m0}}\frac{p_s}{p_b} = \frac{p_s}{p_b}[\gamma_4 f'_2(\frac{p_s}{p_b}) - \gamma_3 f_1(\frac{p_b}{p_s})] = \frac{v}{v_0} \tag{4-40}$$

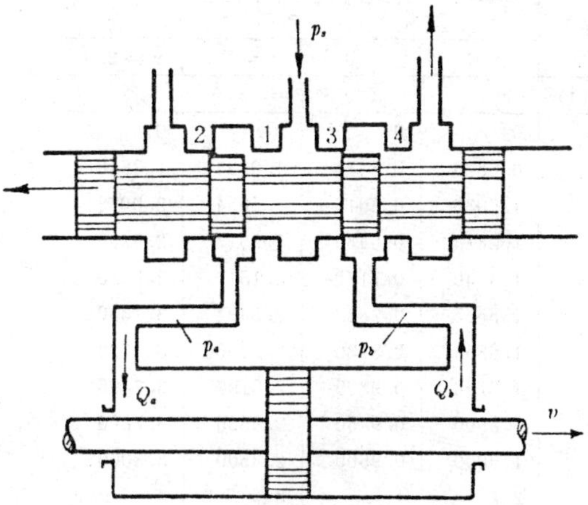

图 4-11　四通阀控气缸结构原理图

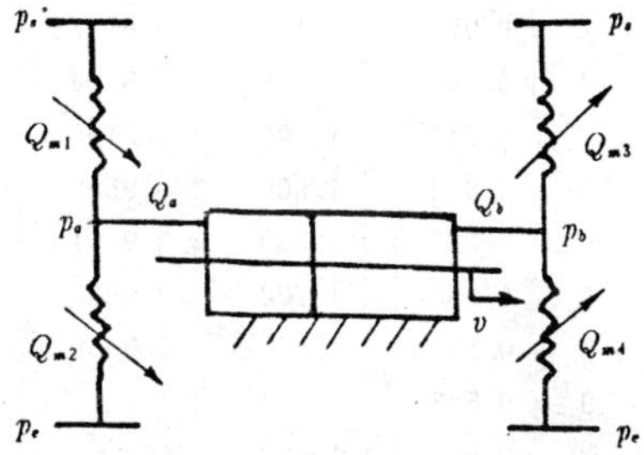

图 4-12　四通阀控气缸示意图

式(4-39)和(4-40)表示了四通阀控气缸的气体流量和气缸速度之间的关系,即称为四通阀静特性的一般表达式。

(一)零开口四通阀的压力流量特性

对于零开口阀来说,在工作中只有对角方向的两个节流口是打开的,如图 4-11 所示,当 1 和 4 节流口是打开时,则 2 和 3 节流口是关闭的,即 $\gamma_4=\gamma_1=\gamma$ 时,而 $\gamma_2=\gamma_3=0$,这样一来式(4-39)和(4-40)可变为

$$\frac{p_s}{p_a}\gamma f_1\left(\frac{P_a}{p_s}\right)=\frac{p_s}{p_b}\gamma f'_2\left(\frac{p_s}{p_b}\right)=\frac{v}{v_0} \tag{4-41}$$

根据上式中所含各变量关系,可利用作图法,求出零开口四通阀的压力流量特性,其计算绘制曲线的步骤如下:

1. 对于"1"节流口,则有

$$\frac{Q_{ma}}{Q_{m0}}\frac{p_s}{p_a}=\frac{p_s}{p_a}\gamma f_1\left(\frac{p_a}{p_s}\right)=\frac{v}{v_0} \tag{4-42}$$

可通过列表计算出上述关系,如表 4-1 所示。

2. 对于"4"节流口,则有

$$\frac{Q_{mb}}{Q_{m0}}\frac{p_a}{p_b}=\frac{p_s}{p_b}\gamma f'_2\left(\frac{p_s}{p_b}\right)=\frac{v}{v_0} \tag{4-43}$$

由于

$$f'_2\left(\frac{p_s}{p_b}\right)=\frac{p_b}{p_s}f_1\left(\frac{p_s}{np_b}\right)$$

故式(4-43)可写成

$$\frac{Q_{mb}}{Q_{m0}}\frac{p_s}{p_b}=\gamma f_1\left(\frac{p_s}{np_b}\right)=\frac{v}{v_0} \tag{4-44}$$

同理,利用上式也可以通过列表的方法,求出上述关系,如表 4-2 所示。

表 4-1

序号	p_a/p_s	p_s/p_a	$f_1(p_a/p_s)$	$(P_s/p_a)f_1(p_a/p_s)$	$\frac{Q_{ma}}{Q_{m0}}\frac{p_s}{p_a}=\frac{p_s}{p_a}\gamma f_1(\frac{p_a}{p_s})$			
					$\gamma=1$	$\gamma=0.5$	$\gamma=1.5$	$\gamma=2.0$
	(1)	(2)	(3)	(2) × (3) = (4)	(4) × γ = (5)			
1	1	1	0	0	0	0	0	0
2	0.900	1.110	0.6147	0.6823	0.6823	0.3411	1.0234	1.3646
3	0.806	1.240	0.8094	1.0036	1.0036	0.5018	1.5054	2.0072
4	0.714	1.400	0.9199	1.2878	1.2878	0.6439	1.9317	2.5756
5	0.660	1.500	0.9560	1.4340	1.4340	0.7170	2.1510	2.8680
6	0.625	1.600	0.9791	1.5665	1.5665	0.7832	2.3497	3.1330
7	0.588	1.700	0.9920	1.6864	1.6864	0.8432	2.5296	3.3728
8	0.531	1.880	0.9999	1.8798	1.8798	0.9399	2.8197	3.7496
9	0.528	1.890	1	1.8900	1.8900	0.9450	2.8350	3.7800
10	0.521	1.900	1	1.9000	1.9000	0.9500	2.8500	3.8000
11	0.500	2.000	1	2	2	1	3	4
12	0.200	5.000	1	5	5	2.5	7.5	10
13	0.100	10.000	1	10	10	5	15	20

表 4-2　　($n=10, k=1.4$)

序号	$\frac{p_b}{p_s}$	$\frac{np_b}{p_s}$	$f_1(\frac{p_s}{np_b})$	$\frac{Q_{mb}}{Q_{m0}}\frac{p_s}{p_b}=\gamma f_1(\frac{p_s}{np_b})=\frac{v}{v_0}$			
				$\gamma=1$	$\gamma=0.5$	$\gamma=1.5$	$\gamma=2.0$
	(1)	m × (1) = (2)	(3)	γ × (3) = (4)			
1	0.500	5.00	1	1	0.5	1.5	2
2	0.400	4.00	1	1	0.5	1.5	2
3	0.200	2.00	1	1	0.5	1.5	2
4	0.190	1.90	1	1	0.5	1.5	2
5	0.189	1.89	1	1	0.5	1.5	2
6	0.188	1.88	0.9999	0.9999	0.49995	1.4998	1.9998
7	0.180	1.80	0.9984	0.9984	0.4992	1.4976	1.9968
8	0.170	1.70	0.9920	0.9920	0.4960	1.4380	1.9840
9	0.160	1.60	0.9791	0.9791	0.48955	1.468	1.9582
10	0.150	1.50	0.9560	0.9560	0.4780	1.4340	1.9120
11	0.140	1.40	0.9199	0.9199	0.4599	1.3798	1.8398
12	0.124	1.24	0.8090	0.8090	0.4045	1.2135	1.6180
13	0.102	1.02	0.2995	0.2995	0.14975	0.4492	0.5990
14	0.101	1.01	0.2040	0.2040	0.1020	0.3060	0.4080
15	0.1002	1.002	0.0920	0.0920	0.0460	0.1380	0.1840
16	0.100	1.00	0	0	0	0	0

按表 4-1 和表 4-2 中列出的数值，对某一 γ 值，在同一坐标图上，画出对应的两条曲线，即 $Q_{ma}/Q_{m0}\ p_s/p_a=v/v_0\sim p_a/p_s$ 曲线和 $Q_{mb}/Q_{m0}\ p_s/p_b=v/v_0\sim p_b/p_s$ 曲线。如图 4-13 所示，图中只画出了 $\gamma=1$ 的对应两条曲线。然后在图中可以求出

$$\frac{p_a-p_b}{p_s}\sim\frac{v}{v_0}$$

的对应值。对于不同 γ 值的 $\frac{p_a-p_b}{p_s}\sim\frac{v}{v_0}$ 曲线，即称为零开口四通阀的压力流量特性曲线。如图 4-14 所示。

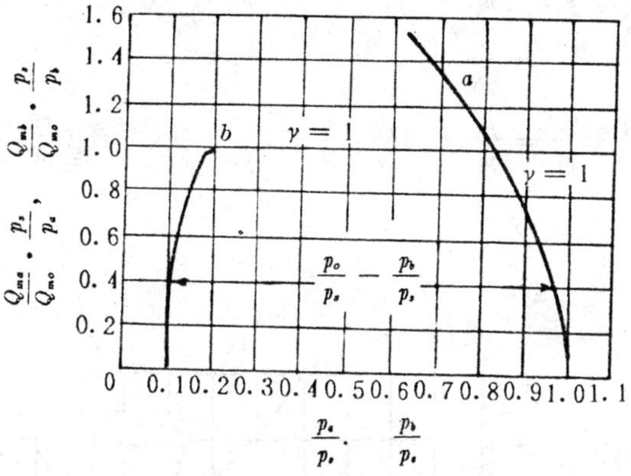

图 4-13　零开口四通阀静特性的作图曲线

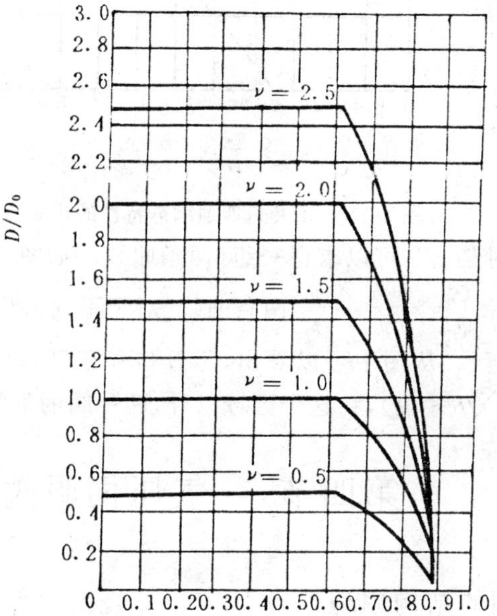

图 4-14　零开口四通阀的$\frac{p_a-p_b}{p_s}\sim\frac{v}{v_0}$曲线

(二) 正开口四通阀的压力流量特性

对于正开口四通阀，阀芯在中位时，四个控制边的节流面积相等，即 $A_1=A_2=A_3=A_4=WU$。U 是阀芯在中位时，各节流缝隙的开口量。当阀芯移动 x 后，则必有如下关系：

$$\left.\begin{aligned}\gamma_1=\gamma_4=1+\frac{x}{U}\\ \gamma_2=\gamma_3=1-\frac{x}{U}\end{aligned}\right\}\tag{4-45}$$

根据式(4-39)和(4-40)可写出如下形式：

$$\frac{\dot{Q}_{ma}}{Q_{m0}}\frac{p_s}{p_a}=\frac{p_s}{p_a}\{f_1(\frac{p_a}{p_s})-f'_2(\frac{p_s}{p_a})+\frac{x}{U}[f_1(\frac{p_a}{p_s})+f'_2(\frac{P_s}{p_a})]\}$$
$$=\frac{v}{v_0} \tag{4-46}$$
$$\frac{Q_{mb}}{Q_{m0}}\frac{p_s}{p_b}=\frac{p_s}{p_b}\{f'_2(\frac{p_s}{p_b})-f_1(\frac{p_b}{p_s})+\frac{x}{U}[f'_2(\frac{p_s}{p_b})+f_1(\frac{P_b}{p_s})]\}$$
$$=\frac{v}{v_0} \tag{4-47}$$

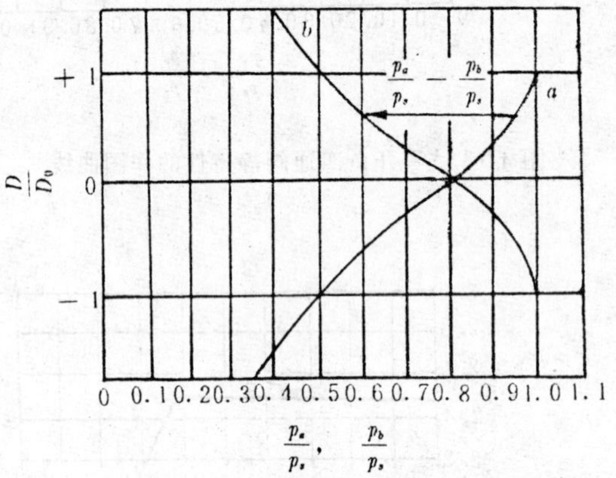

图 4-15　正开口四通阀静特性的作图曲线

按上述两个方程对某 x/U 可以求得一组(两条曲线)。如图 4-15 所示，图中表示的是当 $x/U=0$ 时的$\frac{Q_{ma}}{Q_{m0}}\frac{p_s}{p_a}\sim\frac{p_a}{p_s}$和$\frac{Q_{mb}}{Q_{m0}}\times\frac{p_s}{p_b}\sim\frac{p_b}{p_s}$两条曲线。对于不同 x/U 情况下，$\frac{p_a-p_b}{p_s}$与 v/v_0 之间的关系曲线，如图 4-15 所示。从图中可以看出，零开口和正开口四通阀的静特性其差别只限于"负重迭区域"($-1\leqslant x/U\leqslant 1$)，在这个区域以外，两种阀的静特性是一致的。

第四节　气压伺服阀

一、气压伺服阀的结构原理

气压伺服阀与液压伺服阀在原理上是完全相同的。和液压伺服阀一样，气压伺服阀也有各种形式。图 4-17 是一种力反馈电气伺服阀的结构原理图，其前置级为喷嘴挡板阀，功率级为滑阀式。

由于气压喷嘴挡板阀的固有频率低，气压伺服阀易产生振荡，因此有必要对气压伺服阀进行某些特性补偿。图 4-17 中，滑阀两端通过固定节流孔加设的阻尼气室，是为了对滑阀振动给予阻尼。图 4-18 是具有弹簧补偿和阻尼气室补偿的力反馈式气压伺服阀原理图。在这种伺服阀中，除了用阻尼气室进行补偿以外，还在滑阀两端装入特性补偿用的弱弹簧，这种弹簧补偿的办法是相当有效的，其气压伺服阀的频宽约为 200Hz。

二、喷嘴挡板阀的静特性分析

喷嘴挡板阀的静特性，就是喷嘴与挡板的间隙 x 和喷嘴背压腔内的压力 p_n 之间的关系，即

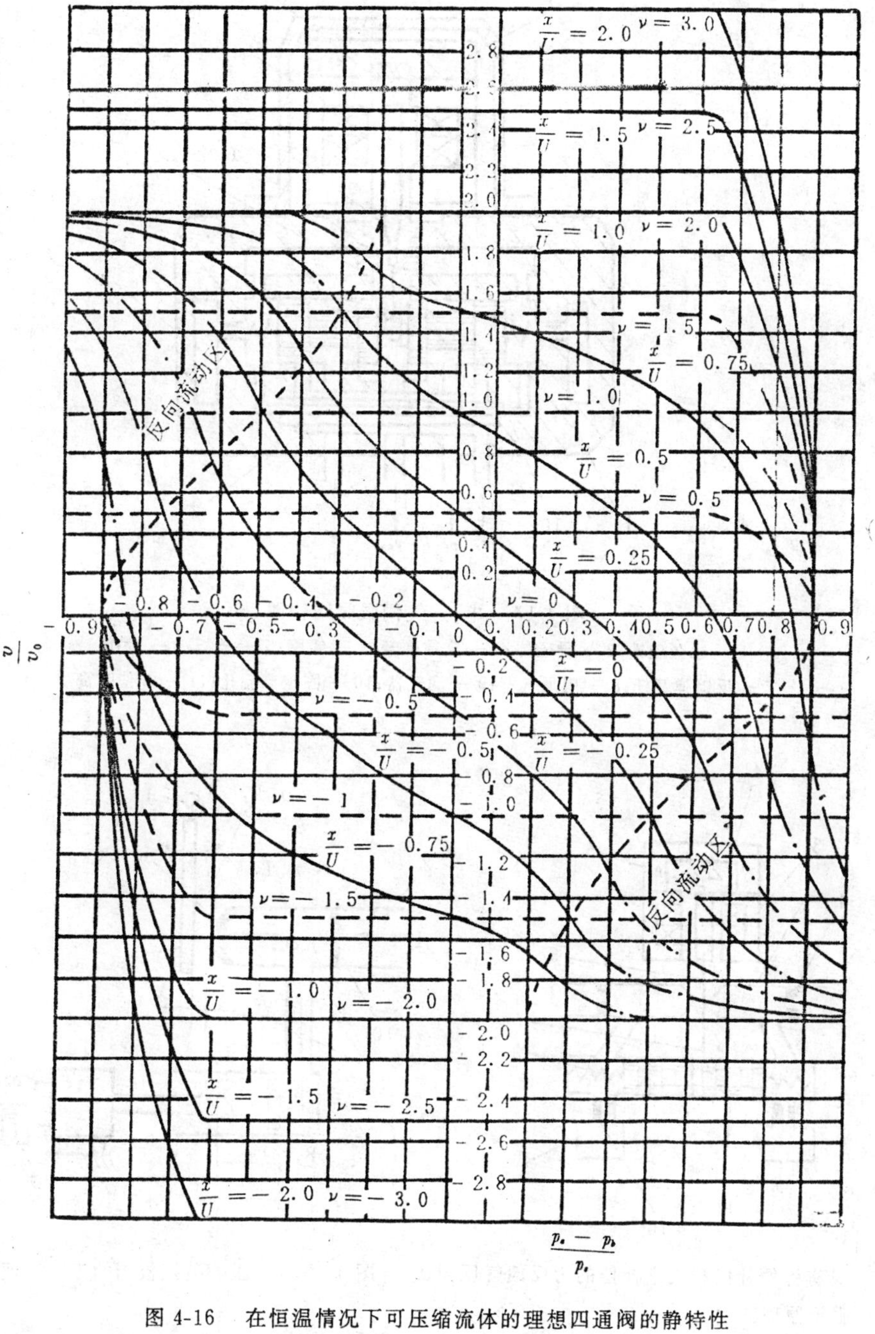

图 4-16　在恒温情况下可压缩流体的理想四通阀的静特性

$x - p_n$ 特性。图 4-19 是气压喷嘴挡板阀的工作原理图。

假定气流为绝热等熵流动，则通过固定节流孔的流量 Q_{mr} 和通过喷嘴与挡板阀间隙的流量 Q_{mn} 分别为：

在亚音速流动时

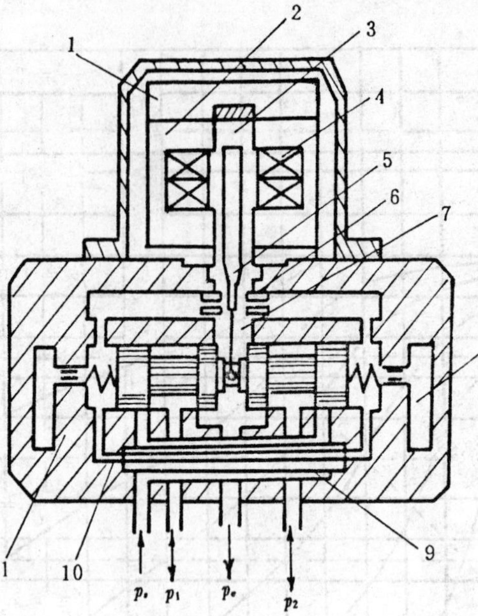

图 4-17　电一气伺服阀结构图

1 — 永久磁铁；2 — 导磁体；3 — 支撑弹簧；4 — 线圈；5 — 挡板；6 — 喷嘴
7 — 反馈弹簧杆；8 — 阻尼气室；9 — 滤气器；10 — 固定节流孔；11 — 补偿弹簧

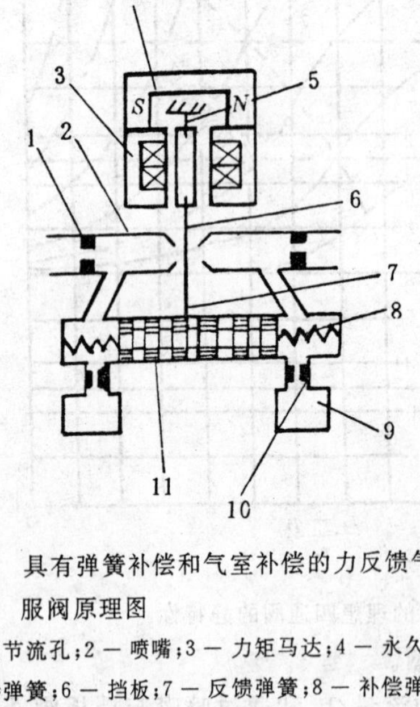

图 4-18　具有弹簧补偿和气室补偿的力反馈气压伺服阀原理图

1 — 固定节流孔；2 — 喷嘴；3 — 力矩马达；4 — 永久磁铁；
5 — 支持弹簧；6 — 挡板；7 — 反馈弹簧；8 — 补偿弹簧；
9 — 气室；10 — 阻尼孔；11 — 滑阀

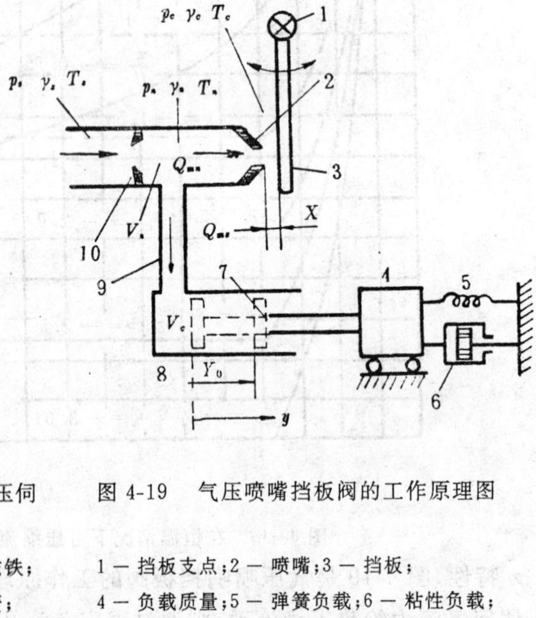

图 4-19　气压喷嘴挡板阀的工作原理图

1 — 挡板支点；2 — 喷嘴；3 — 挡板；
4 — 负载质量；5 — 弹簧负载；6 — 粘性负载；
7 — 活塞；8 — 气缸；9 — 管路；10 — 固定节流孔

$$Q_{mr} = C_0 \frac{\pi d_0^2}{4} \sqrt{\frac{2k}{k-1} p_s \rho_s \left[\left(\frac{p_n}{p_s}\right)^{\frac{2}{k}} - \left(\frac{p_n}{p_s}\right)^{\frac{k+1}{k}} \right]} \tag{4-48}$$

$$Q_{mn} = C_n \pi d_n X \sqrt{\frac{2k}{k-1} p_n \rho_n \left[\left(\frac{p_e}{p_n}\right)^{\frac{2}{k}} - \left(\frac{p_e}{p_n}\right)^{\frac{k+1}{k}} \right]} \tag{4-49}$$

在音速流动时

$$Q_{mr} = C_0 \frac{\pi d_0^2}{4} \sqrt{\frac{2k}{k+1} p_s \rho_s \left(\frac{2}{k+1}\right)^{\frac{2}{k-1}}} \tag{4-50}$$

$$Q_{mn} = C_n \pi d_n X \sqrt{\frac{2k}{k+1} p_s \rho_s \left(\frac{2}{k+1}\right)^{\frac{2}{k-1}}} \tag{4-51}$$

式中　C_0—— 固定节流孔的流量系数；

d_0—— 固定节流孔的直径，m；

k—— 绝热指数；

p_s—— 供气压力，N/m^2；

p_n—— 喷嘴背压腔内压力，N/m^2；

ρ_s—— 供气气体的密度，kg/m^3；

ρ_n—— 喷嘴背压腔内气体的密度，kg/m^3；

C_n—— 喷嘴的流量系数；

d_n—— 喷嘴孔的直径，m。

气流通过节流孔和喷嘴的流动状态有四种情况，如表 4-3 所示。

表 4-3　节流孔和喷嘴的气流流动状态

	节　流　孔	喷　　嘴
第(1) 种	亚音速流动	亚音速流动
第(2) 种	音速流动	亚音速流动
第(3) 种	亚音速流动	音速流动
第(4) 种	音速流动	音速流动

表 4-3 中，第(1) 种情况是对于低压系统。在伺服阀的供气压力 $p_2 > 10^5 N/m^2$ 时一般是第(2) ～ (4) 种情况。

当喷嘴外界压力为 p_a，气体的密度为 ρ_a，而供气气体的温度 T_2 等于室温，则供气气体的密度为

$$\rho_s = \rho_a \frac{p_s}{p_a} \tag{4-52}$$

再考虑到节流孔上游气体状态为绝热等熵过程，则可列出

$$\frac{p_s}{\rho_s^k} = \frac{p_n}{\rho_n^k} \tag{4-53}$$

联立式(4-52) 和(4-53)，可得

$$\rho_n = \left(\frac{p_n}{p_s}\right)^{\frac{1}{k}} \left(\rho_a, \frac{p_s}{p_a}\right) \tag{4-54}$$

根据式(4-48) ～ (4-51)，并考虑到式(4-52) 和(4-53)，即可得出表 4-3 中的第(2) ～ (4) 种情况下，气体流动状态的单喷嘴挡板阀的静特性表达式：

对于第(2) 种情况

$$P = \frac{p_e}{p_s}[(0.259\frac{\alpha}{\beta})^2(\frac{p_s}{p_e})^{\frac{k+1}{k}} + 1]^{\frac{k}{k-1}} \tag{4-55}$$

对于第(3)种情况

$$P = [(0.259\frac{\beta}{\alpha})^2 + 1]^{-\frac{k}{k-1}} \tag{4-56}$$

对于第(4)种情况

$$P = (\frac{\alpha}{\beta})^{\frac{2k}{k+1}} \tag{4-57}$$

式中　$P = p_n/p_s$

$$\beta = \frac{X}{(\frac{d_n}{4})}$$

$$\alpha = \frac{C_0 d_0^2}{C_n d_n^2}$$

用式(4-55)～(4-57)可计算出单喷嘴挡板阀以α为参变量的$X-P$特性，即喷嘴挡板间隙x与喷嘴背压p_n之间的解析表达式。

三、喷嘴挡板阀的动特性

首先，按图4-19所示的单喷嘴挡板阀，推导以挡板的位移x为输入、滑阀位移y为输出的传递函数$G'_{xy}(s)$。通过节流孔的流量Q_{mr}可由式(4-48)和(4-50)给定。通过喷嘴的流量Q_{mn}可由式(4-49)和(4-51)给定。

活塞受力的平衡方程为

$$Ap_n = m\frac{d^2y}{dt^2} + C_d\frac{dy}{dt} + Ky \tag{4-58}$$

式中　A—— 活塞的有效面积，m²；

m—— 滑阀的负载质量，kg；

C_d—— 粘性阻尼系数，N·s/m；

K—— 弹簧刚度，N/m。

由连续性方程得

$$Q_{mr} = Q_{ms} + Q_{mn} \tag{4-59}$$

式中　Q_{ms}—— 进入滑阀端的流量。

将绝热方程 $p_n/\rho_n^k =$ 常数对时间进行微分，则得出

$$\frac{dp_n}{dt} = \frac{P_{n0}}{\rho_{n0}^k}k\rho_n^{k-1}\frac{d\rho_n}{dt} = \frac{kp_{n0}}{\rho_n}\frac{d\rho_n}{dt} \tag{4-60}$$

式中下标0表示初始条件

将气缸容积V_a与喷嘴腔容积V_n合用V表示，即$V = V_a + V_n$，于是

$$\frac{d\rho_n}{dt} = \frac{1}{V}(Q_{ms} - \rho_{n0}A\frac{dy}{dt}) \tag{4-61}$$

将式(4-48)、(4-49)、(4-50)、(4-51)中的X用$X_0 - x$代入，并与式(4-58)～(4-61)联立，可求出

$$G'_{xy}(s) = \frac{\left|\frac{\partial Q_{mn}}{\partial x}\right|_{p_n=p_{n0}}^{x=0}\frac{\omega'^2_{sn}}{A\rho_{n0}}}{(s+a_n)(s^2+\frac{C_d}{m}s+\frac{K}{m})+\omega'^2_{sn}s} \tag{4-62}$$

式中 $\omega'_{sn} = A\sqrt{\dfrac{KP_{n0}}{mV}}$；

$$a_n = \frac{Kp_{n0}}{\rho_{n0}V}\left[\left|\frac{dQ_{mr}}{dp_n}\right|_{p_n=p_{n0}} + \left|\frac{\partial Q_{mn}}{\partial p_n}\right|_{p_n=p_{n0}}^{x=0}{}'\right];$$

$\dfrac{dQ_{mr}}{dp_n}|_{p_n=p_{n0}}$—— 表示通过固定节流孔气体流量，在初始条件下，即在平衡点附近线性化流量方程中的流量压力系数，$m^5/(N \cdot s)$；

$\dfrac{\partial Q_{mn}}{\partial x}|_{p_n=p_{n0}}^{x=0}$，$\dfrac{\partial Q_{mn}}{\partial p_n}|_{p_n=p_{n0}}^{x=0}$—— 分别表示通过喷嘴挡板间隙气体流量在初始条件下，即在平衡点附近线性化流量方程中的流量增益和流量压力系数，m^2/s，$m^5/(N \cdot s)$。

对于图 4-20 所示的双喷嘴挡板阀，其传递函数为：

$$G_{xy}(s) = \frac{Y(s)}{X(s)} = \frac{\dfrac{\partial Q_{mn}}{\partial x}\Big|_{p_n=p_{n0}}^{x=0}\dfrac{\omega_{sn}^2}{A\rho_{n0}}}{(s+a_n)(s^2+\dfrac{C_d}{m}s+\dfrac{K}{m})+\omega_{sn}^2 s} \tag{4-63}$$

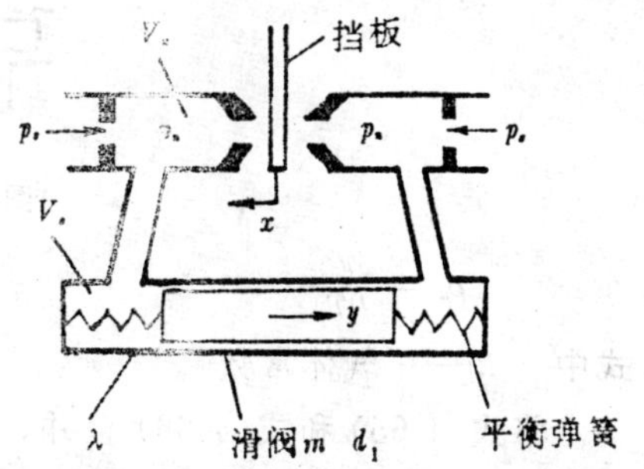

图 4-20 双喷嘴挡板阀的工作原理图

式中 $\omega_{sn} = A\sqrt{\dfrac{2Kp_{n0}}{mV}}$

$$V = V_n + V_s$$

V_s—— 滑阀一端的容积，m^3。

当 $K = 0$ 时

$$G_{xy}(s) = \frac{\dfrac{\partial Q_{mn}}{\partial x}\Big|_{p_n=p_{n0}}^{x=0}\dfrac{\omega_{sn}^2}{A\rho_{n0}}}{s\{s^2+(a_n+\dfrac{C_d}{m})s+(\omega_{sn}^2+a_n\dfrac{C_d}{m})\}} \tag{4-64}$$

在一般情况下，$a_n\dfrac{C_d}{m} \ll \omega_{sn}^2$，所以固有频率大致由 ω_{sn} 决定。而 a_n 一般比$\dfrac{C_d}{m}$小，其阻尼比大致由 C_d 决定。

第五节 气动伺服机构

一、阀控气缸的分析

图 4-21 为气动滑阀控制的活塞缸的工作原理图。

根据连续性方程流入工作腔(a) 的气体质量流量为 Q_{ma}

$$Q_{ma} = \frac{d}{dt}(\rho_a, V_a) \tag{4-65}$$

式中 ρ_a—— 气体的密度，kg/m^3；

V_a—— 工作腔 a 的体积，m^3。

在许多工程实际问题中，可应用理想气体方程

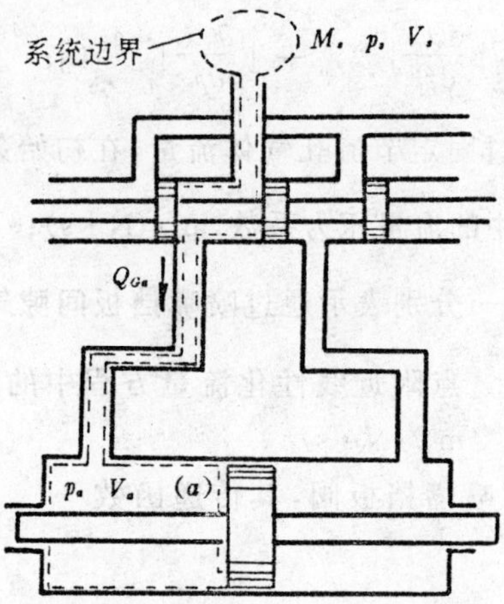

图 4-21　气动阀控气缸原理图

$$\rho_a = \frac{p_a}{RT_a} \tag{4-66}$$

式中　R—— 气体常数

将式(4-65)和式(4-66)合并，可以得到

$$Q_{ma} = \frac{1}{R}\frac{\mathrm{d}}{\mathrm{d}t}\left(\frac{p_a V_a}{T_a}\right) \tag{4-67}$$

若假设在绝热条件下，对于工作腔(a)和(b)应用控制体积的能量方程为：

$$Q_{ma}T_a - \frac{p_a}{C_P}\frac{\mathrm{d}V_a}{\mathrm{d}t} = \frac{1}{kR}\frac{\mathrm{d}}{\mathrm{d}t}(p_a, V_a) \tag{4-68}$$

$$Q_{mb}T_b - \frac{p_b}{C_P}\frac{\mathrm{d}V_b}{\mathrm{d}t} = \frac{1}{kR}\frac{\mathrm{d}}{\mathrm{d}t}(p_b, V_b) \tag{4-69}$$

式中　k—— 气体的绝热指数；

C_P—— 定压比热容，4.1868kJ/(kg·K)。

若所有变量都是在它的初始值附近发生很小变化时，上述方程可改写成：

$$T_a(\Delta Q_{ma}) - \frac{p_{a0}}{C_P}\frac{\mathrm{d}(\Delta V_a)}{\mathrm{d}t} = \frac{1}{kR}\left[p_{a0}\frac{\mathrm{d}(\Delta V_a)}{\mathrm{d}t} + V_{a0}\frac{\mathrm{d}(\Delta p_a)}{\mathrm{d}t}\right] \tag{4-70}$$

$$T_b(\Delta Q_{mb}) - \frac{gp_{b0}}{C_P}\frac{\mathrm{d}(\Delta V_b)}{\mathrm{d}t} = \frac{g}{kR}\left[p_{b0}\frac{\mathrm{d}(\Delta V_b)}{\mathrm{d}t} + V_{b0}\frac{\mathrm{d}(\Delta p_b)}{\mathrm{d}t}\right] \tag{4-71}$$

假定活塞由中间位置移动了一个很小的距离；活塞两腔的初始稳态压力相等($p_{a0} = p_{b0} = p_0$)；初始温度相等，对于小的压力变化，从T_s到T_a变化忽略不计($T_a = T_b = T_s$)。那么由式(4-70)减去式(4-71)，并将$1/C_P + 1/kR = \frac{1}{R}$代入，即可得出下列式子：

$$\Delta Q_{ma} - \Delta Q_{mb} = \frac{1}{RT_s}\left[2p_0 A\frac{\mathrm{d}(\Delta Y)}{\mathrm{d}t} + \frac{V_0}{k}\frac{\mathrm{d}}{\mathrm{d}t}(\Delta p_a - \Delta p_b)\right] \tag{4-72}$$

已知通过滑阀的气体质量流量是阀芯位移X和活塞缸中气体压力p_a和p_b的函数，即

$$\left.\begin{aligned} Q_{ma} &= f(X, p_a) \\ Q_{mb} &= f(X, p_b) \end{aligned}\right\} \tag{4-73}$$

将式(4-73)线性化，得出

$$
\left.\begin{aligned}
\Delta Q_{ma} &= \frac{\partial Q_{ma}}{\partial X}\Big|_0 \Delta X + \frac{\partial Q_{ma}}{\partial p_a}\Big|_0 \Delta p_a \\
\Delta Q_{mb} &= \frac{-\partial Q_{mb}}{\partial X}\Big|_0 \Delta X + \frac{\partial Q_{mb}}{\partial p_b}\Big|_0 \Delta p_b
\end{aligned}\right\} \tag{4-74}
$$

上述方程写成习惯的形式为：

$$
\left.\begin{aligned}
\Delta Q_{ma} &= C_3 \Delta X - C_4 \Delta p_a \\
\Delta Q_{mb} &= - C_3 \Delta X + C_4 \Delta p_b
\end{aligned}\right\} \tag{4-75}
$$

式中

$$
C_3 = \frac{\partial Q_{ma}}{\partial X}\Big|_0 = \frac{-\partial Q_{mb}}{\partial X}\Big|_0 \quad \text{（称为流量增益）}
$$

$$
C_4 = -\frac{\partial Q_{ma}}{\partial p_a}\Big|_0 = \frac{\partial Q_{mb}}{\partial p_b}\Big|_0 \quad \text{（称为流量压力系数）}
$$

在假设活塞与负载联接的结构柔度为零；活塞与缸壁间没有粘附和库伦摩擦。对于无外力干扰情况下，活塞受力平衡方程为：

$$
(\Delta p_a - \Delta p_b)A = m_r \Delta \ddot{Y} + b\dot{Y} \tag{4-76}
$$

式中 $m_r = m + m_P$；

m—— 负载质量，kg；

m_P—— 活塞的质量，kg；

A—— 活塞的有效面积，m^2；

b—— 粘性摩擦系数，N·s/m；

Y—— 活塞的位移，m。

将式(4-70)、(4-73) 和(4-74) 合并，即可得出气动阀控缸的开环传递函数，即

$$
\frac{Y(s)}{X(s)} = \frac{2C_3AkRT_b/m_TV}{s[s^2 + (\frac{C_4kRT_s}{V} + \frac{b}{m_T})s + \frac{kP_0}{m_TV}(\frac{C_4bRT_s}{p_0} + 2A^2)]} \tag{4-77}
$$

或写成如下标准形式：

$$
\frac{Y(S)}{X(S)} = \frac{K_T \cdot \omega_n^2}{s(s^2 + 2\zeta_n\omega_n s + \omega_n^2)} \tag{4-78}
$$

式中

$$
K_T = \frac{2C_3AkRT_s}{m_TV\omega_n^2} \quad \text{（系统的开环增益）} \tag{4-79}
$$

$$
\omega_n = \sqrt{\frac{kC_4bRT_s}{m_TV} + \frac{2A^2kp_0}{m_TV}} \quad \text{（系统的固有频率）} \tag{4-80}
$$

$$
\zeta_n = \frac{C_4kRT_sm_T + bV}{2\sqrt{(2A^2kp_0 + C_4kRT_sb)m_TV}} \quad \text{（系统的阻尼比）} \tag{4-81}
$$

二、气动伺服机构举例

图 4-22 是波纹管滑阀式气动伺服系统结构原理图。该伺服系统主要由波纹管、放大杠杆、控制滑阀、气缸及反馈机构等组成。供气压力为 $5 \times 10^5 N/m^2$，信号压力为$(0.2 \sim 1.0) \times 10^5 N/m^2$。

当进入波纹管 1 的控制信号压力增加时，波纹管 1 的推力增加，推动杠杆 3，带动控制滑阀 15 向上移动，从而使下腔压力增加，上腔压力降低，活塞 19 向上移动，带动摇臂 22 输出角位

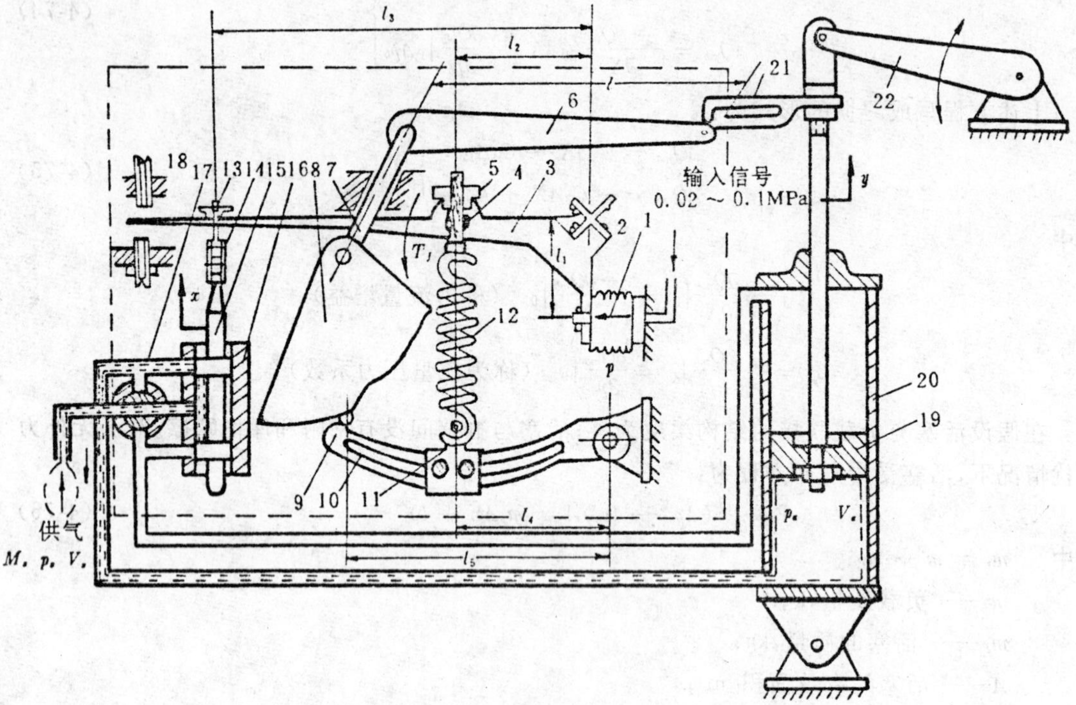

图 4-22　波纹管滑阀式气动伺服系统结构原理图

移。这时连在活塞杆上的导槽 21 也带动正弦机构的摇臂 6 转动，连在同一转轴 7 上的凸轮 8 转向凸轮向径增加的方向。通过滚轮 9 把弧形杠杆 10 推向下转，将反馈弹簧 12 拉伸，反馈弹簧 12 对放大杠杆 3 的拉力随之增加，当反馈弹簧 12 对放大杠杆 3 的拉力与波纹管 1 的推力所产生的力矩相互平衡时，放大杠杆 3 连同控制滑阀 15 又回到了原来的平衡位置，整个系统又重新达到平衡，而此时活塞已上升到相应的高度，气缸两腔所产生的压差与外负载相平衡。当控制信号压力降低时，动作相反。

（一）建立系统的数学模型

波纹管组件的传递函数：

$$W_1(s) = \frac{T_x(s)}{p_x(s)} = K_1 \tag{4-82}$$

式中　$T_x(s)$—— 波纹管输出力矩的拉氏变换；

$p_x(s)$—— 波纹管输入压力信号的拉氏变换；

$K_1 = A_1 l_1$；

A_1—— 波纹管受力面积；

l_1—— 波纹管中线与支点 A 的距离。

放大杠杆力矩的传递函数：

$$W_2(s) = \frac{X(s)}{T_x(s) - T_f(s)} = \frac{l_3 / C_f l_2^2}{\dfrac{J}{C_f l_2^2} s^2 + \dfrac{B_K l_3^2}{C_f l_2^2} s + 1}$$

$$= \frac{k_2}{\frac{s^2}{\omega_2^2} + \frac{2\zeta_2}{\omega_2}s + 1} \tag{4-83}$$

式中　$T_f(s)$—— 反馈弹簧的反馈力矩的拉氏变换；

$X(s)$—— 控制滑阀阀芯位移的拉氏变换；

J—— 放大杠杆的转动惯量，$kg \cdot m^2$；

l_3—— 控制滑阀与支点 A 的距离，m；

B_K—— 控制滑阀的粘性阻尼系数，$N \cdot s/m$；

C_f—— 反馈弹簧刚度，N/m；

l_2—— 反馈弹簧与支点 A 的距离，m；

$K_2 = \frac{l_2}{C_f l_2^2}$—— 波纹管组件的增益；

$\omega_2 = \sqrt{\frac{C_f l_2^2}{J}}$—— 波纹管组件的固有频率；

$\zeta_2 = \frac{B_K l_3^2}{2}\sqrt{\frac{1}{C_f l_2^2 J}}$—— 波纹管组件的阻尼比。

阀控气缸的传递函数：

$$W_3(s) = \frac{Y(s)}{X(s)} = \frac{K_3}{s(\frac{s^2}{\omega_3^2} + \frac{2\zeta_3}{\omega_3}s + 1)} \tag{4-84}$$

式中　K_3—— 阀控气缸的开环增益，可根据式(4-79)求出；

ω_3—— 阀控气缸的固有频率，可根据式(4-80)求出；

ζ_3—— 阀控气缸的阻尼比，可根据式(4-81)求出。

反馈机构的传递函数：

$$W_4(s) = \frac{T_f(s)}{Y(s)} = K_4 \tag{4-85}$$

式中　$K_4 = \frac{C_f \cdot l_2 \cdot l_4}{l_5 \cdot l}$—— 反馈机构的放大系数；

l_4—— 弹簧挂架与支点 B 的距离，m；

l_5—— 弧形杠杆的有效长度，m。

根据式(4-82)、(4-83)、(4-84)和(4-85)可画出系统的方块图，如图 4-23 所示。

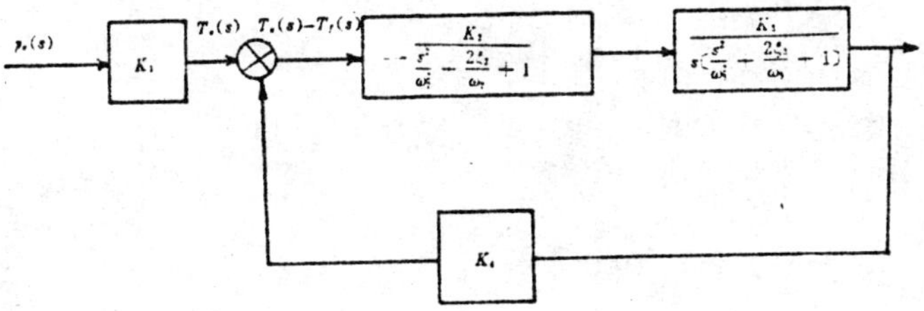

图 4-23　系统方框图

(二) 系统稳定性分析

根据方框图可以求得系统的闭环传递函数：

$$W(s) = \frac{K_1 K_2 K_3}{s(\frac{s^2}{\omega_2^2} + \frac{2\zeta_2}{\omega_2}s + 1)(\frac{s^2}{\omega_3^2} + \frac{2\zeta_3}{\omega_3}s + 1)}$$

$$= \frac{K_1K_2K_3}{a_5s^5 + a_4s^4 + a_3s^3 + a_2s^2 + a_1s + a_0}$$

而闭环特征方程各项系数的数值经过计算如下：

$$a_5 = \frac{1}{\omega_2^2\omega_3^2} = 6.1188 \times 10^{-9}$$

$$a_4 = \frac{2\zeta_2}{\omega_2\omega_3^2} + \frac{2\zeta_3}{\omega_3\omega_2^2} = 2.1522 \times 10^{-6}$$

$$a_3 = \frac{1}{\omega_3^2} + \frac{4\zeta_2\zeta_3}{\omega_2\omega_3^2} + \frac{1}{\omega_2^2} = 1.6912 \times 10^{-4}$$

$$a_2 = \frac{2\zeta_2}{\omega_2} + \frac{2\zeta_3}{\omega_3} = 0.0268$$

$$a_1 = 1$$

$$a_0 = K_2K_3K_4 = 39.2914$$

用劳斯判据判定系统的稳定性，已知系统的特征方程式为：

$$6.1188 \times 10^{-9}s^5 + 2.1522 \times 10^{-6}s^4 + 1.6912 \times 10^{-4}s^3 + 0.0268s^2 + s + 39.2914 = 0$$

用上式各系数按劳斯判据计算得下列如表 4-4 所示。

表 4-4

	6.1188×10^{-9}	1.6912×10^{-4}	1
	2.1522×10^{-6}	0.0268	39.2914
$r_0 = 2.8430 \times 10^{-3}$	$0.9293 \times 10^{-4} > \theta$	0.8883	0
$r_1 = 2.3159 \times 10^{-2}$	$0.00623 > 0$	39.2914	0
$r_2 = 0.01492$	$0.3021 > 0$	0	
$r_3 = 2.0622 \times 10^{-2}$	$39.2914 > 0$		

上表中第一列各值都大于零，所以系统是稳定的。

第五章　控制放大器

控制放大器是机电控制系统中的重要组成部分，它必须与被控的电 — 机械转换器件相匹配，输出一定量值的驱动电压（或电流），并且有各种附加电子线路或校正网络，对输入和反馈信号进行处理以改善控制元件或系统的稳态和动态特性。根据电 — 机械转换器件或受控对象的不同技术要求，工程用控制放大器的原理、构成和参数各不相同。而且随着电子技术的迅速发展，放大器的元件、线路以及结构也在不断发展，控制方式灵活多样。本章仅就其基本单元的一般工作原理作概略叙述，同时介绍与本课程被控器件（执行元件）相关的几种控制放大器。

图 5-1 所示为控制放大器的典型组成结构。它包括控制信号的生成、前置放大器、校正补偿回路和功率放大器等基本单元。此外还有测量放大器、电源及其他功能电路，这里不进行讨论。

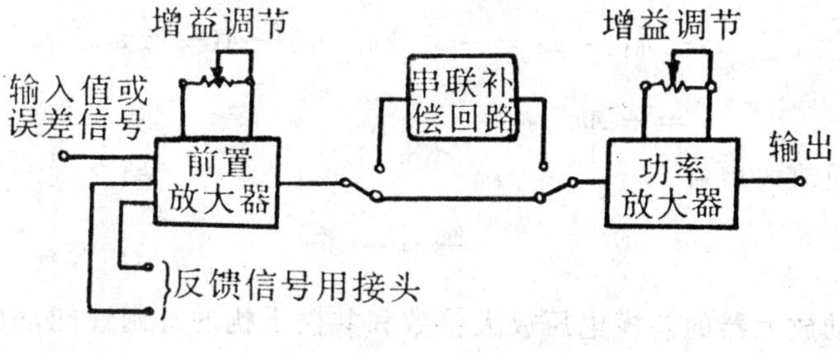

图 5-1　控制放大器的构成

第一节　运算放大器及其主要应用

在控制放大器中，运算放大器用于信号放大、阻抗变换以及进行各种信号处理。本节概述其基本原理及主要应用。

一、运算放大器

运算放大器常由多级差动放大器组成。图 5-2(a) 所示差动放大器包括一对性能相同的晶体三级管 T_1 和 T_2、集电极电阻 $R_{c1} = R_{c2}$ 及共用射极电阻 R_e。当输入两管的基极电压相等时，由于两集电极电流相等，电阻 R_{c1} 和 R_{c2} 的压降相等，故作为输出信号电压的两管集电极之间的电压差为零。这种对两输入端加以相同信号的输入方式称为共模输入。因此，完全对称的差动放大器的共模增益为零，它对共模信号有抑制能力。由于在集成电路中差动放大器的一对晶体管靠得很近，它们受到的干扰大致相同，若看成是共模干扰输入信号，则其对输出没有影响，所以这种电路的抗干扰能力很强。同理，在差动电路中，电源电压的波动和工作温度变化对输出量的影响也能得到补偿，当然这种补偿只有在电路和元件对称时才是完全的。

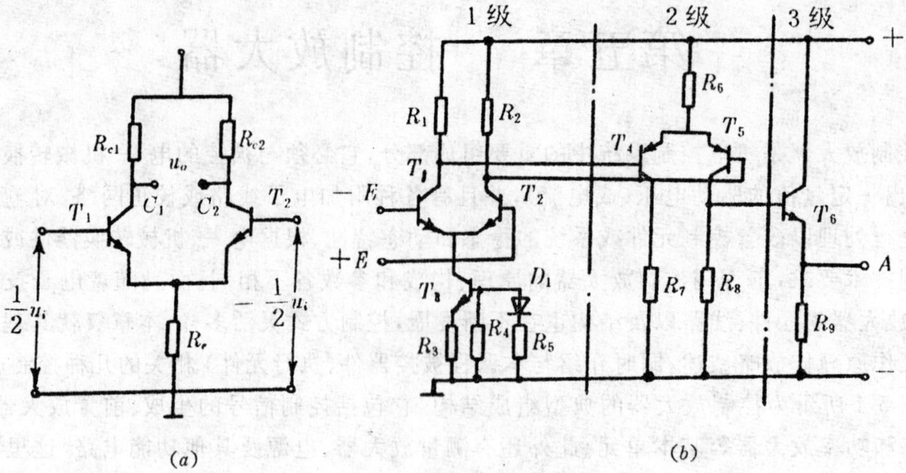

图 5-2　差动放大器

在两输入端分别输入幅值相同、极性相反的信号电压$\frac{1}{2}u_i$和$-\frac{1}{2}u_i$时，如两管的电压放大倍数均为 A，则其输出电压为

$$\begin{aligned} u_o = u_{c1} - u_{c2} &= -A\frac{1}{2}u_i - \left[-A\left(-\frac{1}{2}u_i\right)\right] \\ &= -Au_i \end{aligned} \tag{5-1}$$

差动放大器的差模放大增益

$$\frac{u_o}{u_i} = -A \tag{5-2}$$

为了评价差动放大器的差模电压放大倍数和共模干扰的抑制性能，引入共模抑制比，记作 CMRR。

$$\text{CMRR} = \left|\frac{A_d}{A_c}\right| \tag{5-3}$$

式中　A_d、A_c 分别为差模和共模电压放大倍数。有时也可以表示为对数形式

$$\text{CMRR} = 20\lg\left|\frac{A_d}{A_c}\right|\text{dB} \tag{5-4}$$

一般运算放大器的 CMRR 在 60 ～ 120dB 之间，差模增益可达 10^5 倍。

为了提高差动电路的共模抑制比，除了尽可能使电路参数对称外，还可尽可能提高射极电阻 R_e（因它对差模增益并无影响）而改善共模抑制负反馈，降低共模增益。但为保证同样的输出电压幅值范围，提高 R_e 就必须相应提高电源电压，从而增加了功率消耗，为此可以用一晶体管恒流电路来代替电阻 R_e。

图 5-2b 是含有二级差动放大器的运算放大器电路。由 T_1 和 T_2 组成的第一级差动放大器采用了由晶体管 T_3 构成的恒流源代替发射极电阻。恒流源的温度特性由二级管 D_1 进行补偿。第二级差动放大器由 T_4 和 T_5 组成，它的极性和第一级相反。由于在实际应用中希望获得的是相对于电源零电位的电压输出信号，因此采用一射极跟随器作为第三级，由于射极跟随器的内阻较低，也提高了运算放大器的工作范围。其输入信号经 $+E$ 输入时在 A 端得同相放大信号，经 $-E$ 输入时在 A 端得反相放大信号。因此，$+E$ 和 $-E$ 分别称为同相输入端和反相输入端。市售的运算放大器常有二个输入端和一个输出端，并采用公共零电位。名义供电电压通常为 ±

15V ～± 22V，但有的产品在± 5V 下还能正常工作。输入阻抗在 100 kΩ～ 1MΩ之间，采用场效应输入级时可达 10MΩ。输出阻抗在 50 ～ 600Ω 之间，多数场合带有短路保护电路。

二、信号的放大和处理

运算放大器在控制放大器中可组成各种信号处理电路，包括放大、求和、比较、微分、积分、滤波等基本电路及其复合应用。

（一）反馈放大电路

1. 同相反馈放大电路

采用适当的反馈，不但能获得需要的闭环增益，还可用以提高信噪比、扩展工作频带和减小非线性。图 5-3(*a*) 为一带负反馈的同相比例放大器。

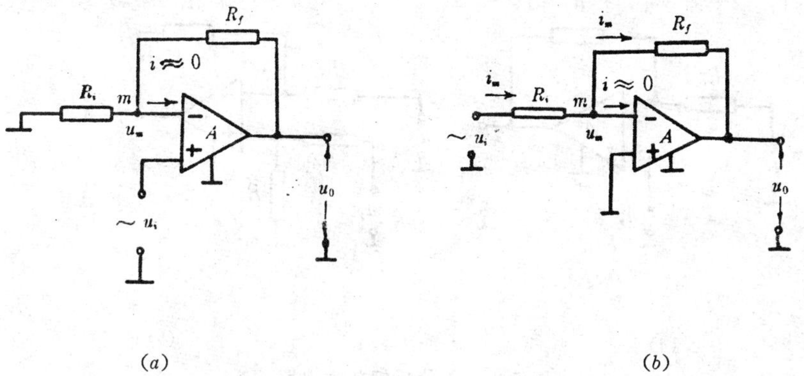

图 5-3　带负反馈的同相和反相放大器电路

接点 m 的对零电压为

$$u_m = F_f u_0 \tag{5-5}$$

式中　F_f 为反馈系数。

$$F_f = \frac{R_i}{R_i + R_f} \tag{5-6}$$

由前节差动式运算放大器知

$$u_o = A(u_i - u_m) \tag{5-7}$$

式中　A 为运算开环差模增益。

从式(5-5)、(5-6)、(5-7) 可得同相反馈放大器的闭环电压增益

$$K_N = \frac{u_o}{u_i} = \frac{A}{1 + AF_f} \tag{5-8}$$

当 A 足够大时，如 $AF_f \gg 1$，则式(5-8) 可简化为

$$K_N \approx \frac{1}{F_f} = 1 + \frac{R_f}{R_i} \tag{5-9}$$

显然，K_N 恒大于 1。

2. 反相反馈放大电路

反相反馈放大电路如图 5-3(*b*) 所示，信号输入和反馈电阻均接在运算放大器的反相输入端。考虑到运算放大器的开环差模增益为 A，放大器的输入阻抗很大，$i \approx 0$，故得

$$u_o = -Au_m \tag{5-10}$$

$$i_m = \frac{u_i - u_m}{R_i} = \frac{u_m - u_o}{R_f} \tag{5-11}$$

解以上两式，得反相反馈放大电路的闭环增益

$$K_i = \frac{u_o}{u_i} = \frac{-A}{1 + (A+1)F'_f} \tag{5-12}$$

式中 $F'_f = \frac{R_i}{R_f}$ 为反相放大器的反馈系数。

当 A 足够大时，可认为 $AF'_f \gg 1 + F'_f$，式(6-12) 即可简化为

$$K_i \approx -\frac{1}{F'_f} = -\frac{R_f}{R_i} \tag{5-13}$$

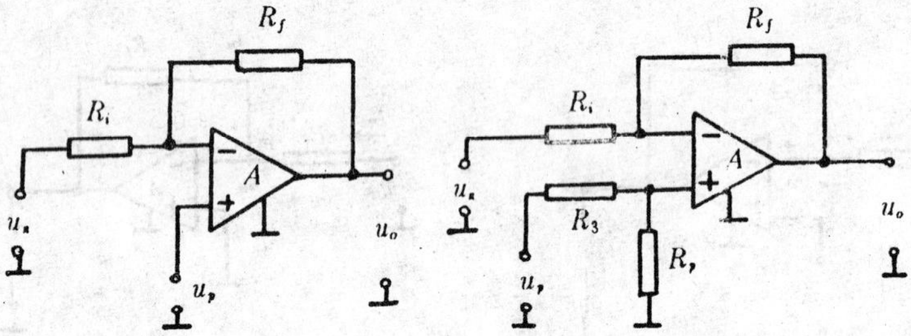

图 5-4　差值反馈放大电路

3. 差值反馈放大电路

差值反馈放大电路采用双端输入方式，如图 5-4(a) 所示。采用叠加原理，按式(5-8) 和式(5-12) 得：

$$u_o = \frac{A}{1 + AF_f}u_p - \frac{A}{1 + (A+1)F'_f}u_n \tag{5-14}$$

或

$$u_o = K_N u_p - K_i u_n \tag{5-15}$$

当 $AF_f \gg 1$ 和 $AF'_f \gg 1 + F'_f$ 时，可简化为

$$u_o \approx \frac{1}{F_f}u_p - \frac{1}{F'_f}u_n \tag{5-16}$$

由于 $K_N \neq K_i$，这是一个对 u_p 和 u_n 有不同增益的差值反馈放大器。为了使 u_p 和 u_n 的增益相等，差值反馈放大器可采用图 5-4(b) 所示的输入电路。与式(5-14) 对照，可列出下式

$$\begin{aligned} u_o &= \frac{A}{1 + AF_f}\frac{R_p}{R_p + R_s}u_p - \frac{A}{1 + (A+1)F'_f}u_n \\ &= \frac{A}{1 + \frac{R_s}{R_p} + A\frac{R_i}{R_f}(1 + \frac{R_s}{R_p})/(1 + \frac{R_i}{R_f})}u_p \\ &\quad - \frac{A}{1 + \frac{R_i}{R_f} + A\frac{R_i}{R_f}}u_n \end{aligned} \tag{5-17}$$

令 $\frac{R_p}{R_s} = \frac{R_f}{R_i}$，则式(6-17) 可简化为

$$u_o = \frac{A}{1+(1+A)\frac{R_i}{R_f}}(u_p - u_n) \tag{5-18}$$

如 $A\frac{R_i}{R_f} \gg (1+\frac{R_i}{R_f})$，则上式可改写为

$$u_o = \frac{R_f}{R_i}(u_p - u_n) \tag{5-19}$$

4. 反馈放大器的应用

反馈放大器除实现比例放大外还可用作反相器、电压跟随器和加法器等。

a）反相器

在反相反馈放大电路（图 5-3*b*）中，若 $R_i = R_f$，则闭环增益 $K_i = -1$，即构成反相器。如电路中信号极性不符合要求时可接一反相器反相。

b）电压跟随器

在同相反馈放大电路（图 5-3*a*）中，若 $R_i \neq 0, R_f = 0$，则闭环增益 $K_N = 1$，即为一电压跟随器。其输入阻抗很高而输出阻抗很低，$R_o \ll 1\Omega$，故可以实现阻抗变换，但由于其正反相输入端的信号电压相同，故要求运算放大器具有足够的共模输入范围和较大的共模抑制比。

c）加法器

在控制系统中如需将几个电压信号相加，可采用如图 5-5 所示的多路并联输入的反相反馈放大电路。运算放大器的开环放大系数 A 很大，故其反相输入端的电平接近零电位，即可视为虚地，则有

$$\frac{u_{i1}}{R_1} + \frac{u_{i2}}{R_2} + \frac{u_{i3}}{R_3} + \cdots\cdots \approx \frac{u_o}{R_f}$$

或 $$u_0 = -(\frac{R_f}{R_1}u_{i1} + \frac{R_f}{R_2}u_{i2} + \cdots + \frac{R_f}{R_n}u_{in}) \tag{5-20}$$

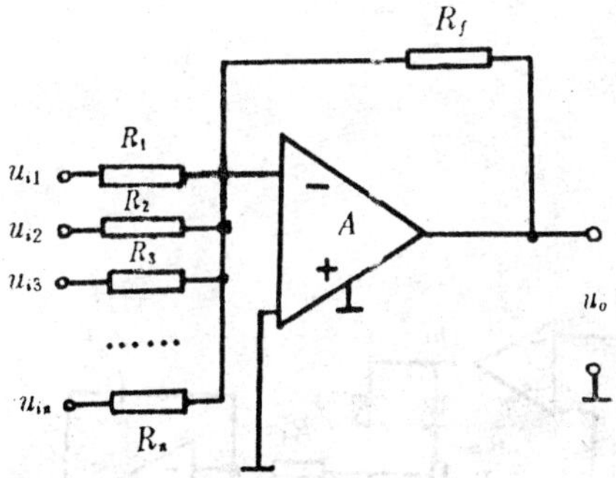

图 5-5　加法电路

显然，若令 $R_1 = R_2 = \cdots = R_n = R_f$，则上式可表示为

$$u_o = -\sum_{j=1}^{n} u_{ij} \tag{5-22}$$

即输出电压为诸输入信号电压的代数和，但相位相反。如相位相同的电压信号需作减法运算时可将被减数先行反相。在加法电路中每一输入信号的输入阻抗为该路输入电阻 R_n。使用这种加法器时，各输入信号应有一个公共接零点，以避免各信号之间互相干扰。

（二）积分、微分和调节电路

1. 积分电路

积分电路与反相反馈放大电路的差别，仅在于用一反馈电容 C 来代替反馈电阻 R_f（如图 5-6*a*），利用上述虚地的概念可知 $i_R \approx \frac{u_i}{R}$，如忽略放大器输入电流 i_b，则可认为 $i_R \approx i_c$，于是

$$u_o = -u_c = -\frac{1}{C}\int i_c \mathrm{d}t = -\frac{1}{RC}\int u_i \mathrm{d}t \tag{5-22}$$

其传递函数为

$$W(s) = \frac{u_o}{u_i} = -\frac{1}{Ts} \tag{5-23}$$

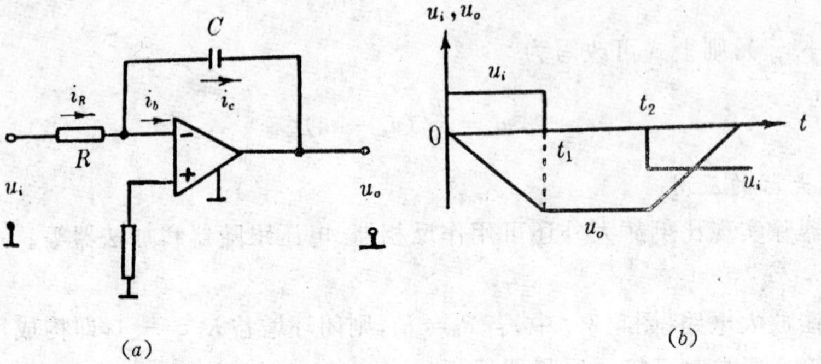

(a) (b)

图 5-6 积分电路

式中 $T = RC$ 为积分时间常数。

当输入电压为阶跃信号时，其输出电压信号为

$$u_o(t) = u_o|_{t=0} - \frac{1}{T}u_i t \tag{5-24}$$

式中 $u_o|_{t=0}$ 为输出端初始电压，其特性曲线如图 5-6(b) 所示。

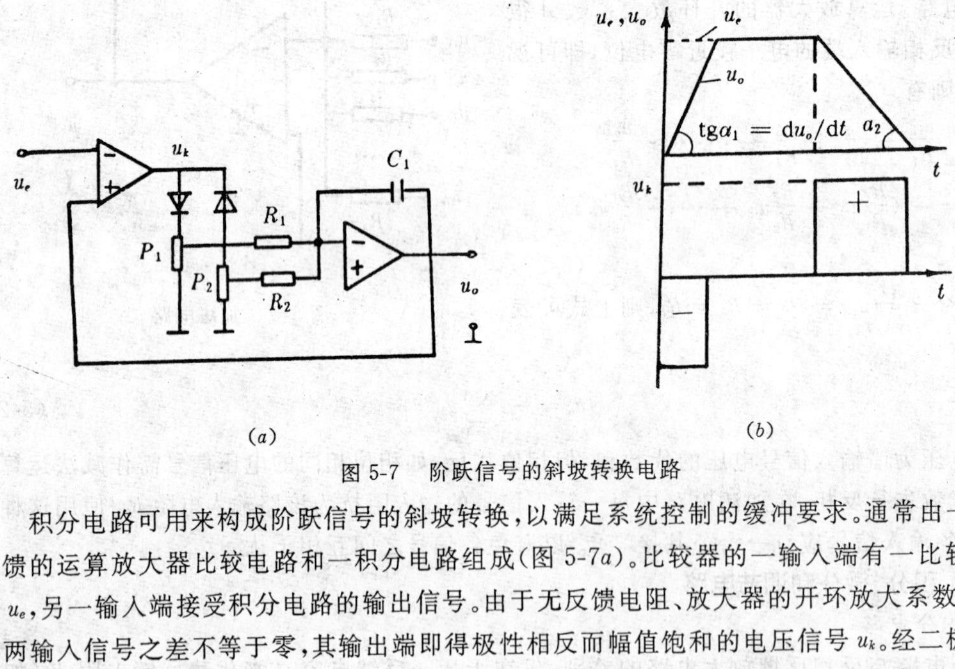

(a) (b)

图 5-7 阶跃信号的斜坡转换电路

积分电路可用来构成阶跃信号的斜坡转换，以满足系统控制的缓冲要求。通常由一个不带反馈的运算放大器比较电路和一积分电路组成(图 5-7a)。比较器的一输入端有一比较参考电压 u_e，另一输入端接受积分电路的输出信号。由于无反馈电阻、放大器的开环放大系数很大，只要两输入信号之差不等于零，其输出端即得极性相反而幅值饱和的电压信号 u_k。经二极管极性选择和电位器 p_1 和 p_2 的分压可以调节输出电压斜坡函数的速率。输出幅值的调节可通过改变 u_e 实现。

采用相似的电路可以构成三角波颤振信号发生器(图 5-8)。其输出波形幅值可调，最大可能幅值为

$$u_{opp\max} = 2\frac{R_3}{R_1}u_k \tag{5-25}$$

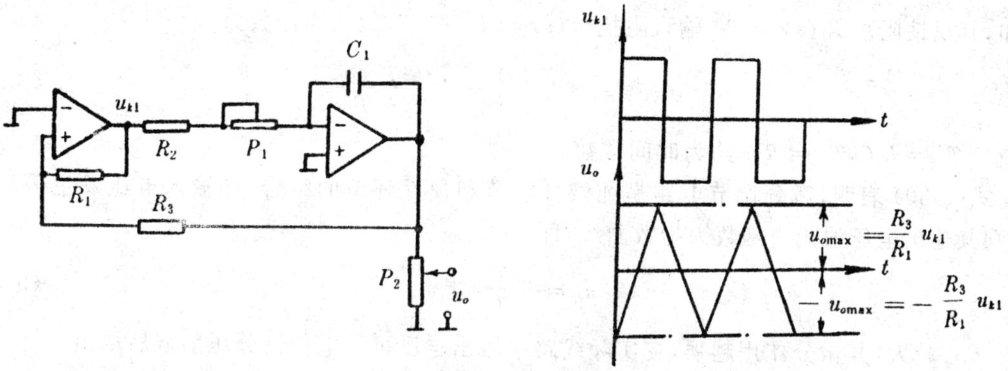

(a) (b)

图 5-8 三角波颤振信号发生器

三角波的输出频率可经电位器 p_1 调节,其值为

$$f = \frac{R_1}{4R_3(R_2 + P_1)C_1} \tag{5-26}$$

2. PI 调节电路

在电液控制系统校正网络中,PI 调节电路十分有用,其电路构成只需在积分电路的反馈通道中串联一附加电阻,如图 5-9(a)。按与积分电路相类似的分析可知

$$u_o = -K(u_i + \frac{1}{T}\int u_i \mathrm{d}t) \tag{5-27}$$

式中 $K = \frac{R_2}{R_1}$,积分时间常数 $T = R_2C$。

其传递函数为

$$W(s) = \frac{u_o}{u_i} = -K(1 + \frac{1}{Ts}) = -(\frac{R_2}{R_1} + \frac{1}{R_1Cs}) \tag{5-28}$$

输入阶跃电压时,其输出电压为

$$u_o = -K(u_i + \frac{u_i}{T}t) \tag{5-29}$$

如图 5-9(b) 所示。

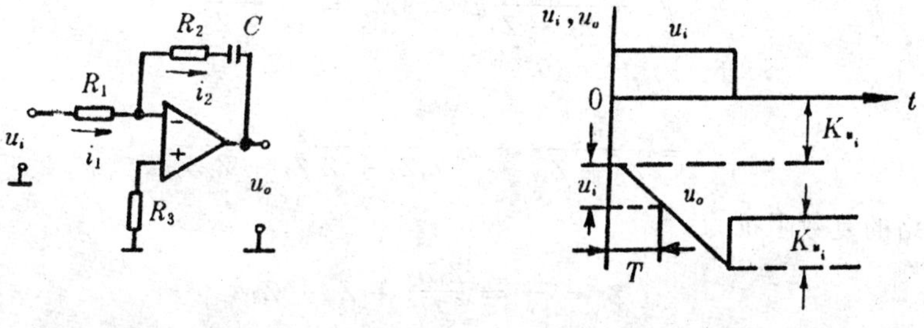

(a) (b)

图 5-9 PI 调节电路

3. 微分调节电路

微分调节电路是在反相反馈放大电路的输入端接入一个电容组成的，如图 5-10(*a*)。由图可知，其反馈阻抗 $Z_f(s)=R_2$，输入阻抗 $Z_i(s)=R_1+\frac{1}{Cs}$，故传递函数为

$$W(s)=-\frac{Z_f(s)}{Z_i(s)}=-\frac{T_2 s}{1+T_1 s} \tag{5-30}$$

式中　$T_1=R_1C$，$T_2=R_2C$ 均为时间常数。

式(5-30) 表明，微分调节电路是纯微分环节和惯性环节的组合。如输入电压发生阶跃变化，则其输出电压的响应函数为指数曲线，即

$$u_o=-\frac{T_2}{T_1}e^{-\frac{t}{T_1}}u_i \tag{5-31}$$

$T_2=R_2C$ 越大，其微分作用越强，在实际线路中输出电压可经电位器分压削减后取出。

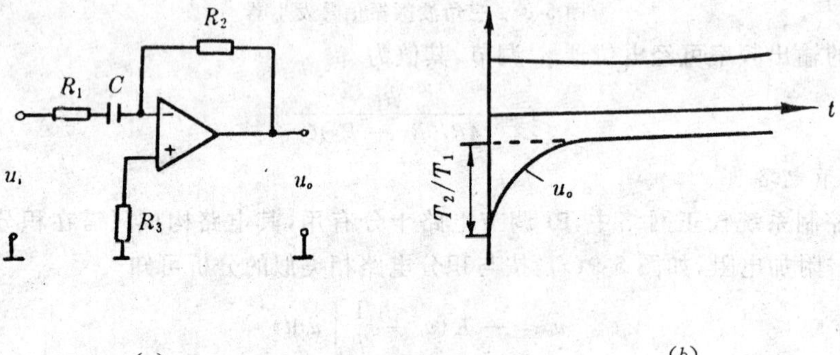

图 5-10　微分调节电路

4. PID 调节电路

将同一输入信号平行地输入 PI 电路和微分电路，并经一加法器相加即可得到 PID 调节电路。如加法器的增益为 1，按式(5-28) 和(5-30) 得

$$W(s)=\frac{u_o}{u_i}=\frac{R_2}{R_1}+\frac{1}{R_1C_2s}+R_2C_1s\frac{1}{1+R_1C_1s} \tag{5-32}$$

式中　R_1、R_2 分别为输入电阻和反馈电阻，C_1、C_2 分别为微分输入电容和积分反馈电容。

亦可按图 5-11(*a*) 的电路采用单个运算放大器组成 PID 调节器。简化后的反馈网络如图 5-11(*b*) 所示。根据等效电势原理，可得等效网络 5-11(*c*)。其中

$$u'_o=\frac{Z_3}{Z_3+Z_2}u_o \qquad Z'_2=\frac{Z_2Z_3}{Z_2+Z_3} \tag{5-33}$$

反馈电流为

$$i=\frac{u'_o}{Z_1+Z'_2}=u_o\frac{Z_3}{Z_1Z_2+Z_1Z_3+Z_2Z_3} \tag{5-34}$$

故得反馈网络的复数阻抗为

$$\begin{aligned}Z_f&=\frac{u_o}{i}=\frac{Z_1Z_2}{Z_3}+Z_1+Z_2\\&=R_1R_2C_1s+\frac{1}{C_2s}+\frac{C_1R_2+C_2R_1+C_2R_2}{C_2}\end{aligned} \tag{5-35}$$

于是，PID 调节器的传递函数为

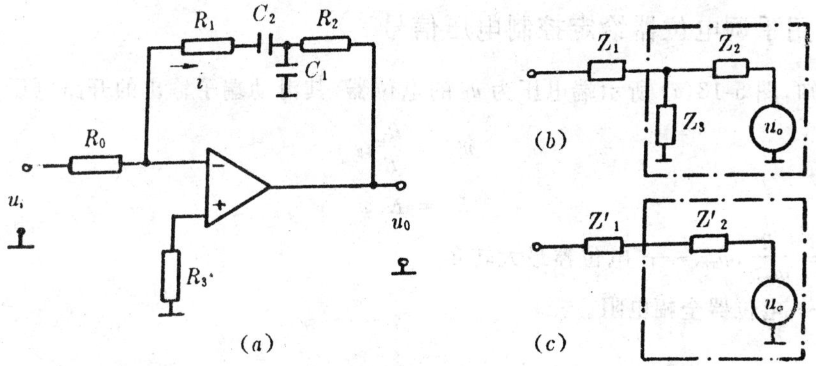

图 5-11　采用单个运算放大器的 PID 调节器

$$Z_1 = R_1 + \frac{1}{C_2 s} \qquad Z_2 = R_2 \qquad Z_3 = \frac{1}{C_1 s}$$

$$W(s) = \frac{-Z_f(s)}{Z_i(s)}$$

$$= -\left[\frac{C_1R_2 + C_2R_1 + C_2R_2}{R_0C_2} + \frac{1}{R_0C_2s} + \frac{R_1R_2C_1s}{R_0}\right] \tag{5-36}$$

如令 $K_p = R_1/R_0, T_1 = R_1C_2, T_2 = R_2C_1$，则上式可改写为

$$W(s) = -K_p\frac{(1+T_1s)(1+T_2s)}{T_1s} \tag{5-37}$$

当阶跃输入时，其输出电压响应函数为

$$u_0 = -\left[K_p\left(1+\frac{T_2}{T_1}\right)u_i + \frac{K_p}{T_1}\int u_i\mathrm{d}t + K_pT_2\frac{\mathrm{d}u_i}{\mathrm{d}t}\right] \tag{5-38}$$

5. PD 调节电路

典型的 PD 调节器网络如图 5-12 所示。与前节分析相似，只是此时 $Z_1 = R_1$，由式(5-35)可得

$$Z_f(s) = R_1R_2C_1s + (R_1 + R_2) \tag{5-39}$$

PD 调节器的传递函数为

$$W(s) = -\frac{Z_f(s)}{Z_i(s)} = -\left(\frac{R_1+R_2}{R_0} + \frac{R_1R_2}{R_0}C_1s\right) \tag{5-40}$$

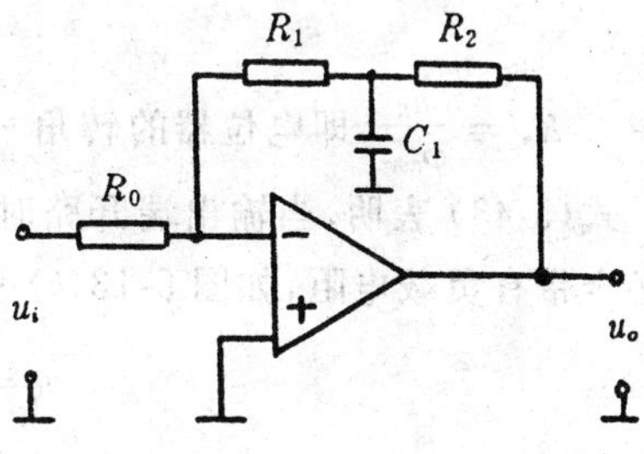

图 5-12　PD 调节器

如令
$$K_p = \frac{R_1+R_2}{R_0}$$

$$T = \frac{R_1R_2}{R_1+R_2}C_1$$

则式(5-40)可改写为

$$W(s) = -K_p(1+Ts) \tag{5-41}$$

第二节　控制信号电路

控制放大器的输入控制信号的给定，可以由手调电位器、输入信号函数发生电路等来实现。当然，也可以通过数字计算机给出的离散信号并经数模转换来实现。本节还将介绍常见的周期信号发生电路。

一、利用手调电位器给定控制电压信号

众所周知，图 5-13(a) 所示端电压为 u_R 的电位器，其滑动端子输出的开路电压 u_o' 为

$$u'_o = \frac{R_2}{R}u_R \tag{5-42}$$

$$R_2 = K_\Omega \varphi$$

式中　$K_\Omega = \dfrac{R}{\varphi_{\max}}$，$\varphi_{\max}$—— 电位器最大转角；

R—— 电位器全幅电阻。

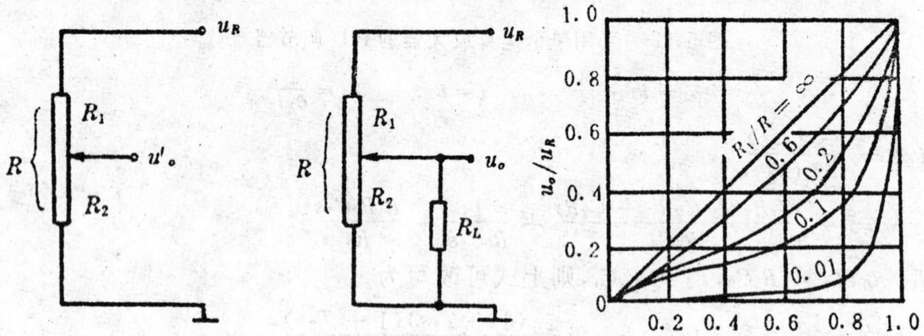

(a)　　(b)　　(c)

图 5-13　电位器的转角 —— 信号电压转换

将式(5-42) 两部分合并得

$$u'_o = \frac{K_\Omega u_R}{R}\varphi = K_u \varphi \tag{5-43}$$

式中　$K_u = \dfrac{u_R}{\varphi_{\max}}$，即电位器的转角 — 电压增益。

式(5-43) 表明，当输出端开路时，输出信号电压是调整角的线性函数。但实际电路的输出端必定带有负载电阻，如图 5-13(b) 所示。不难推得，此时有

$$u_0 = \frac{K_\Omega \varphi}{R + \dfrac{K_\Omega \varphi}{R_L}(R - K_\Omega \varphi)} u_R \tag{5-44}$$

式中　R_L—— 负载电阻。

比较式(5-44) 与(5-43) 可见，只有当 R_L/R 足够大时，式(5-44) 才可简化为式(5-43)，即为理想的线性关系。否则将带来非线性偏差（图 5-13c）。若取 $R_L/R = 10$，其非线性偏差小于 1.5%。如在输出端接入高输入阻抗的电压跟随器，上述非线性偏差几乎可以忽略。

二、非周期性函数发生器

非周期性函数发生器可以用来产生非线性控制信号，或用以补偿系统的非线性因素。本节介绍两种不同的型式。

（一）增益递增型非周期函数发生器

其电路和特性如图 5-14(a) 所示。它采用分段线性化方法，将一根曲线用几段折线逼近。其每段直线均采用比例放大电路来实现，增益转换采用稳压管或二极管来实现。运算放大器的

反馈电阻 R_0 不变，而输入电阻随着输入电压的变化自动改变。当输入电压 u_i 值小于两稳压管最低稳压值时，R_2、R_3 输入电路形同虚设，放大器电压增益为 $-R_0/R_1$，其特性为 oa 段。当 u_i 达到稳压管 W_1 的最低稳压电压时，R_2 输入支路投入运行，则放大器增益增加为 $-R_0/R_1 /\!/ R_2$，其特性为 ab 段。同理，当电压 u_i 继续上升至 W_2 的稳压值以上时，则放大器增益为 $-R_0/R_1 /\!/ R_2 /\!/ R_3$，其特性为 bc 段。

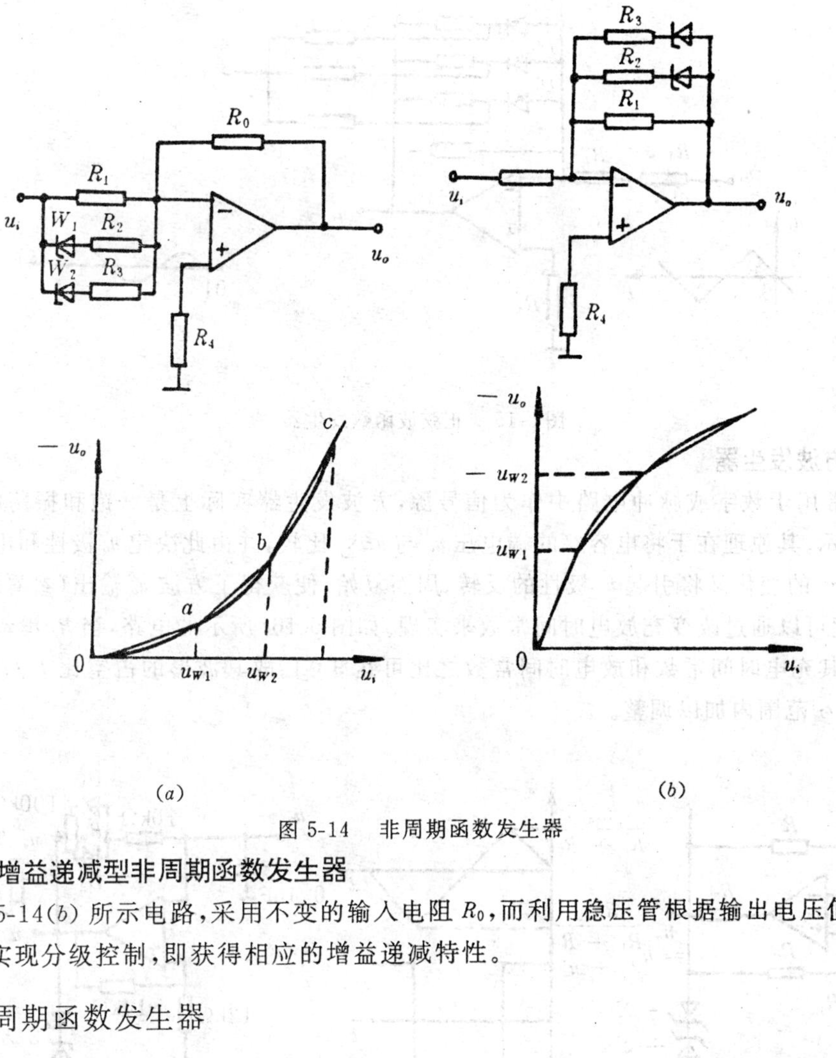

图 5-14　非周期函数发生器

(二) 增益递减型非周期函数发生器

如图 5-14(b) 所示电路，采用不变的输入电阻 R_0，而利用稳压管根据输出电压值的大小对反馈电阻实现分级控制，即获得相应的增益递减特性。

三、周期函数发生器

(一) 正弦波函数发生器

本章的积分电路应用中已经说明了三角波发生器的构成。正弦波和三角波的差别，仅在于曲线的峰谷部分。因此，可以利用前述增益自动变化型电路对三角波的峰谷部分进行处理，便可获得近似的正弦波函数。图 5-15 中反馈型运算放大器除了常通反馈电阻 R_f 外，并联了一组由二极管和电阻组成的有源网络。输出电压 u_o 和正负参考电压 $+u_R$ 和 $-u_R$ 通过电阻网络分压，在二极管右侧分别得到一系列的电压 u_1、u_2、u_3 和 u'_1、u'_2、u'_3。当 u_i 由零增加，即 u_o 由零向负值下降时，u_1、u_2、u_3 将相应下降并依次使 D_1、D_2、D_3 导通，等效反馈电阻逐渐减小，增益渐减，趋近于正弦波波谷的波形。当 u_i 由零下降，即 u_o 由零向正值上升时，由于 D'_1、D'_2、D'_3 依次导通，得到近似于正弦波波峰的波形。这一方案的特点在于波形的频率只取决于三角波频率。

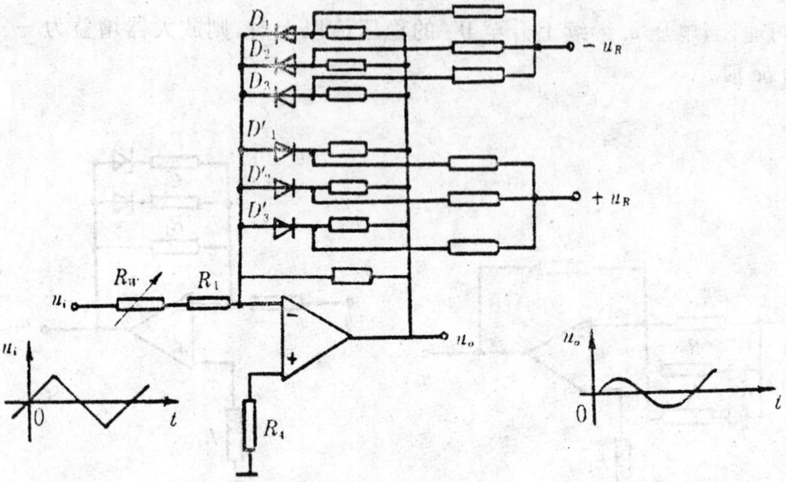

图 5-15　正弦波函数发生器

（二）方波发生器

方波常用于数字或脉冲电路中作为信号源，方波发生器实际上是一饱和振荡电路，如图 5-16(*a*) 所示。其原理在于将电容 C 的端电压 u_C 与 $u_{-\sum}$ 比较，并由此决定 u_o 极性和电容的充电或放电，而 u_c 的变化又将引起 u_o 极性的反转。周而复始，便获得了方波 u_o 输出（参看图 5-16*b*）。波形的宽度可以通过改变充放电时间常数来实现。如图 5-16*c* 所示的电路，当 R_w 滑动接点移至最上部时，其充电时间常数和放电时间常数之比可达 9∶1。故其波形的占空比 T_1/T 也可在约 90% 到 10% 范围内加以调整。

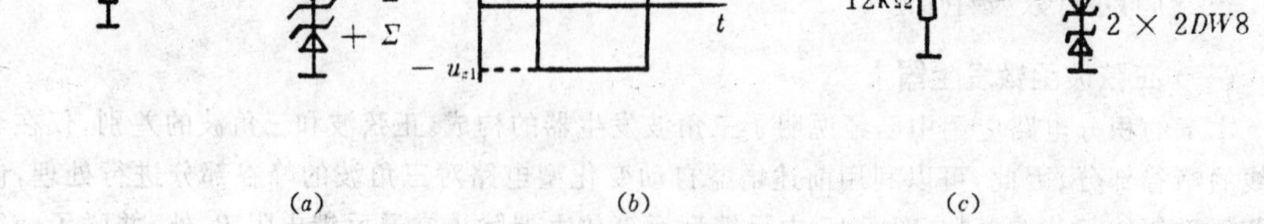

图 5-16　方波发生器

（三）锯齿波发生器

如果使上节电路中的充放电时间常数的值更加悬殊，则在电容两端可得锯齿波。图 5-17(*a*) 便是利用场效应管来实现的锯齿波发生电路。当 u_o 为正时，场效应管作为恒流源向 C 充电，使 u_c 上升。当 u_c 达到 $\frac{R_1}{R_1+R_2}u_z$ 时，作为比较器的运算放大器使 u_0 从 $+u_z$ 变到 $-u_z$，场效

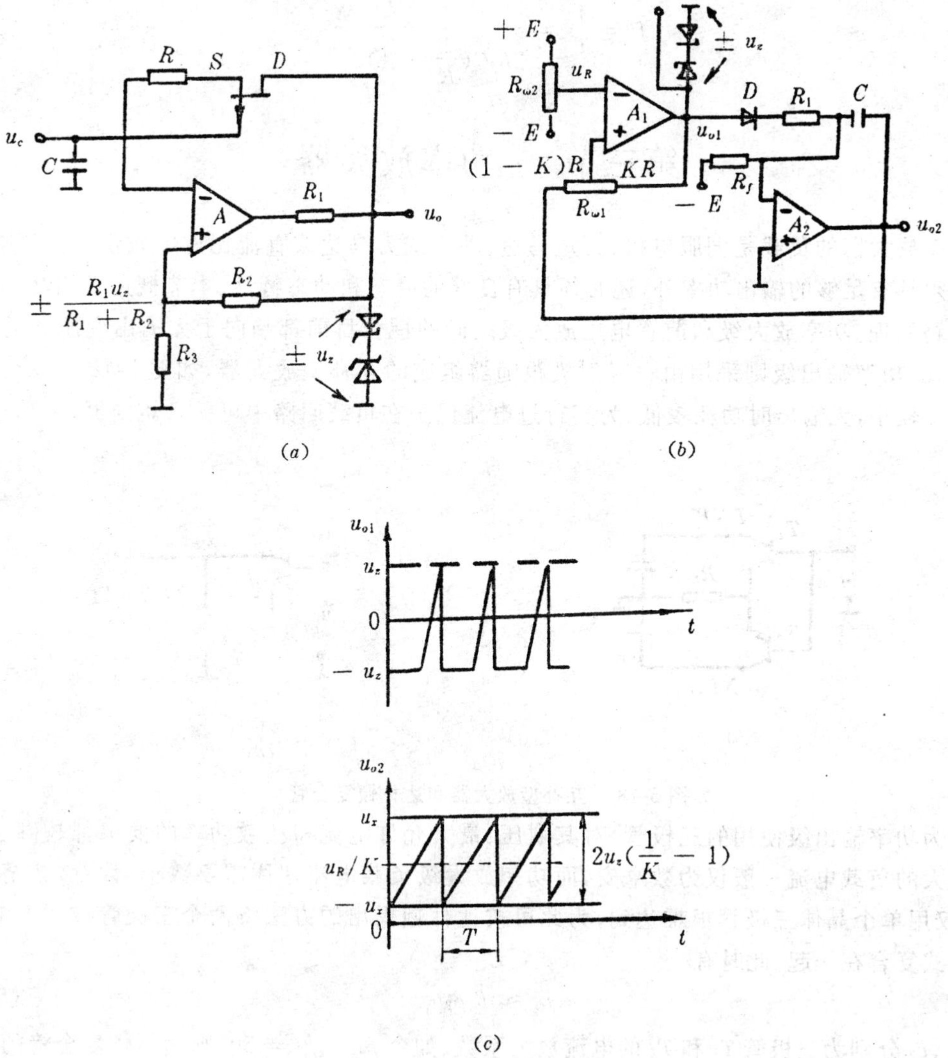

图 5-17　锯齿波发生器

应管的栅漏电阻变为正向偏置，因此 D 和 S 极之间呈低阻值使放电加速。当 u_c 下降到略低于 $-\frac{R_1}{R_1+R_0}u_z$ 时，u_o 又重新反转到 $+u_z$。也可以利用一个积分电路和一个幅值比较电路组成频率和幅值均可调节的锯齿波发生器，如图 5-17(b) 所示。其工作原理如下：当 u_{o1} 为 $-u_z$ 时，D 截止，有电流 $\frac{E}{R_f}$ 使 C 充电，u_{o2} 按斜率 $\frac{E}{R_fC}$ 上升。当幅值达到 u_x，使 A_1 的同相端电压接近于 u_R 时，A_1 的输出反转，u_{o1} 由 $-u_z$ 变到 $+u_z$。此时 D 导通，使放电电流经 R_1 流过 C，当 u_{o2} 下降到 $-u_x$ 时，又使同相端电压接近 u_R，则 A_1 的输出端再次反转，使 u_{o1} 由 $+u_z$ 变为 $-u_z$，如此周而复始(参看图 5-17c)。调节 R_f 和 E 可以改变频率，调节 R_{w1} 或 R_{w2} 可以改变输出幅度。不难证明输出电压的峰值为

$$u_{o2pp} = 2u_z(\frac{1}{K} - 1) \tag{5-45}$$

振荡频率为

$$f = \frac{1}{T} = \frac{1}{2R_fC(\frac{1}{K} - 1)} \frac{E}{u_z} \tag{5-46}$$

第三节 功率放大器

功率放大器的负载是伺服电机、力矩马达、动圈式力马达或直流比例电磁铁。功率放大级除了必须具有足够的输出功率外，还必须具有良好的稳态和动态特性。本节概述常用功率放大器的电路原理。功率放大级和前置电压放大级之间的耦合目前都趋向于无输出变压器的直接耦合方式。功率输出级则采用由一对射极跟随器组成的互补型放大器，如图 5-18(*a*) 所示。其放大失真较小，无输出时功耗较低。为实行过电流保护在负载回路中可接入熔断器。

图 5-18 互补型放大器和达林顿复合管

作为功率输出级使用的三极管，对其耐压、最大允许电流和耗散功率的要求都较高。由于前置放大的负载电流一般仅为数毫安，而功率放大级负载电流往往需要数十、数百，甚至数千安培。仅用单个晶体三极管很难达到，为此可按达林顿提出的方法将两个三极管按图 5-18(*b*) 所示方式复合在一起。此时有

$$i_{c_2} \approx \beta_1\beta_2 i_{b_1} \tag{5-47}$$

式中 β_1、β_2 分别为三极管 T_1 和 T_2 的电流放大系数。如令 $\beta_1 = \beta_2 = 50$，则达林顿复合管的电流放大系数可达 2 500 倍。

根据不同的电—机械转换器的控制要求，功率放大级又可分为电压反馈型和电流反馈型。直流伺服电机配用前者，而动圈和动铁式电—机械转换器及直流比例电磁铁毫无例外地采用后者。

一、电压反馈型功率放大器

直流伺服电机的转速控制是通过对其电枢绕组的电压控制来实现的，因此可采用带输出电压负反馈的功率放大器，如图 5-19 所示。由于电压负反馈的存在，该功率放大器的输出电阻可以减小到无反馈时的$\frac{1}{1 + AK_f}$(其中，A 为放大器开环增益，K_f 为反馈增益)。一般来说，控制放大器的输出电阻越小，直流伺服电机的快速性越好。

二、电流反馈型功率放大器

对动圈式和动铁式电—机械转换器，控制线圈的电感一般较大，如采用电压反馈方式，其电气时间常数变得不可忽略，故往往采用电流反馈，使功率放大器只有很小的电气时间常数。

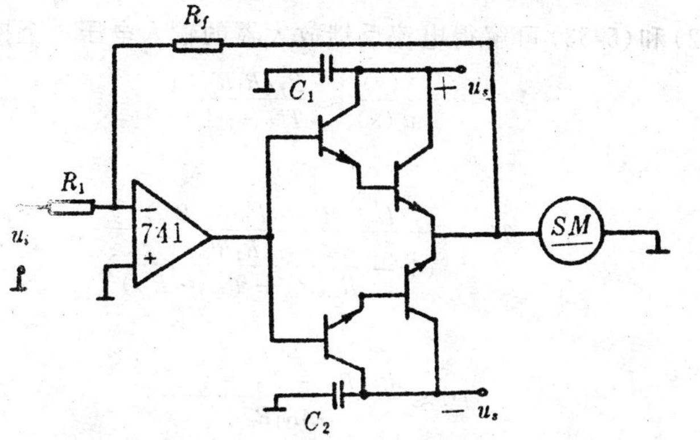

图 5-19　电压反馈型功率放大器

图 5-20 描绘了两种电路的等效电路。

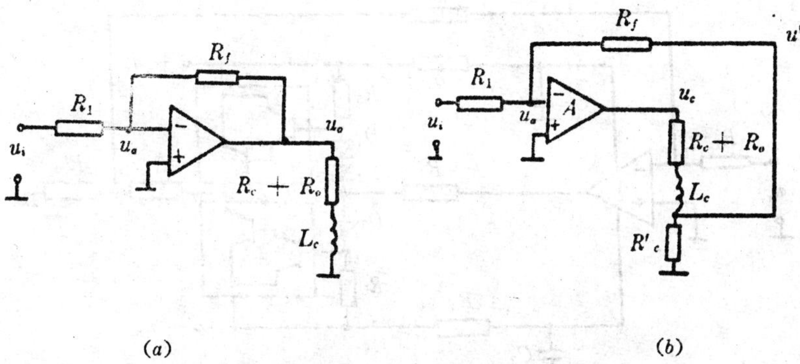

(a)　　　　　　　　　　　　(b)

图 5-20　带电压或电流反馈的功率放大器等效电路

对图 5-20(a) 所示的电压反馈放大器，根据 a 点虚地的概念，有

$$u_i \approx \frac{R_1}{R_f} u_o \tag{5-48}$$

$$u_o = i(L_c s + R_c + R_0) \tag{5-49}$$

式中　R_c、R_0—— 控制线圈电阻和放大器内阻；

L_c—— 控制线圈电感；

u_o—— 放大器输出端电压；

R_1、R_f—— 输入电阻和反馈电阻。

由式(5-48) 和(5-49) 可得输入电压至控制电流的传递函数为

$$\frac{i(s)}{u_i(s)} = \frac{\dfrac{R_f}{R_1(R_c + R_0)}}{\dfrac{L_c}{R_c + R_0} s + 1} \tag{5-50}$$

时间常数 $T = \dfrac{L_c}{R_c + R_0}$。

图 5-20(b) 所示的电流反馈电路增加了一个输出电流采样电阻 R'_c。可得

$$u_i - u_a = \frac{R_1}{R_f} u'_o \tag{5-51}$$

$$u_o = u_a A, \qquad u'_o \approx iR'_c \tag{5-52}$$

$$u_0 = i(L_c s + R_c + R_0 + R'_c) \tag{5-53}$$

由式(5-51)、(5-52)和(5-53)可解得电流反馈放大器的输入电压 u_i 至控制电流 i 的传递函数为

$$\frac{i(s)}{u_i(s)} \approx \frac{R_f/R_1R'_c}{T's + 1} \tag{5-54}$$

式中,时间常数为

$$T' = \frac{L_c/(R_c + R_0 + R'_c)}{(1 + \dfrac{AR_1R'_c}{R_f(R_c + R_0 + R'_c)})}$$

因 R_c' 很小,故

$$T' \approx \frac{R_f(R_c + R_0 + R'_c)}{AR_1R_c'}T \tag{5-55}$$

由于放大器开环电压增益很大,从式(5-55)可见,采用电流反馈的放大器电气时间常数可大幅度减小。

由于 $R_c' \ll R_c$,故在采样电阻上的功耗可以忽略。

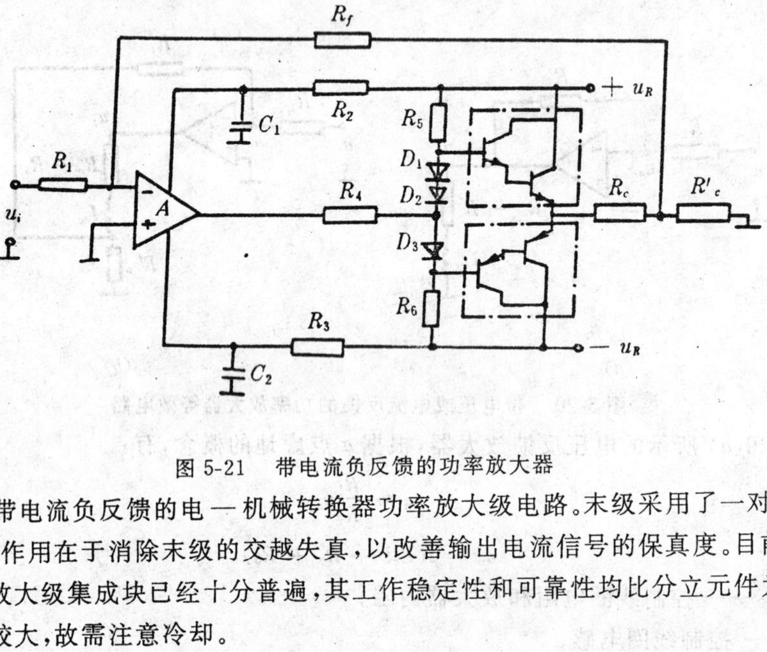

图 5-21　带电流负反馈的功率放大器

图5-21为带电流负反馈的电一机械转换器功率放大级电路。末级采用了一对互补型达林顿管,二极管的作用在于消除末级的交越失真,以改善输出电流信号的保真度。目前,输出为数十瓦级的功率放大级集成块已经十分普遍,其工作稳定性和可靠性均比分立元件为优。由于功率放大管功耗较大,故需注意冷却。

三、开关式功率放大器

数字阀、数控缸、马达等数字式电液控制元件不论是脉宽调制式还是增量式的,都采用开关型放大器。在比例控制器中为了减小能耗,也有的使用了开关型放大器。数字式电液控制元件使用这种放大器除节省能耗外,还有与计算机连接方便,能消除摩擦影响,省去颤振信号等优点。

与模拟电量的电流反馈型放大器比较,数字信号的放大器只在开、关两种状态工作,并不要求输入电压与输出电流的线性关系。它的功率管工作在饱和导通段和截止段。当导通时管压降近于零,而截止时电流近于零。因此放大器的功耗很小。

数字信号的放大器除放大电信号外,还要求尽可能减少开、关过程中的时间。由于电一机

械转换器的绕组是感性负载，必然带来时间滞后问题。因此必需考虑两个问题。一是如何保护功率管不受电流切断时由电感引起的尖峰信号的冲击，二是如何减少感性负载的切换响应时间，这对电液控制阀的动态性能影响较大，因此叙述较详细。

(一) 抑制电路

为保护功率管免受感性电势峰值的冲击，有以下几种抑制电路：

1. 二极管抑制：最简单的电压抑制如图 5-22(*a*) 所示。这是使用一个释能二极管跨接在电 — 机械转换器线圈的两端，当线圈通电运行时，二极管置反向电压，其作用如同一个对线圈进行分路的极高阻抗。当绕组断电时，线圈极性立即反向，二极管处于正向电压下导通，为电流提供了一个低阻抗的通路。

当一线圈断电，储存在线圈中的能量必须消耗在电阻 R_m 中，衰减的时间常数是 L_m/R_m。在增量式数字控制中，若步进电机的步进率低于它的时间常数，经过释能二极管的平均电流将很小，因而可以不用二极管也不致损坏功率管。

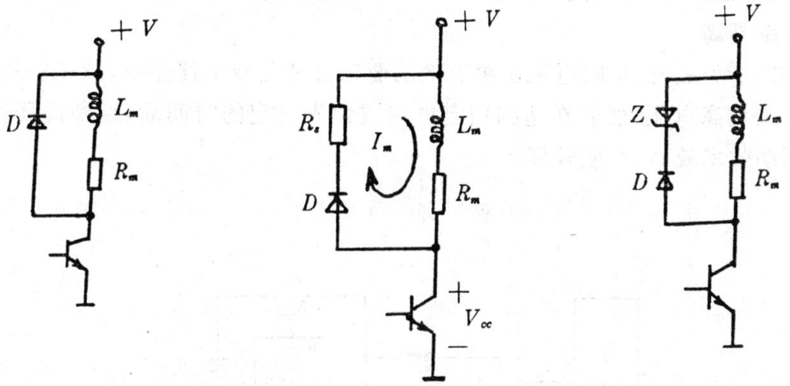

(*a*) 二极管抑制　　(*b*) 二极管 — 电阻抑制　　(*c*) 稳压二极管抑制

图 5-22　功率管的抑制电路

2. "二极管 — 电阻"抑制：如图 5-22(*b*) 所示，在要求高速运动时，断电线圈里的能量必须尽快消耗掉。这可在"释能"二极管外串联一个电阻 R_s，以减小断电电路的时间常数来实现。在图 5-22(*b*) 所示的情况下，电流断开期间的时间常数是 $L_m/(R_m + R_s)$。可利用的抑制电阻 R_s 的最大值取决于集电极 — 发射极的击穿电压值 V_{cer}，即 $R_s < R_m(\frac{V_{cer}}{V_{cc}} - 1)$

3. 稳压二极管抑制：如图 5-22(*c*) 所示，在要求比二极管电阻抑制电流衰减得更快时可以使用这种电路。断开线圈的电压升高到使稳压二极管击穿并开始导通，能量以热能形式在稳压管内消散。

以上三种是较常用的抑制电路。可减小线圈感性负载的时间常数而又抑制功率管的电压。它的结构简单，但需消耗相当能量，效率较低。为更进一步提高效率，可用有源抑制的功率放大器，如图 5-23 所示。

图中当线圈通电时，晶体管 BG_1 和 BG_2 导通，二极管 D_1 和 D_2 反向偏置，电流从电源经晶体管 BG_1 和 BG_2 及线圈流过，当线圈断电时，晶体管 BG_1 和 BG_2 截止。跨越线圈的电压反向，引起二极管 D_1 和 D_2 导通直至线圈电流变为零。BG_1 和 BG_2 绝不可能出现峰值电压。

这种有源抑制功率放大器，改进了稳定性。在步进电机中，断电相的能量可输送到即将接通的下一相中，能量不会损失。电流容量大，功率管损坏的危险性小，所以比常用放大器有更高的效率，但成本较高。

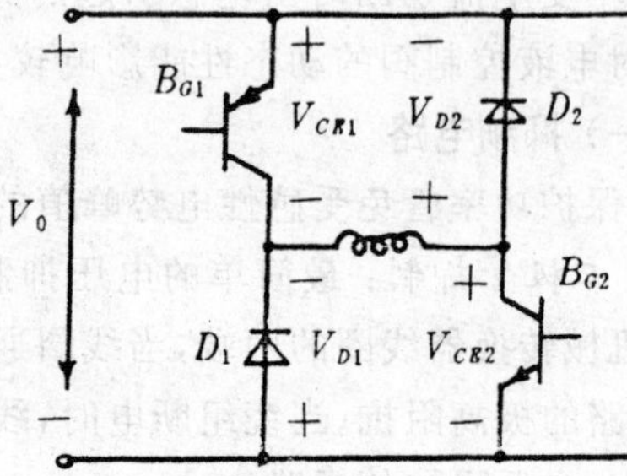

图 5-23　有源抑制线路

（二）快速增加电流的过激方法

为了在线圈中快速地使电流达到峰值，放大器的电源电压必须克服线圈的电感和反电势，否则当绕组开关速度提高时，将达不到能使电—机械转换器带载运动的电流。为使电—机械转换器能具有较高的速度性能，可采用某些过激的方法以减小电流增加和衰减的时间。除前述的抑制电路减少断路时间外，比较普遍采用以下三种方法：

1. 串联电阻法：改进电—机械转换器性能最普通的方法就是在线圈上增加一个串联电阻，电路的时间常数由 L_m/R_m 减小到 $L_m/(R_m+R)$，但串联电阻增加了外加电阻上的功率损耗，使这一系统效率不高。

2. 双电压驱动法：比串联电阻法更有效的驱动方法是双电压驱动，就是在绕组内为使电流达到峰值而采用高电压，然后在达到额定电流或预先调定的时间后，切断高压而接以低压，这种双电压驱动效率较高，性能较好。

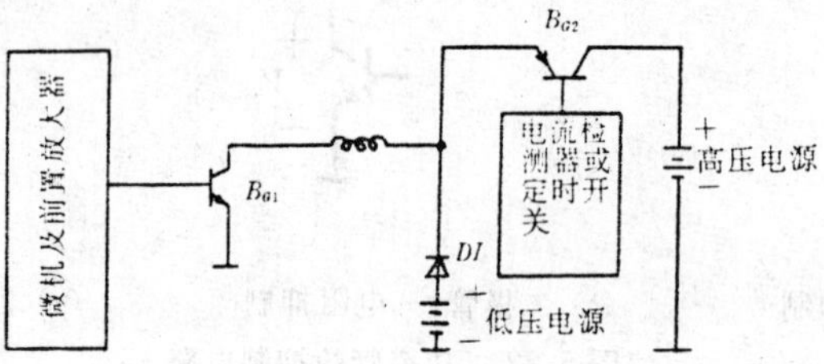

图 5-24　简化双压驱动器

双电压驱动的电路如图 5-24 所示，当 BG_1 和 BG_2 都导通时，则线圈通高压，在电流达到额定值后 BG_2 断开，则高压电源与绕组断开，只有低压供电。晶体管 BG_1 一直保持稳定导通，直到线圈断电时为止。

3. 断续电压驱动：步进电机获得高性能的另一种方法是使用脉宽或频率调节来控制通向线圈的平均电流。

如图 5-25 所示，当电—机械转换器通电时，晶体管 BG_2 接通或断开高压，高压电源的电压值一般比额定值高出若干倍，使线圈电流迅速上升与双电压驱动时相似，电流传感器网络在电流达到额定值时，断开开关晶体管 BG_2，而在电流降低到低于某一预先调定的临界值时，BG_2 再次接通。这种断续作用，使电流维持一个平均值如图 5-26 所示。断续的频率范围根据线圈的时间常数和传感器电路的滞后效应可以从几千赫到 30 千赫。

以上所述的几种方法都是为了提高功率放大器的开关转换时间，这些方法既对步进电机适用，也可用于脉宽调制式数字阀的放大器。

脉宽调制放大器除单向工作模式外，还可用双向工作模式，如图 5-27 所示。双向电压工作

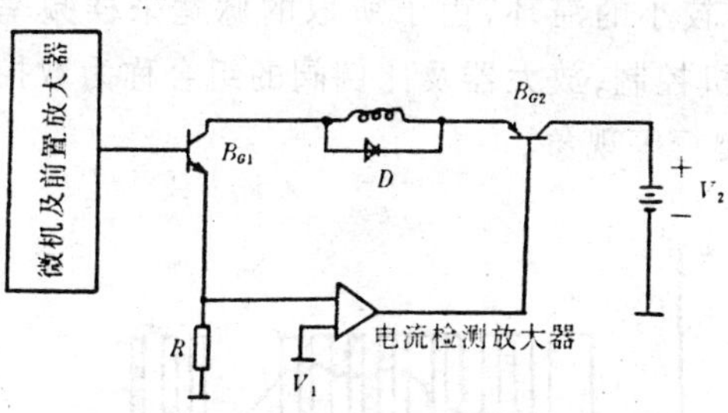

图 5-25　简化了的断续驱动器

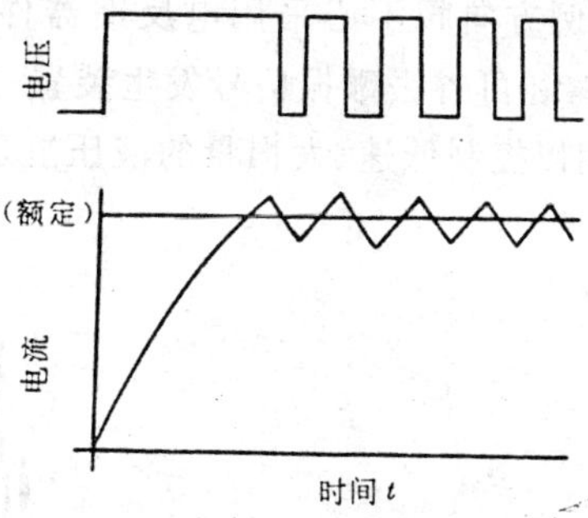

图 5-26　断续驱动器典型的电压与电流波形

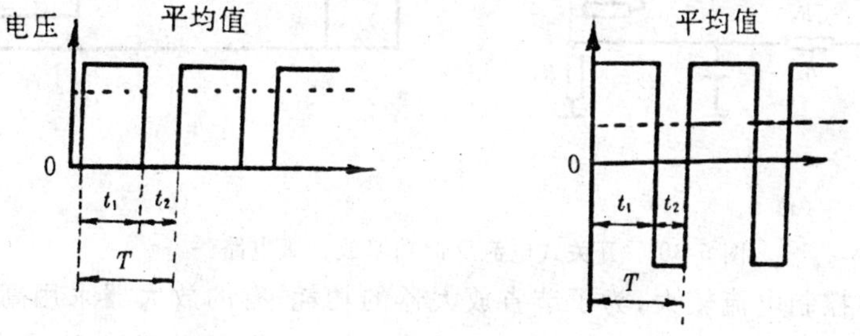

(a) 单向电压　　　(b) 双向电压

图 5-27　二种脉宽调制方式

时，它的脉宽占空比为$(t_1 - t_2)/T$，这种工作方式对消除死区很有效，在$t_1 = t_2$时，平均电流值为 0%，没有死区现象，但放大器的结构较复杂。

步进电机用的开关型电路如图 5-28 所示，这是三相反应式步进电机的典型输出驱动级放大器，为了提高电液控制元件的分辨率还可以为步进电机采用细分电路，使数控电液元件的精度进一步提高。

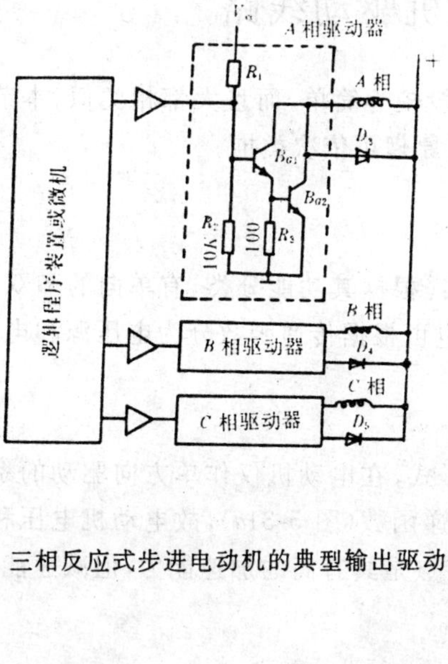

图 5-28　三相反应式步进电动机的典型输出驱动级放大器

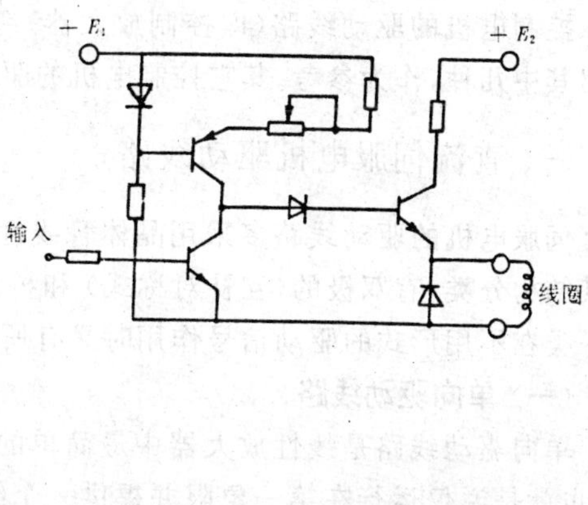

图 5-29　脉宽调制型放大器

图 5-29 为脉宽调制型数字式电液控制元件用的功率放大器。这种放大器除在数字式电液元件中使用外，用计算机控制的比例方向阀也可使用，使计算机和放大器连接方便，编程容易，而电液比例方向阀不必采用电反馈器件就能获得较小的滞环，由于所取的脉宽采样频率为 50Hz 左右，还可省去颤振信号发生装置。这种用微机控制、放大器及比例阀的组合称为数控比例阀，若用以控制低速、大惯量的液压缸还能消除爬行等现象。

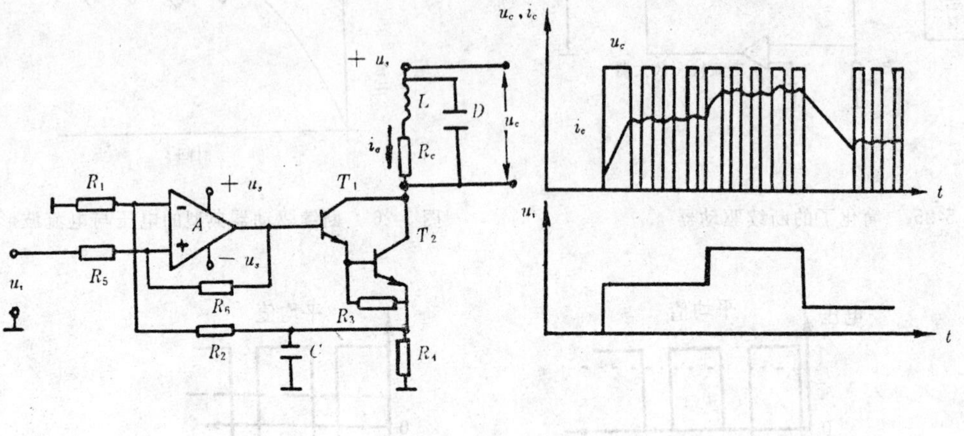

图 5-30　开关式电流反馈功率放大级电路

在比例控制器中控制电流较大，为了节省放大器的功耗，有的放大器采用高频开关型，频率为 250 ～ 5kHz 的脉宽调制控制。输入为模拟电量，功率放大级虽为开关型，但由于比例阀的动态响应较低，相当于一个滤波器将高频开关作用滤除而得到平均值，因此电液控制阀的输出仍为模拟量。图 5-30 为电液比例阀使用的开关式电流反馈功率放大级电路，其前置运放的同相输入端接受控制电压信号 u_i，并带有正反馈。控制电流经低通滤波电路反馈到该前置级的反相端形成电流负反馈。因此前置级实际上是一个比较触发开关电路。其输出经功率放大复合管放大按开关方式工作。电流负反馈通道上的 R_2C 低通滤波器是为了解决 BG_2 截止时，采样电阻 R_4 不能采得经旁路二极管 D 支路所保持的电流而设置的。

第四节　控制电机驱动线路

控制电机的驱动线路(即控制放大器) 结构一般较为简单，而且大都相类似。本节简要地介绍其中几种，作为参考。其它控制电机的驱动线路原理可依次类推。

一、直流伺服电机驱动线路

伺服电机的驱动线路多采用晶体管线性放大器。根据其功能分类，有单向的和双向的；根据其结构分类，有双极的(互补对称式) 和桥式的。也可根据传递函数分为电压源和电流源，而每一类在不用形式的驱动信号作用时又有所不同。

(一) 单向驱动线路

单向驱动线路是线性放大器中最简单的一种形式，在电动机仅作单方向驱动的系统中使用，也就是说仅运行在第一象限并提供一个线性传递函数(图 5-31a)，故电动机电压和电流均为正，而且两者的方向都是不可逆的。这种系统的特点是具有高的加速能力，但减速能力却低，因为电动机仅仅靠系统的摩擦力和粘滞 — 阻尼来减速。

单向放大器加上动力掣动能力就导致两象限运行(图 5-31b)。它仍只允许电动机单方向旋转,但是能通过改变驱动电流而使电动机电流反向,并且能为发电机运行由反电势所形成的电流提供通路。掣动电流是反电势的函数,在高速时,它有较大的掣动能力,而在零速附近电流减小到零。

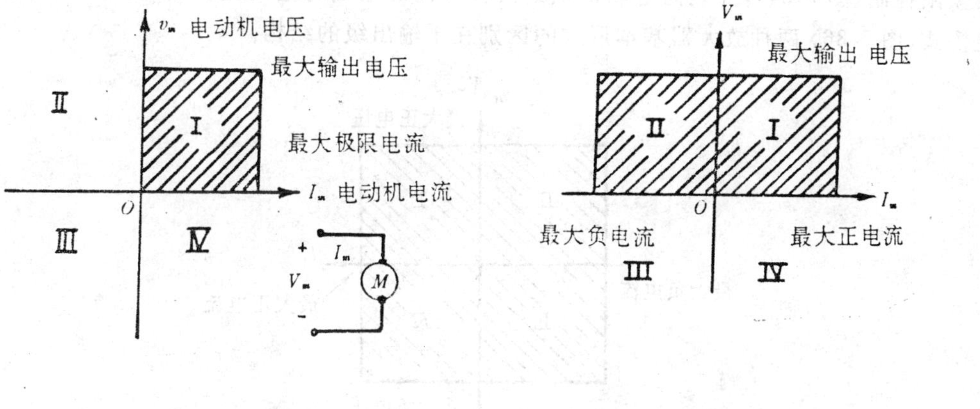

(a) 单个象限控制　　(b) 两个象限控制

5-31　单向驱动工作域

必须注意到第 Ⅱ 象限中运行按性质言是一种暂态,它仅可应用于当系统从足够高的速度中减速并产生预期的制动电流时。

图 5-32 绘出一个有动力制动和没有动力制动的典型单向系统的图形。显见动力制动的效应在低速区减弱了。

图 5-33 绘出一个简化的带动力制动的单向放大器的原理图。

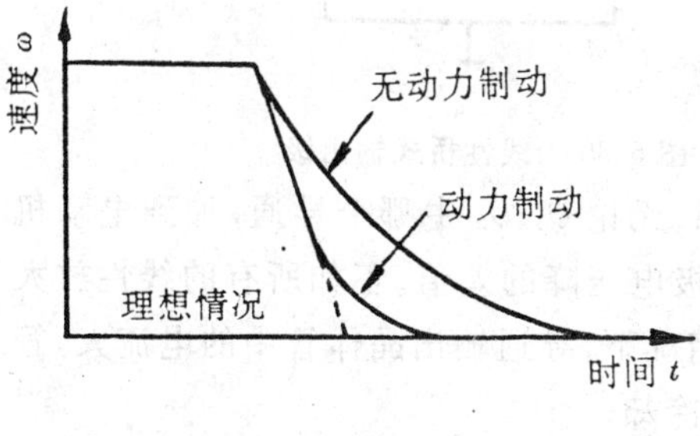

图 5-32　有动力制动和没有动力制动的典型单向系统

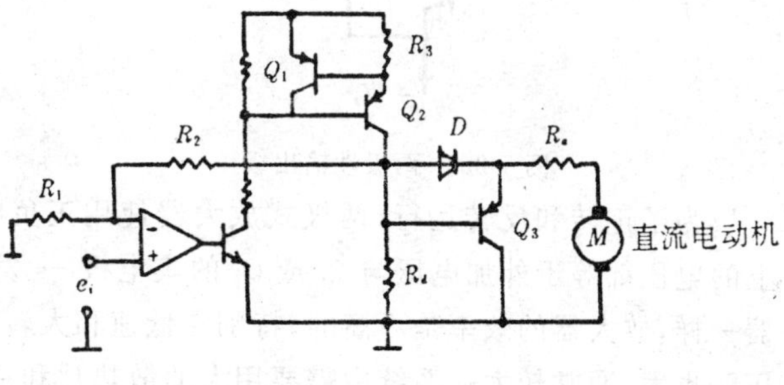

图 5-33　带反向制动的单向放大器

当电动机在驱动过程中,Q_2 导通并通过二极管 D 与电动机相联。Q_3 不导通,因为它的基极比发射极高一个二极管电压降。当 Q_2 截止时,电阻 R_a 建立起基极电流使 Q_3 导通。于是电流以相反的方向从电动机流向 Q_3。在这种情况下,制动电流仅仅受反电势和电动机电枢电阻 R_0 的限制。为了把制动电流限定在一个较低的数值上,可另加一个电阻从 Q_3 的集电极联接到地。Q_1 用作电流限制器仅在加速中起作用,当 R_3 两端电压降达到近似 0.7 伏时,通过 Q_2 的基极电流被

Q_1 分流，于是，加速电流被限制为：

$$I_{\lim} = 0.7/R_3 \quad (\mathrm{A})$$

注意系统的结构是由一个不可反向的电压增益为$(R_2/R_1)+1$的运算放大器和一个功率推动级组成。这种不可反向的结构类似于单端输入运行。

（二）双向驱动放大器

双向驱动放大器能够使电动机以两个方向运行，具有通过零速的线性传递函数，可在整个四象限控制（图 5-34），并能向电动机供给两种极性的电压与电流。线性两极式（图 5-35）和线性桥式（图 5-36）两种放大器基本形式的区别在于输出级的结构。

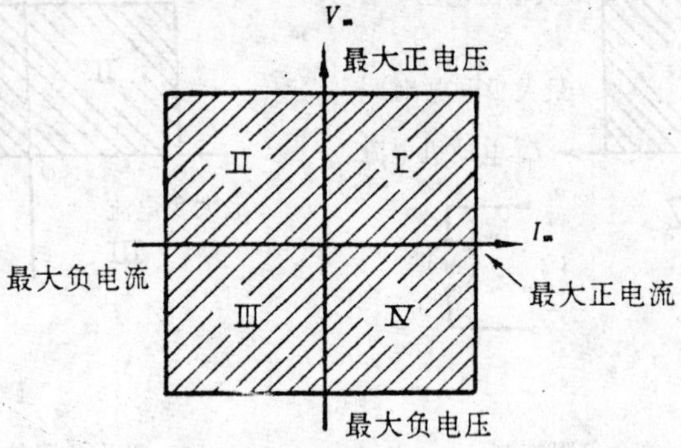

图 5-34　双向驱动工作域

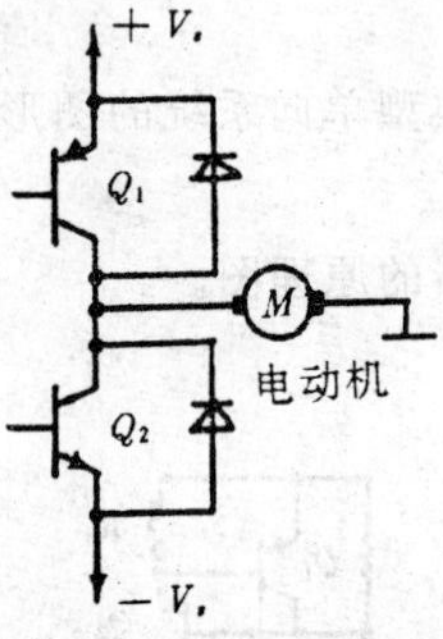

图 5-35　两极性输出级

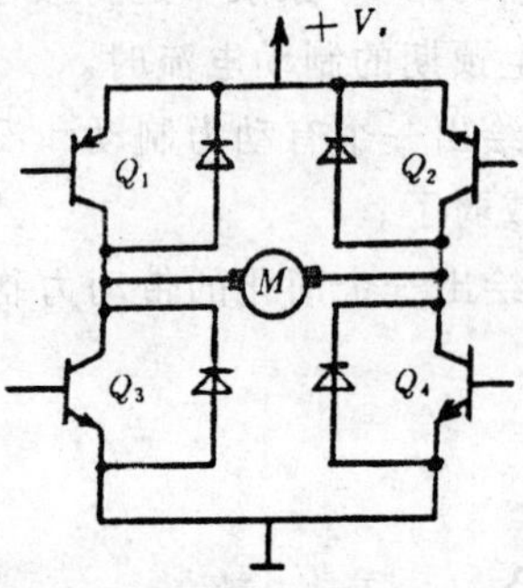

图 5-36　线性桥式输出级

为了正转和反转运行，两极式放大器使用正负电源。无论 Q_1、Q_2 中哪个导通，加到电动机上的电压都等于外加电压与 Q_1 或 Q_2 的集电极 — 发射极电压降的差值。正如所有的线性放大器一样，放大器的效率是不高的，特别在低速和大转矩情况下，导通输出晶体管中的电流大，管压降也大。通常较大的系统中需要用大的散热片和风扇冷却。

另一方面，两极式线性放大器在形式上比较简单，设计上也较桥式容易些。从系统评价，显然两极式也有几点不足之处：

1. 需要正负电源。

2. 功率晶体管的额定电压 $V_{ceo(sus)}$ 必须大于两个外加电压之和，通常是 $2V_s$。

3. 在大惯量负载下从高速进行制动时，线性两极式放大器对于导通晶体管正向偏压二次击穿，损坏特别敏感。

线性桥式放大器只需要单个电源，以便使加到电动机上的正或负电压在数值上近似等于电源电压。

对桥式言，当电动机从正向供电时 Q_1 和 Q_4 导通，对电动机加反向电压时 Q_2、Q_3 导通。依靠一对导通的输出晶体管，电桥可以把电动机和电源母线从一个方向或另一个方向接通。这时，每个导通晶体管两端的电压降等于外加电压与电动机电压之差的二分之一。这里假定晶体管的电压降是相等的，桥式电路仅要求功率晶体管的额定电压 $V_{ceo(sus)}$ 大于 V_s。

两极式电路的 Q_1、Q_2 和桥式电路的 Q_1 至 Q_4 上都跨接了释能二极管(图 5-35 或 5-36)。在两极式电路中，二极管把输出电压钳位在比 $\pm V_s$ 更正或更负一个二极管管压降的电位上。对于桥式电路，二极管将各桥臂钳位在比 V_s 高一个二极管压降和比它低一个二极管压降的电位上。因此，对于桥式电路，输出晶体管不会承受比 V_s 大多少伏的超偏压，对于两极式电路则是 $2V_s$。

桥式电路突出的优点是减小了给定的导通晶体管上的超偏压。如果桥式电路设计得正确，外加电压与电动机所需电压之差恰好被两个导通晶体管平分。这样在正向超偏压二次击穿发生之前，大大地增加了输出晶体管的电流容量。考虑到电动机性能相同，桥式电路中亦使用相同的功率晶体管。

直流伺服电机的驱动也可以用可控硅完成，我们将在下一节给予介绍。

二、步进电机的驱动电源

步进电动机是一种特殊的机电元件，它必须采用专门的驱动电源供电。图 5-37 为步进电动机与驱动电源系统的方框图。

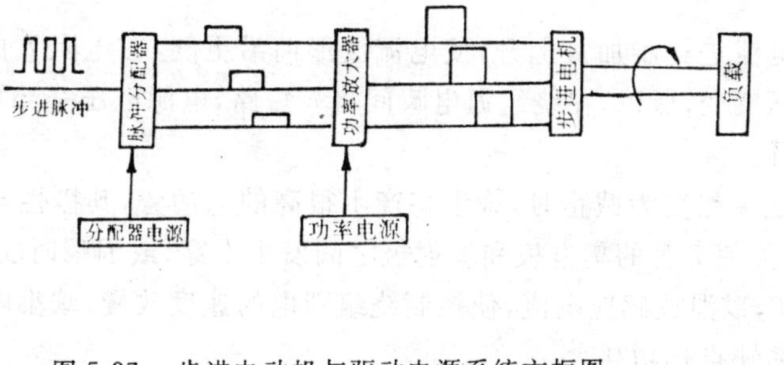

图 5-37　步进电动机与驱动电源系统方框图

(一) 环形脉冲分配器

来自计算机或其它设备的脉冲控制信号先送到环形脉冲分配器。环形脉冲分配器是根据通电运行方式设计的一种逻辑电路，由双稳态触发器和门电路组成(这些触发器和门电路的组成和工作原理可参阅有关书籍)。一般地讲，m_c 相(例如 $m_c=3$) 步进电动机，其环形脉冲分配器就由 m_c 个双稳态触发器组成。它可以将输入的电脉冲信号根据需要循环地分配到脉冲放大器进行功率放大，并使步进电动机按选定的运行方式工作。例如选定三相单、双六拍运行方式时，其脉冲分配规律如图 5-38 所示。

这些脉冲是由脉冲发生器发出的。脉冲发生器可以是电子计算机或频率可调的振荡器(如多谐振荡器、弛张振荡器)，脉冲分配也可由计算机来实现。

(二) 功率放大电路

一般步进电动机需要几安培的电流，但环形脉冲分配器输出的电流很小(毫安级)，不能直接驱动步进电动机，因此需要进行功率放大。功率放大电路的种类很多，它对电机性能的影响也各不相同。下面介绍两种适用的功率放大电路以供参考，它们都是开关式功放电路。

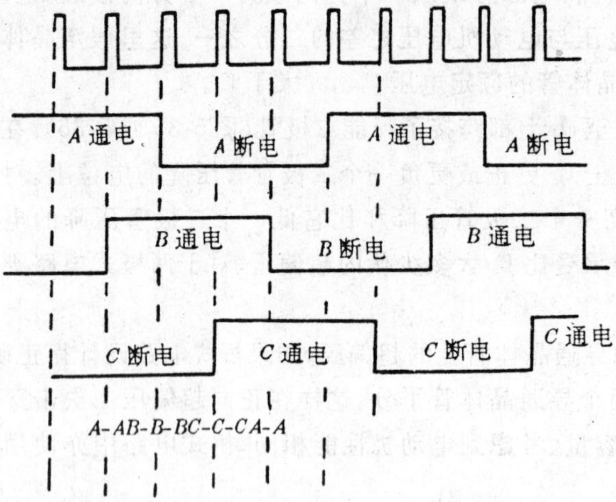

图 5-38　三相单、双六拍运行时脉冲分配规律

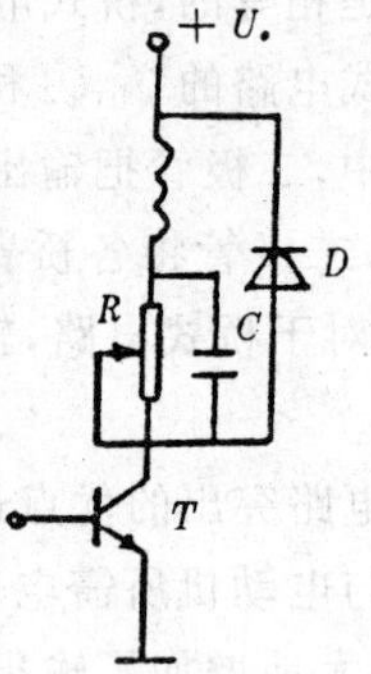

图 5-39　单一电压型功率放大电路

1. 单一电压型功率放大电路

图 5-39 表示一相控制绕组的末级功放电路，它包括放大器和步进电动机的控制绕组。由脉冲分配器输入的脉冲信号使功放管的基极电位升高时，功放管 T 饱和导通，电源电压 $+U_c$ 几乎全部加到步进电动机的控制绕组上，控制绕组通电。

为了减小控制绕组的电磁时间常数，以改善步进电动机的矩频特性，可在控制绕组和三极管 T 的集电极之间串接可调电阻 R。加 R 后，为了保证工作电流不变，必须将电源电压相应地提高。

为了迫使电流进一步加快上升，使电流波形前沿更陡，在电阻 R 的两端并联电容 C，由于电容不能使电压突变，所以，在绕组通电瞬间将 R 短路，电源电压全部加在电机控制绕组上，强迫电流迅速上升。

当 T 由导通突然变为截止时，绕组将产生很高的电动势，其极性与电源的极性一致，二者迭加在一起，可能使 T 管的集电极和发射极之间发生击穿，或因瞬时功耗过大而烧毁。为此，并联一个二极管 D，以泄放感应电流，使控制绕组断电的速度放慢，减小电动势，保护三极管 T。

这种电路的缺点是功耗大。

2. 高低压切换型功放电路

用在控制绕组电路中串联电阻的办法减小电磁时间常数，会增加电路上的功耗。因此，当步进电动机工作频率较高，且需要进一步加快电流上升过程时，可采用加高电源电压强迫励磁的方法，亦即通电瞬时提高供电电压，当电流上升到稳定值正常工作时再转入低电压。图 5-40(a) 是一个硅管高、低压切换型功放电路图。该电路的工作原理如下：由环形分配器来的脉冲分成两路，一路经低压电路输出脉冲宽度为 t_0' 的宽脉冲；另一路经定时电路和高压电路输出脉冲宽度为 t_0 的窄脉冲。这两个脉冲使三极管 T_2 和 T_1 同时饱和导通。但窄脉冲经过 t_0 时间（由定时电路控制）后，首先使 T_1 截止，宽脉冲继续维持 T_2 饱和导通。

在 T_1 和 T_2 饱和导通时，控制绕组由高压 U_1 供电，其电流 i_c 按指数规律趋于稳定值 U_1/R_c（R_c 为控制绕组电阻，不考虑 T_1 和 T_2 的饱和压降），如图 5-40(b) 中的虚线所示，但到 a 点，T_1 管截止，改由低压 U_2 对控制绕组供电。此时，控制绕组中的电流 i_c 的波形如图 5-40(b) 中 ab 段所示。

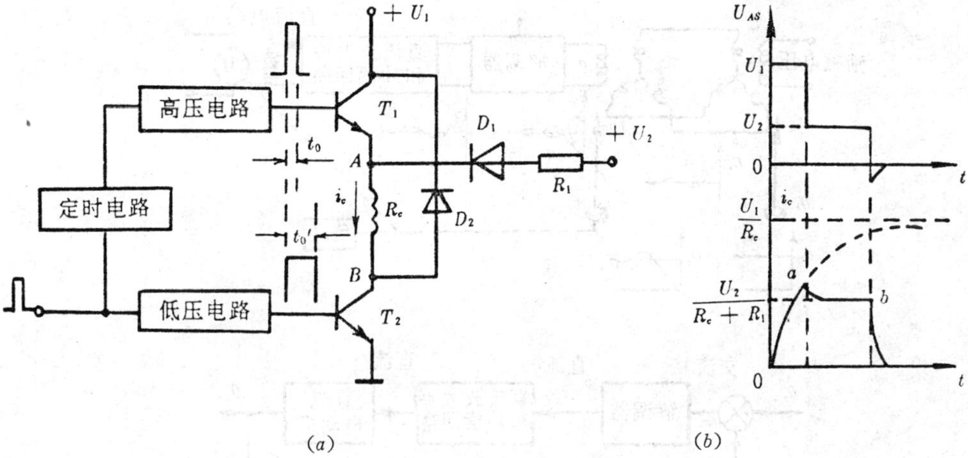

图 5-40　高、低压切换型功放电路及电压、电流波形

正常工作电流为 $U_2/(R_c+R_1)$。当控制绕组断电时，要产生很高的电动势，该电势由 D_2、U_1、U_2、R_1 和 D_1 所组成的回路泄放掉，从而保护三极管 T_2。

三、调制与解调

要把低频信号转换为高频信号，可以使用调制器。在交流伺服机构中，使用的误差信号，如 $E\sin pt\sin\omega t(p \ll \omega)$，是一种已调制波。在这里，$p$ 是低频信号波，ω 是载波的频率。这种已调制波只有两个频率 $(\omega - p)$ 和 $(\omega + p)$，不存在和载波相同的频率 ω。这种调制方式称为载波抑制调制或平衡调制。在自动同步误差检测系统中，对输入给出角位移时，在输出端产生的电压输出是一种载波抑制调制。伺服机构用的几乎所有调制器都采用这种调制方式。

从已调制波中取出低频信号成分（再生）的是解调器。在伺服机构中所用的大部分调制器的输出信号，都是载波抑制式，因此，和这些调制器同时使用的解调器，必须具有鉴相特性，也就是说，在输入与给出的基准同相时，解调器必须产生正电压，并且在输入相位与基准反相时，解调器必须产生负电压。

众所周知，伺服机构的补偿回路设计，直流式的比交流式的简单，并且容易制造。在利用自动同步系统检测误差时，输出信号是已调制波，所以，如果要用直流式补偿回路和伺服电动机，就要对输出信号进行鉴相解调，在这时可以使用的就是这种解调器。具体的应用例示于图 5-41。

如果在可以使用交流伺服电动机时，用直流信号就不能驱动它了，因此需要再变换为交流，这时所用的就是上述的调制器。具体的应用例如图 5-42 所示。

其次，我们通过使用机械断路器构成的调制器和解调器来说明上述应用例的基本原理。断路器是在一定周期进行两个接点切换的元件。有机械断路器、半导体断路器、光学断路器、磁性调制器等。机械断路器带触点的振动片，用交流电压激振，并且以和该电压频率相同的频率振动，在两个触点之间作往复运动，在振动片端部和各触点接触时，就得到了信号电压。

现在，我们对图 5-43 中给振动片引入直流输入电压 F_{in} 时，在两个触点上，振幅 E_1 和 E_2 与 E_{in} 相等，但显示断续的短波形。如果通过变压器把它引入交流放大器，削去了方波的高次分量，得到的输出信号 E_1，变成了按正弦波整形的调制信号。

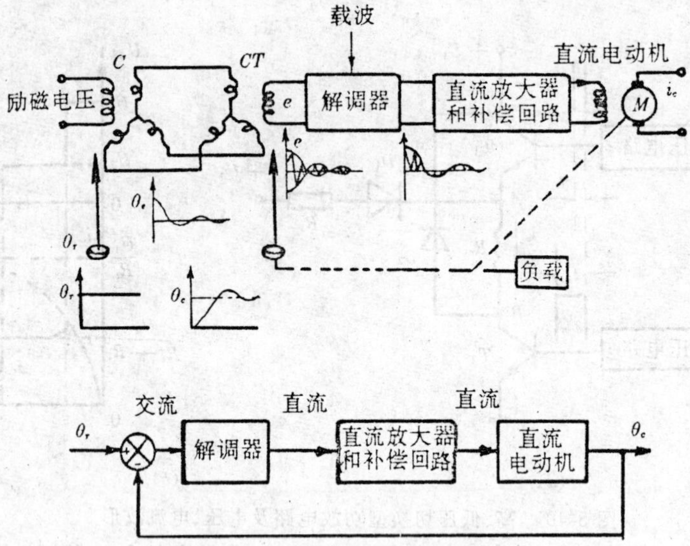

图 5-41　交流—直流伺服系统

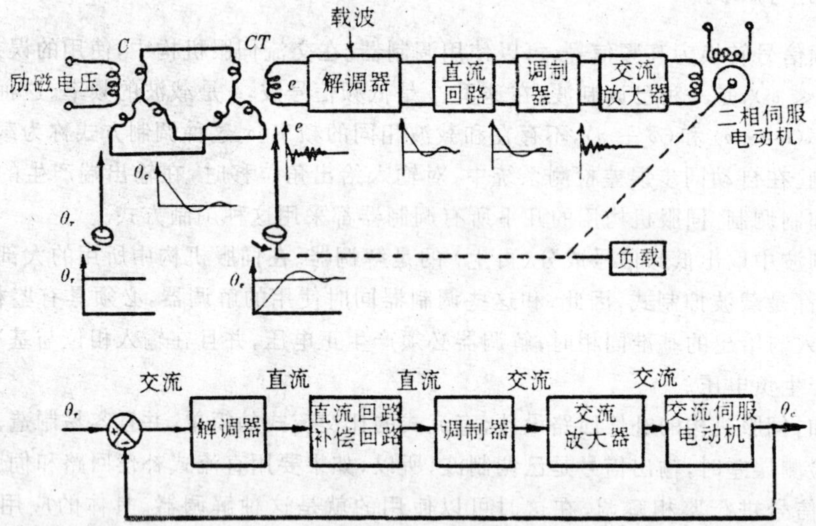

图 5-42　使用直流补偿回路的交流伺服系统

图 5-44 表示鉴相解调器的工作原理。交流输入信号载波的频率和断路器励磁电压的频率相同，而相位相同或反相。现在假设在励磁电压的 2 区域，振动片和触点 2 接触，在 3 区域振动片和触点 3 相接触，可得如图所示的解调输出。使它通过平滑滤波电路，可消除脉动，只取出直流信号。

第五节　晶闸管及其基本电路

半导体器件目前正向两个方面迅速发展，即往集成电路方面发展，形成微电子学；往电力

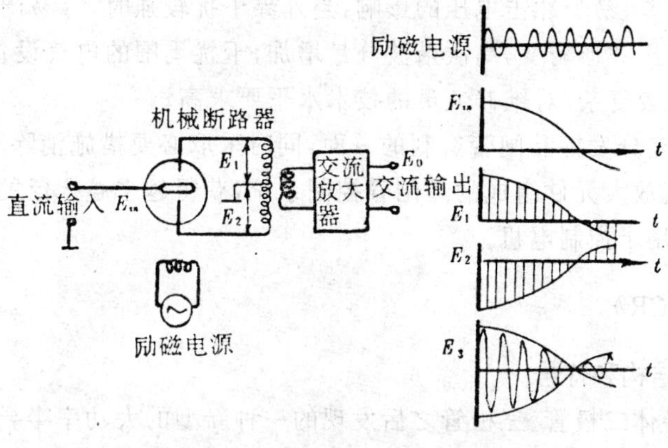

图 5-43　调制器的工作原理

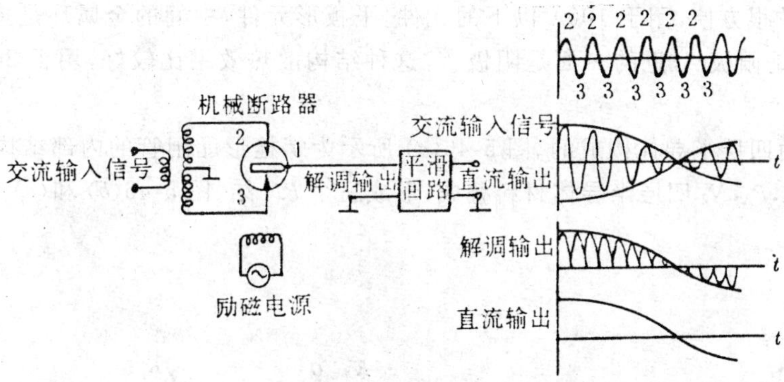

图 5-44　解调器的工作原理

半导体器件方面发展，形成电力(强) 电子学。电力电子学的任务是利用电力半导体器件和线路来实现电功率的变换和控制。晶闸管是在 60 年代发展起来的一种新型电力半导体器件，晶闸管的出现起到了弱电控制与强电输出的桥梁作用。

从晶闸管的出现到现在不过 20 多年，而应用却非常普遍，发展异常迅速，这是因为它有下述一系列的优点：

(1) 用很小的功率(电流约几十毫安到一百多毫安，电压约 2 ～ 4V) 可以控制较大的功率(电流自几十安到几百安，电压自几百伏到几千伏)，功率放大倍数可以达到几十万倍；

(2) 控制灵敏、反应快，晶闸管的导通和截止时间都在微秒级；

(3) 损耗小、效率高，晶闸管本身的压降很小(仅 1V 左右)，总效率可达 97.5%，而机组效率仅为 85% 左右；

(4) 体积小，重量轻。

此外，由于它没有旋转部分，所以无机械磨损，改善了工作条件，而且维护方便，工作中一旦出现故障，只需将备用插件换上。

晶闸管虽有上述许多优点，但也存在如下缺点：

(1) 过载能力弱，在过电流、过电压情况下很容易损坏，要保证其可靠工作，在控制电路中要采取保护措施，在选用时，其电压、电流应适当留有余量；

(2) 抗干扰能力差，易受冲击电压的影响，当外界干扰较强时，容易产生误动作；

(3) 导致电网电压波形畸变，高次谐波分量增加，干扰周围的电气设备；

(4) 控制电路比较复杂，对维修人员的技术水平要求高。

在实践中，应该充分发挥晶闸管有利的一面，同时采取必要措施消除其不利的一面。目前，采用晶闸管作为整流放大元件组成的晶闸管控制系统，获得越来越广泛的应用。它既可用于普通电机的控制，也可用于控制电机。

一、晶闸管(SCR)

(一) 晶闸管的结构和符号

晶闸管是在半导体二极管、三极管之后发现的一种新型的大功率半导体器件，这是一种可控制的硅整流元件，亦称可控硅。

晶闸管的外形如图 5-45 所示，分为螺栓形和平板形两种，螺栓形元件带有螺栓的那一端是阳极 A，利用它可与散热器固定，另一端的粗引线是阴极 K，细线是控制极(又称门极)G，这种结构更换元件很方便，用于 100A 以下的元件。平板形元件，中间的金属环是控制极 G，离控制 极远的一面是阳极 A，近的一面是阴极 K，这种结构散热效果比较好，用于 200A 以上的元件。

晶闸管是由四层半导体构成的。图 5-46(a) 所示为螺栓形晶闸管的内部结构，它主要由单晶硅薄片 P_1，N_1，P_2，N_2 四层半导体材料叠成，形成三个 PN 结。图 5-46(b) 和(c) 分别为其示意图和表示符号。

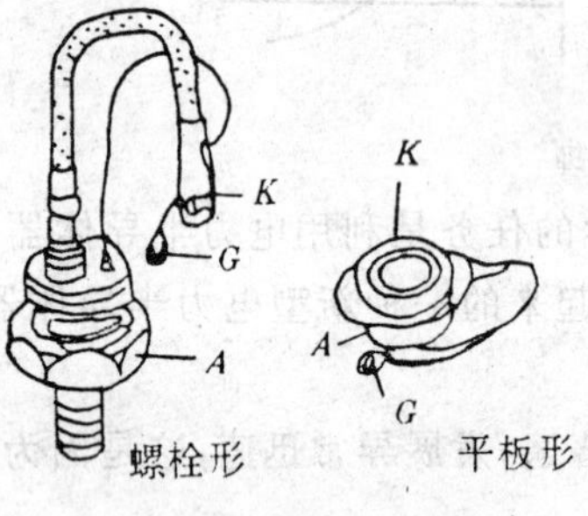

图 5-45 晶闸管的外形

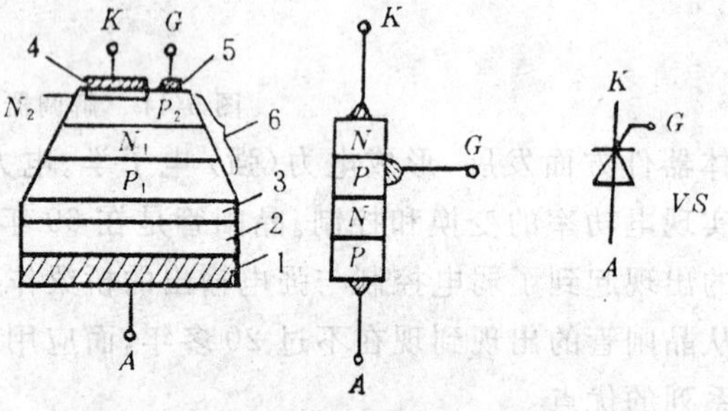

(a) 内部结构 (b) 示意图 (c) 表示符号

图 5-46 晶闸管

1 — 铜底座；2 — 钼片；3 — 铝片；4 — 金锑合金片；
5 — 金硼钯片；6 — 硅片

(二) 晶闸管的工作原理

在晶闸管的阳极与阴极之间加反向电压时，有两个 PN 结处于反向偏置，在阳极与阴极之间 加正向电压时，中间的那个 PN 结处于反向偏置，所以晶闸管都不会导通(称为阻断)。那晶闸管是怎样工作的呢？下面，通过实验来观察晶闸管的工作情况。

如图 5-47 所示，主电路加上交流电压，控制极电路接入 E_k，在 t_1 瞬间合上开关 S，在 t_4 瞬间拉开开关 S，则电阻 R_L 上的电压 u_d 的波形如图所示。

可见，当 $t = t_1$ 时刻，晶闸管阳极对阴极的电压为正，由于开关 S 合上，使得控制极对阴极

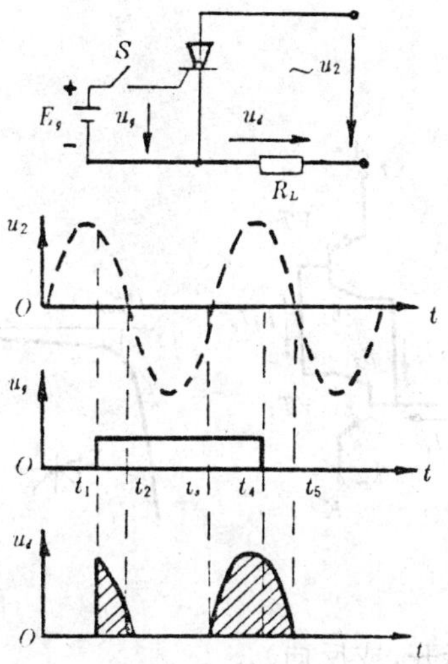

图 5-47　晶闸管工作情况的实验图

的电压也为正，所以晶闸管导通，晶闸管压降很小，电源电压 u_2 加于电阻 R_L 上；当 $t=t_2$ 时刻，由于 $u_2=0$，所以流过晶闸管电流小于维持电流，晶闸管关断，之后晶闸管承受反向电压不会导通；当 $t=t_3$ 时，u_2 开始从零变正，晶闸管的阳极对阴极又开始承受正向电压，这时控制极对阴极有正电压 $u_g=E_g$，所以晶闸管又导通，电源电压 u_2 再次加于 R_L 上；当 $t=t_4$ 时，$u_g=0$，但由于这时晶闸管处于导通状态，则维持导通；当 $t=t_5$ 时，由于 $u_2=0$，晶闸管又关断，晶闸管处于阻断状态。这种现象称为晶闸管的可控单向导电性，为什么出现这种特性呢？

根据晶闸管的内部结构，可以把它等效地看成是两只晶体管的组合，其中一只为 PNP 型晶体管 VT_1，另一只为 NPN 型晶体管 VT_2，中间的 PN 结为两管共用，如图 5-48 所示。

当晶闸管的阳极与阴极之间加上正向电压时，这时 VT_1 和 VT_2 都承受正向电压，如果在控制极上加一个对阴极为正的电压，就有控制电流 I_g 流过，它就是 VT_2 的基极电流 I_{b2}，经过 VT_2 的放大，在 VT_2 的集电极就产生电流 $I_{c2}=\beta_2, I_{b2}=\beta_2 I_g$（$\beta_2$ 为 VT_2 的电流放大系数），而这个 I_{c2} 又恰恰是 VT_1 的基极电流 I_{b1}，这个电流再经过 VT_1 的放大作用，便得到 VT_1 的集电极电流 $I_{c1}=\beta_1 I_{b1}=\beta_1\beta_2 I_g$（$\beta_1$ 为 VT_1 的电流放大系数），由于 VT_1 的集电极和 VT_2 的基极是接在一起的，所以这个电流又流入 VT_2 的基极，再次放大。如此循环下去，形成了强烈的正反馈，即 $I_g=I_{b2}\rightarrow I_{c2}=\beta_2 I_{b2}=I_{b1}\rightarrow I_{c1}=\beta_1\beta_2 I_g$，直至元件全部导通为止，这个导通过程是在极短的时间内产生的，一般不超过几微秒，称为“触发导通过程”。在晶闸管导通后，VT_2 的基极始终有比控制电流 I_g 大得多的电流流过，因此一经导通，控制极即使去掉控制电压，晶闸管仍可保持导通。

当晶闸管阳极与阴极间加反向电压时，VT_1 和 VT_2 便都处于反向电压作用下，它们都没有放大作用，这时即使加入控制电压，导通过程也不可能产生。如果起始时，控制电压没加入或极性接反，由于不可能产生起始的 I_g，这时即使阳极加上正向电压，晶闸管也不能导通。

综上所述可得以下结论：

(1) 起始时若控制极不加电压，则不论阳极加正向电压还是反向电压，晶闸管均不导通，这说明晶闸管具有正、反向阻断能力。

(2) 晶闸管的阳极和控制极同时加正向电压时晶闸管才能导通，这是晶闸管导通必须同时具备的两个条件。

(3) 在晶闸管导通之后，其控制极就失去控制作用。欲使晶闸管恢复阻断状态，必须把阳

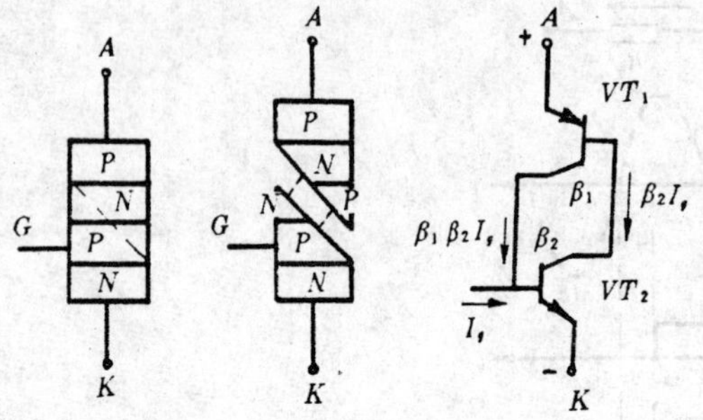

图 5-48　晶闸管的工作原理

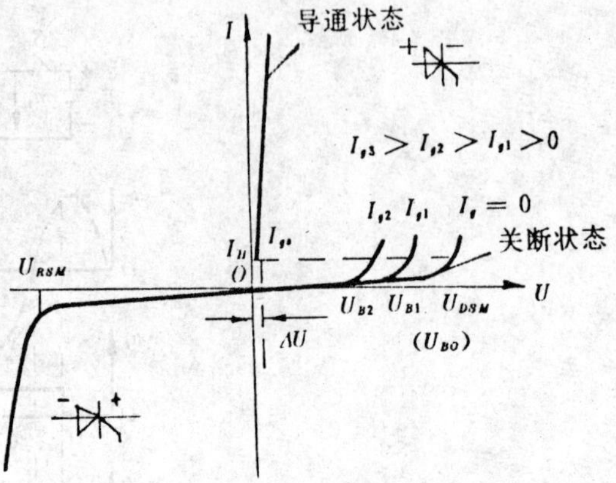

图 5-49　晶闸管的伏安特性曲线

极正向电压降低到一定值(或断开,或反向)。

晶闸管的 PN 结可通过几十至几百安的电流,因此它是一种大功率的半导体器件,由于晶闸 管导通时,相当于两只三极管饱和导通,因此,阳极与阴极之间的管压降为 1V 左右,而电源电压几乎全部分配在负载电阻 R_L 上。

(三) 晶闸管的伏安特性

晶闸管的阳极电压与阳极电流的关系,称为晶闸管的伏安特性,如图 5-49 所示。晶闸管的阳极与阴极间加上正向电压时,在晶闸管控制极开路($I_g = 0$) 情况下,开始元件中有很小的电流(称为正向漏电流) 流过,晶闸管阳极与阴极间表现出很大的电阻,处于截止状态(称为正向阻断状态),简称断态。当阳极电压上升到某一数值时,晶闸管突然由阻断状态转化为导通状态,简称通态。阳极这时的电压值称为断态不重复峰值电压(U_{DSM}),或称正向转折电压(U_{BO})。元件导通后,元件中流过较大的电流,其值主要由限流电阻(使用时由负载) 决定。在减小阳极电源电压或增加负载电阻时,阳极电流随之减小,当阳极电流小于维持电流 I_H 时,晶闸管便从导通状态转化为阻断状态。

由图 5-49 可看出,当晶闸管控制极流过正向电流 I_g 时,晶闸管的正向转折电压降低,I_g 越大,转折电压越小,当 I_g 足够大时,晶闸管正向转折电压很小,一加上正向阳极电压,晶闸管就导通。实际规定,当晶闸管元件阳极与阴极之间加上 6V 直流电压,能使元件导通的控制极最小电流(电压) 称为触发电流(电压)。

在晶闸管阳极与阴极间加上反向电压时,开始晶闸管处于反向阻断状态,只有很小的反向漏电流流过。当反向电压增大到某一数值时,反向漏电流急剧增大,这时所对应的电压值称为反向不重复峰值电压(U_{RSM}),或称反向转折(击穿) 电压(U_{BR})。可见,晶闸管的反向伏安特性与二极管反向特性类似。

(四) 晶闸管的主要参数

为了正确选用晶闸管元件,必须要了解它的主要参数,一般在产品目录上给出了参数的平均值或极限值,产品合格证上标有元件的实测数据。

1. 断态重复峰值电压 U_{DRM}

在控制极断路和晶闸管正向阻断的条件下,可以重复加在晶闸管两端的正向峰值电压,其数值规定比正向转折电压小 100V,通常所说的多少伏晶闸管,就是指此电压值。在选择晶闸管时还要考虑留有足够的余量。

2. 反向重复峰值电压 U_{RRM}

在控制极断路时，可以重复加在晶闸管元件上的反向峰值电压，此电压数值规定比反向击穿电压小 100V。

3. 额定通态平均电流（额定正向平均电流）I_T

在环境温度不大于 40℃ 和标准散热及全导通的条件下，晶闸管元件可以连续通过的工频正弦半波电流（在一个周期内的）平均值，称为额定通态平均电流 I_T，简称为额定电流。通常所说多少安的晶闸管，就是指这个电流。需要指出的是，晶闸管的发热基本上是由通过它的电流有效值决定的，对于正弦半波电流，其有效值 I_e 和平均值 I_T 的关系，可用下式计算。

因正弦半波电流的平均值 $I_T = \dfrac{1}{2\pi}\displaystyle\int_0^{\pi} I_m \sin\omega t \mathrm{d}(\omega t) = \dfrac{I_m}{\pi}$

而其有效值 $I_e = \sqrt{\dfrac{1}{2\pi}\displaystyle\int_0^{\pi} I_m^2 \sin^2\omega t \mathrm{d}(\omega t)} = \dfrac{I_m}{2}$

故 $\dfrac{I_e}{I_T} = K = \left(\dfrac{I_m}{2}\right)/\left(\dfrac{I_m}{\pi}\right) = \dfrac{\pi}{2} = 1.57$ （K 称为波形系数）

可见，晶闸管允许正向通过的电流有效值 I_e 和它的额定通态平均电流 I_T 之间的数量关系为

$$I_e = 1.57 I_T \tag{5-56}$$

例如，对于一个额定电流 I_T 为 100A 的晶闸管，其允许通过的电流有效值为 157A。为确保安全可靠地工作，一般按下式来选晶闸管：

即 $I_T = (1.5 \sim 2)\dfrac{I'_e}{1.57}$（$I'_e$ 为实际通过晶闸管的电流有效值）

显然，波形系数 K 值是与电路结构和导通角有关的，使用时可查看有关的手册来选取。

4. 维持电流 I_H

在规定的环境温度和控制极断路时，维持元件继续导通的最小电流称维持电流 I_H。一般为几十到一百多毫安，其数值与温度成反比，在 120℃ 时的维持电流约为 25℃ 时的一半。当晶闸管的正向电流小于这个电流时，晶闸管将自动关断。

（五）晶闸管的型号及其含义

国产晶闸管

3 C T □/□—— 表示元件的断态重复峰值电压
表示元件的额定通态平均电流
表示可控整流元件
表示 N 型硅材料
表示三个电极

例如 3CT50/500 表示额定通态平均电流为 50A，断态重复峰值电压为 500V 的晶闸管元件。

有些部门还颁布了其他的命名方法（如 KP 系列晶闸管），选用时应注意。

（六）如何判别管子的好坏

制造厂通常已提供了许多有关晶闸管特性的各种资料数据或图表，供使用者参考，但是有时候仍有自行测试的必要。下面仅介绍一种利用万用表的欧姆挡来识别管脚和判别管子好坏的办法。其测试方法可按表 5-1 所示进行。

一只良好的晶闸管其阳极 A 与阴极 K 之间应为高阻值，所以当万用表测试 A—K 间的电阻时，亦不论电表如何接都应为高阻值。而 G—K 间的逆向电阻越大于顺向电阻时，表示晶闸管

性能越良好。

表 5-1　用万用表测试晶闸管各管脚之间的电阻

测试点	表内电池极性	表测量范围	测试结果
A—K	顺向或逆向均可	$R\times1000$	高电阻(通常电表指针不动)
A—G	顺向或逆向均可	$R\times1000$	高电阻(通常电表指针不动)
K—G	顺向电压:“+”接 G,“−”接 K 逆向电压:“−”接 G,“+”接 K	$R\times1$ $R\times1$	$10\sim100\Omega$ $50\sim500\Omega$

晶闸管的种类还有双向晶闸管(TRIAC),可关断晶闸管(GTO) 等,可参阅有关文献,在此不再详细讨论。

二、单相可控整流电路

利用晶闸管组成的可控整流电路,同二极管整流电路相类似,依所用交流电源的相数和电路的结构,可分为单相半波、单相桥式、三相零式和三相桥式等。

(一) 单相半波可控整流电路

单相半波可控整流电路实际应用较少,但电路简单,调整容易,且对理解可控整流原理比较方便,所以还是从它开始进行分析。

1. 带电阻性负载的可控整流电路

图 5-50 绘出了单相半波可控整流电路在电阻性负载时的电压、电流波形图。图中 α 为控制角,θ 为导通角。控制角 α 是晶闸管元件承受正向电压起始点到触发脉冲的作用点之间的电角度。导通角 θ 是晶闸管在一周期时间内导通的电角度。对单相半波可控整流而言 α 的移相范围是 $0\sim\pi$,而对应的 θ 的变化范围为 $\pi\sim0$,由图 5-50 可见,

$$\alpha+\theta=\pi$$

当不加触发脉冲时晶闸管不导通,电源电压全部加于晶闸管上面,负载上电压为零(忽略漏电流)。这时,晶闸管承受的最大正向与反向电压为$\sqrt{2}U_2$。当 $\omega t=\alpha(0<\alpha<\pi)$ 时,晶闸管上电压为正,当控制极加上触发脉冲,晶闸管触发导通,电源电压全部加于负载(忽略晶闸管的管压降)。当 $\omega t=\pi$ 时,电源电压从正变为零,晶闸管内流过的电流小于维持电流而关断,之后,晶闸管就承受电源的反向电压,直至下个周期触发脉冲再次加到控制极上时,晶闸管重新导通,改变 α 的大小就可以改变负载上电压波形,也就改变了负载电压的大小。

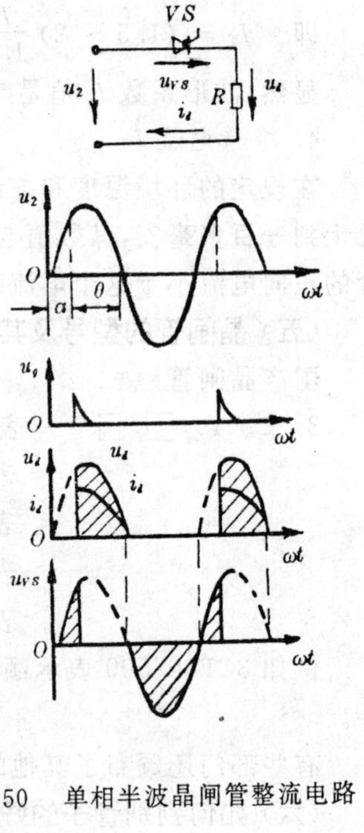

图 5-50　单相半波晶闸管整流电路

输出电压平均值的大小可由下式求得

$$U_d=\frac{1}{2\pi}\int_{\alpha}^{\pi}\sqrt{2}U_2\sin\omega t\mathrm{d}(\omega t)=0.45U_2\frac{1+\cos\alpha}{2}\tag{5-57}$$

负载电流平均值的大小由欧姆定律决定,其值为

$$I_d = \frac{U_d}{R} = 0.45\frac{U_2}{R}\frac{1+\cos\alpha}{2} \tag{5-58}$$

2. 带电感性负载的可控整流电路

负载的感抗 ωL 和电阻 R 的大小相比不可忽略时称为电感性负载，这类负载有：各种电机的励磁线圈、整流输出接电抗器的负载等。整流电路带电感性负载时的工作情况与电阻性负载有很大不同，为了便于分析，把电感与电阻分开，如图 5-51 所示。

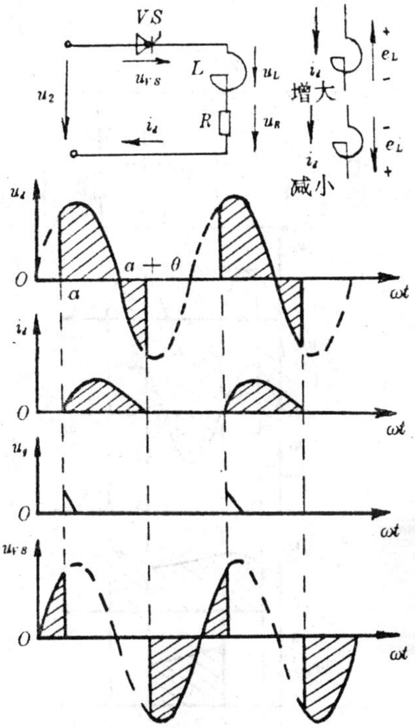

图 5-51　电感性负载无续流二极管的晶闸管整流电路

由于电感具有阻碍电流变化的作用，当电流上升时，电感两端的自感电势 e_L 阻碍电流的上升，所以晶闸管触发导通时，电流要从零逐渐上升，随着电流的上升，自感电势逐渐减小，这时在电感中便贮存了磁场能量。当电源电压下降以及过零变负时，电感中电流在变小的过程中又由于自感效应，产生方向与上述相反的自感电势 e_L，来阻碍电流减小，只要 e_L 大于电源的负电压，负载上电流将继续流通，晶闸管继续导通，这时，电感中贮存的能量放出来，一部分消耗在电阻上，一部分回送到电源去，因此负载上电压瞬时值出现负值。到某一时刻，当流过晶闸管的电流小于维持电流时，晶闸管关断，并且立即承受反向电压。所以，晶闸管在 $\omega t = \alpha$ 时触发导通后在 $\alpha + \theta$ 时关断。

由此可见，在单相半波可控整流电路中，当负载为电感性时，晶闸管的导通角 θ 将大于 $\pi - \alpha$，也就是说，在电源电压为负时仍然可能继续导通。负载电感愈大，导通角 θ 愈大，每个周期中负载上的负电压所占的比重就愈大，输出电压和输出电流的平均值也就愈小。所以，单相半波可控整流电路用于大电感性负载时，如果不采取措施，负载上就得不到所需要的电压和电流。

3. 续流二极管的作用

为了提高大电感负载时的单相半波可控整流电路整流输出平均电压，可以采取措施使电源的负电压不加于负载上，这可在负载两端并联一只二极管，如图 5-52 所示。当晶闸管导通时，若电源电压为正，二极管 V 不通，负载上电压波形与不加二极管 V 时相同，当电源电压变负时，V 导通，负载上由电感维持的电流流经此二极管，此二极管称为续流二极管。二极管导通时，晶闸管承受反压自行关断，没有电流流回电源去，负载两端电压仅为二极管管压降，接近于零，此时由电感放出的能量消耗在电阻上。有了续流二极管，输出电压 u_d 和 α 的关系也与式(5-57)一样。但负载电流的波形与电阻性负载时有很大不同，如图 5-52 所示，负载电流 i_d 在晶闸管导通期间由电源提供，而当晶闸管关断时，则由电感通过续流二极管来提供。当 $\omega L \gg R$ 时，电流的脉动将是很小的，所以这时电流波形可以近似地看成是一条平行于横轴的直线。假若负载电流的平均值为 I_d，则流过晶闸管与续流二极管的电流平均值分别为

$$\{I_{dVs}\}_A = \frac{\{\theta\}_{rad}}{2\pi}\{I_d\}_A \tag{5-59}$$

$$\{I_{\mathrm{dV}}\}_{\mathrm{A}} = \frac{2\pi - \{\theta\}_{\mathrm{rad}}}{2\pi}\{I_{\mathrm{d}}\}_{\mathrm{A}} \tag{5-60}$$

（二）单相桥式可控整流电路

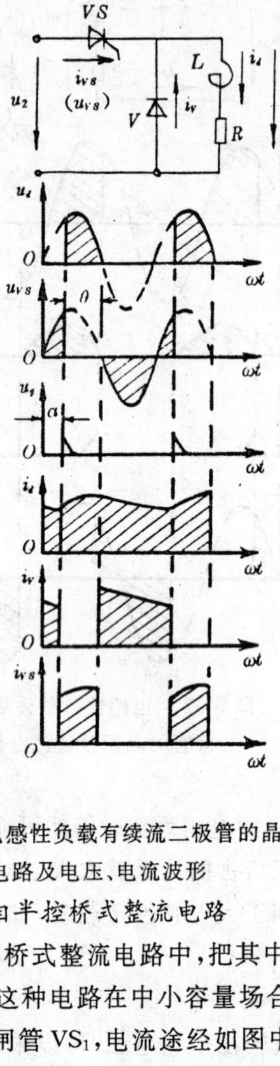

图 5-52　电感性负载有续流二极管的晶闸管整流电路及电压、电流波形

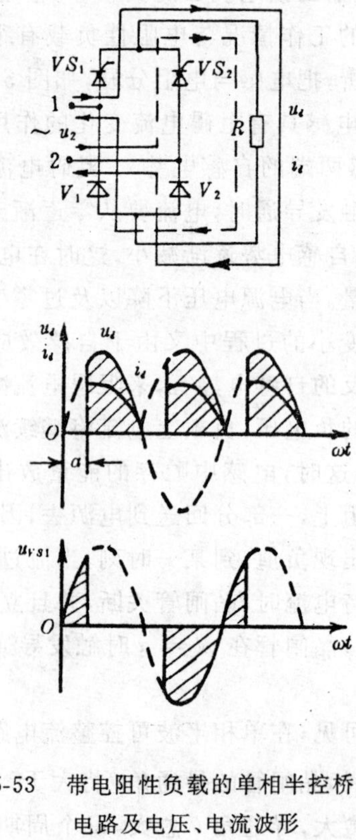

图 5-53　带电阻性负载的单相半控桥式整流电路及电压、电流波形

1. 单相半控桥式整流电路

在单相桥式整流电路中，把其中两只二极管换成晶闸管就组成了半控桥式整流电路，如图 5-53 所示。这种电路在中小容量场合应用很广，它的工作原理如下：当电源 1 端为正的某一时刻，触发晶闸管 VS_1，电流途经如图中实线箭头所示。这时 VS_2 及 V_1 均承受反向电压而截止；同样在电源 2 端为正的下半周期，触发晶闸管 VS_2，电流途经如图中虚线箭头所示，这时 VS_1 及 V_2 处于反压截止状态。下面分三种不同负载情况来讨论。

a. 电阻性负载

在电阻性负载时，整流输出的电流、电压波形及晶闸管上电压波形如图 5-53 所示，电流波形与电压波形相似。晶闸管在 α 时触发导通，当电源电压过零变负时，电流降到零，晶闸管关断。输出电压平均值 U_{d} 与控制角 α 的关系为

$$U_{\mathrm{d}} = \frac{1}{\pi}\int_{\alpha}^{\pi}\sqrt{2}\,U_2\sin\omega t\mathrm{d}(\omega t) = 0.9U_2\,\frac{1+\cos\alpha}{2} \tag{5-61}$$

电流平均值 I_{d} 为

$$I_{\mathrm{d}} = \frac{U_{\mathrm{d}}}{R} = 0.9\,\frac{U_2}{R}\,\frac{1+\cos\alpha}{2} \tag{5-62}$$

在桥式整流电路中，元件承受的最大正反向电压是电源电压的最大值，即$\sqrt{2}U$。

b. 电感性负载

如图 5-54 所示的半控桥式整流电路在电感性负载时也采用加接续流二极管的措施。有了续流二极管，当电源电压降到零时，负载电流流经续流二极管，晶闸管因电流为零而关断，不会出现失控现象。

若每周期晶闸管的导通角为θ，则续流二极管导电时间为$2\pi-2\{\theta\}_{\mathrm{rad}}$，因此流过每只晶闸管的平均电流为$\frac{\{\theta\}_{\mathrm{rad}}}{2\pi}I_d$，流过续流二极管的平均电流为$\frac{\pi-\{\theta\}_{\mathrm{rad}}}{\pi}I_d$。

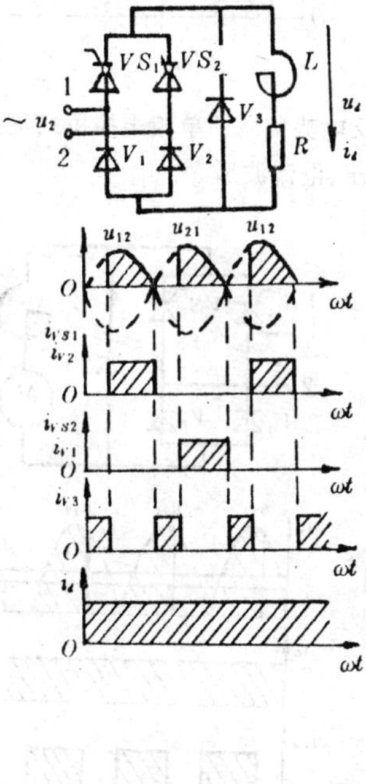

图 5-54　带电感性负载的单相半控桥式整流电路及电压、电流波形

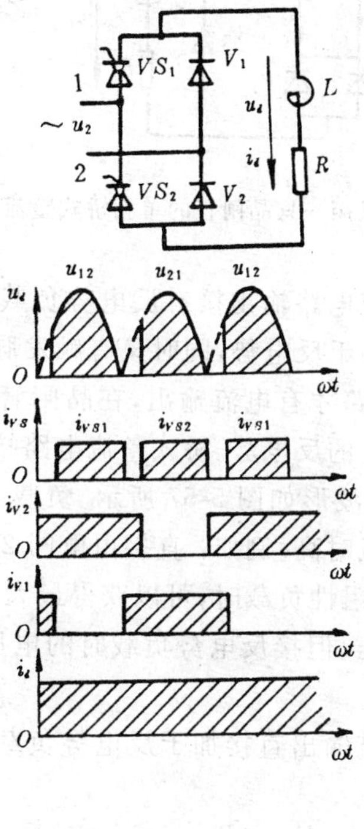

图 5-55　晶闸管串联后半控桥式整流电路及电压、电流波形

图 5-55 所示的半控桥在带电感性负载时，可以不加续流二极管，这是因为在电源电压过零时，电感中的电流通过V_1和V_2形成续流，确保V_{s1}和V_{s2}可靠关断，这样也就不会出现失控现象。由于省了续流二极管，整流装置的体积减小了。由于两只晶闸管阴极没有公共点，故用一套触发电路触发时，必须采用具有两个线圈的脉冲变压器供电。本线路中流过VS_1、VS_2的电流与图 5-54 相同，但流过V_1、V_2的电流增大了，其值为

$$\{I_{\mathrm{dv}}\}_{\mathrm{A}}=\frac{2\pi-\{\theta\}_{\mathrm{rad}}}{2\pi}\{I_{\mathrm{d}}\}_{\mathrm{A}} \tag{5-63}$$

为了节省晶闸管元件，还可采用图 5-56 的接线，它由四只整流二极管组成单相桥式电路，将交流电整流成脉动的直流电，然后用一只晶闸管进行控制，改变晶闸管的控制角α，即可改变其输出电压。晶闸管由触发脉冲使其导通，在电源电压接近于零的短暂时间内，因流过晶闸管的电流小于维持电流而关断。本电路在电阻性负载时其输出电压平均值的计算公式与半控

桥一样，但电感性负载时，为了避免晶闸管失控，必须在负载两端并接续流二极管，否则，电感性电流会在电源电压为零时维持晶闸管导通，而使晶闸管无法关断，造成失控。

本电路的优点是晶闸管用得少，因此控制线路简单，加在晶闸管上的电压是整流过的脉动电压，当负载为电阻性或电感性时，晶闸管不承受反向电压。但本电路需要 5 只整流二极管，使装置尺寸加大，输出电流 I_d 要同时经过三个整流元件，故压降、损耗较大，另外，本电路必须选用维持电流较大的晶闸管，否则容易失控，这些都是本电路的不足之处。

c. 反电势负载

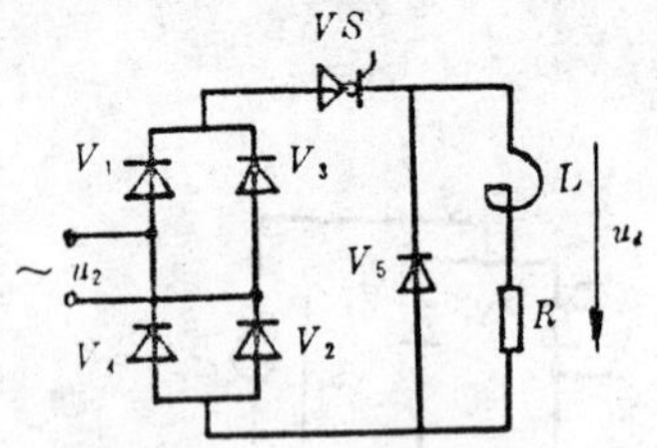

图 5-56　只用一只晶闸管的单相桥式整流电路

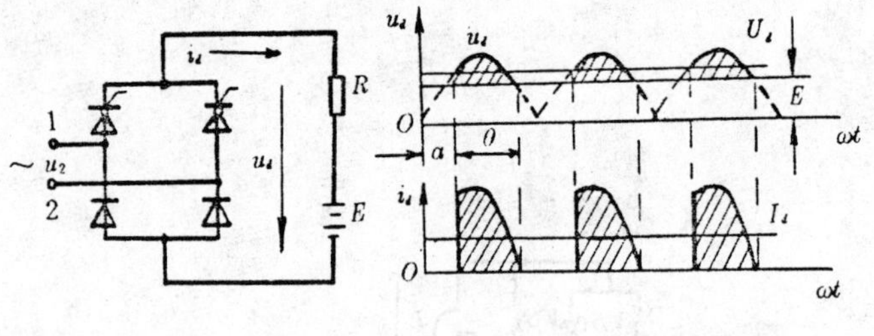

图 5-57　带反电势负载的单相半控桥式整流电路及电压、电流波形

当整流电路输出接有反电势负载时，只有当电源电压的瞬时值大于反电势，同时又有触发脉冲时，晶闸管才能导通，整流电路才有电流输出，在晶闸管关断的时间内，负载上保留原有的反电势。桥式整流电路接反电势负载时，输出电压、电流波形如图 5-57 所示。负载两端的电压平均值比电阻性负载时高。例如：直接由电网 220V 电压经桥式整流输出，带电阻性负载时，可以获得最大为 $0.9 \times 220 = 198$V 的平均电压，但接反电势负载时的电压平均值可以增大到 250V 以上。

当整流输出直接加于反电势负载时，输出平均电流 I_d 为

$$I_d = \frac{U_d - E}{R}$$

$(U_d - E)$ 即图 5-57 中斜线阴影部分的面积对一周期取平均值。因为导电角小，导电时间短，回路电阻小，所以电流的幅值与平均值之比值相当大，晶闸管元件工作条件差，晶闸管必须降低电流定额使用。另外，对于直流电动机来说整流子换向电流大，易产生火花，对于电源则因电流有效值大，要求的容量也大，因此，对于大容量电动机或蓄电池负载，常常串联电抗器，用以平滑电流的脉动，如图 5-58 所示。

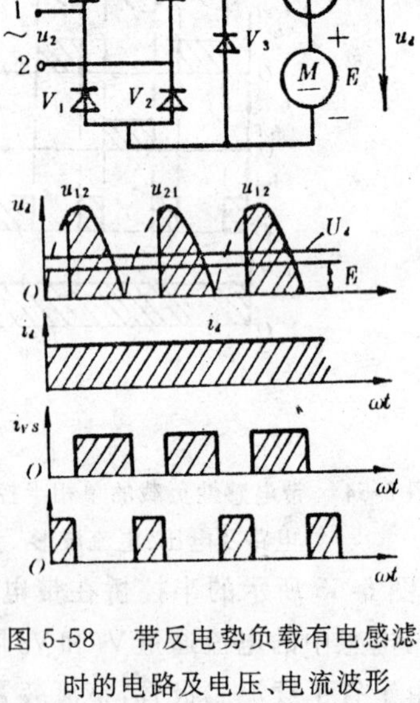

图 5-58　带反电势负载有电感滤波时的电路及电压、电流波形

2. 单相全控桥式整流电路

单相全控桥式整流电路如图 5-59 所示。把半控桥中的两只二极管用两只晶闸管代替即构成全控桥。在电阻性负载时，电路的工作情况与半控桥没有什么区别，晶闸管的控制角移相范围也是 $0 \sim \pi$，输出平均电压、电流的计算公式也与半控桥相同，所不同的仅是全控桥每半周期要求触发两只晶闸管。在电感性负载时，由于没有半控桥的自然续流作用，此时输出电压的瞬

时值会出现负值，其波形如图 5-59 所示，这时输出电压平均值为

$$U_d = \frac{2}{2\pi}\int_{\alpha}^{\pi+\alpha}\sqrt{2}\,U_2\sin\omega t\,d(\omega t) = \frac{2\sqrt{2}\,U_2}{\pi}\cos\alpha = 0.9U_2\cos\alpha\ (0 \leqslant \alpha \leqslant \frac{\pi}{2}) \qquad (5\text{-}64)$$

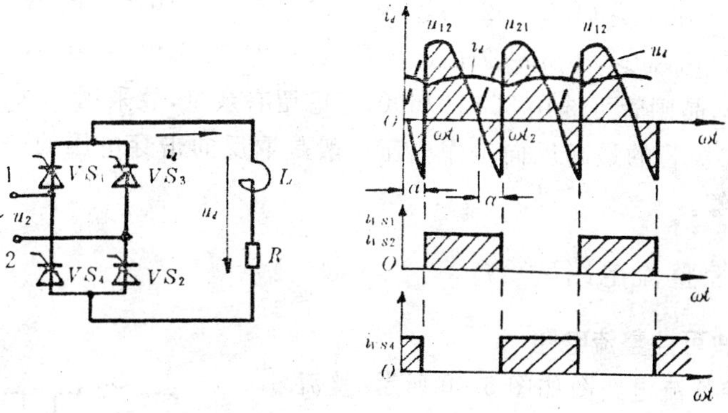

图 5-59　单相全控式整流电路及电流、电压波形

在全控桥中元件承受的最大正、反向电压是 $\sqrt{2}\,U_2$。

这个电路的工作过程如下：当 u_{12} 为正的某一时刻 t_1，给晶闸管 VS_1 和 VS_2 触发脉冲，VS_1 和 VS_2 导通，电源电压加于负载，当 $u_{12} = 0$，由于电感上反电势的作用维持电流通过 VS_1 和 VS_2 及电源，晶闸管继续导通，直至 u_{12} 为负值，即 u_{21} 为正。在下半周的同一控制角所对应的时刻 t_2，当 VS_3 和 VS_4 有触发脉冲时，VS_3 和 VS_4 导通，VS_1 和 VS_2 因承受反向电压而关断，同样 VS_3 和 VS_4 要导通到触发 VS_1 和 VS_2 时才关断。当 α 在 $0 \sim \pi/2$ 内变化时，U_d 从 $0.9U_2$ 下降到接近于零，电流 I_d 连续，当 $\alpha > \pi/2$ 时，输出电压平均值接近于零，电流断续且很小。为了提高整流电压，也可在负载两端并接续流二极管。

在一般电阻性负载的情况下，由于本线路不比半控桥整流优越，同时又比半控桥线路复杂，所以一般采用半控桥线路。它主要用于电动机需要正反向的逆变电路中。

例　欲装一台白炽灯泡调光电路，需要可调的直流电源，调节范围为：电压 $U_0 = 0 \sim 180\text{V}$，电流 $I_0 = 0 \sim 10\text{A}$。现采用单相半控桥式整流电路(图 5-53)，试求最大交流电压和电流的有效值，并选择整流元件。

解　设在晶闸管导通角 θ 为 π(控制角 $\alpha = 0$) 时，$U_0 = 180\text{V}$，$I_0 = 10\text{A}$，则交流电压有效值

$$U = \frac{U_0}{0.9} = \frac{180\text{V}}{0.9} = 200\text{V}$$

实际上还要考虑电网电压波动、管压降以及导通角常常到不了 180°，交流电压要比上述计算而得到的值适当加大 10% 左右，即大约为 220V。因此，在本例中可以不用整流变压器，直接接到 220V 的交流电源上。

交流电流有效值

$$I = \frac{U}{R_L} = \frac{220\text{V}}{180\text{V}/10\text{A}} = 12.2\text{A}$$

晶闸管所承受的最高正向电压 U_{FM}、最高反向电压 U_{RM} 和二极管所承受的最高反向电压相等，即

$$U_{FM} = U_{RM} = \sqrt{2}\,U = 1.41 \times 220\text{V} = 310\text{V}$$

流过晶闸管和二极管的平均电流

$$I_{VS} = I_V = \frac{1}{2}I_0 = \frac{10A}{2} = 5A$$

为了保证晶闸管在出现瞬时过电压时不致损坏，通常根据下式选取晶闸管的U_{DRM}和U_{RRM}。

$$U_{DRM} > (1.5 \sim 2)U_{FM} = (1.5 \sim 2) \times 310V \approx 600V$$

$$U_{RRM} > (1.5 \sim 2)U_{RM} = (1.5 \sim 2) \times 310V \approx 600V$$

根据上面计算，晶闸管可选用3CT10/600，考虑留有余量，故采用10A定额。二极管可选用2CZ10/300，因为二极管的最高反向工作电压一般是取反向击穿电压的一半，已有较大余量，所以选300V已足够。

三、三相可控整流电路

（一）三相半波可控整流电路

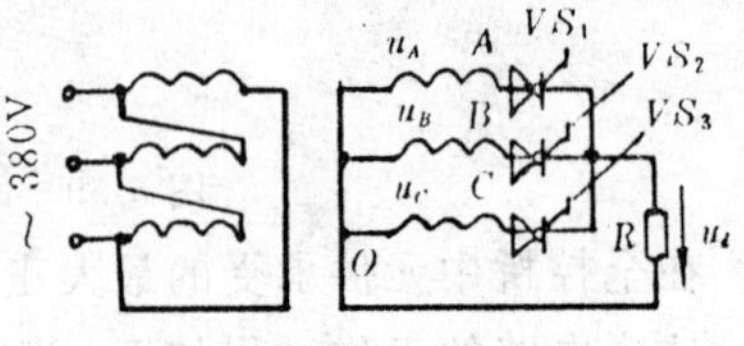

图5-60 三相半波可控整流电路

三相半波可控整流电路图如图5-60所示。整流变压器副边接成星形，有个公共零点"0"，所以也叫三相零式电路。图中u_A、u_B、u_C分别表示三相对0点的相电压(u_{2p})，电源的三个相电压分别通过VS_1、VS_2、VS_3晶闸管向负载电阻R供给直流电流，改变触发脉冲的相位即可以获得大小可调的直流电压，现分电阻性负载和电感性负载分别加以讨论。

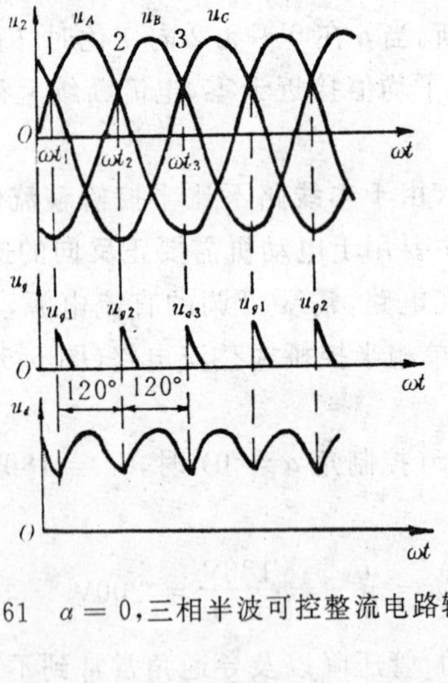

图5-61 $\alpha = 0$，三相半波可控整流电路输出电压波形

1. 电阻性负载

三相电源电压的波形如图5-61所示。可以看出，对于VS_1、VS_2、VS_3，只有在1、2、3点之后对应于该元件承受正向电压期间来触发脉冲，该晶闸管才能触发导通，1、2、3点是相邻相电压波形的交点，也是不控整流的自然换相点。对三相可控整流而言，控制角α就是从自然换相点算起的。当晶闸管没有触发信号时，晶闸管承受的最大正向电压为$\sqrt{2}U_{2p}$，可能承受的最大反向电压为$\sqrt{2} \times \sqrt{3}U_{2p} = \sqrt{6}U_{2p}$。现按不同控制角$\alpha$分下列三种情况进行讨论。

a. 当$\alpha = 0$时

这时触发脉冲在自然换相点加入，其波形如图5-61所示，在t_1至t_2时间内，A相电压比B、C相都高，如果在t_1时刻触发晶闸管VS_1，负载上得到A相电压，电流经VS_1和负载回到中性点

0。在 t_2 时刻触发 VS_2 管，VS_1 管因承受反向电压而关断，负载上得到B相电压，依次类推。负载上得到的脉动电压 u_d 波形与三相半波不控整流一样，在一个周期内每只晶闸管的导通角为 $2\pi/3$，要求触发脉冲间隔也为 $2\pi/3$。从这里可以看出，当三只晶闸管的阴极连接时，哪一相电压最高，当来触发脉冲时，与哪一相相连接的晶闸管就导通，这只管子导通后将使其它管子承受反压而处于阻断状态。电阻性负载时，电流波形与电压波形相似。

这时，负载上电压平均值与三相半波不控整流一样，可由下式决定

$$U_d = \frac{1}{2\pi/3}\int_{\pi/6}^{5\pi/6}\sqrt{2}\,U_{2p}\sin\omega t\,\mathrm{d}(\omega t) = 1.17U_{2p} \tag{5-65}$$

b. 当 $0 < \alpha \leqslant \pi/6$ 时

图 5-62 为当 $\alpha = \pi/6$ 时的输出电压波形图，u_A 使 VS_1 上电压为正，若在 t_1 时刻对 VS_1 控制极加触发脉冲，VS_1 就立即导通，而且在 u_A 为正时维持导通。到 t_1' 时，如果是不控整流电路，此时由于第二相导通，迫使第一相关断；而可控整流电路要求触发脉冲间隔 120°，由于此时 VS_2 控制极未加触发脉冲，VS_2 不能导通，故 VS_1 不能关断，直到 t_2 时刻，对 VS_2 控制极加了触发脉冲，VS_2 在 u_B 正向阳极电压作用下导通，迫使 VS_1 承受反向电压而关断。同理，到 t_3 时刻由于 VS_3 导通而迫使 VS_2 关断，依次类推。在一个周期内三相轮流导通，负载上得到脉动直流电压 u_A，其波形是连续的。电流波形与电压波形相似，这时每只晶闸管导通角为 120°，负载电压平均值与 α 的关系为

$$U_\mathrm{d} = \frac{1}{2\pi/3}\int_{\pi/6+\alpha}^{(5\pi/6)+\alpha}\sqrt{2}\,U_{2p}\sin\omega t\,\mathrm{d}(\omega t) = 1.17U_{2p}\cos\alpha \tag{5-66}$$

c. 当 $\pi/6 < \alpha \leqslant 5\pi/6$ 时

图 5-63 为当 $\alpha = \pi/2$ 时的输出电压波形图，u_A 使 VS_1 上电压为正，若 t_1 时刻向 VS_1 控制极加触发脉冲，VS_1 立即导通，当 A 相相电压过零时，VS_1 自动关断。同理，在 t_2 时刻对 VS_2 控制极加触发脉冲，在 u_B 正向阳极电压作用下导通，当B相相电压过零时 VS_2 自动关断。依次类推，三相轮流导通，负载上电压波形是断续的。这时输出电压的平均值为

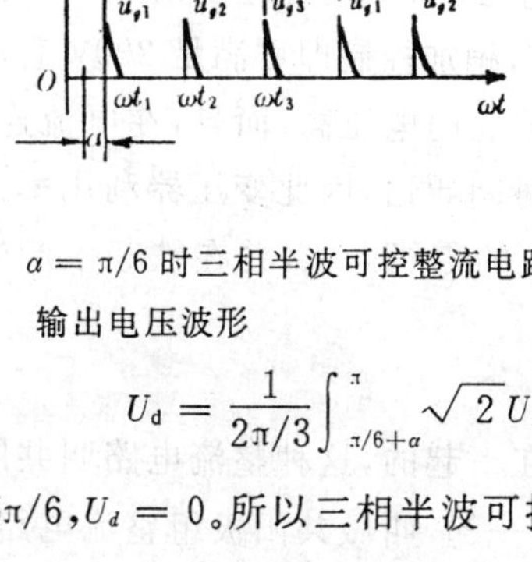

图 5-62　$\alpha = \pi/6$ 时三相半波可控整流电路输出电压波形

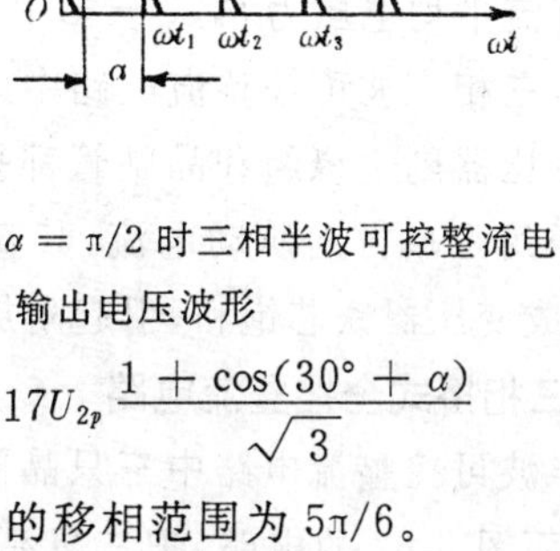

图 5-63　$\alpha = \pi/2$ 时三相半波可控整流电路输出电压波形

$$U_\mathrm{d} = \frac{1}{2\pi/3}\int_{\pi/6+\alpha}^{\pi}\sqrt{2}\,U_{2p}\sin\omega t\,\mathrm{d}(\omega t) = 1.17U_{2p}\frac{1+\cos(30°+\alpha)}{\sqrt{3}} \tag{5-67}$$

当 $\alpha = 5\pi/6$，$U_d = 0$。所以三相半波可控整流电路，其 α 的移相范围为 $5\pi/6$。

总之，在电阻性负载情况下，当α在$0\sim5\pi/6$内移相时，输出平均电压由最大值$1.17U_{2p}$下降到零，输出电流的平均值为$I_d=U_d/R$，流过每只晶闸管元件的电流平均值为$I_d/3$。

2. 电感性负载

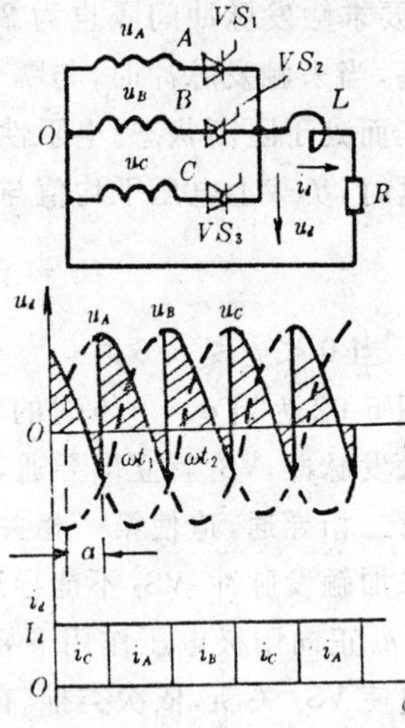

图 5-64　带电感性负载时三相半波可控整流电路及电压、电流波形

电阻性负载时，当$\alpha\leqslant\pi/6$时，整流输出电压波形是连续的，而当$\alpha>\pi/6$时，整流输出电压波形是不连续的，当电源电压下降到零时，电流i_d也同时下降到零，所以导通的晶闸管关断。在感性负载的情况下，如图 5-64 所示。在VS_1管导通时，电源电压u_A加到负载上，当$t=t_1$时，$u_A=0$，由于自感电势的作用，电流的变化将落后于电压的变化，所以$t=t_1$时负载电流i_d并不为零，VS_1要维持导通，如若电感L足够大，VS_1要一直导通到t_2时刻，当VS_2控制极来触发脉冲，使VS_2导通，电源电压u_B加于负载时，VS_1才因承受反向电压而关断，这时由于电感大，电流脉动小，可以近似地把电流波形看成是一条水平线，如图 5-64 所示。这时每只晶闸管导通角为$2\pi/3$，输出电压的平均值为

$$U_d=\frac{1}{2\pi/3}\int_{\pi/6+\alpha}^{5\pi/6+\alpha}\sqrt{2}\,U_{2p}\sin\omega t\,\mathrm{d}(\omega t)=1.17U_{2p}\cos\alpha \tag{5-68}$$

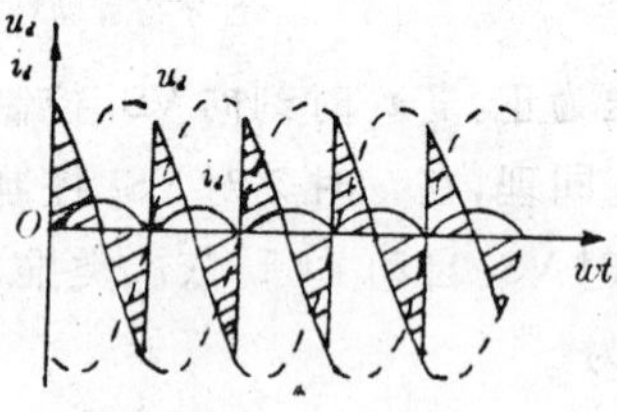

图 5-65　$\alpha=\pi/2$时三相半波可控整流电压、电流波形

由式可知，当$\alpha=\pi/2$，$U_d=0$，这时整流电压的波形如图 5-65 所示，电压u_d波形正、负面积相等，即$U_d=0$。故三相半波整流电路带电感性负载时，要求触发脉冲的移相范围是$0\sim\pi/2$。

三相半波可控整流电路在电感性负载时，晶闸管可能承受的最大正向电压为$\sqrt{6}\,U_{2p}$，这是与电阻性负载承受$\sqrt{2}\,U_{2p}$不同之处。

三相半波可控整流电路，在电感性负载时，也可加接续流二极管，其电路如图 5-66 所示，图中电压、电流波形是对应于$\alpha=\pi/3$时的波形。由图可见，有了续流二极管，整流输出电压波形、电压平均值U_d与控制角α的关系和纯电阻负载时一样，负载电流波形则与电感性负载时一样，当电感很大($\omega L\gg R$)时电流波形将接近于一条平行于横轴的直线。

三相半波可控整流电路只用三只晶闸管元件，接线简单，在要求输出电压为 220V 时，可以不用变压器而直接接于 380V 的三相交流电源，这时相电压为 220V，当控制角$\alpha=0$时，可得到最大输出直流平均电压为$U_{dmax}=1.17\times220\text{V}=257\text{V}$，稍加控制即可满足 220V 直流负载的要求。但是，三相半波可控整流电路中晶闸管元件承受的反向电压高，而且，在电流连续时，每个周期内变压器副边绕组和晶闸管都只有三分之一的时间导通，因此变压器利用率低，另外，流过变压器的是单方向脉动电流，其直流分量引起很大的零线电流，并在铁芯中产生直流磁势，易于造成变压器铁芯饱和，引起附加损耗和发热。

(二) 三相桥式全控整流电路

三相半波可控整流电路中三只晶闸管的阴极是接在一起的，这种整流电路叫共阴极组的整流电路。而图 5-67 的电路，把三只晶闸管的阳极接在一起，叫做共阳极组整流电路。把这两

组可控整流电路串联起来，如图 5-68 所示。这时，负载上的输出电压等于共阴极组和共阳极组的输出电压之和。若将变压器的两组次级绕组共用一个绕组，如图 5-69 所示，就是三相桥式全控整流电路。其中 VS_1、VS_3、VS_5 晶闸管组成共阴极组，VS_2、VS_4、VS_6 晶闸管组成共阳极组。三相桥式全控整流电路一般与电动机连接时总是串联一定的电感，以减小电流的脉动和保证电流连续，这时负载的性质可以看作是电感性的。在电感性负载的情况下，如果对共阴极组及共阳极组晶闸管同时进行控制，控制角为 α，那么由于三相全控桥式整流电路就是两组三相半波可控整流电路的串联，因此整流电压 U_d 应比式(5-69) 大一倍，即

$$U_d = 2.34U_{2p}\cos\alpha \quad (0 \leqslant \alpha < \pi/2)$$

图 5-70 是图 5-69 所示电路的电压、电流波形以及触发脉冲顺序图。图中，对应于 $\alpha = 0$ 的工作状况，即触发脉冲在自然换相点发出。对共阴极组的晶闸管而言，某一相电压较其它两相为正，同时又有触发脉冲，该相的晶闸管就触发导通。对共阳极的晶闸管而言，某一相电压较其它两相为负，同时又有触发脉冲，该相的晶闸管就触发导通。因此在 t_1 时刻，A 相电压较正，B 相电压较负，如果给 VS_1、VS_6 触发脉冲，则 VS_1、VS_6 导通，所以在 $t_1 \sim t_2$ 时间内 VS_1、VS_6 导通，电流从 A 相经 VS_1、负载和 VS_6 回到 B 相，A 相电流为正，B 相电流为负(电流为负表示电流的真实方向与图上所标正方向相

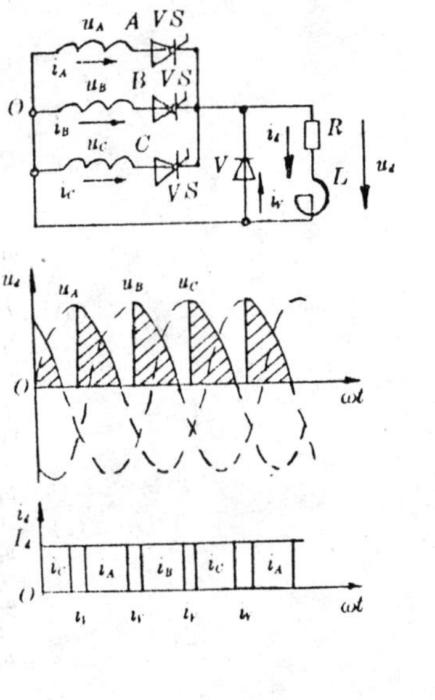

图 5-66　电感性负载带续流二极管的三相半波可控整流电路及电压、电流波形

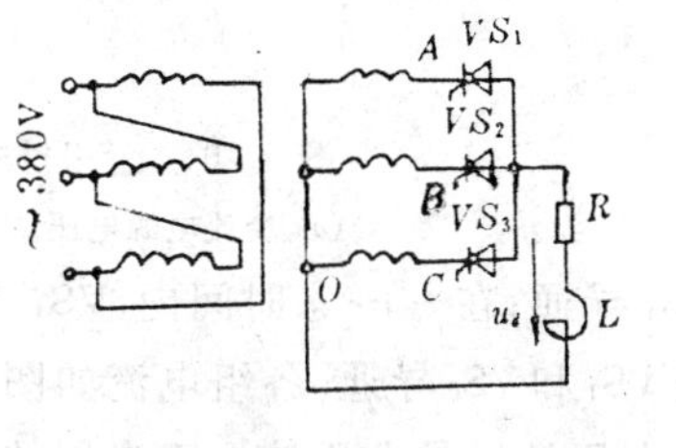

图 5-67　共阳极组接法的三相半波可控整流电路

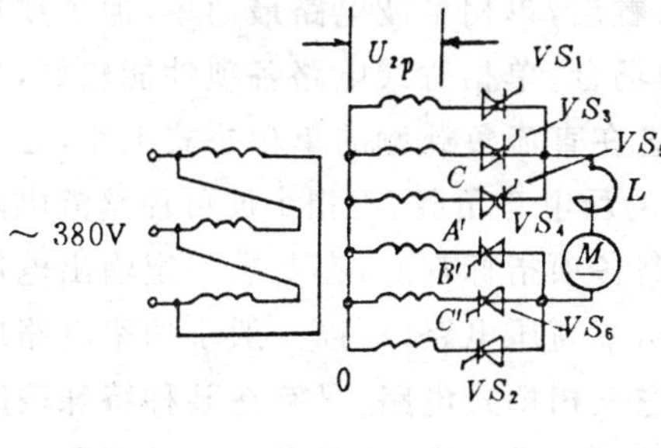

图 5-68　共阴极组与共阳极组串联的可控整流电路

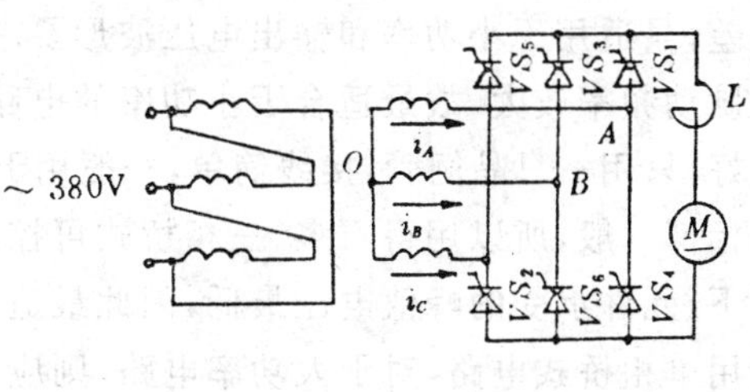

图 5-69　三相桥式全控整流电路

反)。在 t_2 时刻，A 相电压还是较正，但 C 相电压开始比 B 相更负了，如果在 t_2 时刻给 VS_1、VS_2 触发脉冲，则 VS_1 将维持导通，VS_2 导通，VS_2 导通使 VS_6 因承受反向电压而关断，电流从 A 相经 VS_1、负载和 VS_2 回 C 相，所以 $t_2 \sim t_3$ 时间内，VS_1、VS_2 导通，A 相电流为正，C 相电流为负。在 t_3 时刻，C 相电压仍较负，B 相电压开始比 A 相正，如在 t_3 时刻给 VS_2、VS_3 触发脉冲，则 VS_2 维持导通，VS_3 导通，VS_3 导通使 VS_1 因承受反向电压而关断，所以在 $t_3 \sim t_4$ 时间内，VS_2、VS_3 导通，电流从 B 相经 VS_3、负载、VS_2 回 C 相，B 相电流为正，C 相电流为负。依次类推，在 $t_4 \sim t_5$ 时间内，VS_3、

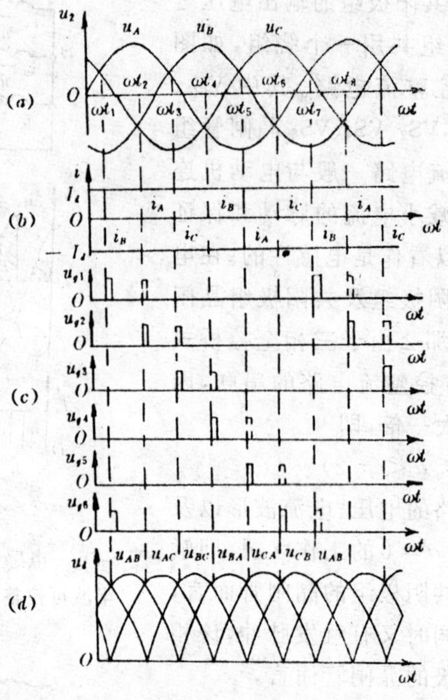

图 5-70 三相桥式全控整流电压、电流和触发脉冲波形图($\alpha = 0$ 时)

(a) 交流电源电压 (b) 相电流 (c) 触发脉冲顺序 (d) 整流电路输出电压

VS_4 导通；在 $t_5 \sim t_6$ 时间内，VS_4、VS_5 导通；在 $t_6 \sim t_7$ 时间内，VS_5、VS_6 导通；在 $t_7 \sim t_8$ 时间内又是 VS_1 和 VS_6 导通。各组电流如图 5-70(b) 所示。这时整流输出电压最高，对共阴极组而言，其输出电压波形是电压波形正半周的包络线，对共阳极组而言，其输出电压波形是电压波形负半周的包络线，三相桥式全控整流电路输出电压数值上等于共阴极组与共阳极组输出电压之和。图 5-70(d) 示出了这时的输出电压波形。

当控制角 α 移相时，输出电压的波形和平均值跟着发生了变化。

前面仅讨论了几种有代表性的可控整流电路。可以看出，单相半波电路最简单，但各项指标都较差，只适用于小功率和输出电压波形要求不高的场合。单相桥式电路各项性能较好，只是电压脉动频率较大，故最适合于小功率的电路。晶闸管在直流负载侧的单相桥式电路，各项性能较好，只用一只晶闸管，接线简单，一般用于小功率的反电势负载。三相半波可控整流电路各项指标都一般，所以用得不多。三相桥式可控整流电路各项指标都好，在要求一定输出电压的情况下，元件承受的峰值电压最低，因此最适合于大功率高压电路。所以一般小功率电路应优先选用单相桥式电路，对于大功率电路，则应优先考虑三相桥式电路。只有在某种特殊情况下，才选用其它线路。例如负载要求功率很小，各项指标要求不高，则可采用单相半波电路。

对于桥式电路是选用半控桥还是全控桥，要根据电路的要求决定。如果不仅要求电路能工作于整流状态，同时还能工作于逆变状态，则选用全控桥，对于直流电动机负载一般也采用全控桥，对一般要求不高的负载，可采用半控桥。

以上提出的仅是选用的一些原理，具体选用时，应根据负载性质、容量大小、电源情况、元件的准备情况等进行具体分析比较，全面衡量后再确定。

上面讨论的是把交流电变成可调的直流电供给负载，也都是整流，它的应用范围很广，但在生产实践中,例如直流可逆的电力拖动系统中、交流电动机的变频调速系统中,还需要有相反的要求,即利用晶闸管电路把直流电变成交流电,这种对应于整流的逆向过程,称之为逆变,把直流电变成交流电的装置,叫做逆变器。因篇幅所限,这里不再讨论了。

四、晶闸管供电对电动机的影响

晶闸管整流电路取代直流发电机作为直流电动机的电源,已经普遍推广,晶闸管变流装置作为交流电动机的电源等也已开始应用。它的优点是:体积小、重量轻、动作快、可以提高自动化程度、改善产品质量等,但是它也存在一定的缺点,在选择电动机时必须加以注意。

晶闸管整流电源的电压与电流波形如图 5-71 所示。它不仅有直流分量,且有一定的脉动分量(即交流分量 —— 其大小与晶闸管整流电路的线路型式和控制角 α 有关),脉动分量中含有很多高次谐波分量,这将对电动机的工作带来影响。

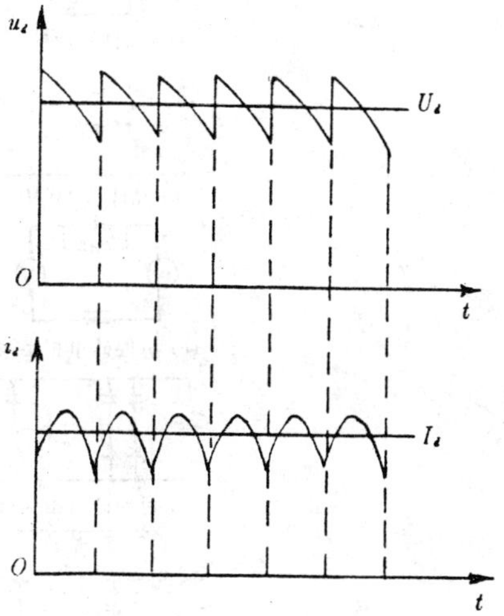

图 5-71　晶闸管整流电源的直流电压与电流波形

电流的脉动分量使电动机发热增加,在电枢回路绕组中产生额外的铜耗,在磁路中产生脉动磁通,增加额外的铁耗。若不加平波电抗器,在小型直流电动机中,其温升比用直流发电机组供电的约增加(5 ~ 15)%,用了平波电抗器后,温升的增加稍小一些。

脉动电流使电动机的效率有所降低,约降低(1 ~ 2)%,但晶闸管整流电源的效率要比发电机组的高得多,所以就整个传动系统的效率来说,晶闸管供电系统比发电机组系统还是约提高(10 ~ 15)%。

脉动电流使换向情况变坏,一方面它在换向极磁路的铁芯中产生涡流损耗,使换向极磁通相对于电枢电流有相位滞后,换向极磁通不再与电枢电流成比例,因此换向极不能起到完全补偿换向的作用,使换向火花增加;另一方面,电枢电流的快速暂态变化,也加重换向的负担。即使接入电抗器,减少脉动电流,一般也会使火花等级提高一级,脉动电流使电动机的振动与噪声增大,加了平波电抗器后,输出波形得以改善,可使振动与噪声降低。

另外,大功率的晶闸管整流装置运行时,脉动电流中的高次谐波电流在供电线路上造成较大的谐波压降,引起电网电压波形畸变,它将影响供电电网向其他设备的供电,如使接在电网上的异步电动机的定子、转子损耗增加。

总之,晶闸管整流装置会使电动机运行情况恶化,电动机的容量要适当地降低使用,其降低的程度与晶闸管电源线路型式和接入电抗器的情况有关。

目前国内外都在研制适合晶闸电源供电的直流电动机。如设计制造定子和换向极不用整体结构而采用全叠片结构的电动机,增加漏磁通的屏障,去除换向极线圈铁制闭合框架,选用极对数少的电动机以及使用隐极直流电动机等。

在这一节的最后,我们给出 DC 伺服电动机各种控制方式时的结构形式、驱动信号波形和适用范围,如图 5-72 和图 5-73 所示,供设计或选型时参考。

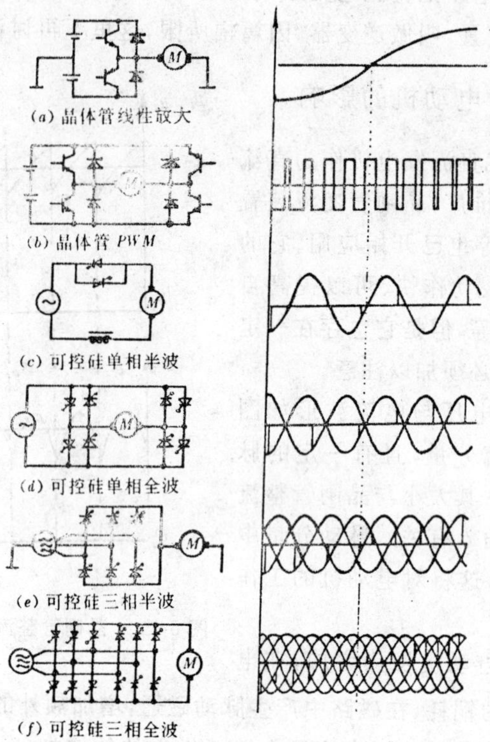

图 5-72　DC 伺服电机驱动线路和驱动波形

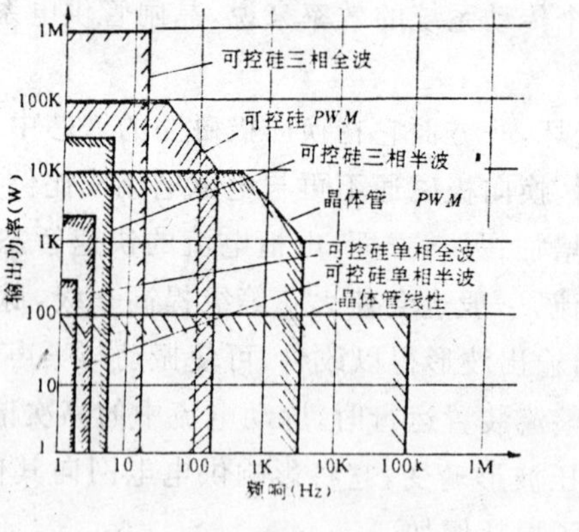

图 5-73　DC 伺服电机驱动方式的实用范围

第六节　典型控制放大器介绍

在本章的最后一节我们介绍几种典型的由晶体管组成的控制放大器，它们是伺服控制器和比例控制器。

一、伺服控制器

典型的伺服控制器电路图如图 5-74 所示，这是通用型式的伺服控制器，它包括上、下二个部分，上半部分是加法、校正、放大等电路，为伺服放大器，下半部是直流稳压电源。

伺服放大器由运算放大器 OA1 等所组成的前置级和运算级大器 OA2 所组成的功率放大级二部分组成。

前置级可综合几个信号，有 4 个输入口，可分别输入指令信号、反馈信号等。它能调节信号灵敏度，可以在较宽的范围内调节增益，并能调节零位偏置。图中实线所示的情况是用作比例放 大器，可调电阻 R_{16} 使增益可在 100：1 范围内调节。对电路加以适当改装后，能提供积分控制。这是通过更换元件(如图中虚线所示)，如移开 R_{15}，使用 C_{11}，R_{41}，R_{14} 等，放大器就可进行积分控制，并可在 25：1 范围内调节积分增益，也可使 C_6 得到纯积分控制。

功率放大级包括运算放大器 OA2 和二个功率管 $Q1$ 和 $Q2$。电流反馈是这种伺服控制器的特点，它使输出的电流保持稳定，使伺服阀线圈的电感及由于温度变化而引起的电阻变化等对系统不产生影响。在作比例放大器使用时，若 R_7 为零，则前置级的输出电压 u_a 为

$$u_a = -\left(R_{15} + R_{16} + \frac{R_{15}R_{16}}{R_{17}}\right)\left[\frac{u_1}{R_6} + \frac{u_2}{R_3 + \text{平衡电阻}} + \frac{u_3}{R_2} + \frac{u_4}{Z_2}\right] \tag{5-69}$$

其中 u_2 为信号输入；u_3 为反馈输入，u_1 及 u_4 是根据系统需要而具有的输入电压，功率放大级的输入电流 i_a 为

$$i_a = \frac{1000}{R_{19}}\left(1 + \frac{R_{22}}{R_{23}}\right)u_a \qquad \text{(mA)}$$

u_3 的输入端电阻不可调，而信号 u_2 可以用可调的平衡电阻在 0～10 的范围内平衡，以与 u_3 信号相匹配，辅助信号 u_1 可在 1～100 的范围内调节。在功率放大级的运算放大器 OA2 的输入端，可以根据需要有各种输入。

电位计 R_{10} 可为放大器调整零位，对零位偏置进行补偿或使伺服系统的零位能够得到调整。特殊回路的印刷电路板可根据需要设置位移传感器的载波激励器、颤振信号发生器、零位检测器、电流极限控制等。

电路的下半部分是稳压电源，将 220V 或 110V 交流电压转换成伺服控制器所需的直流电源。

(一) Moog640 系列伺服阀的放大板

Moog640 系列伺服阀的放大板装在阀的端部，它主要的功能是将输入电压信号转换为通往伺服阀线圈的电流信号，并对位移传感器初级线圈激磁、次级线圈的输出整流、滤波等，电路图如图 5-75 所示。它的左下角是稳压电源，右下角是元件排列图。

电路图的左端是激磁电路，它发出一定激磁频率的方波给位移传感器的初级线圈。这是一个近似于方波的波形发生器，实际上是一个迟滞比较器加一个负反馈通道。通过负反馈通道从比较器的输出端获取待比较信号。比较信号在接于反相输入端的电容上形成，利用电容的充放电作用，使比较信号变化，从而得到自激振荡。

将这部分电路看作一个迟滞比较器，其参考电压为零，电路状态转换的跳变点电压值由输出电压经 R_2、R_3 组成的分压器决定。

波形发生器所产生的波形如图 5-76 中所示，是方波波形，它产生自激振荡的过程如下：

若从输出由负电压转换为正电压的瞬间开始。转换的前一瞬间，输出电压为 V_{om}，与此相

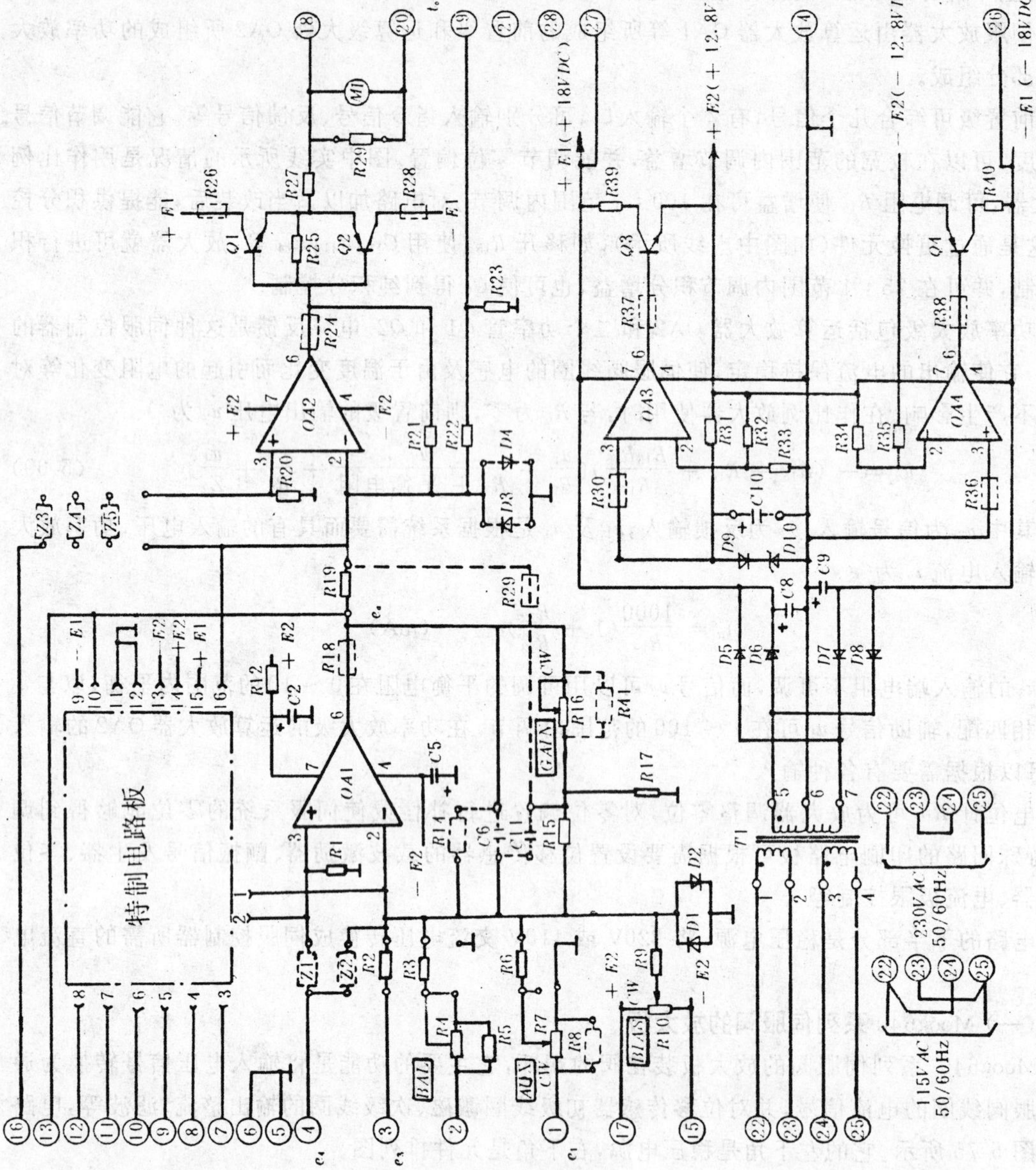

图 5-74　典型伺服控制器

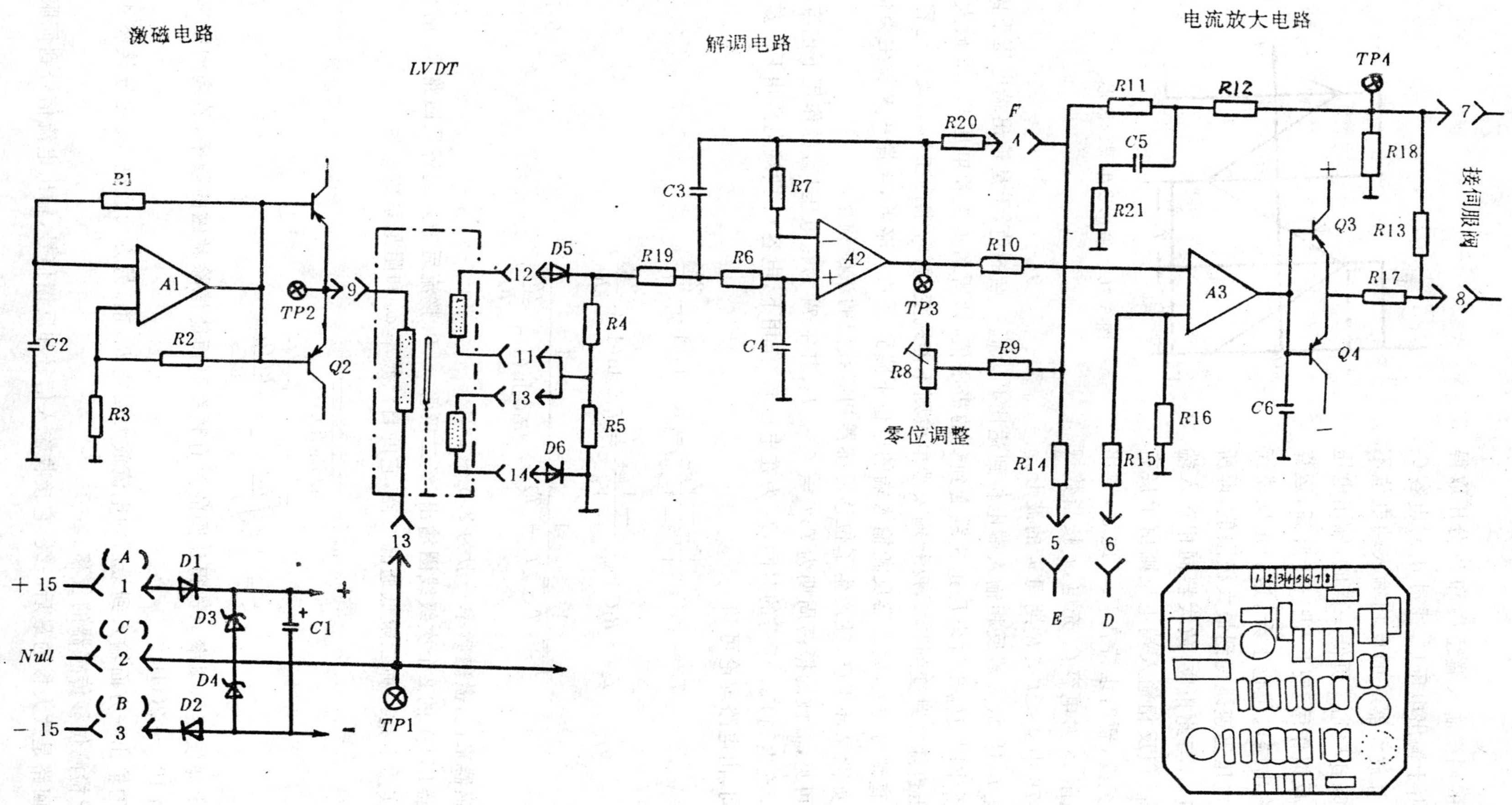

图 5-75 Moog 640 系列阀放大板电路图

应，运算放大器的同相输入端经 R_2 和 R_3 分压取得的电压为 V_{th-}。由于输出电压 V_{on} 通过 R_1 对电容 C_2 反向充电，使运算放大器 A 的反相输入端电位不断下降，当其下降到比 V_{th-} 更低一点时，输出电压 V_0 将上升，经正反馈作用，使 V_0 进一步升高，运算放大器的同相输出端电位也上升。这一正反馈连锁反应，使输出电压迅速跳变到最大极限值，即所谓正饱和电压 V_{om}，与此相应，放大器同相输入端电压跳变到 V_{th+}。但反相输入端电位则由于接有电容 C_2 而不能突变，暂时维持在 V_{th-}。此后，输出电压 V_{om} 通过电阻 R_1 对电容 C_2 充电，u_c 按指数规律上升，如图 5-76 中 $0 < t < t_1$ 期间 u_c 的波形。

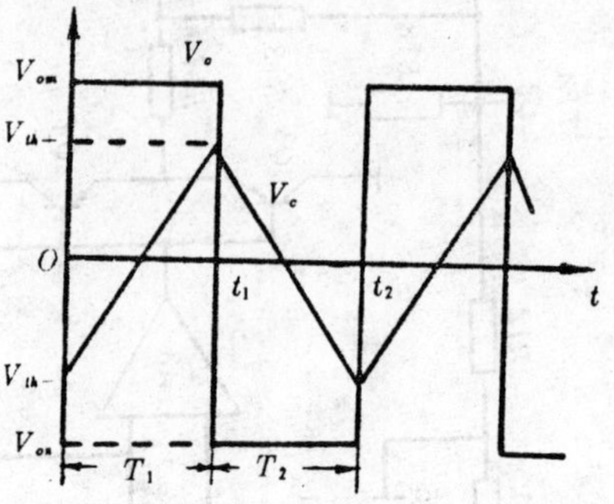

图 5-76　波形发生器的波形

当时间到达 t_1 时，放大器反相输入端电位到达比 V_{th+} 高一点的值，于是输出端电压下降。由于正反馈循环作用使输出端电压迅速跳变到负的极限值，即所谓负饱和电压 V_{on}，而放大器同相输入端电压也随之跳变到 V_{th-}，反相输入端电位则不能跳变，暂时维持在 V_{th+}，此后电容 C_2 开始反向充电，直到时间 t_2，放大器反相输入端的电位下降到比 V_{th-} 略低，电路中又发生类似 $t=0$ 时的跳变，如此循环不已，就产生了位移传感器初级线圈的激磁频率。

由图 5-76 可见，方波的振荡周期为 T，$T = T_1 + T_2$，其中 T_1 为在电压 V_{om} 的作用下电容 C_2 两端电压由 V_{th-} 充电到 V_{th+} 所需的时间，T_2 为在电压 V_{on} 作用下，电容 C_2 两端电压由 V_{th+} 放电到 V_{th-} 所需时间，由电路理论可知

$$T_1 = R_1C_2\ln\frac{V_{om}-V_{th-}}{V_{om}-V_{th+}} = R_1C_2\ln(1+\frac{2R_3}{R_2})$$

$$T_2 = R_1C_2\ln\frac{V_{on}-V_{th+}}{V_{on}-V_{th-}} = R_1C_2\ln(1+\frac{2R_3}{R_2})$$

$$f = \frac{1}{T} = \frac{1}{T_1+T_2} = \frac{1}{2R_1C_2\ln(1+\frac{2R_3}{R_2})} \tag{5-70}$$

对位移传感器来说，激磁频率一般为 2.5 ～ 5kHz。

位移传感器 LVDT 的 2 个次级线圈输出，经二极管 D_5、D_6 整流后输入到解调回路 R_{19} 前端。

解调回路实质上是一种二阶低通滤波器，它的自然频率 ω_0 和阻尼系数 ζ 为

$$\omega_0 = \frac{1}{\sqrt{R_{19}R_6C_3C_4}} \tag{5-71}$$

$$\zeta = \frac{1}{2}[\sqrt{\frac{R_6C_4}{R_{19}C_3}} + \sqrt{\frac{R_{19}C_4}{R_tC_3}}] \tag{5-72}$$

解调回路上滤波器的频率应选得比阀的固有频率高而能滤除激磁的频率，若阀的频率为 40Hz，可选择为 100 ～ 200Hz。

解调回路的输出一方面输入到最后的电流放大回路 R_{10} 前，另方面经过 R_{20} 由连接座 4 接到 F 端，可由此检测位移传感器的位移。

电流放大回路是放大板的最后一级，它接收输入信号和反馈信号，输出电流信号到伺服阀线圈。

当由 E 端输入信号时，与位移传感器的反馈信号相加到运算放大器 A_3 的反相输入端与图

5-5 相似，此外还有调整点 R_8，可根据需要调整零位。

Q_3、Q_4 是功率管，它输出到连接座 7、8 与伺服线圈相连接，R_{13} 是分流电阻，R_{18} 为取样电阻，相当于图 5-20 中的 R'_c，反馈回路上的 C_5、R_{21} 是用作滤波，可滤去反馈信号中的噪声。

当 D 端输入信号时，就相当于图 5-4(b) 的差动放大器，反相端输入反馈信号，同相端输入信号。

这种放大板，电路简单，它装在阀的端部，只是完成阀芯位移的反馈，使阀形成一个小闭环，它的参数在使用中不能调整。因此对整个控制系统的校正和调整还需要另外配置电路。

Moog650 系列的阀，控制流量的一侧与 640 系列的相同，所不同的只是增加了另一侧的压力传感器及其测量放大器。

二、比例控制器

比例控制器已发展成多种标准规格的插板，可根据配用的比例阀不同而适当选用。比例控制器除稳压电源外往往还包括斜坡信号发生器、颤振信号发生器，配有位移传感器进行电反馈的比例阀还带有调制解调器。

它基本上可分为三种型式，即不带电反馈只控制一个比例电磁铁的比例压力阀用比例放大器、不带电反馈控制二个比例电磁铁的比例方向阀用比例控制器和带电反馈的比例方向阀用比例放大器，现分述如下：

（一）比例压力阀用比例放大器(Rexroth 公司 VT2000 比例放大器)

如图 5-77 虚线内所示，这种放大器可以通过用继电器导通的电位器遥控调节，也可以通过差值输入遥控调节，它的上升和下降斜坡可以在外部切除。

当用电位器输入时，必须与 MO(14ac 连接端) 相连，输入最高电压为 9V，它可直接与电源(1) 的控制电压端相连接，由可调电阻 R_2 决定电磁铁的电流也可与外部的指令电位器相连接，如图中的调用电位器，这时可调电阻 R_2 用作极限控制器。

当由差动放大器输入时(28c 和 30ac 接线柱)，设定值为 0 ～＋ 10V。

斜坡发生器(2) 将阶跃信号转换为斜坡信号，输出信号的斜率可用电位器 R_3、R_4 调节。R_3 调节上升的斜率、R_4 调节下降的斜率。斜率的变换也可通过 2c、4ac 连接柱在外部调节，这时 R_3、R_4 作为极限控制。斜坡工作时间最大为 5 秒。

斜坡信号产生后与电位器 R_1 调定的值相加并输入到功率放大器(3)，由于比例阀的控制电流较大，为减少功率管的功率损耗，减少发热，采用了脉宽调制型式的功率放大器。即供给放大器功率管的是脉冲信号，供给电磁铁的电流将随末级功率放大管导通或关闭持续时间的比例而定，输出的用以控制比例电磁铁的最大电流为 800mA。

比例放大器的输出特性如图 5-78 所示。由图可见，它的起始电流是 100mA。

（二）不带反馈的比例方向阀用比例放大器(Rexroth 公司 VT3000 型)。

这种比例放大器如图 5-79 所示，它可用四个电位器 R_1 ～ R_4 相连的接线柱(10a、8a、12a、12c) 输入，也可用差动放大器输入(接线柱 16a、16c)。

当用电位器输入时，为了调节设定电压必须将接线柱 20c 的 ＋ 9V 或 26ac 的 － 9V 稳定电压接入 4 个设定值输入端。若设定值输入接 － 9V，则电磁铁 A 动作。调定设定值的电压的 R_1 ～ R_4 的导通，将在斜坡发生器的入口产生一个电压信号。

斜坡发生器(1) 把阶跃式上升的输入信号转变成缓慢上升的输出信号，它的上升时间可以通过电位器 R_8 调节，给定的最大斜坡时间是 5 秒。

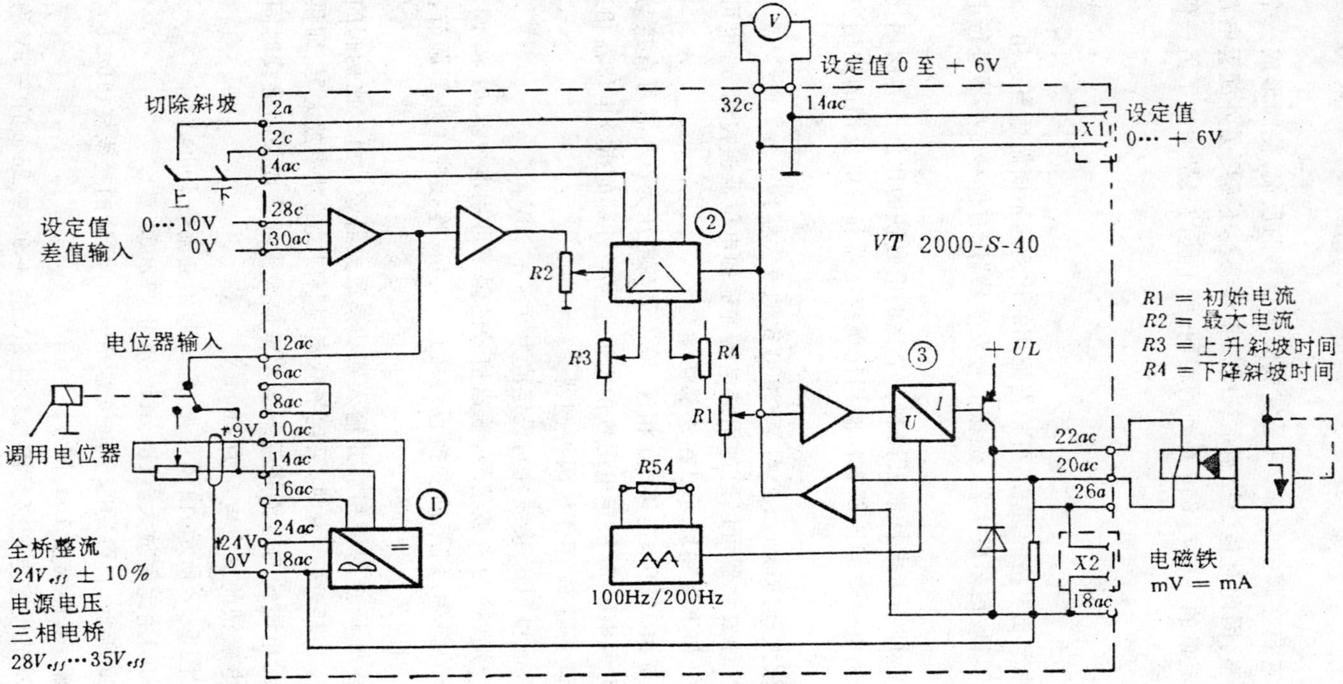

图 5-77　比例压力阀用比例放大器

斜坡发生器(1)的输出信号送到加法器(3)及阶跃函数发生器(2)。在阶跃函数发生器(2)的出口产生一个阶跃函数,它和斜坡发生器(1)的输出信号在加法器(3)内相加。这个阶跃函数是使阀芯快速越过零区遮盖量所需要的。这阶跃在设定值电压较小(小于100mV)时无效。若设定值电压升高到一个较大的值时,阶跃函数发生器(2)给出恒定的信号。

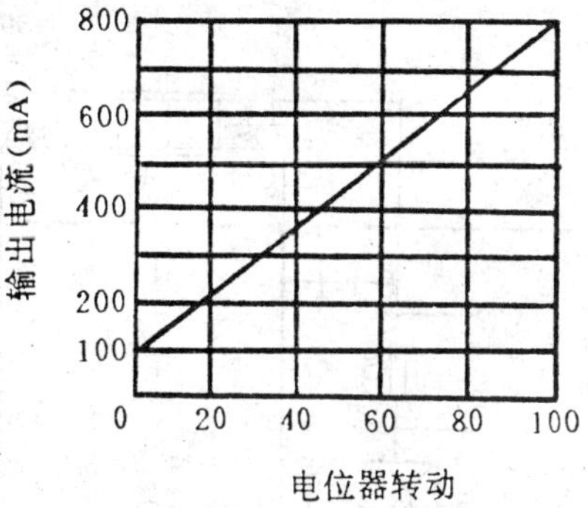

图5-78 VT2000比例放大器输出特性

加法器(3)的输出信号作用在由电流调节器(4)、脉冲发生器(5)、功率放大器(6)组成的两组末级功率输出级,当放大器入口输入正设定值电压,电磁铁B的输出末级被控制,设定值若为负,则电磁铁A的输出末级得到控制。

0～±10V设定值差值输入是为了在放大器插板和外部的控制电器之间获得阻抗隔离时,就需要这种输入方式。

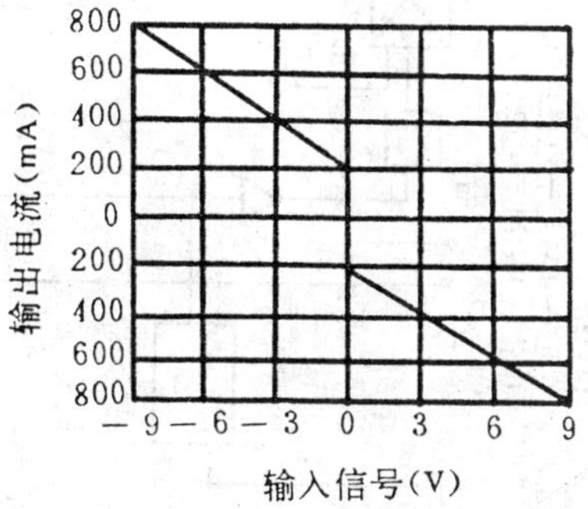

图5-80 VT3000型比例放大器特性

此外利用继电器$K6$可产生换向运动。通过继电器$K6$的触点,将输出2的－9V电压切换成＋9V,若用一个设定值输入和输出$2a$相连接,则能通过所属继电器及继电器$K6$(触点$4c$)的通断来实现方向转换。

通过继电器$K5$的导通,斜坡发生器被切除,即斜坡发生器不起作用。这样,有效的最小斜坡时间约50ms。

放大器的静态特性如图5-80所示,由图可见,在输入信号为零处有一±200mA阶跃特性,这就可以消除阀的死区。

(三)带电反馈的直接作用式比例方向阀用比例放大器(Rexroth公司VT5000型)

带电反馈直接作用式比例方向阀用比例放大器如图5-81所示,这种放大器的上半及下半部分与图5-79相似,只多了PID调节器(4),它可根据阀的类型进行调节,使阀的性能优化,电路可参照前几节校正电路所述。

图5-81的右中部增加了电反馈的部分。直接作用式比例方向阀电磁铁A的末端带有位移传感器(11),它的激磁线圈由振荡器(6)将电源电压转换成2.5kHz的激磁信号激励。次级线圈根据阀芯位移输出的电压信号,由解调器(7)转换成直流信号经放大器(8),反馈到PID调节器的输入端。

此外这种放大器还有电缆故障识别器(10)监视着通往位移传感器的连接线,在有故障时切断电磁铁的电流。

以上三种比例放大器都是为相应的比例阀配套使用的,采用这种比例放大器可以根据需要设置参数,完成程序控制。当整个系统成为闭环系统使用时采用差值输入,而系统所需的校正、综合等功能还需另行配置放大器。

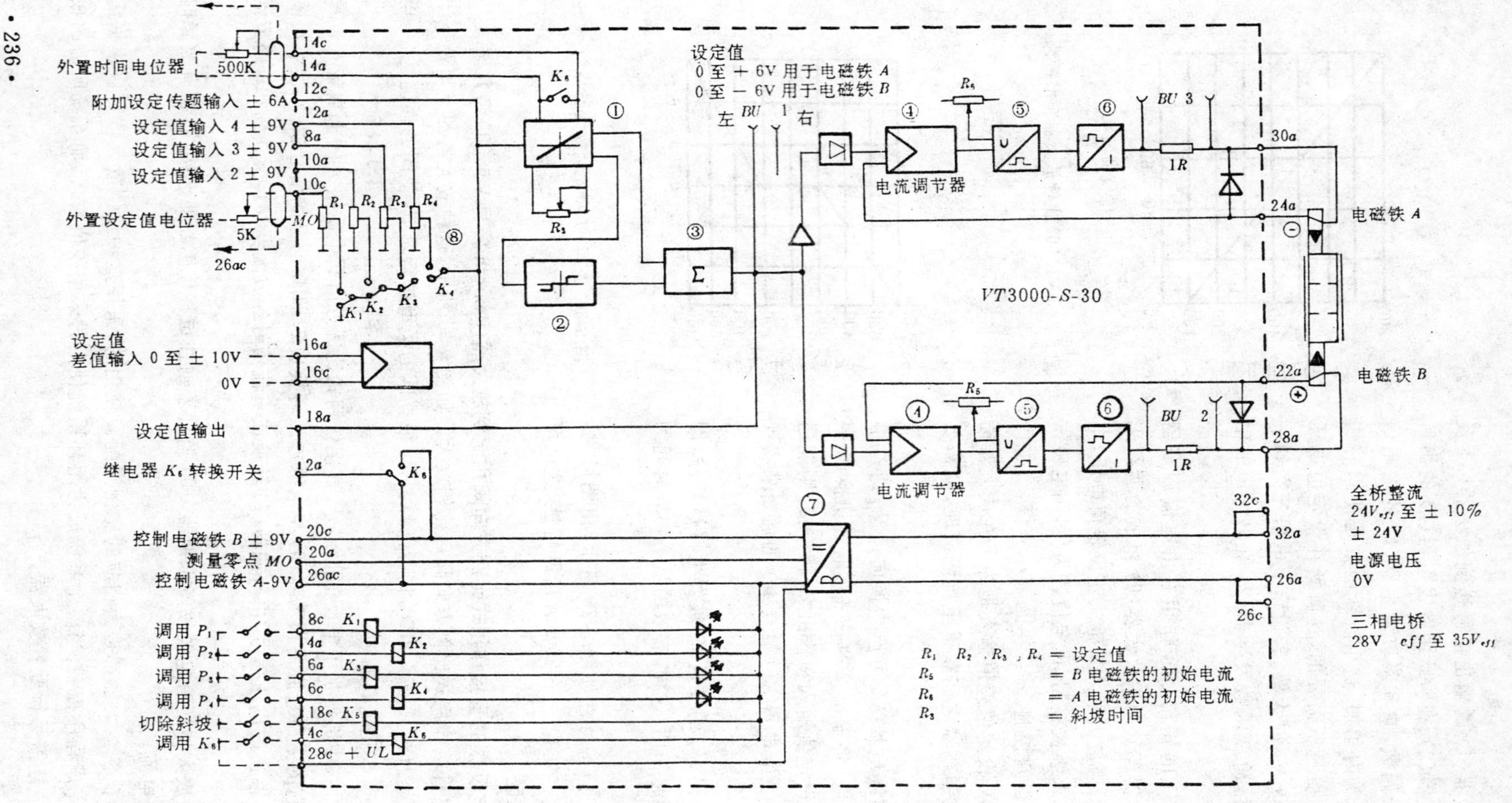

图 5-79 不带反馈的比例方向阀用比例放大器

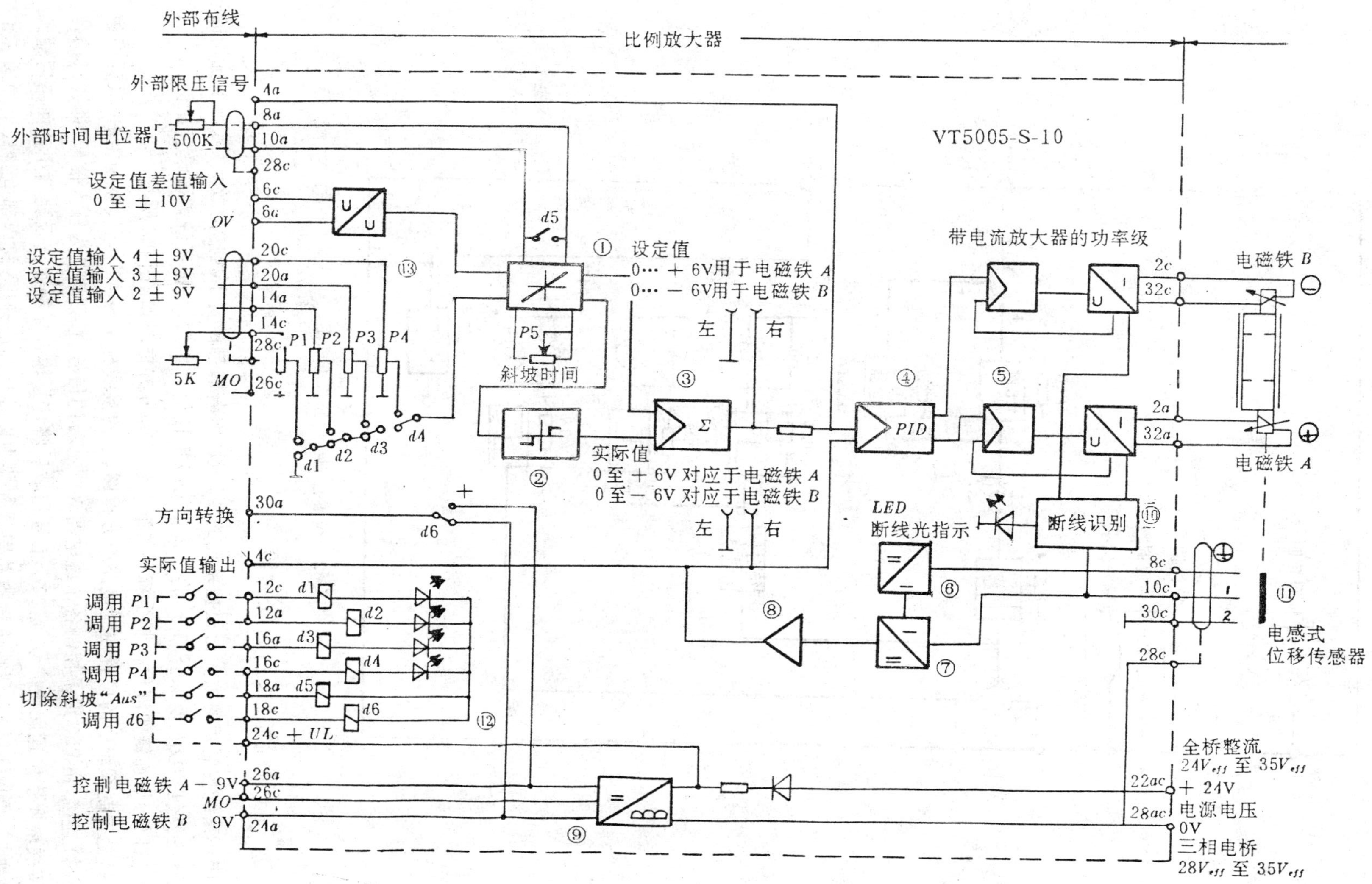

图 5-81 带电反馈的直接作用式比例方向阀用比例放大器

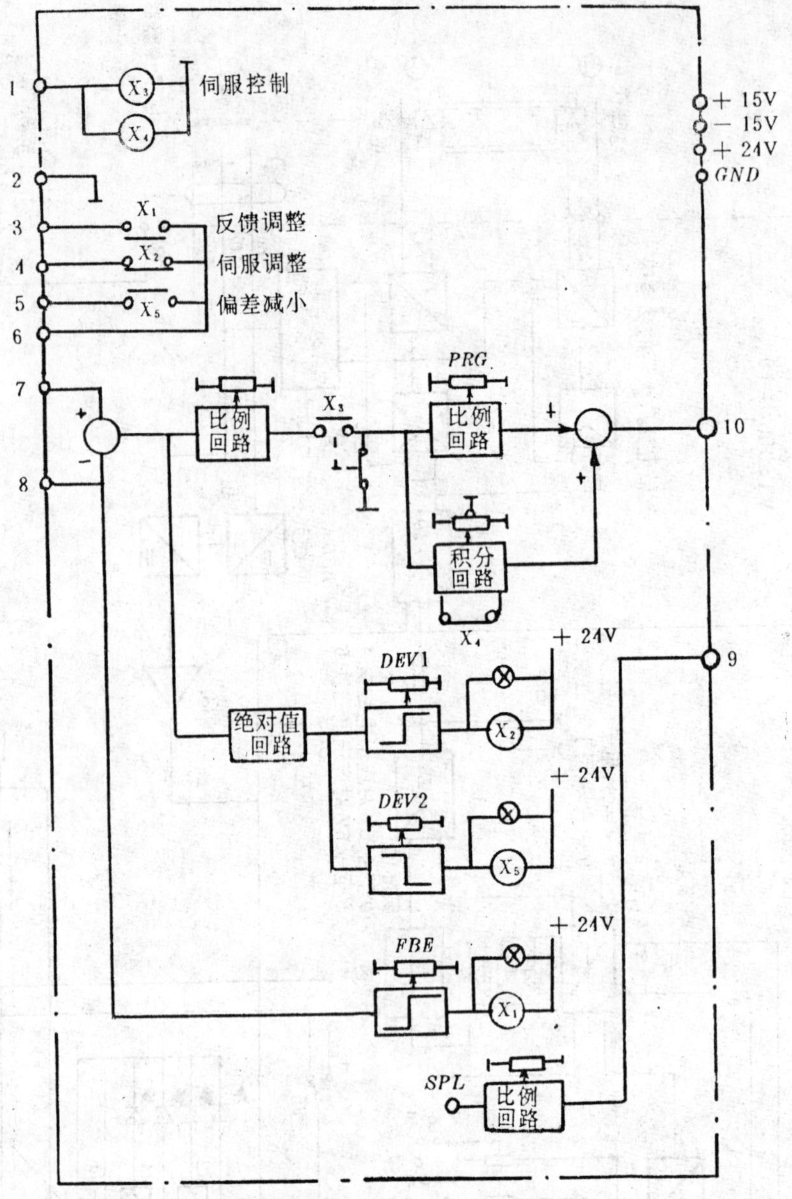

图 5-82　位置控制器电路板方框图

三、闭环控制时采用的放大器

闭环系统控制用的放大器根据系统的要求设计，若阀已配置了相应的放大器，则系统用的放大器主要包括校正及综合部分，将输入信号及反馈信号相加，根据系统需要设置比例、积分、微分等部分。如连铸的液位控制系统用的放大器的部分方框图如图 5-82 所示。

这是控制系统中的位置控制电路板方框图，它的接线柱 1 ～ 6 与电气控制柜 PLC(程序逻辑控制）连接，由 PLC 给予控制各个继电器 $X1 \sim X5$ 的信号。接线端 7 为输入信号，即要求的位置。接线端 8 接位置反馈信号。这二个信号相减后将信号输入比例回路及比例积分回路后输到接线柱 10，再由 10 输入到阀所带的功率放大器中以控制阀的开度。阀内部电路板上的阀芯位移信号与接线柱 9 连接，通过比例回路可改变它的增益值。

第六章　计算机控制技术概述

本章主要介绍计算机控制技术的概论及接口技术、控制算法的一些基本内容，以建立计算机控制系统的概念，大致了解计算机控制在技术上和理论上需解决的问题。

第一节　计算机控制系统概论

一、计算机控制系统的组成及其特点

数字计算机在自动控制中的应用，为控制系统在结构上和功能上带来了根本性的变革。1959年第一次用过程控制计算机来记录数据和监视过程。1962年首先在化工过程和电力系统中使用了在线的闭环直接数字过程计算机控制，目前它已成为自动控制的重要工具。由于数字计算机具有存贮大量数据进行处理，并根据所得结果作出合理判断的能力，因而能与生产发展对自动化技术日益提高的要求相适应，从而构成种类繁多的计算机控制系统。

在计算机控制系统中，计算机可以用来完成数据收集与处理、顺序控制与数值控制、直接数字控制(反馈和／或前馈控制)、监督控制、最优或自适应控制、自动管理与调度等项任务。

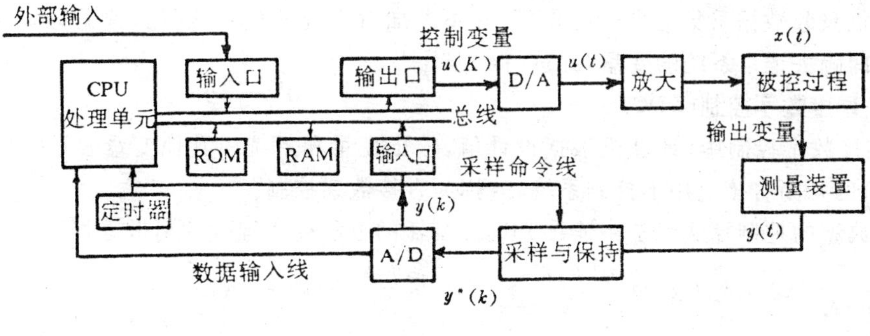

图 6-1　典型的计算机控制系统

图 6-1 为一个典型的闭环实时计算机控制系统的原理图。表征控制系统的状态变量 $x(t)$ 经过测量装置测出其可直接获取的部分 —— 输出变量 $y(t)$。它通常是连续的模拟量，经过一个采样器，变为离散的模拟量 $y^*(k)$，再由模／数转换器(A/D)进行编码，于是信号又变为离散的数字量 $y(k)$(量化)。该信息进入数字计算机，并按照某种控制算法进行计算，得出所需要的控制变量 $u(k)$，再经数／模转换器(D/A)和执行机构，最后又变成连续的模拟信号施于被控对象。这样就构成了一个闭环的计算机控制系统。

图 6-2 表示一个计算机控制系统的典型配置。它由主机、人机联系设备、输入／输出设备组成。人机联系设备、输入／输出设备与外存贮器统称外围设备，它们通过接口连入 I/O 总线。

二、计算机控制系统的分类

计算机控制系统大致可分为如下几类：

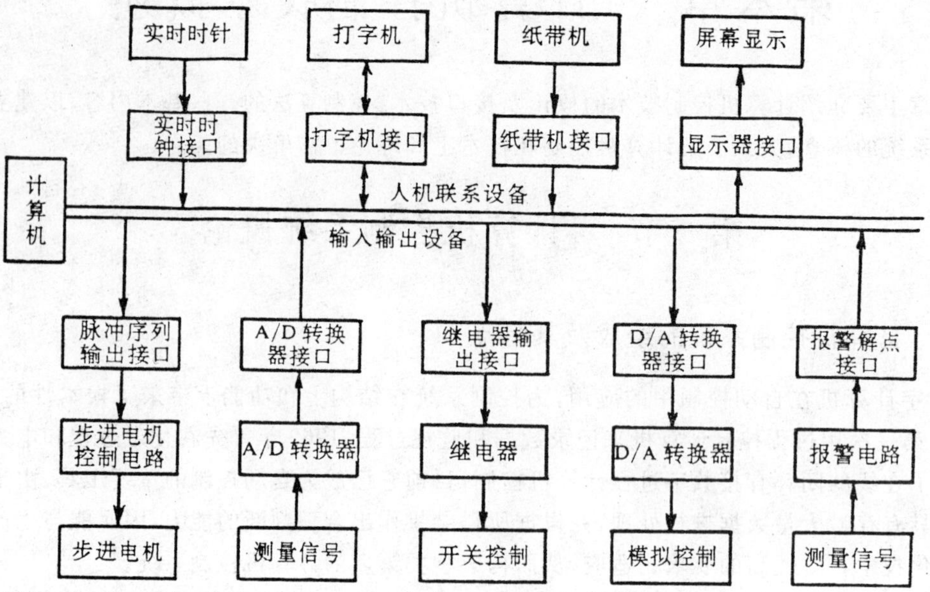

图 6-2　计算机控制系统的典型配置

(一) 数据采集系统

计算机只起数据采集与处理的作用，它不参加对系统的控制。例如，数据记录仪只是在规定的时间间隔去记录系统的变量，并进行数据处理。

(二) 直接数字控制(DDC)

在直接数字控制中，计算机根据设计值、输出变量和系统中其他变量去计算控制变量的值。计算机的判断直接应用于控制系统，故称为直接数字控制。

一个典型的控制算法就是将连续 PID 控制器的方程变为等效的离散方程。

$$u(k) = K_c e(k) + \frac{K_c T}{T_i} \sum_{i=1}^{k} e(i) + \frac{T_d K_c}{T} [e(k) - e(k-1)] + u_k \tag{6-1}$$

式中，$u(k)$ 为第 k 个采样时刻的控制变量值；$e(k)$ 为第 k 个采样时刻的偏差值；T 为采样周期；K_c、T_i、T_d 分别为控制器的增益、积分时间常数、微分时间常数。

需要指出的是，用等效的离散控制算法简单地代替一个常规的模拟控制器是不可能明显地提高系统的控制质量的，计算机的潜力并没有得到充分的发挥。随着自动控制理论与计算机科学的发展，在直接数学控制的基础上又出现了一些改进的计算机控制系统，引入了一些新的控制算法及其辅助算法。例如前馈控制、串级控制、解耦控制、自校正控制、最优控制、自适应控制以及附加的最优线性递推滤波、系统在线辨识算法等等。从控制系统上也出现了监督控制、多级控制、分散控制等计算机控制系统。

(三) 监督计算机控制(SCC)

监督控制的概念，通常是指对象的直接控制系统担负第一级的控制职能，而监督计算机只是对它规定适当的操作命令，使之能在最优的程度上达到所要求的目标。监督计算机根据控制系统的现状、外部条件的变化，计算出控制系统的最优操作条件，并自动地对下一级工作点进行整定。

（四）多级控制

将监督控制推广到更高一级，这就给出了分层控制的概念。这时最低一级是控制单一设备或几个设备的 DDC 计算机，较高一级就是监督计算机，它可以管理几个 DDC 系统组成的一个复杂生产过程。例如由位置、速度、加速度、力等控制系统组成的一个控制系统；更高一级就是同时管理几个控制对象的计算机，它负责使整个系统取得最大的收益；最高一级是多信息处理机，它可对整个系统的运行状况进行分析，并作出最优决策。它也经常从管理人员方面接受其他对策，并将其传递下去。

（五）分散式计算机控制系统

由于微型计算机的出现，使控制系统的结构布局发生了深刻的变化，过去用常规的控制计算机总是力求使它处理尽可能多的程序，以充分利用计算机的容量，实现集中控制，形成高度集中化，其结果是复杂程度和价格随着任务的增加而日趋提高，布线费用增大，发生故障时影响 也大。分散式计算机控制，是把各项任务指定给不同的微型计算机。例如：用一台微型计算机控制一个或几个回路，由几台分散的微型计算机分别控制不同的对象，对于更高级的任务，例如系统最优化，可用一台计算机来完成。

三、计算机控制技术的发展方向

计算机控制实质上就是计算机技术与控制理论结合，对机械和过程进行控制的一门技术。现代化的生产系统具有多变量、时变、非线性的特点，应用经典的控制理论已不能满足现代化的工业生产要求。应用现代控制理论再加上计算机的快速运算，强大的信息储存能力以及逻辑判断能力，使得计算机控制能解决通常自动控制技术所不能解决的问题，使生产过程达到优异的性能指标。既然计算机控制是计算机技术与控制理论相结合的技术，那么计算机控制技术的发展方向与计算机和控制理论的发展有着密切的联系，下面就从这两个方面进行论述。

第一，随着微处理机、可编程控制器、单片机以及微型机的不断发展，成本不断降低，性能不断完善，可靠性不断提高，从而推动了计算机控制系统的发展。在计算机控制系统中出现了多 CPU、统一总线、智能化模块结构的控制型式。各个微处理机或单片机被用来完成部分的工作，形成独立的功能模块。例如，数据采集功能模块，单独配备一个 CPU。该 CPU 用来控制 A/D 变换的过程、A/D 变换的起始，或直接由一单片机组成等等。

第二，用作计算机控制的主要控制策略 —— 自动控制理论，分成经典控制理论和现代控制理论。40 年代末到 50 年代初发展起来的自动调节原理，可以看作经典控制理论。处理自动调节理论用频域方法，适合于分析单输入 — 单输出的定常线性控制系统。50 年代末到 60 年代初出现了现代控制理论，它用时域的分析方法，可以分析多输入 — 多输出的复杂系统，根据某一些性能指标最优化求得理论的响应。现代控制理论主要内容有：线性系统状态空间分析法；系统的可控性与可观性；线性状态方程的解；二次型系统的最优控制，系统的参数估计与状态估计；随机线性系统控制与自适应控制等。目前这些理论已在计算机控制系统中作为主要的控制策略，获得越来越广泛的应用。

无论经典或现代控制理论，它们在计算机控制中应用时，首先必须了解被控对象的数学模型，才能获得应用。但是实际生产过程中，它们的运动规律很难用正确的数学方程来描述。然而，对于一个熟练的工程师来说，他仍能有效地作出正确的判断与控制，这是因为他具有丰富的知识，而且还具有思维与判断能力。因此，人们自然地想到能否采用从问题领域的知识出发，也就是采用基于知识的控制，基于这一思想，产生了各种新的控制策略，如专家控制系统、模糊控制系统等等。这不仅成为控制理论的发展趋势，也是计算机控制技术的发展方向。

第二节　计算机控制系统的接口技术

一、计算机接口技术概述

在控制系统中，由计算机进行实时控制及数据处理，计算机所处理加工的信息是数字量，而被控制对象的有关参量往往是一些连续变化的模拟量和一些开关量。如温度、压力、流量、位置、速度和控制阀门开闭的电磁线圈、LED 等等。因此必须将这些模拟量和开关量转换为数字量以便送到计算机中进行处理，或把计算机加工处理的数字量转换成模拟量和开关量以便对被控对象进行控制。此外，计算机配置的打印机、终端装置、磁盘都必须用各式各样的输入输出接口来实现 CPU 的信号与外围设备之间的匹配或转换，并由该接口提供适当的时序、控制信号、数据缓冲、同步协调、传送设备的状态信息以及暂时保存数据等功能，由于篇幅限制，本节只介绍控制量的接口电路原理和选择使用，以及 MCS — 96/98 单片微机的接口电路。

二、模拟量接口

在一个计算机控制系统中，典型的模拟量接口是由多路模拟开关、采样 / 保持电路、A/D 转换器、D/A 转换器等组成，其过程如图 6-3 所示。

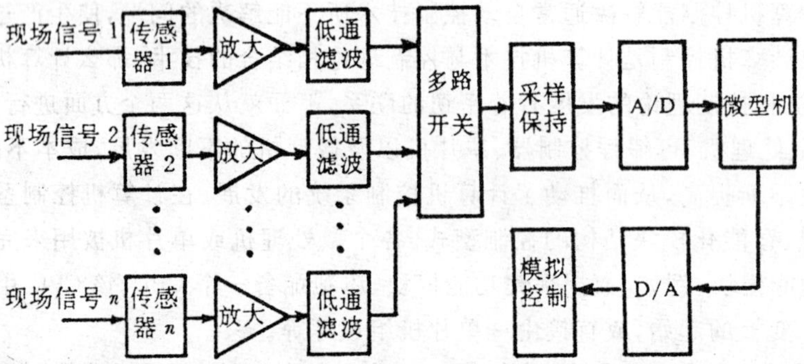

图 6-3　典型计算机控制系统的模拟接口

传感器是把非电量的模拟量（如位置、速度、加速度、温度、压力、流量等）转换成电压或电流信号。因此，传感器也称为非电量转换。常用的传感器有温度传感器、压力传感器、流量传感器、振动传感器和重量传感器、位置传感器等。

量程放大器把微弱的传感器信号（通常为毫伏或微伏级）放大到 A/D 转换器所需的量程范围。

低通滤波器降低噪声，滤去不必要的干扰，以增加信噪比。

多路开关可以使多个模拟信号共用一个 A/D 转换器。但这仅适用于模拟信号变化缓慢的过程。

采样 — 保持电路，由于模拟信号是连续不断地在变化，而 A/D 转换总需要一定时间，所以需要把转换的信号采样后，还应保持一段时间，以便给 A/D 转换器转换。

A/D 转换器和 D/A 转换器则通过相应的 A/D 转换和 D/A 转换把模拟量转换成数字量和

数字量转换成模拟量。

（一）模拟信号的采样与保持

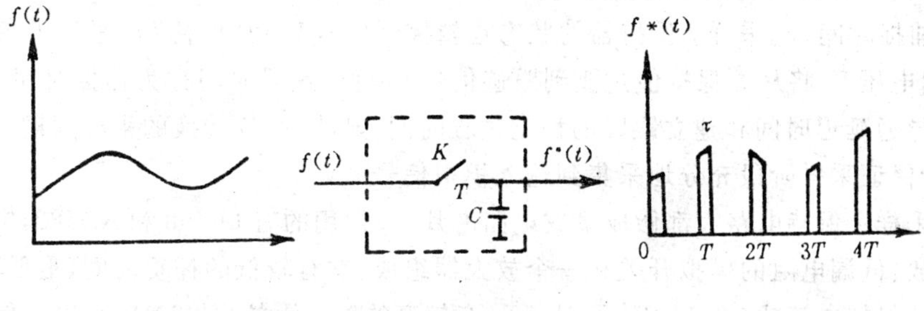

(a) 被采样信号　　(b) 采样开关　　(c) 采样信号

图 6-4　采样过程

1. 采样过程

采样过程如图 6-4 所示。一个时间连续的信号通过模拟开关 K 每隔一定的时间间隔 T 闭合一次，在开关的输出端形成一连串的脉冲信号。我们称这种把时间连续的信号变成一连串不连续的脉冲信号的过程为采样过程或离散过程。

采样后的脉冲序列 $f^*(t)$ 是离散信号，称为采样信号。0、T、$2T$…… 各时间点称为采样时刻，T 称为采样周期，τ 称为保持时间，供 A/D 转换用。

根据香农(Shannon) 定理，如果随时间变化的模拟信号的最高频率为 f_{max}，只要使采样频率 $f \geqslant 2f_{max}$ 进行采样，那么取出的样品序列 $f_1^*(t)$、$f_2^*(t)$、…… 就足以代表 $f(t)$。因此，只要我们根据不同的过程参数，选择适当的采样周期 T，就不会失去信号的主要特征，使得采样信号 $f^*(t)$ 能如实反映被采样信号 $f(t)$。实际使用中常取 $f \geqslant (5 \sim 10)f_{max}$。

2. 采样／保持器及其选用原则

在 A/D 进行转换期间，为提高系统的转换精度，需加采样／保持电路，最基本的采样／保持器由模拟开关 S、保持电容 C_H 和缓冲放大器组成，如图 6-5(a) 所示。当控制信号 V_c 为采样电平时，s 导通，保持电容充电，这时，输出电压 V_0 跟踪输入电压变化，当控制信号 V_c 为保持电平时，S 断开，输出电压保持在模拟开关断开瞬间的输入信号值，如图 6-5(b) 所示。

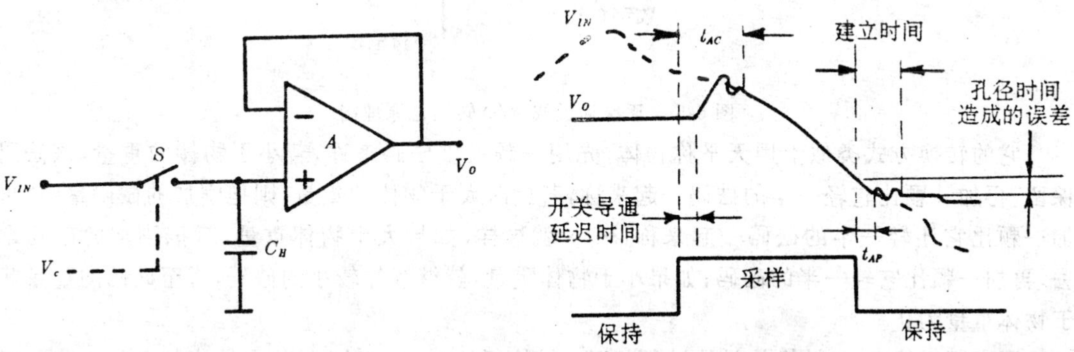

(a) 组成结构　　(b) 性能参数

图 6-5　采样／保持器原理图

采样／保持器选用时考虑的主要因素有：

(1) 孔径时间 t_{AP}。在采样／保持器中，由于模拟开关有一定的动作滞后，在保持命令发出后直到模拟开关完全断开所需的时间称为孔径时间 t_{AP}。由于采样／保持器仍然具有一定的孔径时间，A/D 采样时间被额外地延迟了。

(2) 捕捉时间 t_{AC}。采样／保持器的状态逻辑控制信号 V_c 由"保持"电平转为"采样"电平之后，其输出电压 V_0 将从原保持值过渡到跟迹信号 V_{IN} 值，这段时间称为捕捉时间 t_{AC}。它包括模拟开关的导通延迟时间和建立跟踪的稳定过程时间。显然，A/D 转换的采样周期必须大于捕捉时间，才能保证采样阶段充分地采集到输入模拟信号 V_{IN}。

目前采样／保持电路大都做成集成电路芯片。最常用的有 LF198 和 AD582，它是由一个高性能的运放、低漏电阻的模拟开关和一个放大器组成。它有较低的捕捉时间(最低为 6μs)，有较高的采样／保持电流比(即 I/CH) 可达 10^7，有较高的输入阻抗(约 30MΩ)，输入信号可达到供电电源电压的范围，适用 12 位的 A/D 转换器。

(二) 模／数转换器

1. 模／数转换的原理

完成 A/D 转换的方法有很多，最常用的有逐次逼近式和积分式。

(1) 逐次逼近的 A/D 转换器原理

逐次逼近的 A/D 转换器是由一个比较器、D/A 转换器和一些控制逻辑电路组成，如图 6-6 所示。

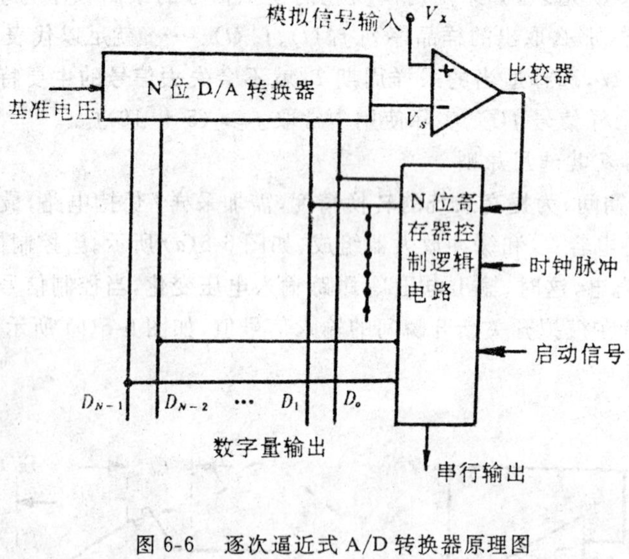

图 6-6　逐次逼近式 A/D 转换器原理图

它的转换方式类似于用天平称物体，先用一颗最重砝码来称，若小于物体的重量，该砝码保留。再加一颗比它轻一半的砝码一起来称，若此时大于物体的重量，则把刚加的砝码拿去。再加一颗比它还轻一半的砝码一起来称，…… 就这样，如果大于物体重量，就把刚加的砝码拿去，再加一颗比它轻一半的砝码；如果小于物体重量，就继续加较小的砝码，直至砝码的重量等于物体重量为止。

逐次逼近式 A/D 转换的具体过程如下：转换开始时，使 D/A 转换器输出的各位为"0"。启动转换后，先使最高位 D_{N-1} 置"1"，它经 D/A 转换后，得到一个模拟电压 V_s，把 V_s 和输入模拟电压 V_x 相比较，若 $V_x > V_s$，由控制逻辑电路保留最高位的"1"；若 $V_x < V_s$，则该位为"0"。然后使下

一位 D_{N-2} 置"1",它和 D_{N-1} 一起经 D/A 转换后得到的 V_s 再和 V_x 比较。由 $V_x > V_s$,还是 $V_x < V_s$ 决定 D_{N-2} = "0"还是"1"。重复上述类似过程,直至最低位。最后所得的数值 $D_{N-1}D_{N-2}\cdots D_1D_0$ 就是输入模拟电压 V_x 转换得到的数字量。

逐次逼近式的 A/D 转换器由于精度高、转换速度快,所以应用很广泛。它的精度、线性和速度取决于 D/A 转换网络的位数、基准电压和比较器的性能。

(2) 积分式 A/D 转换原理

积分式 A/D 转换的原理是将输入电压变换成与它的平均值成正比的时间间隔,然后用脉冲发生器和计数器测量时间间隔。它的工作原理如图 6-7 所示。

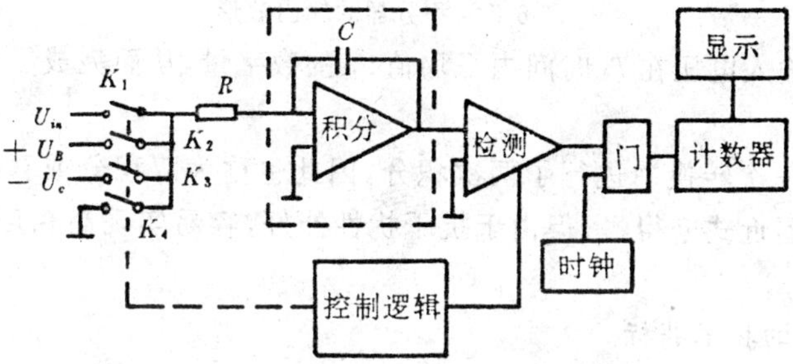

图 6-7　积分式 A/D 转换器原理图

工作过程分为采样和比较(测量)两个阶段。

在第一阶段,开关 K_1 将输入电压 U_{in} 接到积分器的输入端进行固定时间的积分,积分器从原始状态(0 伏输出)开始积分,积分时间为 T_1。当积分到 T_1 时,积分器输出为:

$$U_{outT} = -\frac{1}{RO}\int_0^{T_1} U_{in}\mathrm{d}t$$

$$= -\frac{1}{RC} \times T_1 \times \frac{1}{T_1}\int_0^{T_1} U_{in}\mathrm{d}t = U_A$$

而 $\overline{U}_{in} = \frac{1}{T_1}\int_0^{T_1} U_{in}\mathrm{d}t$ 是输入电压在 T_1 时间间隔内的平均值,所以,积分器输出 U_A 可写成:

$$U_A = -\frac{1}{RC}T_1\overline{U}_{in} \tag{6-2}$$

第一阶段采样的结果,积分器的输出 U_A 与输入电压的平均值 $\overline{U}_{in}$ 成正比。

第二阶段在 T_1 结束后,开关 K_1 断开,开关 K_2(或 K_3)把 U_{in} 极性相反的基准电压 U_B 进行积分,积分时间称为比较(转换)时间,用 T_2 表示。此时积分器的输出为:

$$U_{outT} = U_A - \frac{1}{RC}\int_0^{T_2} U_B\mathrm{d}t = 0$$

即

$$U_A = \frac{1}{RC}\int_0^{T_2} U_B\mathrm{d}t = \frac{1}{RC}\cdot T_2 \cdot U_B \tag{6-3}$$

比较式(6-2)和式(6-3)可得:

$$T_2 = -\frac{T_1}{U_B}\overline{U}_{in} \tag{6-4}$$

由式(6-4)可见,积分时间间隔 T_2 与输入电压 U_{in} 在 T_1 时间内的平均值成正比。图 6-8 表示了输入不同电压时,积分器的输出波形。

输入电压越大,则 U_A 值越大,T_2 的时间间隔越长。如果我们在 t_2 时刻打开计数控制门,计

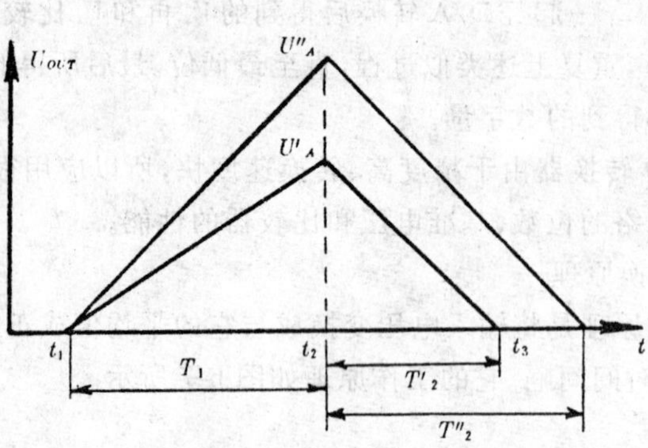

图 6-8　积分器的输出波形

数器所计的数就是输入电压在 T_1 时间内平均值 $\overline{U}_m$ 的数字量，从而完成了模拟量至数字量的转换。

这种转换器在一次转换中进行了两次积分，因此也称为双积分或双斜率式 A/D 转换器。其转换速度比逐次逼近式来得慢，但由于抗干扰性能好，容易实现高精度，因此在工业上应用较广。

2. A/D 转换器的技术指标

(1) 量化误差与分辨率

A/D 转换器的分辨率习惯上以输出二进制数或者 BCD 码位数表示。与一般测量仪表的分辨率表达方式不相同，不采用可分辨的输入模拟电压相对值表示。例如：一 12 位 A/D 转换器，即该转换器的输出数据可以用 2^{12} 个二进制数进行量化，其分辨力为 1LSB。如果用百分数来表示分辨率时，其分辨率为

$$1/2^N \times 100\% = 1/2^{12} \times 100\% = 1/4\,096 \times 100\% = 0.0244\%$$

量化误差和分辨率是统一的，量化误差是由于有限数字对模拟数值进行离散取值（量化）而引起的误差。因此，量化误差理论上为一个单位分辨率，即 $\pm$ 1/2LSB。提高分辨率可减少量化误差。

(2) 转换精度

A/D 转换器转换精度反映了一个实际 A/D 转换器在量化值上与一个理想 A/D 转换器进行模 / 数转换的差值，可表示成绝对误差或相对误差，与一般测试仪表的定义相似。例如手册上给出 ADC0801 八位逐次比较式 A/D 转换器的不可调整的总误差为 $\leqslant\pm$ 1/4LSB，如以相对误差表示则为 0.1%。

A/D 转换器的精度指标是反映实际 A/D 转换器与理想 A/D 转换器的差别。既然理想 A/D 转换器存在着量化误差，那么实际的 A/D 转换器无疑也存在着量化误差。精度所对应的误差指标是不包括量化误差的。例如精度指标为 $\leqslant\pm$ 1/4LSB 的某 A/D 转换器的一小段传递特性可能如图 6-9 所示。由图可见它的实际测量值与标称值之间的最大偏差量可达 $\pm$ 1/2 ～$\pm$ 1/4LSB。

(3) 转换时间与转换速率

A/D 转换器完成一次转换所需要的时间为 A/D 转换时间。通常，转换速率是转换时间的倒数。

(4) 失调（零点）温度系数和增益温度系数

这两项指标都是表示 A/D 转换器受环境温度影响的程度。一般用每摄氏度温度变化所产

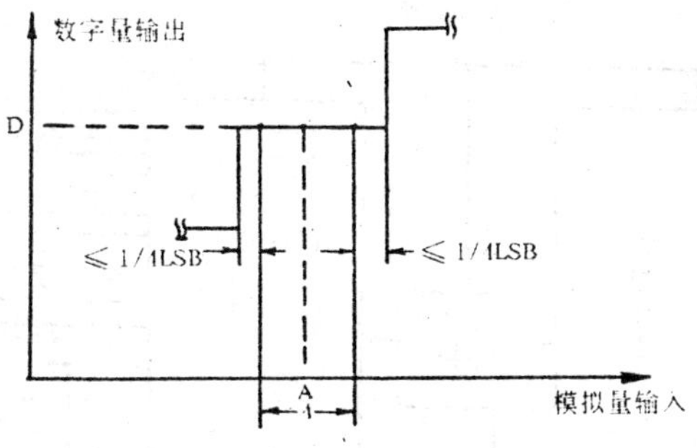

图 6-9　A/D 转换精度指标 ≤ 1/4LSB 的实际传递特性

生的相对误差作为指标，以 PPm/℃ 为单位表示。

(5) 对电源电压变化的抑制比

A/D 转换器对电源电压的抑制比($PSRR$)用改变电源电压使数据发生 ± 1LSB变化时所对应的电源电压变化范围来表示。

3. A/D 转换器的选择

在选择 A/D 转换器时，最主要考虑精度要求。目前工业控制中用的 A/D 转换器，一般为 8 ～ 14 位。其次是转换时间和转换率。例如转换时间是 20μs，转换率是 50kHz。这就说明该系统的采样频率最高为 50kHz。对于快速系统，这个参数很重要。此外，还要根据模拟量输入通道的指标来选择，等等。

4. MCS — 96 单片机的 A/D 接口

(1) A/D 转换器原理

8098 片内集成了模拟采集模块，它包括一个 4 通道的模拟多路转换开关，采样 — 保持电路以及 10 位的模数转换器(如图 6-10 所示)。8098 可任选某一模拟通道，对输入的模拟信号进行采样和保持并将其转换成数字信号。当采用 12MHz 晶振时，A/D 转换器完成一次变换所需的时间为 22μs。

8098 的 A/D 转换器采用的是逐次比较方式来完成模拟 / 数字信号的转换。转换器硬件由 256 个梯形电阻网络、一个比较器、耦合电容及 10 位的逐次比较寄存器(SAR) 组成。梯形网络提供 20mV 的步进电压(V_{REF} = 5. 12V)，而耦合电容再由 20mV 的阶梯电压产生 5mV 的步进电压。因此，共有 1024 个内部基准电压与模拟输入信号来进行比较，其结果是产生 10 位的数字信号输出。

(2) A/D 转换器的控制

8098 A/D 转换器完成一次变换需 88 个状态周期(12MHz 时钟时为 22μs)，其中采样时间为 4 个状态周期(1μs)。当输入电压为 V_{in}(0 ～ 5V 时)，A/D 转换器的输出结果为：

$$D = 1\ 023 \times \frac{V_{in} - \text{ANGND}}{V_{REF} - \text{ANGND}}$$

(3) A/D 转换器应用程序

例 1　查询式 A/D 转换

这种方法实际上是通过检测 AD — RESULT(LO) 中的 S 位来判定 A/D 转换是否完成。需要注意的是，当发出启动 A/D 转换命令后，AD — RESULT 中 S 位要经过 8 个状态周期后才有效，

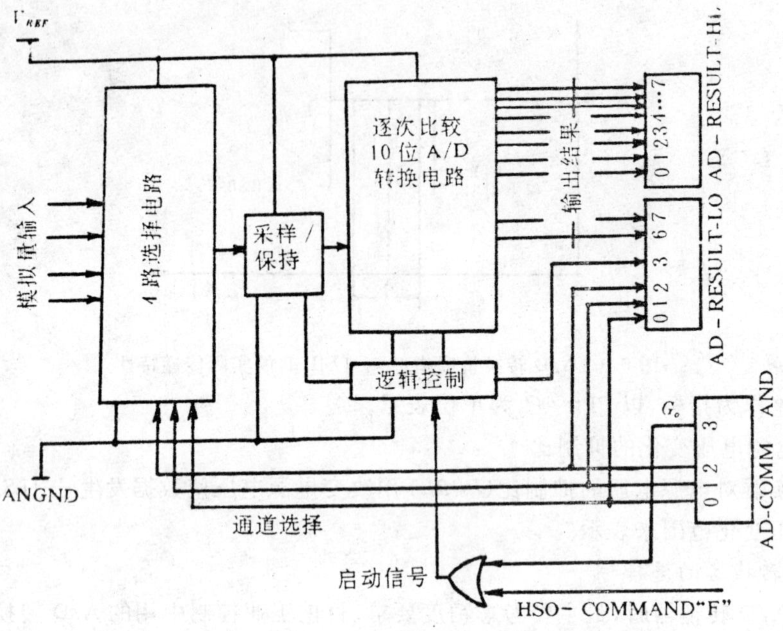

图 6-10 8098 A/D 转换器方框图

因此，软件要延时 8 个状态周期后才能对其进行查询，下面是多通道 A/D 转换实用程序：

```
        BL      EQU  40H                    ;A/D 通道号
        DL      EQU  50H                    ;与通道号对应的表格偏移量
        RESULT-TABLE                        ;放置 A/D 转换结果表
        RESULT-1  EQU  60H
        RESULT-2  EQU  61H
        RESULT-3  EQU  62H
        RESULT-4  EQU  63H
        ORG     2080H
START:  LD      SP,00C0H
        LDB     BL,#04H
NEXT:   ADDB    AD-COMMAND,BL,#08H          ;启动A/D转换其通道号由BL寄存器决
                                            定
        NOP
        NOP
CHECK:  JBS     AD-RESULTLO,3,CHECK         ;若正在转换则等待
```

```
        LDB   AL,AD-RESULTLO                 ;读转换结果的低位字节
        LDB   AH,AD-RESULTHI                 ;读转换结果的高位字节
        ADDB  DL,BL,BL                       ;DL = BL × 2,即扩展为字
        LDBZE  DX,DL
        ST   AX,RESULT-TABLE[DX]             ;将转换结果存放在与通道号对应的位置上
        INCB  BL                             ;按模 4 递增通道号
        ANDB  BL,#07H
        SJMP  NEXT
```

例 2　中断方式的 A/D 转换

通常用这种方法来实现多任务处理,下面是一个用定时器产生中断的实用程序:

```
        INVEC1  EQU  2000H
        INVEC2  EQU  2002H
        TEMP   EQU  40H
        ORG   2080H
        LD   SP,#00C0H
        LD   TEMP,TI0V                       ;设置定时器 1 中断入口地址
        ST   TEMP,INVEC1[0]
        LD   TEMP,#CMPLT                     ;设置 A/D 转换结束中断入口地址
        ST   TEMP,INVEC2[0]
        LDB   IOC1,#04H                      ;允许定时器 1 溢出中断
        CLRB  INT-PENDING
        LDB   INT-MASK,#03H                  ;允许定时器溢出和 A/D 转换
        EI                                   ;结束中断
        LD   AD-COMMAND,#0CH
HERE:   SJMP  HERE
T10V:   XORB  P2,#20H                        ;使 P2.5 上和 LED 变化一次状态
        RET
CMPLT:  LDB  TEMP1,AD-RESULTHI               ;读取 A/D 转换结果
```

```
LDB   TEMP2,AD-RESULTLO
LDB   AD-COMMAND,#0CH              ;启动另一次转换
RET
```

5. A/D 通道的几种结构形式

(1) 不带采样保持器的单通道 A/D 转换

对于直流或者低频信号，通常可以不用采样保持器，这时模拟输入电压的最大变化率与转换器的转换率有如下关系。

$$\frac{dV}{dt}\Big|_{max} = 2^{-n}V_{FS}/T_{CONV} \tag{6-5}$$

式中 T_{CONV}—— 转换时间；

V_{FS}—— 转换器的满刻度值；

n—— 分辨率。

例如：$V_{FS} = 10V, n = 11, T_{CONV} = 0.1s$，则输入电压最大变化率为 1/20(V/S)。

(2) 带有采样保持器的单通道 A/D 转换

模拟输入信号变化率较大的通道需要采用采样保持器，这时输入模拟信号的最大变化率取决于采样保持器的孔径时间 T_{AP}，其输入模拟信号的最大变化率为：

$$\frac{dV}{dt}\Big|_{max} = 2^{-n}V_{FS}/T_{AP} \tag{6-6}$$

如果将保持命令提前发出，提前的时间与孔径时间相等时，则输入模拟信号最大变化率仅取决于孔径时间的不稳定性 $t_{ap}(\Delta T_{AP})$，并可用下式决定：

$$\frac{dV}{dt}\Big|_{max} = 2^{-n}V_{FS}/t_{ap} \tag{6-7}$$

式中 t_{ap}—— 孔径时间的不稳定性。

(3) 多路 A/D 通道

每通道有独自的采样保持器和 A/D 转换器，它的框图如图 6-11 所示。这种形式通常用于高速系统，如需要同时给出描述系统性能的各项数据时，各通道可以同时进行转换。

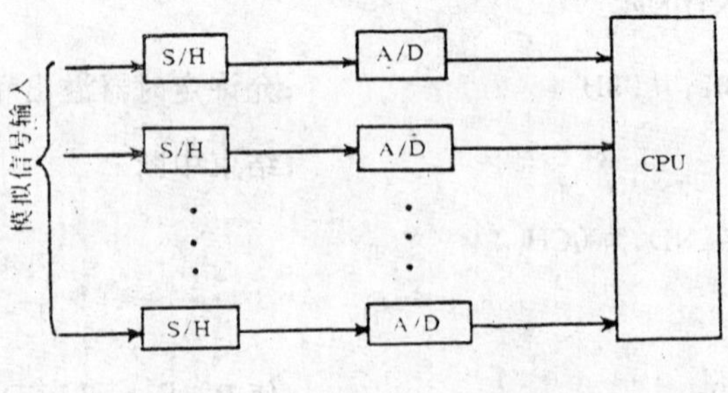

图 6-11 多路 A/D 通道框图

(4) 多路共享 A/D 转换器

多路共享 A/D 转换器较多路 A/D 通道转换器速度慢，因为每路转换是以串行方式进行的。由于采用多个采样保持器，故捕捉时间可以忽略不计。图 6-12 是多路共享 A/D 转换器的框

图。

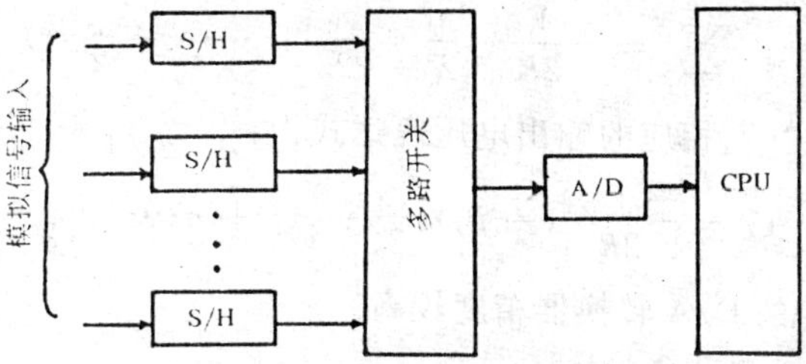

图 6-12　多路共享 A/D 转换器的框图

（三）数／模转换器

1. 数／模转换原理

D/A 转换就是如何把二进制数转换成相应的模拟电压，它转换电路形式较多，在集成电路中是采用电阻解码网络，其中 T 型电阻解码网络应用最多。

在 T 型解码网络中有一标准电源 $-V_{REF}$，二进制数的每一位对应一个电阻及由该位代码所控制的双向开关。图 6-13 给出了 3 位二进制数／模转换电路。

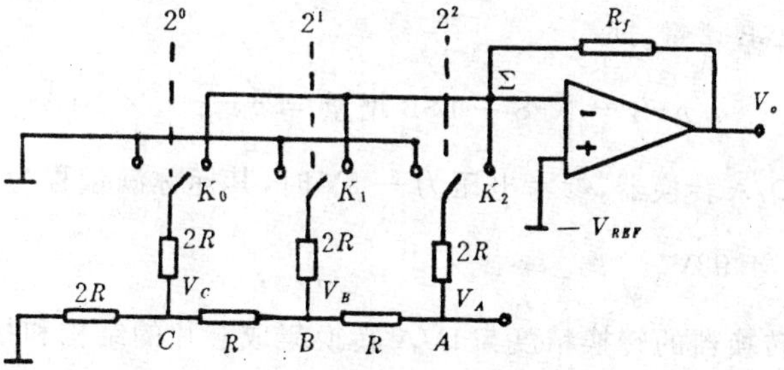

图 6-13　3 位 T 型网络 A/D 转换器

当数码为“0”时，开关 K_1 打向左边；当数码为“1”时，开关 K_1 打向右边。从电路可计算出 K_0、K_1、K_2 不论接哪边，

$$V_A = -V_{REF}, V_B = -\frac{V_{REF}}{2}, V_C = -\frac{V_{REF}}{4}$$

因此，当二进制数是

100 时，由 $-V_{REF}$ 流入 $\sum$ 点电流 $i = -\frac{V_{REF}}{2R}, V_0 = -iR = \frac{V_{REF}}{2}$；

010 时，由 $-V_{REF}$ 流入 $\sum$ 点电流 $i = -\frac{V_{REF}}{2} \cdot \frac{1}{2R}, V_0 = \frac{V_{REF}}{4}$；

001 时，由 $-V_{REF}$ 流入 $\sum$ 点电流 $i = -\frac{V_{REF}}{4} \cdot \frac{1}{2R}, V_0 = \frac{V_{REF}}{8}$；

根据线性电路叠加原理，二进制数是 111 时，由 $-V_{REF}$ 流入 $\sum$ 点的电流

$$\sum_i = \frac{-V_{REF}}{2R} + \frac{-V_{REF}}{2} \cdot \frac{1}{2R} + \frac{-V_{REF}}{4} \cdot \frac{1}{2R}$$

$$= \frac{-V_{REF}}{2R}\left(1 + \frac{1}{2} + \frac{1}{4}\right) \quad (6\text{-}8)$$

(6-8) 式中括弧内容项分别是二进制数权的系数，它们对应着二进制数码 2^0、2^1、2^2，将(6-8) 式推广 n 位二进制的转换可得一般电流表达式

$$\sum_i = \frac{-V_{REF}}{2R}\left(\frac{A_1}{2^0} + \frac{A_2}{2^1} + \cdots\cdots + \frac{A_n}{2^{n-1}}\right) \tag{6-9}$$

(6-9) 式中 A_i 是"1"或"0"，相应的输出电压表达式为：

$$V_0 = \frac{-V_{REF}}{2R}(-R_f)\left(\frac{A_1}{2^0} + \frac{A_2}{2^1} + \cdots\cdots + \frac{A_n}{2^{n-1}}\right) \tag{6-10}$$

T 型电阻解码网络的 D/A 转换器精度较高。

2. D/A 转换器的主要性能指标

D/A 转换器的主要性能指标有静态指标、动态指标以及环境和工作条件指标。

(1) D/A 转换器的静态指标

a. 分辨率。D/A 转换器的分辨率定义为：当输入数字发生单位数码变化时，即 LSB 位产生一次变化时，所对应输出模拟量(电压或电流) 的变化量。对于线性 D/A 转换器来说，其分辨率 Δ 与数字量输出的位数 n 呈下列关系。

$$\Delta = \frac{\text{模拟输出的满量程值}}{2^n}$$

b. 标称满量程与实际满量程。标称满量程(NFS) 是指相应于数字量标称值 2^n 的模拟输出量，但实际数字量最大为 $2^n - 1$，要比标称值小 1 个 LSB，因此，实际满量程(AFS) 要比标称满量程(NFS) 小 1 个 LSB 增量。即

$$\text{AFS} = \text{NFS} - \text{LSB 增量} = \frac{2^n - 1}{2^n} \times \text{NFS}$$

例如，1 个 8 位 D/A 转换器，参考电压为 -5V 时，其标称满量程为 $+5$V，而实际满量程为 $\frac{255}{256} \times (+5\text{V}) = +4.98\text{V}$。

c. 精度。D/A 转换器的转换精度与 D/A 转换集成芯片的结构和接口配置的电路有关，一般说来，不考虑其它 D/A 转换误差时，D/A 的转换精度即为其分辨率的大小，故要获得高精度的 D/A 转换结果，首先要保证选择有足够分辨率的 D/A 转换器。但是 D/A 转换精度还与外电路的配置有关，当外电路的器件或电源误差较大时，会造成较大的 D/A 转换误差，当这些误差超过一定程度时，会使增加 D/A 转换位数失去意义。

在 D/A 转换中，影响转换精度的主要误差因素有失调误差、增益误差、非线性误差和微分非线性误差。

(2) D/A 转换器的动态指标

D/A 转换器的动态指标有模拟电压的建立时间和尖峰。

a. 建立时间(t_s)。建立时间 t_s 是描述 D/A 转换速率快慢的一个重要参数，一般所指的建立时间是指输入数字量变化后，输出模拟量稳定到相应数值范围内(稳定值 $\pm\varepsilon$，通常 $\varepsilon = 1/2$LSB) 所经历的时间。如图 6-14 所示。

b. 尖峰。尖峰是输入数码发生变化时刻产生的瞬时误差。尖峰的持续时间虽然很短(一般在数十毫微秒数量级)，但幅值可能很大。在有些应用场合下，必须采取措施加以避免。

产生尖峰的原因是由于开关在换向过程中，"导通"延迟时间与"截止"延迟时间不相等所致。若模拟开关电路"截止"延迟时间较短，"导通"延迟时间较长，而 D/A 转换器的输入数字是逐一增加时，可能出现图 6-15 所示的尖峰波形。例如当输入数码由 011……11 变到

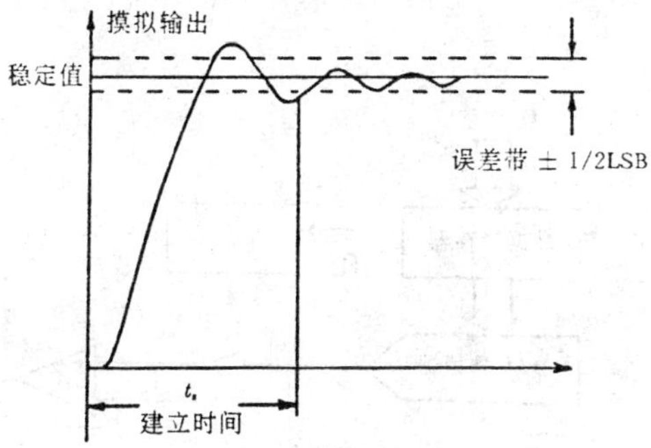

图 6-14　D/A 转换中的模拟电压建立时间 t_s

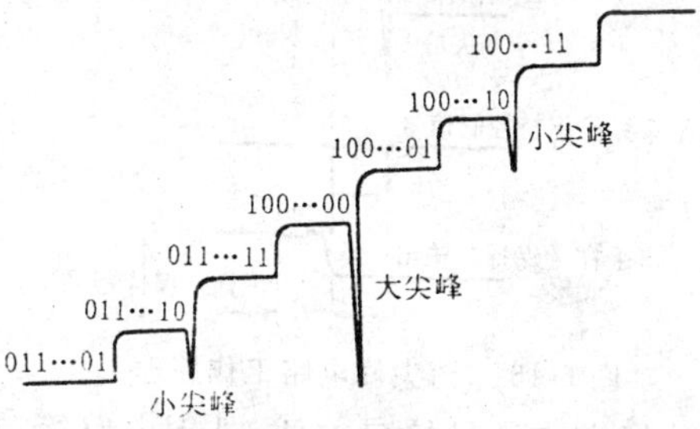

图 6-15　D/A 转换时产生的尖峰波形

100……00,实际上只增加了 1LSB,由于开关电路对 1 → 0 比 0 → 1 响应要快,结果在转换的短暂过程中出现过 000……00 状态,使模拟输出向下猛跌,造成一个很大的尖峰误差。当然实际的尖峰大小还决定于电路中各元件的响应速度和寄生参数的影响。但是,凡是有 1 → 0 的时刻都可能产生尖峰,而且发生的位数越高,尖峰的幅值一般也越大。

由于尖峰出现的幅值和出现时刻不是周期性的,故不能采用简单的滤波办法完全去掉。

图 6-16 是一种外接消尖峰电路,能有效地消除尖峰,其电路由一个单稳触发器和一个快速采样 / 保持器组成。每当输入数据被锁存的同时,单稳态触发器也受触发而产生"保持"信号,使采样开关 S 断开,采样 / 保持器处于"保持"状态。"保持"状态持续时间 t_H 可以调整到等于 D/A 转换器的建立时间 t_s,这样,尖峰时刻正好落在采样开关 S 断开期间。当 D/A 输出已稳定在新数据所对应的模拟输出时,S 才导通。虽然保持电路本身也要有一段过渡过程 t_a,但输出电压已完全消除了尖峰影响。

(3) 环境及工作条件影响指标

一般情况下,影响 D/A 转换精度的主要环境和工作条件因素是温度和电源电压变化。

D/A 转换器的工作温度按产品等级分为军级、工业级和普通级,标准军级品可工作于 − 55 ～ + 125℃,工业级工作温度为 − 25 ～ + 85℃,而普通级工作温度为 0 ～ 70℃。多数器件其静、动态指标均为 25℃ 的环境温度下测得的,环境温度对各项精度指标的影响用其温度系数来描述,例如失调温度系数、增益温度系数、微分非线性误差的温度系数等。

D/A 转换器受电源变化影响的指标为电源变化抑制比($FSRR$),它用电源变化 1V 时所产生的输出误差相对满量程的比值来描述,以 PPm/V 表示。

3. D/A 转换芯片的选择原则

选择 D/A 转换芯片时,主要考虑芯片的性能、结构及应用特性。在性能上必须满足 D/A 转

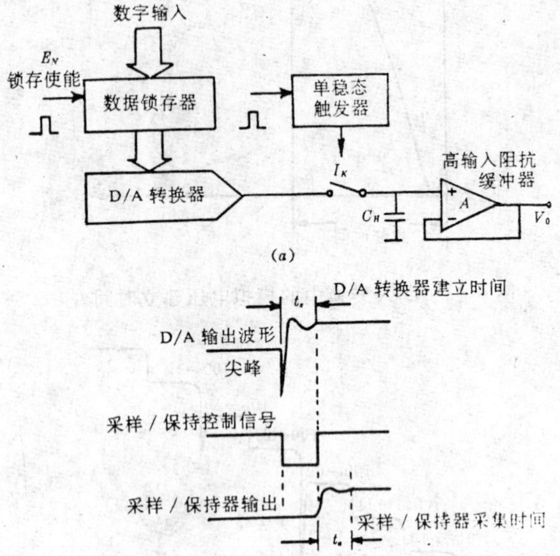

图 6-16　消尖峰电路工作原理

换的技术要求；在结构和应用特性上应满足接口方便、外围电路简单、价格低廉等要求。

(1) D/A 转换芯片的主要性能指标

D/A 转换器的主要性能指标有：在给定工作条件下的静、动态指标、环境条件指标。这些性能指标在器件手册上都会给出。实际上，用户在选择时主要考虑的是以位数表现的转换精度和转换时间。

(2) D/A 转换芯片的主要结构特性与应用特性选择

D/A 转换器的这些特性虽然主要表现为芯片内部结构的配置状况。但这些配置状况对 D/A 转换接口电路设计带来很大影响，主要有：

a. 数字输入特性。数字输入特性包括接收数码制、数据格式以及逻辑电平等。

b. 数字输出特性。目前多数 D/A 转换器件均属电流输出器件。手册上通常给出在规定的输入参考电压及参考电阻之下的满码(全 1) 输出电流上。另外还给出最大输出短路电流以及输出电压允许范围。

c. 锁存特性及转换控制。D/A 转换器对输入数字量是否具有锁存功能将直接影响与 CPU 的接口设计。如果 D/A 转换器没有输入锁存器，通过 CPU 数据总线传送数字量时，必须外加锁存器，否则只能通过具有输出锁存功能的 I/O 口给 D/A 送入数字量。

d. 参考源。D/A 转换中，参考电压源是唯一影响输出结果的模拟参量，是 D/A 转换接口中的重要电路，对接口电路的工作性能、电路结构有很大影响。使用内部带有低漂移精密参考电压源的 D/A 转换器(如 AD563/565A) 不仅能保证有较好的转换精度，而且可以简化接口电路。

4. MCS — 96 单片机的 D/A 接口电路

在 8098 系统中，有两种方法提供 PWM 输出，一种是通过 8098 的 HSO 提供；另一种是由 8098 的脉冲宽度调制器提供。前一种方法可提供周期和占空比可改变，分辨率为 1/65 536(16 位) 的 PWM 信号；后一种方法则提供周期固定、占空比可变、分辨率为 1/256(8 位) 的 PWM 信号。上述两种方法所提供的 PWM 信号经平滑滤波后均可得到 16 位或 8 位的模拟信号，实现

D/A 转换。另外还可采用D/A 芯片构成D/A 电路。

(1) 由 PWM 输出实现 D/A 转换程序:

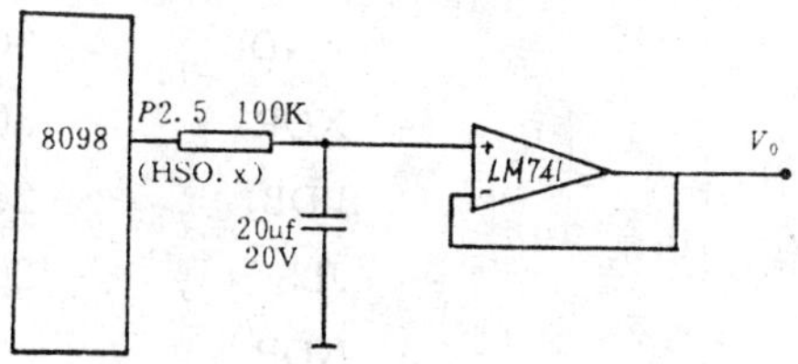

图 6-17 8098 A/D 转换电路

a. 电路。如图 6-17 所示。从 P2.5 上输出一系列的脉冲,脉冲周期为 64μs(12MHz),脉冲宽度由入口时的 20H(字节)的内容决定,它的单位为 0.25μs,在 P2.5 的输出上加电平钳位和 *RC* 滤波,则可得到直流电压输出,它的幅度正比于入口时 20H 的值。这时它相当于一个 8 位 D/A。但是由于有 *RC* 滤波,其时间常数较大,故 D/A 的响应速度较慢。

b. 程序清单

```
          REG1   EQU   40H
          REG2   EQU   50H
          ORG    2180H
          LD     SP,#00C0H
          LDB    IOC1,#01H                 ;选择 PWM 功能
RDREG1:   ADDB   REG2,REG1,#2100H          ;将 2100 与 REG1 中的内容相加存入
                                             REG2
          LDB    PWM-CONTROL,[REG2]        ;加载 PWM 寄存器
          SJMP   RDREG1
```

(2) 由 HSO 实现高分辨率 D/A 转换程序

a. 功能。使用HSO0 实现脉冲宽度调制输出。在 HSO0 上外加电平钳位和滤波电路,参考图 6-17,则实现高分辨率的 D/A。脉冲周期为 131.072ms,脉冲宽度取决于 56H(字)的内容,它的单位为 2μs。但由于本例的脉冲周期较长(约 131ms),远大于 PWM 的 64μs,所以 *RC* 时间常数也应选择得更大,使 D/A 的响应将更慢。从原理上讲,本例的 D/A 分辨率可达 16 位,但由于器件性能和干扰等的影响,不可能达到这样的分辨率。

b. 程序清单。

```
                              ORG       2080
[2080]   FA                   DI
[2081]   A100014D             LD        4CH,#0100H
[2085]   A1FF2620             LD        20H,#26FFH
```

```
[2089]  A1001324      LD     24H,#1300H
[208D]  48242022      SUB    22H,20H,24H
[2091]  C03224        ST     24H,32H
[2094]  C03422        ST     22H,34H
[2097]  510F1530      ANDB   30H,15H,#0FH
[209B]  850F0030      XOR    30H,#000FH
[209F]  B01526        LDB    26H,15H
[20A2]  3E26FA        JBS    26H,#6,209FH
[20A5]  FD            NOP
[20A6]  510F1531      ANDB   31H,15H,#0FH
[20AA]  983130        CMPB   30H,31H
[20AD]  DFF0          JE     209FH
[20AF]  3B3110        JBS    31H,#0,20C2H
[20B2]  B13006        LDB    06H,#30H
[20B5]  44340A04      ADD    04H,0AH,34H
[20B9]  B13106        LDB    06H,#31H
[20BC]  44340A04      ADD    04H,0AH,34H
[20C0]  200E          SJMP   20D0H
[20C2]  B11006        LDB    06H,#10H
[20C5]  44320A04      ADD    04H,0AH,32H
[20C9]  B11106        LDB    06H,#11H
[20CC]  44320A04      ADD    04H,0AH,32H
[20D0]  B03130        LDB    30H,31H
[20D3]  27CA          SJMP   209FH
```

以上两种方法,仅适用于缓慢变化的控制系统,但是它们的电路最简单,编程方便。如需要频响快的输出接口,可选用一些与微机完全兼容的D/A转换芯片。如DAC0830系列,DAC1208和DAC1230系列,等等。这里就不作一一介绍。

三、开关量接口

对于开关信号,如各种参量开关信号,能满足TTL电平要求时,可直接输入到计算机的I/O口、扩展I/O口或中断口。

(一)直接输入/输出的方式

如图6-18所示,图(a)给出一组开关量输入接口电路,此接口采用主要元件是三态门。三态门的选通条件为$\overline{CE}=\overline{IORQ}\cdot\overline{RD}\cdot(A_7\sim A_0$的译码),当CPU处于I/O周期并且发出输入指令和相应的设备号时,即可读入一组信号。图(b)是利用8D锁存器作信号保持器,接收CPU数据线信号,其选通条件为$\overline{CE}=\overline{IORQ}\cdot WR\cdot(A_7\sim A_0$的译码),当CPU处于I/O周期并且发输出指令和相应的设备号时,即可输出一组开关数据。通过8D锁存器的输出电位,即可驱动八个继电器,对被控对象实现控制。

(二)直接的中断开入方式

开入中断信号的引入,可以采用能引起中断并且提供中断矢量的芯片和必要的电路组成,

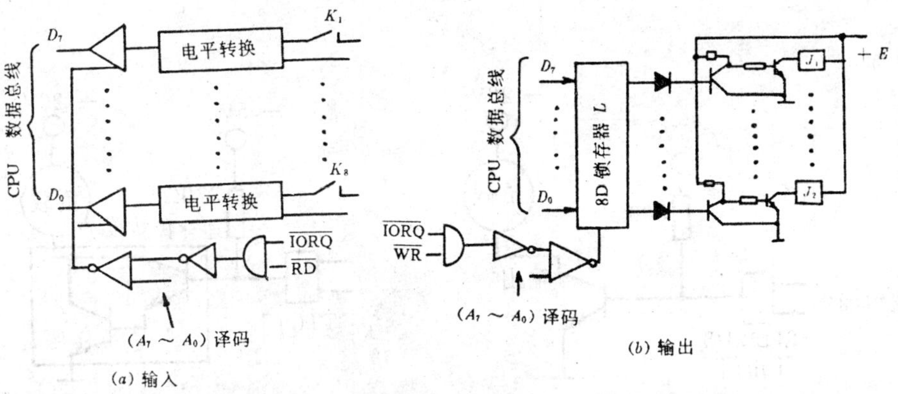

图 6-18　直接输入/输出方式

如定时器中断等等。计算机接到中断请求信号后，采用中断矢量的工作方式，引出中断服务程序，这种方案很适用于故障报警等场合，如图 6-19 所示。

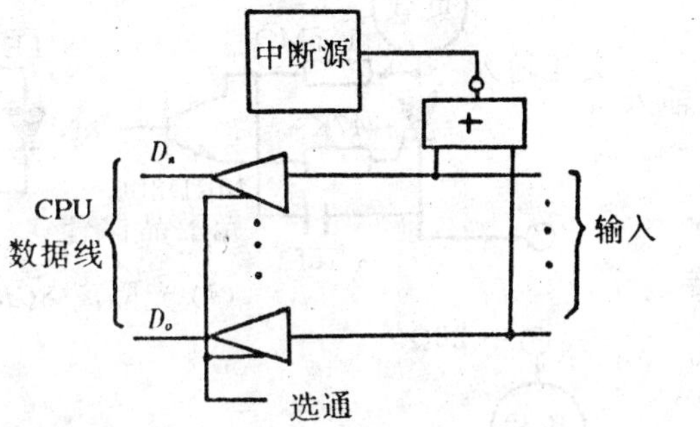

图 6-19　直接的中断开入方式

（三）功率开关接口器件及电路

在实际的计算机控制系统中，大量使用的是开关量的驱动、控制。常用的功率开关接口器件及电路有功率开关驱动电路、功率型光电耦合器、集成驱动芯片及固体继电器等。

1. 大功率 I/O 口接口电路

在计算机控制系统中，开关量都是通过计算机的 I/O 口或扩展的 I/O 口输出的。这些 I/O 口的驱动能力有限，常常不足以驱动一些功率开关(如继电器、电机、电磁开关等)，因此，需要一些大功率开关接口电路。

(1) 功率晶体管驱动

图 6-20(a) 是简单的晶体管驱动电路。当晶体管用作开关元件时，其输出电流为输入电流乘以晶体管的增益。如果用低增益晶体管来获得大电流输出时，前级电路仍需提供一定大小的驱动电流，在该驱动电路中采用 TTL 集电极开路门来提供。

典型的开关功率管具有高速、中等功率特性，其驱动电流可达 800mA，击穿电压为 40V。在 500mA 和 10V 处，典型的正向电流增益为 30，因此，要开关 500mA 负载电流时，其基极电流至少需供给 17mA。

(2) 达林顿驱动电路

对于典型的开关晶体管电路，输出电流是输入电流乘以晶体管的增益。要保证有足够大的输出电流必须增大输入驱动电流，多级放大和提高晶体管增益。采用达林顿驱动电路主要采用

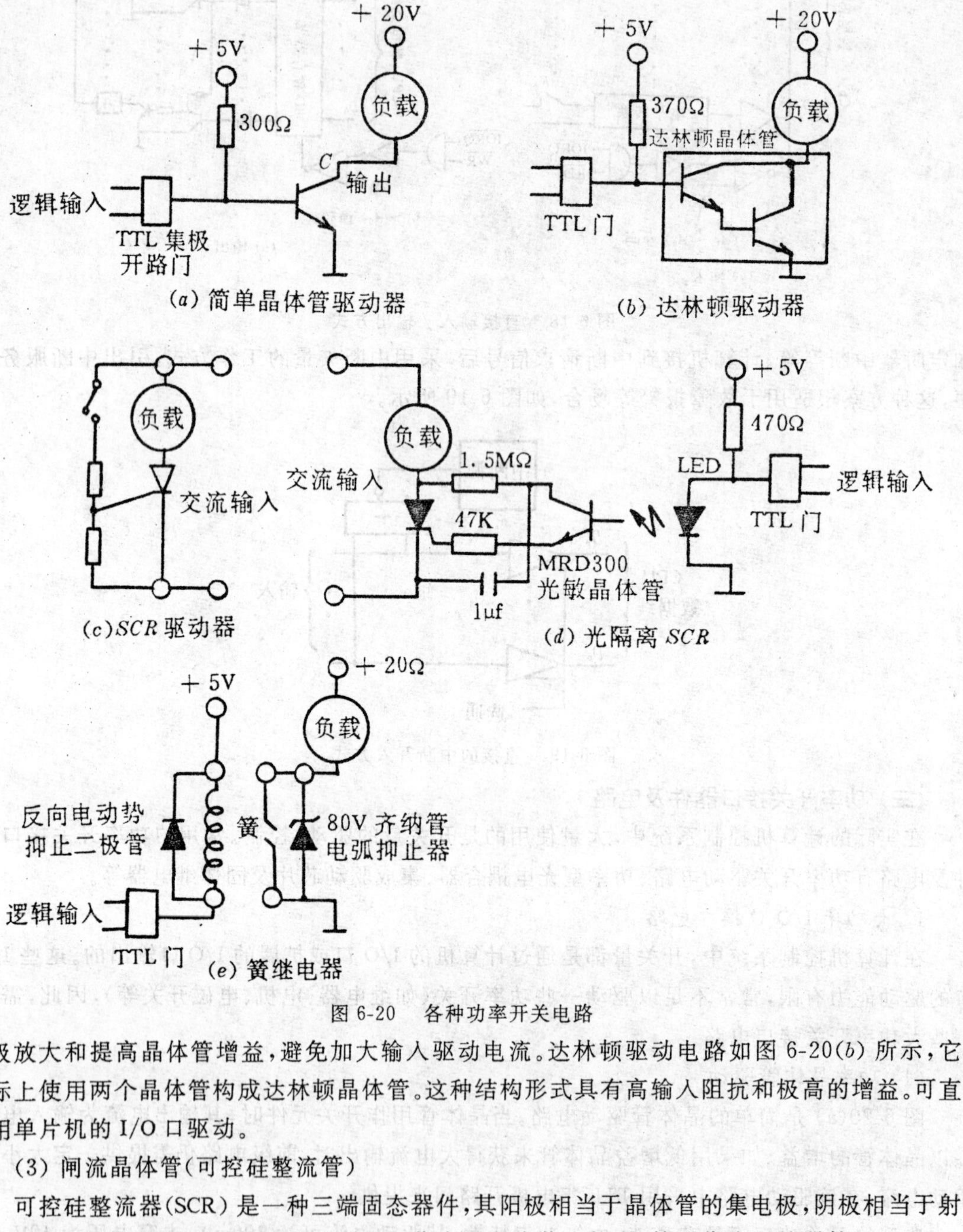

图 6-20　各种功率开关电路

多级放大和提高晶体管增益，避免加大输入驱动电流。达林顿驱动电路如图 6-20(*b*) 所示，它实际上使用两个晶体管构成达林顿晶体管。这种结构形式具有高输入阻抗和极高的增益。可直接用单片机的 I/O 口驱动。

(3) 闸流晶体管(可控硅整流管)

可控硅整流器(SCR) 是一种三端固态器件，其阳极相当于晶体管的集电极，阴极相当于射极，门控极相当于基极。可控硅整流器只工作在导通或截止状态，故可作为开关器件。

使 SCR 导通只需要极小的驱动电流，一般输出负载电流和输入驱动电流之比大于 1 000，是较为理想的大功率开关器件。但是，由于SCR 内部的反馈特性，它一旦导通，即使去掉门控电流也不会截止，如果负载电流去掉以后再加上，则 SCR 将变为截止。由于这一特性，SCR 在交流功率开关电路中得到广泛的应用，因为交流电在每半个周期都会过零一次，开关截止不成问题。

图 6-20(*c*) 是一个简单的SCR驱动器电路。由于SCR通常用来控制交流大电压开关负载，故不宜直接与数字逻辑电路相连。在实际使用时应采取隔离措施，如光电耦合隔离。如图 6-20(*d*) 所示。

(4) 机械继电器

在数字逻辑电路中最常使用的机械继电器有簧式继电器。簧式继电器由两个磁性簧片组成，受磁场作用时，两个簧片相接触而导通。这种簧式继电器控制电流要求很小，而簧式触点可开关较大的电流。例如，控制线圈为 380Ω 时，可直接由 5V 输入电压驱动，驱动电流为 1.3mA，而簧片触点可通过 500mA 至几十 A。但与逻辑电路相配用的簧式继电器一般小于 1A。

簧式继电器的接口电路如图 6-20(*e*) 所示。触点两端的齐纳二极管用来防止产生触点电弧。

机械继电器的开关响应时间较大，计算机控制系统中使用机械继电器电路时，控制程序中必须考虑开关响应时间的影响。

2. 固态继电器(SSR)

固态继电器是一种无触点通断功率型电子开关，又名固态开关，当施加触发信号后其主回路呈导通状态，无信号时呈阻断状态。它利用了分立器件和集成器件及微电子技术实现了控制回路(输入端)与负载回路(输出端)之间的电隔离及信号耦合，没有任何可动部件或触点，实现了具有相当于电磁继电器一样的功能。随着半导体技术的发展，固态开关性能不断提高，价格不断下降，在计算机控制系统中得到广泛应用。

(1) 固态继电器的结构原理

固态继电器通常是一个四端组件，两个为输入端，两个为输出端。图 6-21 为其结构框图，它至少由三个部分组成，即输入电路、隔离部分和输出电路。

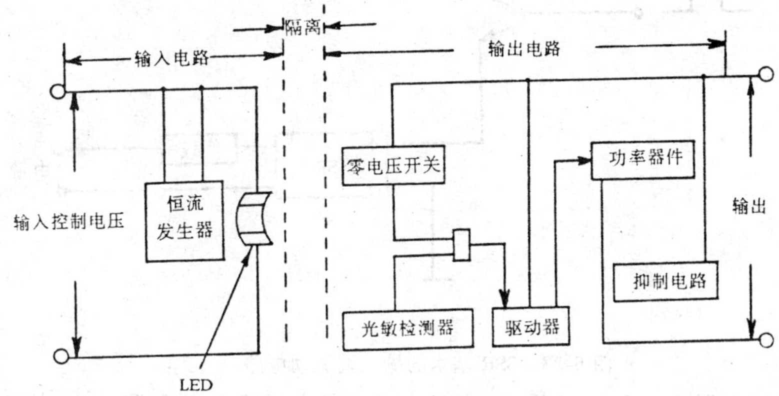

图 6-21 固态继电器方框图

固态继电器有许多类型可供用户选择：按品种分有军品、民品、I/O 模块；按输出功能分有直流型、过零型、非过零型；按隔离方式分有光隔离和变压器隔离；按封装结构形式分有塑封型和金属壳全密封型固态继电器，以及各种特殊用途的固态继电器。

(2) 固态继电器的应用特性

由于固态继电器是由固态元件组成的无触点开关器件。这种结构特点决定了它比电磁继电器工作可靠，寿命长，对外界干扰小，能与逻辑电路兼容，抗干扰能力强，开关速度快，使用方便。但在使用时，应考虑其应用特性：

a. 根据产品的功能不同，输出电路可接交流或直流。对交流负载的控制有过零、不过零控制功能。其控制波形如图 6-22 所示。

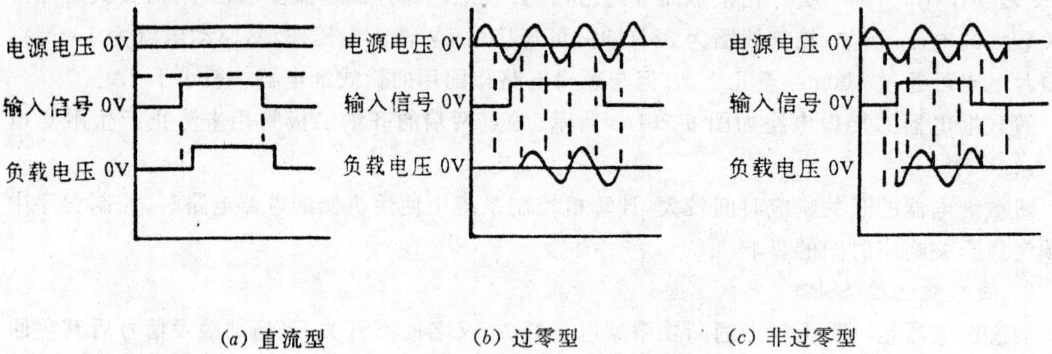

图 6-22　不同功能的固态继电器控制波形

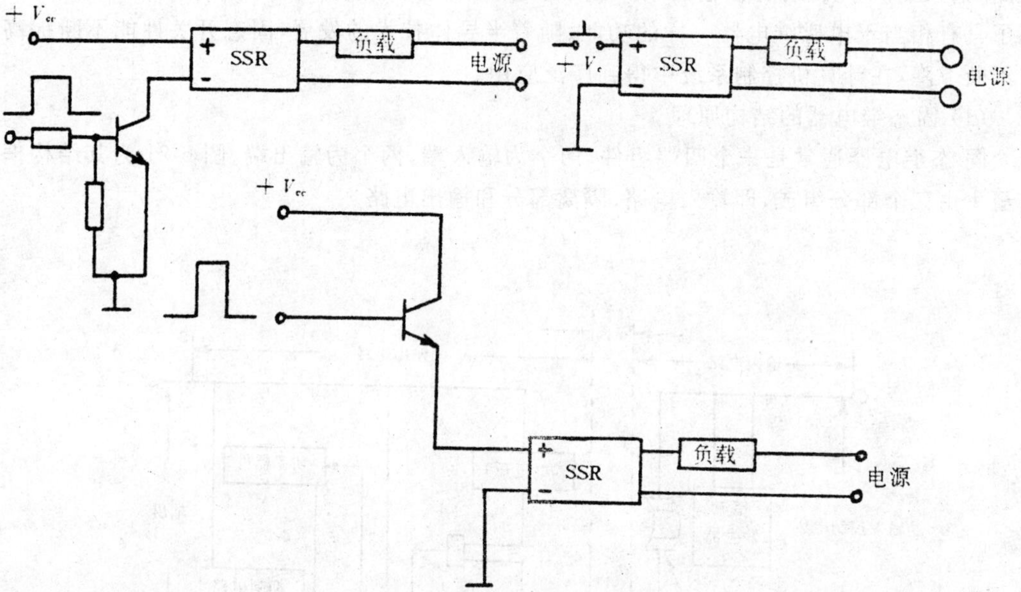

图 6-23　SSR 基本的输入端驱动电路

b. 由于固态继电器是一种电子开关，故有一定的通态压降和断态漏电流，其数值与产品型号规格有关。

c. 负载短路易造成 SSR 的损坏，应特别注意避免。

d. 必须考虑瞬态过电压和断态 dV/dt 对 SSR 的影响。部分 SSR 产品内部已含有瞬态抑制网络，必要时在外部加以适当的瞬态抑制电路。

(3) 固态继电器的应用

固态继电器不仅实现了小信号对大电流功率负载的开关控制，而且还具有隔离功能。

SSR 有多种型式和规格，使用场合也不相同，其典型应用如图 6-23 所示，是几种基本的输入端驱动电路。

总之，计算机控制系统的开关量输入／输出接口的形式还很多，但是开关量输出往往关系到控制生产过程的操作是否安全。其可靠性是首要问题，在应用中应针对具体问题采取具体措施和方案。

以上介绍了几种模拟量和开关量输入／输出接口的基本原理和电路，这在计算机控制系统中都是必不可少的环节，但是在计算机控制系统中还涉及其它的接口技术，如用户交换接口、辅助操作接口等等。此外，近年来为了适应计算机控制的需要，简化用户对 A/D、D/A 板从基本电路开始的设计，国内外都进行了把 A/D 和 D/A 变换器先设计并安装在一块印刷电路板上，配以适当的软件，从而做成 A/D、D/A 接口板，即所谓的可编程 A/D 和 D/A 接口板等等。

第三节　计算机控制算法

一、计算机控制算法设计概述

计算机控制系统是由被控对象、控制计算机、控制器件及控制放大器等组成的系统。计算机的输入／输出程序控制了输入／输出通道的运行，使计算机与被控对象之间进行信息交换。同时，在计算机内还有一道程序用来计算处理现场数据，并将这些数据处理成对被控对象进行控制的信息。那么如何来编制这些运算处理程序，首先必须要进行控制算法设计。

目前，设计计算机控制算法有几种方法。从设计思路来看，可归纳为间接设计法和直接设计法。

间接设计法又称连续系统离散化设计。这种方法先在连续域完成分析、设计，得到满足性能指标的连续系统，然后再离散得到和连续系统指标相近的数字系统。这种方法优点是明显的，对于一般具有连续系统设计经验的工程技术人员是很自然、很稳妥的一种思路。其缺点是利用各种离散化方法将校正装置的传递函数由 S 域变换到 Z 域时，总会造成初态特性的变化，从而有可能使设计结果达不到要求。这时需要采用下面三条途径进行改进设计：

(1) 设计时，适当提高原系统的稳定裕度。因为将设计好的模拟调节器离散化，并引入零阶保持器后，系统的稳定裕度总是减小；

(2) 适当提高采样频率；

(3) 选用性能较好的离散化方法。

所以采用这种设计方法时，常常要进行试凑。然而它总可以找到一个性能不是最佳却是可用的系统。其典型的算法是 PID 控制算法。

直接设计法又称离散系统设计法。该法可直接在离散域内用 Z 域根轨迹设计法、W 域或 W' 域频率设计法和解析设计法等设计校正装置的 Z 传递函数 $G(z)$。其优点是设计所得的控制器的数学模型是离散型的，可以直接由计算机计算，不必象间接设计那样进行其它变换，方法简单明了容易满足设计要求。

本节将介绍一些常用间接设计法和直接设计法设计的控制算法。

二、PID 控制算法

（一）PID 算法

典型的单参数 PID 控制回路如图 6-24 所示。图中 y 是被控变量，R 是 y 的设定值。

$$e = R - y \tag{6-11}$$

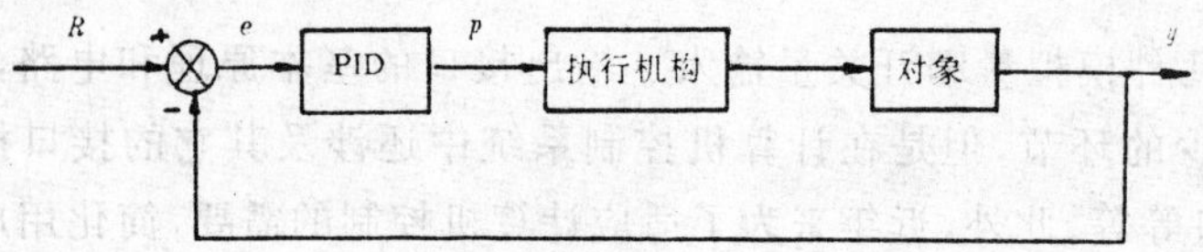

图 6-24 单参数的 PID 控制回路

e 是调节器的输入偏差，p 是调节器输出的控制量，它相应于执行机构的位置。理想模拟调节器的 PID 算式为：

$$p = K_p(e + \frac{1}{T_i}\int e\mathrm{d}t + T_\mathrm{d}\frac{\mathrm{d}e}{\mathrm{d}t}) \tag{6-12}$$

式中： K_p—— 比例系数；

T_i—— 积分时间常数；

T_d—— 微分时间常数。

由离散化法知，描述连续系统的微分方程应由相应的描述离散系统的差分方程来代替。将 (6-12) 式中的积分项和微分项用求和及增量之比来近似表示，则离散型系统 PID 算式为：

$$p_k = K_p\{e_k + \frac{1}{T_i}\sum_{i=1}^{k} e_iT + T_\mathrm{d}\frac{\Delta e_k}{T}\} \tag{6-13}$$

式中： e_k—— 第 k 次采样所获得的偏差信号；

Δe_k—— 为本次和上次测量值偏差的差。

在给定值不变时，Δe_k 可表示为相邻两次测量值之差。

$$\Delta e_k = e_k - e_{k-1} = (R - y_k) - (R - y_{k-1}) = y_{k-1} - y_k \tag{6-14}$$

T—— 采样周期；

k—— 采样序号；$k = 1,2,3,\cdots\cdots$。

式(6-13) 称为位置式 PID 控制算法。计算机按该式算出的是控制全量，也即对应于执行机构每次所达到的位置（如阀开度）。这种算法，当前一次的输出与过去的状态有关，计算时要对 e_i 进行累加。而且当计算机发生任何故障时，会造成输出量的变化，从而大幅度地改变执行机构的位置，这将对安全生产带来严重后果，故目前计算机控制的 PID 算式常作如下的变化。

考虑到第 $k-1$ 次采样有：

$$p_{k-1} = K_p\{e_{k-1} + \frac{1}{T_i}\sum_{i=1}^{k-1} e_i\cdot T + T_d\frac{\Delta e_{k-1}}{T}\} \tag{6-15}$$

利用(6-13) 式和(6-15) 式计算两次采样时输出量之差：

$$\begin{aligned}\Delta p_k &= p_k - p_{k-1} \\ &= K_p\{(e_k - e_{k-1}) + \frac{1}{T_i}e_k\cdot T + T_\mathrm{d}\frac{\Delta e_k - \Delta e_{k-1}}{T}\}\end{aligned}$$

因为 $\Delta e_k = e_k - e_{k-1}, \Delta e_{k-1} = e_{k-1} - e_{k-2}$

所以

$$\Delta p_k = K_p\{(e_k - e_{k-1}) + \frac{1}{T_i}e_kT + \frac{T_\mathrm{d}}{T}(e_k - 2e_{k-1} + e_{k-2})\}$$

$$= K_p(e_k - e_{k-1}) + K_i e_k + K_d(e_k - 2e_{k-1} + e_{k-2}) \quad (6\text{-}16)$$

式中， $K_i = K_p \cdot \dfrac{T}{T_i}$ 为积分系数；

$K_d = K_p \dfrac{T_d}{T}$ 为微分系数。

因为一般计算机控制系统采用恒定的采样周期T，故在确定了K_p、K_i、K_d时，根据前后三次测量值偏差即可由(6-16) 式求出控制增量。由于它的控制输出对应于每次执行机构位置的增量，故称之为 PID 控制的增量式算式。

实际上，位置式与增量式控制对整个闭环系统并无本质区别，只是将原来全部由计算机承担的算式，分出一部分由其它部件去完成。例如用步进电机作为系统的输出控制部件时，就能起此作用。它作为一个积分元件，并兼作输出保持器，对计算机的输出增量 Δp 进行累加，实现了 $p = \int \Delta p$ 的作用。

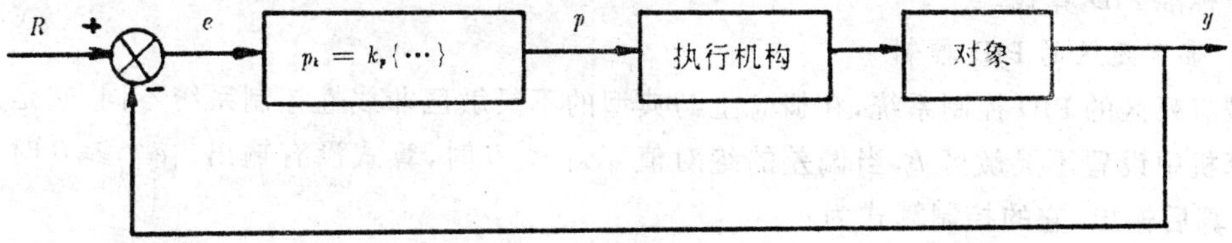

(a) 位置式控制

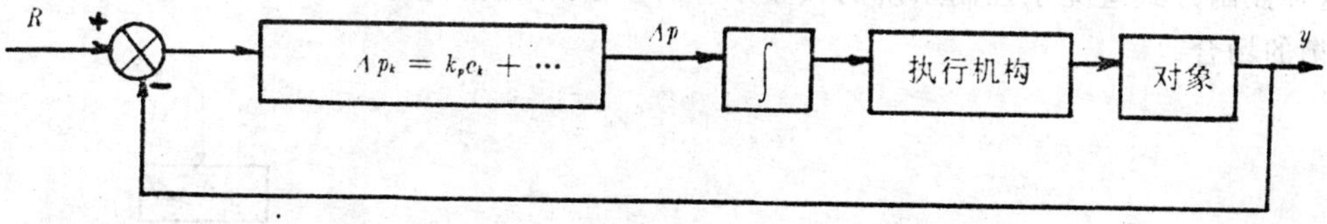

(b) 增量式控制

图 6-25　位置式与增量式控制框图

位置式与增量式控制系统的结构框图如图 6-25 所示。与位置式控制相比，增量式控制虽需附加积分环节，但它有以下一些优点：

(1) 由于计算机每次只输出控制增量，故机器故障时影响范围小；

(2) 控制从手动到自动切换时，由于算式中不含 u_k 项，因此冲击小。此外，当计算机发生故障时，由于执行装置本身有锁存作用，故仍然保持原值。

(3) 算式中无需累加，增量只与最近几次采样值有关，容易获得较好的控制效果。

因此，在实际控制时，增量式算法要比位置式算法应用更为广泛。

从上述控制算式还可以看到，控制作用中比例、积分、微分都是独立而互不相关的。因此比较直观，易于操作人员理解和分别检查各个参数变化所引起的控制效果。但有些场合为了使控制算式更加简单，从形式上作了较大的变化，脱离了传统的 PID 概念。根据(6-16) 式

$$\Delta p_k = K_p\{(e_k - e_{k-1}) + \frac{1}{T_i}e_k \cdot T + \frac{T_d}{T}(e_k - 2e_{k-1} + e_{k-2})\}$$

将同类项合并可得：

$$\Delta p_k = K_p(d_0 e_k + d_1 e_{k-1} + d_2 e_{k-2})$$
$$= Ae_k + Be_{k-1} + Ce_{k-2} \tag{6-17}$$

式中： $A = K_p d_0$， $d_0 = 1 + \dfrac{T}{T_i} + \dfrac{T_d}{T}$

$B = K_p d_1$， $d_1 = -(1 + 2\dfrac{T_d}{T})$

$C = K_p d_2$， $d_2 = \dfrac{T_d}{T}$

可见上述算式比原先的算式计算简单。A、B、C 三参数可独立地进行选择，但从形式上已看不出比例、积分、微分作用的直接关系。从表面算式上看，它只反映各次偏差对控制作用所起的影响。

（二）改进的 PID 控制算法

为了改善控制质量，针对不同对象，PID 调节中还可引入一些新的内容，它们构成了下面几种非标准 PID 算式。

1. 带有死区的 PID 控制

带有死区的 PID 控制系统，在概念上与典型的不灵敏区非线性控制系统不同。它是人为地在计算机中设置不灵敏区 B，当偏差的绝对值 $|e_k| < B$ 时，算式没有输出；$|e_k| \geqslant B$ 时，Δp_k 以 PID 运算后输出，它的控制算式为：

$$\Delta p_{出} = \begin{cases} \Delta p_k & 当\ |R - y_k| = |e_k| \geqslant B \\ 0 & 当\ |R - y_k| = |e_k| < B \end{cases} \tag{6-18}$$

其增量输出与偏差之间的关系可以用图 6-26 作原理性说明，其计算机程序框图如图 6-27 所示。这种控制方式避免了控制系统的频繁动作，适用于控制精度要求不太高、控制过程要求尽量平衡的场合。

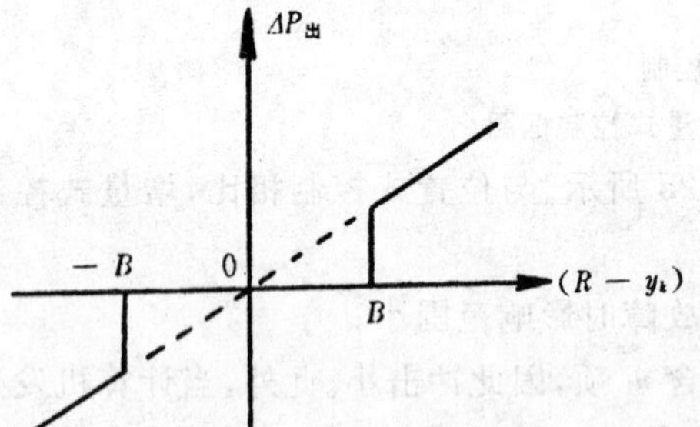

图 6-26 带有死区的 PID 控制

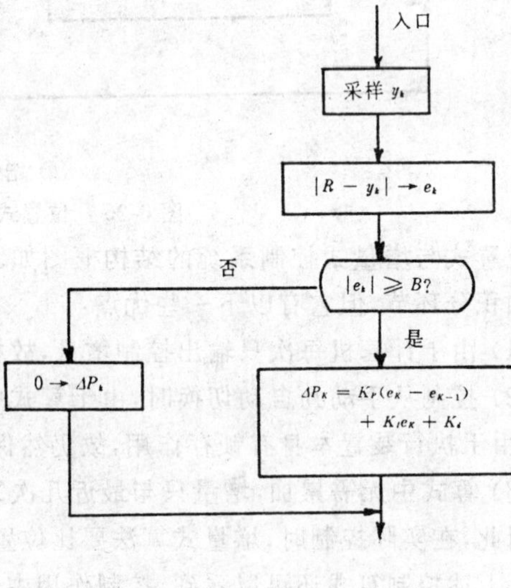

图 6-27 带有死区的 PID 计算程序框图

2. 积分分离的 PID 控制

在一般的 PID 控制系统中，当开工、停工或大幅度升降给定值时，由于短时间内产生很大偏差，加上系统有滞后，往往会产生严重的积分饱和现象，造成很大的超调和长时间的振荡。特别对于温度、液面等变化缓慢的过程，这一现象更为严重。为了克服这个缺点，可以采用积分分离手段，即在被控量开始跟踪时，取消积分作用，而当被控量接近新的给定值时才将积分作用投入。采取这一措施后，可以充分发挥积分作用在消除余差、提高精度方面的优点，避免由于加强积分作用而带来的系统稳定性变化和最大偏差增大的缺点。

定义 $|R' - R| = 100\%$ 为积分分离偏差值，R'、R 分别表示新、老给定值。则积分分离的控制算式为：

$$|R' - y_k| = \begin{cases} > a\% & \text{取消积分作用} \\ \leqslant a\% & \text{引入积分作用} \end{cases} \tag{6-19}$$

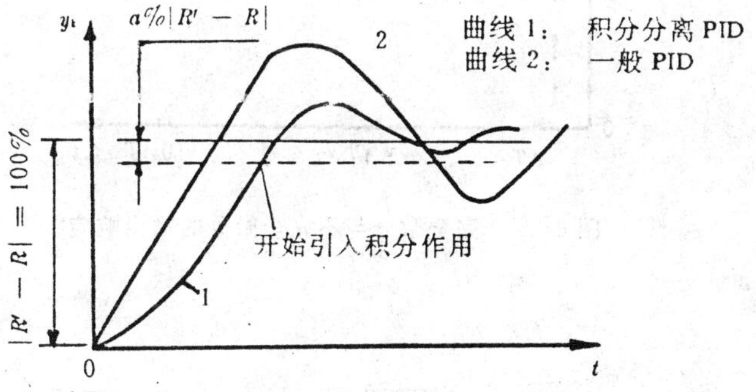

图 6-28　引入积分分离的 PID 调节

曲线 1：积分分离 PID　　曲线 2：一般 PID

图 6-28 表示一般的 PID 算式（曲线 2）和具有积分分离的 PID 算式（曲线 1）在系统给定值变化时的控制效果。比较曲线 1、2 可知，在应用了积分分离方法后，显著降低了被控变量的超调，并缩短了达到新工况的过渡过程时间。

3. 不完全微分的 PID 控制

对一般的 PID 算式，在阶跃输入的作用下，微分项急剧增加，控制系统很容易产生振荡，调节质量就很差。为克服这一缺点，可仿效模拟调节器的不完全微分形式。其算式为：

$$\frac{P(s)}{E(s)} = \frac{K_p(1 + T_d s)}{1 + T_d/K_d s} \tag{6-20}$$

式中：K_d—— 微分增益，一般选择 10 ～ 30。完全微分和不完全微分的输出响应如图 6-29 所示

4. 微分先行的 PID 控制

为了避免大幅度升降设定值时所造成的振荡现象，也可以利用图 6-30 中的方案(a)。此方案能对被控变量进行微分，而对设定值的变化不进行微分。另外，对串级回路的副回路而言，因设定值是主回路提供的，故对其变化也要经微分处理，此时采用图 6-30 中方案(b)。

三、模拟量校正装置的离散化方法

在计算机控制系统中，除了上面讲的经典的 PID 调节系统外，为了提高调节品质，还常常根据被控对象的传递函数，用离散的方法进行数字校正。

为了解决这个问题，我们首先讲一下模拟量的离散化方法。

数字校正的实质就是把被控对象的传递函数 $G_c(s)$ 进行离散，求出数字控制器的脉冲传递函数 $D(Z)$，然后根据脉冲传递函数求出数字控制器的差分方程，计算机的任务就是用来实现这些差分方程。

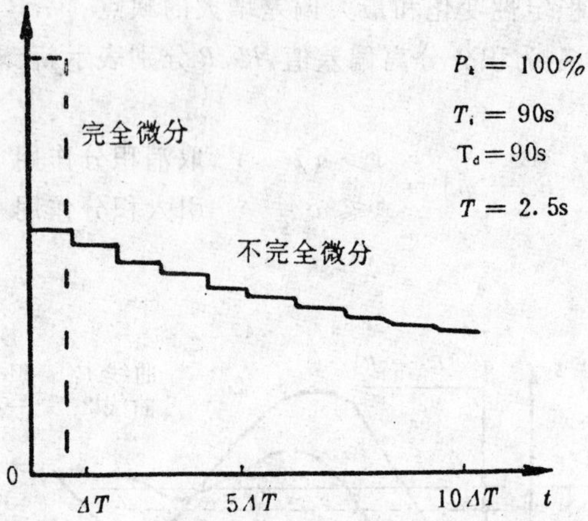

图 6-29　完全微分与不完全微分的输出响应

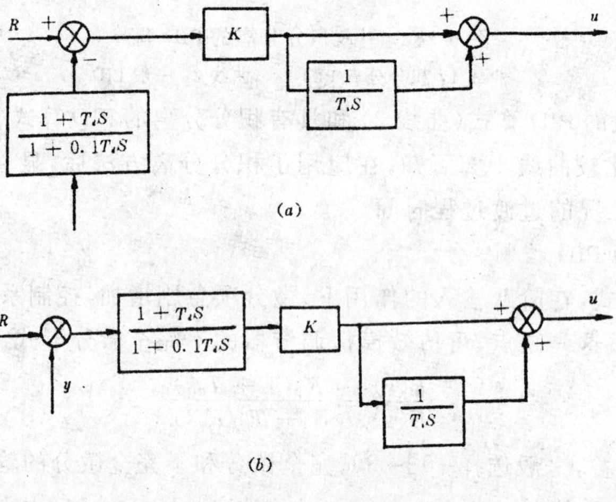

图 6-30　微分先行的 PID 控制

将传递函数进行数字离散的方法是很多的，而且随着控制理论的发展，新的离散方法不断出现，目前最常用的方法有：

1. Z 变换法；2. 带有零阶保持器的 Z 变换法；3. 差分反演法；4. 双线性变换；5. 双线性变换法和频率预畸变；6. 根匹配法；7. 修正的根匹配法。

下面，我们介绍前五种方法，其他方法读者可参看本书所附参考文献。

(一) Z 变换法

Z 变换是现代控制理论中所用到的一种变换，它是把脉冲序列 $f^*(t)$ 的拉氏变换式 $F^*(s)$ 中的 e^{TS} 换成 Z 而后得到的 $F(z)$，我们称之为 $f^*(t)$ 的 Z 变换。

例如，$f^*(t)$ 是函数 $f(t)$ 经采样后的脉冲序列，即

$$f^*(t)=\sum_{k=0}^{\infty}f(kT)\delta(t-kT) \tag{6-21}$$

$f^*(t)$ 的拉氏变换为

$$F(s)=\sum_{k=0}^{\infty}f(kT)e^{-kTS} \tag{6-22}$$

令 $e^{TS}=z$

则

$$F(z)=\sum_{k=0}^{\infty}f(kT)z^{-k}$$

∴ $f^*(t)$ 的 Z 变换定义为

$$\begin{aligned}F(z)&=Z[f^*(t)]\\&=\sum_{k=0}^{\infty}f(kT)z^{-k}\end{aligned} \tag{6-23}$$

式中，$k=0,1,2\cdots\cdots$

$F(z)$ 也称为 $f(t)$、$f(kT)$ 或 $F(s)$ 的 Z 变换。

把 $f(t)$ 经过采样得到 $f^*(t)$，再把 $f^*(t)$ 进行 Z 变换便得到 $F(z)$。

【例 1】 求 $f(t)=e^{-at}$ 的 Z 变换式。

解：根据定义

$$\begin{aligned}F(z)&=Z[f^*(t)]\\&=\sum_{k=0}^{\infty}f(kT)z^{-k}\\&=\sum_{k=0}^{\infty}e^{-akT}Z^{-k}\\&=e^{-a0}z^{-0}+e^{-aT}z^{-1}+e^{-2aT}z^{-2}+\cdots\cdots\end{aligned}$$

两边同时乘以 $e^{-aT}z^{-1}$，得

$$e^{-aT}z^{-1}F(z)=e^{-aT}z^{-1}+e^{-2aT}z^{-2}+e^{-3aT}z^{-3}+\cdots\cdots$$

上面两式相减，得

$$F(z)-e^{-aT}z^{-1}F(z)=1$$

$$\therefore \qquad F(z)=\frac{1}{1-e^{-aT}z^{-1}}$$

(二) 带有零阶保持器的 Z 变换

在数字采样系统中，为了使系统在非采样周期也能保持稳定，常常在系统的前面增加一个保持器，以便使离散型控制信号转换为连续信号。

零阶保持器是一个按常数关系外延的装置，也就是说，零阶保持器使信号在一周期(T) 内保持不变，如图 6-31 所示。

从图 6-31 中可以看出，零阶保持器能使 iT 时刻的输出值保持到$(i+1)T$ 时刻。

下面求解零阶保持器的传递函数。

设有一阶跃信号作用在零阶保持器上，则其输出特性如图 6-32 所示。

在图 6-32 中，(a) 为零阶保持器的输出波形，设 $\delta(t)$ 为单位阶跃函数，则图 6-32(a) 中的波形可以等效于 $\delta(t)$ 和 $\delta(t-T)$ 之和，如图 6-32(b) 所示，所以零阶保持器的脉冲过渡函数为

$$h_h(t)=\delta(t)-\delta(t-T)$$

将上式进行拉氏变换，即可得到零阶保持器的传递函数

$$G_h(s)=\frac{1}{s}-\frac{e^{-Ts}}{s}$$

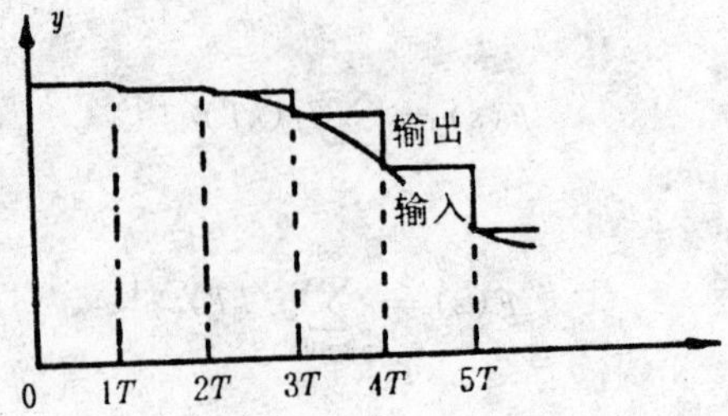

图 6-31　零阶保持器的输入输出特性

$$= \frac{1 - e^{-Ts}}{s}$$

因此,可以得出带有零阶保持器的 Z 变换式为

$$D(z) = Z\left[\frac{1 - e^{-Ts}}{s} D(s)\right] \tag{6-24}$$

【例 2】　已知 $D(s) = \dfrac{a}{s + a}$,求 $D(s)$ 带零阶保持器的 Z 变换。

解:$D(z) = Z\left[\dfrac{1 - e^{-Ts}}{s} D(s)\right]$

$$= Z\left[\frac{1 - e^{-Ts}}{s} \cdot \frac{a}{s + a}\right]$$

$$= Z\left[(1 - e^{-Ts}) \cdot \left(\frac{1}{s} - \frac{1}{s + a}\right)\right]$$

$$= (1 - z^{-1}) \cdot \left(\frac{1}{1 - z^{-1}} - \frac{1}{1 - e^{-aT} z^{-1}}\right)$$

$$= 1 - \frac{1 - z^{-1}}{1 - e^{-aT} z^{-1}}$$

$$= \frac{1 - e^{-aT} z^{-1} - 1 + z^{-T}}{1 - e^{-aT} z^{-1}}$$

$$= \frac{(1 - e^{-aT}) z^{-1}}{1 - e^{-aT} z^{-1}}$$

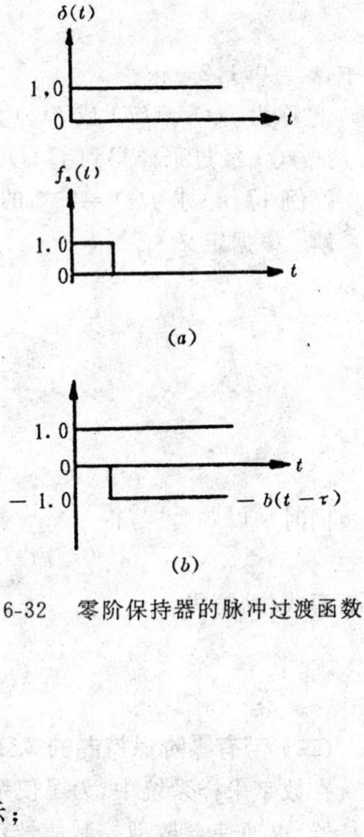

图 6-32　零阶保持器的脉冲过渡函数

由此可知,带有零阶保持器的 Z 变换的性质是:

(1) 如果 $D(s)$ 是稳定的,则 $D(z)$ 也是稳定的;

(2) 如果 $D(z)$ 不能用平面表示,则需要用部分分式法表示;

(3) $D(z)$ 不保持 $D(s)$ 的脉冲频率特性。

(三) 差分反演法

设 $\dfrac{U(s)}{E(s)} = D(s)$

我们用一阶近似值来代替所有的导数,即用 $\dfrac{\mathrm{d}}{\mathrm{d}t}$ 代替 s,则有

$$\frac{\mathrm{d}E}{\mathrm{d}t} \approx \frac{E(k) - E(k-1)}{T};$$

$$\frac{\mathrm{d}U}{\mathrm{d}t} = \frac{U(k) - U(k-1)}{T}$$

由上式可以求出反向差分的 Z 变换:

$$Z(s) = \frac{1 - z^{-1}}{T}$$

于是
$$D(z)=D(s)\Big|_{s=\frac{1-z^{-1}}{T}} \tag{6-25}$$

【例 3】 已知连续控制器的传递函数 $D(s)=\dfrac{1+25s}{1+62.5s}$，且 $T=1\mathrm{s}$，试用差分反演法求出数字控制器的脉冲传递函数。

解：根据差分反演法公式(6-25)可知

$$D(z)=D(s)\Big|_{s=\frac{1-z^{-1}}{T}}$$

将给定 $D(s)$ 代入，则得

$$D(z)=\frac{1+25\dfrac{1-z^{-1}}{T}}{1+62.5\dfrac{1-z^{-1}}{T}}=\frac{26-25z^{-1}}{63.5-62.5z^{-1}}$$

差分反演变换的特点是：

1. 使用比较容易，且不需要将传递函数进行因式分解：
2. $D(s)$ 稳定则 $D(z)$ 也稳定；
3. $D(z)$ 不保持 $D(s)$ 的脉冲频率特性。

反演法 z 平面和 s 平面的变换关系，如图 6-33 所示。

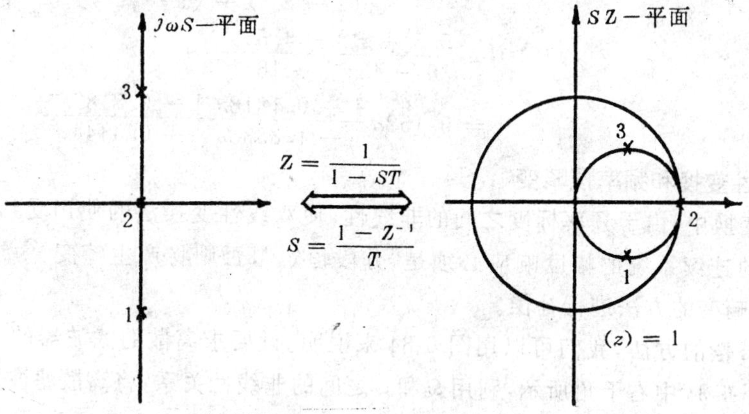

图 6-33　s 平面和 z 平面间的差分反演

(四) 双线性变换

双线性变换也叫 Tustin 变换或梯形变换。根据 Z 变换的定义：

$$z=e^{Ts}=e^{\frac{T}{2}s}/e^{-\frac{T}{2}s}$$

将 $e^{\frac{T}{2}s}$ 和 $e^{-\frac{T}{2}s}$ 展成台劳级数，并取前两项

$$e^{\frac{T}{2}s}\approx 1+\frac{T}{2}s$$

$$e^{-\frac{T}{2}s}\approx 1-\frac{T}{2}s$$

于是可得

$$z \approx \frac{1+\frac{T}{2}s}{1-\frac{T}{2}s}$$

$$z - \frac{T}{2}zs = 1 + \frac{T}{2}s$$

$$z - 1 = \frac{T}{2}s(1+z)$$

$$s = \frac{2}{T}\frac{1-z^{-1}}{1+z^{-1}}$$

∴
$$D(z) \triangleq D(s)\Big|_{s=\frac{2}{T}\frac{1-z^{-1}}{1+z^{-1}}} \tag{6-26}$$

【例 5】 已知某连续控制器的传递函数 $D(s)=\dfrac{s+0.5}{(s+1)^2}$，试用双线性变换法求出相应的数字控制器的脉冲传递函数 $D(z)$。

解：变换关系式为 $s=\dfrac{2}{T}\cdot\dfrac{1-z^{-1}}{1+z^{-1}}$

故
$$\begin{aligned} D(z) &= \frac{\frac{2}{T}\cdot\frac{1-z^{-1}}{1+z^{-1}}+0.5}{(\frac{2}{T}\cdot\frac{1-z^{-1}}{1+z^{-1}}+1)^2} \\ &= \frac{5(1-z^{-1})(1+z^{-1})+0.5(1+z^{-1})^2}{[5(1-z^{-1})+(1+z^{-1})]^2} \\ &= \frac{5.5+z^{-1}-4.5z^{-2}}{36-48z^{-1}+16z^{-2}} \\ &= 0.1528\,\frac{1+0.1818z^{-1}-0.8182z^{-2}}{1-1.3333z^{-1}+0.4444z^{-2}} \end{aligned}$$

（五）双线性变换和频率预畸变

在双线性变换中，由于频率标度之间的非线性，使双线性变换法的使用受到一定的限制，它要求待变换的连续系统的幅度响应必须是“分段恒定”，否则将产生畸变。为了消除这种畸变，可以采用预畸变的方法进行补偿。

为了说明补偿的方法，我们可以用图 6-34 来说明。设要求离散的滤波器的一组断点频率为 ω_1 和 ω_2，如图 6-34 中右下角所示，利用 Ω 和 ω 之间的非线性关系，将离散滤波器的断头频率 ω_1 和 ω_2 变换成一组新的模拟滤波器的断点 Ω_1 和 Ω_2，如图 6-34 中左上角所示，最后利用此断点频率，设计出一个新的模拟滤波器，对该滤波器进行双线性变换，即可得出一个具有所要求的断点频率的离散滤波器。由此可见，采用预畸变进行补偿的双线性变换的步骤如下：

第一步：对于所有期望的极点和零点，$(s+a)$ 中的 a 用 a' 来代替，

$$s + a \Rightarrow s + a'\Big|_{a'=\frac{2}{T}\tan\frac{aT}{2}} \tag{6-27}$$

第二步：把 $D(s,a')$ 变换为 $D(z,a)$

$$D(z,a) \triangleq D(s,a')\Big|_{s=\frac{2}{T}\frac{1-z^{-1}}{1+z^{-1}}} \tag{6-28}$$

例如：已知 $D(s)=\dfrac{a}{s+a}$

第一步：频率预畸变，即

$$D(s,a') = \frac{a}{s+\frac{2}{T}\tan\frac{aT}{2}}$$

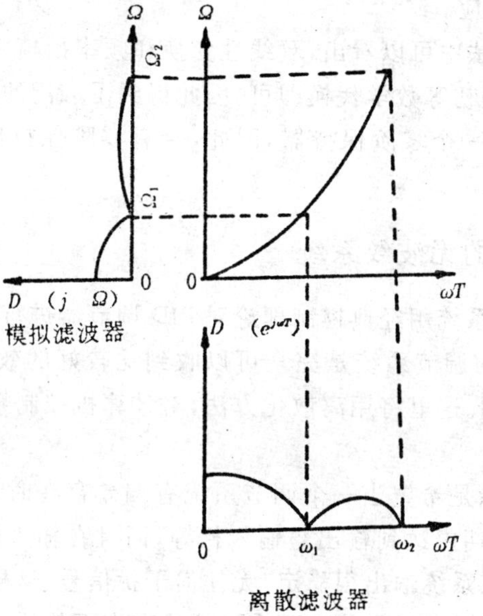

图 6-34　对双线性变换的非线性频率翘曲进行补偿的方法

第二步：用 $s=\frac{2}{T}\frac{1-z^{-1}}{1+z^{-1}}$ 代换，则

$$D(z)=K\frac{a}{\frac{2}{T}\frac{1-z^{-1}}{1+z^{-1}}+\frac{2}{T}\tan\frac{aT}{2}}$$

对于一个稳定系统，希望 $D(s)ss=1$，

即
$$\lim_{z\to1}D(z)\cdot\frac{1}{z-1}=\lim_{z\to1}(z-1)\frac{1}{z-1}K\frac{a}{\frac{2}{T}\frac{1-z^{-1}}{1+z^{-1}}+\frac{2}{T}\tan\frac{aT}{2}}$$

$$=K\frac{a}{\frac{2}{T}\tan\frac{aT}{2}}=1$$

即
$$K=\frac{\frac{2}{T}\tan\frac{aT}{2}}{a}$$

因此，可以得到一个复杂的数字控制器：

$$D(z)=\frac{\tan\frac{aT}{2}}{\frac{1-z^{-1}}{1+z^{-1}}+\tan\frac{aT}{2}}\tag{6-29}$$

为了便于数值计算，也可以写成如下的形式：

$$D(z)=\frac{1+z^{-1}}{1+\cot\frac{aT}{2}+(1-\cot\frac{aT}{2})z^{-1}}\tag{6-30}$$

双线性变换和频率预畸变的性质是：

1. 把 s 平面的左半边变换成 z 平面的单位圆(一一对应)；

2. $D(s)$ 稳定，则 $D(z)$ 亦稳定；

3. 没有替换作用；

4. 对于断点和零点它的频率响应曲线可以匹配；

5. 不保持脉冲频率响应。

从以上几种离散化方法中可以看出，双线性变换和频率预畸变两种方法是比较简单的，不需要繁琐的变换，而只是用初等数学代换即可，因此得到了广泛的应用。而在工业控制系统中，大多数系统都相当于带有一个零阶保持器，因此，带有零阶保持器的正变换将在下面进行讨论。

四、具有最快响应的无波纹系统

前面主要讨论了连续系统用经典控制理论对PID调节器进行数字模拟和用模拟量离散化的方法。这些办法对一般的调节系统是完全可以收到比较好的效果的，也是人们最熟悉的方法，因此得到了广泛的应用。这里将用离散化方法，对计算机控制系统进行综合和设计，称为直接数字设计。

在自动调节系统中，总是希望当一个调节系统有偏差存在时，能够尽快地消除偏差，使系统能够在最少几个采样周期内达到输出与输入相等，而且在输入输出相等后，无波纹存在。即在系统达到平衡后，要求该系统输出很稳定，无任何干扰信号。这样，不仅可以完全消除系统的偏差，而且也克服了由于系统在平衡状态下有波纹的存在而使执行机构造成机械磨损。

由此可见，一个具有最快响应的无波纹调节系统的要求是：

1. 调节速度快，只在几个周期内即可把任意初始状态过滤到规定的状态；

2. 调节值平稳后无波纹存在。

下面讨论一个无波纹系统的综合与设计方法。

（一）直接数字控制系统的脉冲传递函数

典型的数字控制系统，如图 6-35 所示。

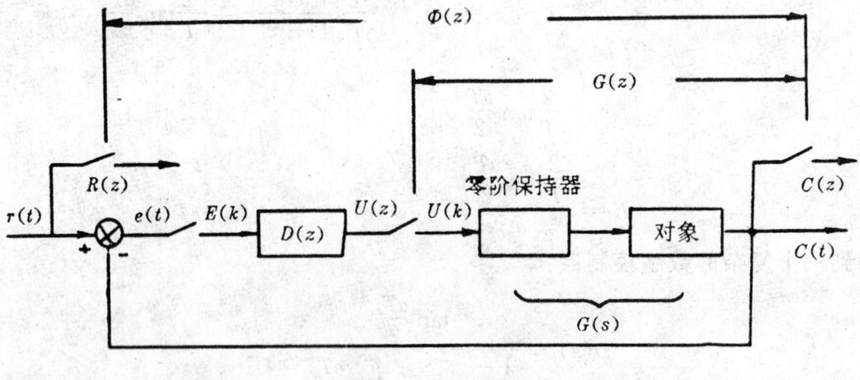

图 6-35　数字控制系统原理图

在图 6-35 中，设 $D(z)$ 为数字控制器，$G(z)$ 为包括零阶保持器在内的广义对象的脉冲传递函数，$\varphi(z)$ 为闭环脉冲传递函数，$C(z)$ 为输出信号的脉冲传递函数，$R(z)$ 为输入信号的脉冲传递函数。由数字控制系统理论可知，其闭环脉冲传递函数为

$$\varphi(z)=\frac{D(z)\cdot G(z)}{1+D(z)\cdot G(z)} \tag{6-31}$$

根据式(6-31)可求出数字控制器 $D(z)$ 为

$$D(z) = \frac{U(z)}{E(z)} = \frac{\varphi(z)}{G(z)[1 - \varphi(z)]} \tag{6-32}$$

式(6-32)便是我们设计数字控制器的数学模型。当已知 $G(z)$ 和 $\varphi(z)$ 时，即可求出数字控制器 $D(z)$。根据定义，可知 $G(z)$ 即为被控对象与零阶保持器传递函数 $G(s)$ 的 Z 变换。而 $\varphi(z) = C(z)/R(z)$，与系统的具体情况有关。下面就分别讨论一阶、二阶离散系统在不同输入时数字控制器 $D(z)$ 的设计问题。

（二）被控对象为一阶环节时 $D(z)$ 的设计

设系统的对象为一阶惯性环节 $\frac{1}{s+1}$，又已知与对象相连的零阶保持器的传递函数为 $\frac{1-e^{-Ts}}{s}$，则系统方块图如图 6-36 所示。

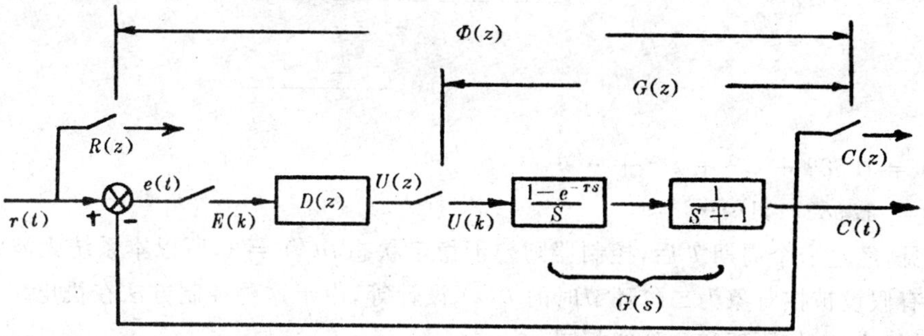

图 6-36 一阶对象的数字控制系统

由图可知：

$$G(s) = \frac{1 - e^{-Ts}}{s} \cdot \frac{1}{s+1}$$

进行 Z 变换，可得

$$G(z) = \frac{(1 - e^{-T})z^{-1}}{1 - e^{-T}z^{-1}} \tag{6-33}$$

因为 $r(t)$ 为单位阶跃函数，故 $R(z) = \frac{1}{1 - z^{-1}}$。我们希望经过一个周期（或一拍）后，输出能跟上输入，即

$$C(z) = \frac{1}{1 - z^{-1}} \cdot z^{-1} = \frac{z^{-1}}{1 - z^{-1}} \tag{6-34}$$

故系统的闭环脉冲传递函数为

$$\varphi(z) = \frac{C(z)}{R(z)} = z^{-1} \tag{6-35}$$

将式(6-33)和式(6-35)代入式(6-32)得

$$D(z) = \frac{\varphi(z)}{G(z)[1 - \varphi(z)]} = \frac{z^{-1}}{\frac{(1 - e^{-T})z^{-1}}{1 - e^{-T}z^{-1}}(1 - z^{-1})}$$

$$= \frac{1 - e^{-T}z^{-1}}{1 - e^{-T}} \cdot \frac{1}{1 - z^{-1}}$$

当 $T = 1$，即采样周期和对象的时间常数相同时，代入上式，则有

$$D(z) = \frac{1 - 0.368z^{-1}}{0.632 - 0.632z^{-1}}$$

$$= \frac{1.582 - 0.582z^{-1}}{1 - z^{-1}} \tag{6-36}$$

现在用另一种算法计算，则

$$D(z) = \frac{C(z)}{G(z)} = \frac{z^{-1}}{1 - z^{-1}} \cdot \frac{1 - e^{-T}z^{-1}}{(1 - e^{-T})z^{-1}} = \frac{1.582 - 0.582z^{-1}}{1 - z^{-1}}$$

用长除法可求出 $D(z)$ 的展开式：

$$\begin{array}{rl}
 & 1.582 + z^{-1} + z^{-2} + \cdots\cdots \\
1 - z^{-1} & \overline{\big)\, 1.582 - 0.582\ z^{-1}} \\
 & \underline{1.582 - 1.582\ z^{-1}} \\
 & \qquad z^{-1} \\
 & \qquad \underline{z^{-1} \qquad z^{-2}} \\
 & \qquad\qquad z^{-2} \\
 & \qquad\qquad \underline{z^{-2} - z^{-3}} \\
 & \qquad\qquad\qquad z^{-3}
\end{array}$$

得 $D(z) = 1.582 + z^{-1} + z^{-2} + \cdots\cdots$ (6-37)

则 $D(k) = 1.582, 1, 1\cdots\cdots$

由此可见，经过一个周期 T 后，控制器则趋于稳定状态 $D(k) = 1$，所以本系统无波纹存在。

还有假设被控对象为二阶环节时的 $D(z)$ 设计等，由于这种控制方法在机电装置中应用较少，不另叙述，它的原理和一阶的相同。

第四节　计算机控制实例

为对海浪、航空等运动情况进行模拟，目前电液伺服控制的模拟器应用日益广泛，其示意图如图 6-37 所示。为了能事先对系统运动情况有所了解和便于调试，先行制造一个伺服电机控制的模拟机进行调试。模拟机按电液伺服平台按比例缩小，用伺服电机驱动，由蜗轮蜗杆、齿轮齿条传动、精密电位计反馈组成。

一、计算机位置控制系统

由于六自由度伺服平台模型机的姿态控制，是由其伺服机构的位置控制的。因此，我们采用 MCS — 96 单片机对传动机构实行位置控制，实现模型机平台的各姿态运动。其计算机控制系统配置如图 6-38 所示。

二、硬件电路

(一) 电机控制线路

在电机控制线路中，采用 8098 中的高速输出口 HSO. 0、HSO. 1 作正、反向控制，在正转时 HSO. 0 输出高电率，HSO. 1 输出零电平，反转时，HSO. 0 输出零电平，HSO. 1 输出高电平，经反相后输出负电压，加到线性伺服放大器上，实现电机的正反转。

电机的转速是由 8098 的输出口 HSO 产生脉宽可变的信号，经滤波后，就得到幅值为 0 ～ 5V 的模拟控制信号，电机的控制驱动电路如图 6-39 所示，为一套控制线路。

(二) 位置信号检测电路

位置信号采用多圈电位器检测元件，其测量误差 $< 2\%$，输出电压为 $\pm$ 1V，经滤波放大，

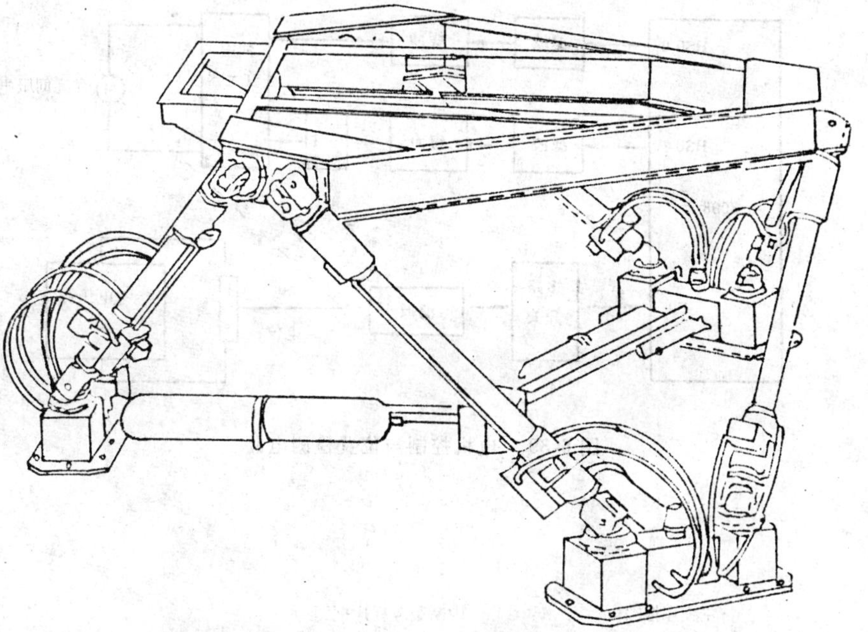

图 6-37　电液控制六自由度模拟平台示意图

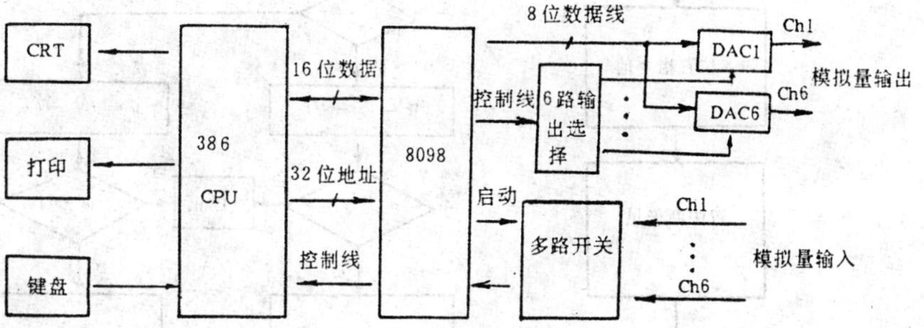

图 6-38　计算机位置控制系统配置框图

输入到 8098 的 A/D 通道上，用 0 通道进行转换，A/D 转换器位数为 10 位，位置检测电路如图 6-39 所示。

三、控制软件

整个位置控制软件，采用 A/D 转换结束中断，计算给定值与位置反馈信号的偏差，然后启动 HSO. 0 和 HSO. 1 控制电机运动，当偏差小于 Δ 时，停止运动，即实现位置随动控制，程序框图如图 6-40 所示。其中：U_i 为指令信号，U_f 为反馈信号。

上面简述了一个实用计算机位置控制系统，它具有控制元件少、精度高、响应快、体积小等优点，是较理想的一种控制器。

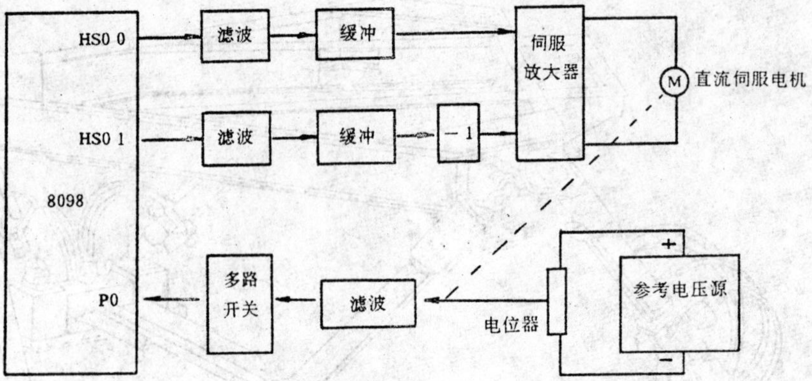

图 6-39　电机控制与位置检测电路

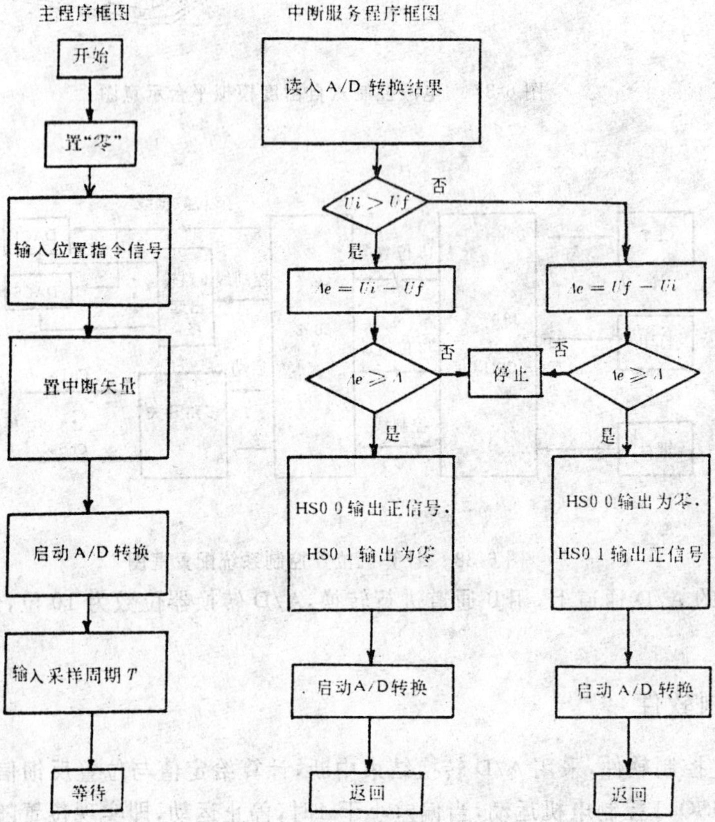

图 6-40　位置控制程序框图

第七章　机电控制装备的设计和应用

前几章叙述了机电控制装备中的各种元件。在机电控制装备设计时需要合理地选择各元件并探索由这些元件所组成的系统的控制精度和动态性能等。

在对机电装备的控制系统进行设计以前必须了解以下几个问题：

1. 负载的情况：包括带动负载所需的最大作用力(或力矩)、最大功率，最大速度；负载是惯性负载还是弹性负载或兼而有之；负载的具体参数如惯量、刚度等。

2. 控制的形式：即控制量和反馈量是什么；是位置控制还是速度或力控制；是定常还是时变系统等等。

3. 控制的要求：控制系统响应速度要求如何；即频宽或调整时间的指标是多少；系统需要达到的精度是多少等等。

在了解以上问题后，作出初步设计，选择有关元件，再根据这些元件的参数进行动态性能及精度的分析，后者一般称为动态设计，所以初步设计有时也称为静态设计。在动态性能要求较高的系统中若初步设计的要求不能满足动态性能的指标，则需对初步设计进行修改，再进行动态性能指标计算等，直到系统符合要求。有时动态计算可藉助计算机进行仿真。也可在控制时根据系统要求设置一些控制算法使系统达到更高的性能指标，如第六章所述。

第一节　初步设计

初步设计是根据负载及系统的要求，确定控制系统中的各个元件，对动态性能要求不高的系统有时只需进行这种设计，现将电液控制系统及电机控制系统分述如下。电 — 气动系统应用面较狭，设计与电液控制系统类似，不另叙述。

一、电液控制系统的初步设计

电液控制系统各元件的选择，一般是根据负载的情况及运动的要求确定液压缸(或液压马达)的大小，再由此选择电液控制阀、液压源及相应的电控器件。根据缸、阀、泵的大小可以作出它的使用范围。

负载是指电液控制机构在液压缸(或液压马达)运动时所需克服的各种阻力。如惯性力 F_I、弹性力 F_S、粘性阻尼力 F_v、静摩擦力 F_f、库伦摩擦力 F_c、呆滞力、与速度成平方的阻力 F_w 等，可写成如下方程式

$$F = F_I + F_s + F_v + F_f + F_c + F_w$$

其中惯性力 F_I 和弹性力 F_s 是与能量贮存有关的力，而其他则是负载的消散力，往往只能进行估算。这么多的作用力中实际上只是根据负载的情况，选取其主要的力而将其余的估算为某一裕量进行计算。

简化的设计可以按最大功率、最大速度、最大负载力三点进行设计。而较复杂的运动过程如正弦运动、随机运动等情况，则可作出其负载特性曲线。不论哪种情况，选择的电液控制阀及液压源都应将负载特性全部包容在它们的工作范围内。

(一) 负载特性曲线

根据负载的情况，以横轴为负载力，纵轴为负载速度画出的曲线为负载特性曲线，在全范围内表示控制时运动状态的情况较少，只有正弦等输入时才全部画出，但至少应求出最大负载力、最大速度、最大功率等三点。机电装备一般只需根据这些特殊点来设计。

某负载如在导轨中移动的惯性装置运动速度很慢，只需考虑摩擦力，已知摩擦力为 5kN 时的最大速度为 0.1m/s，则可得负载特性的最大功率点 A，如图 7-1 所示。

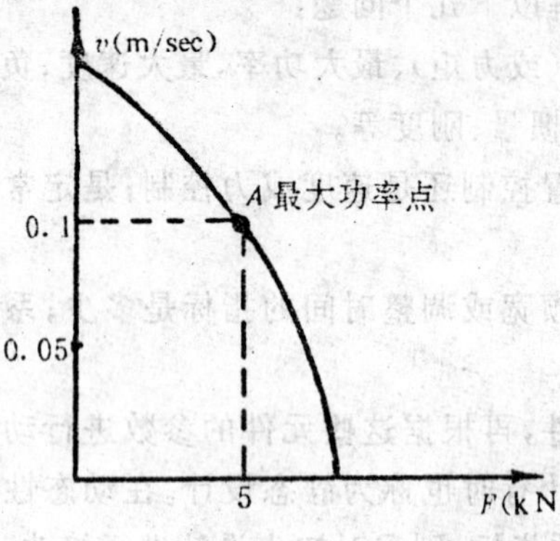

图 7-1　负载特征点 Ⅰ 及包容曲线

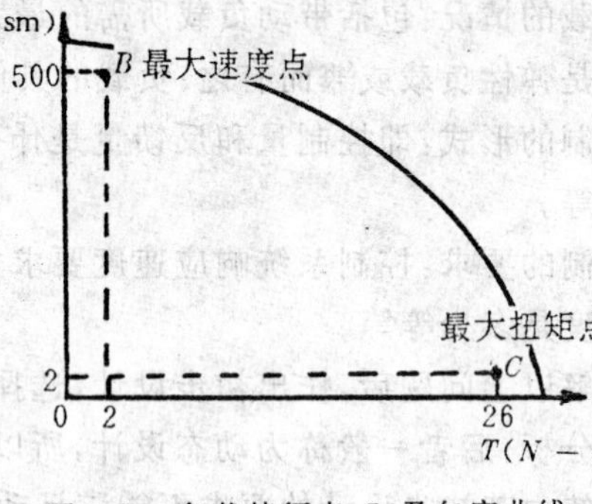

图 7-2　负载特征点 Ⅱ 及包容曲线

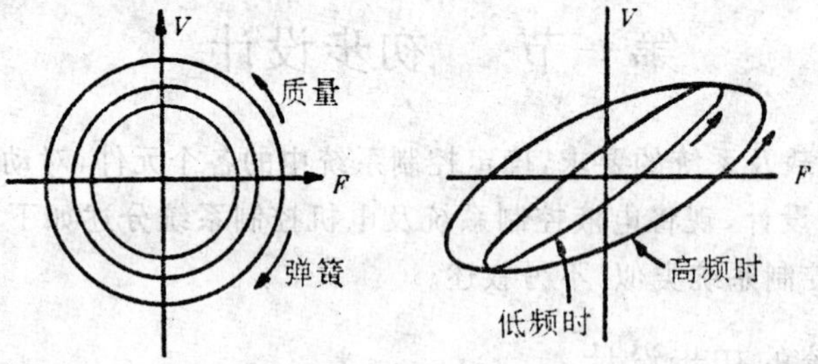

(a)　　(b) 图 7-3　具有能量贮存的负载轨迹

若此负载用液压马达拖动，快退时最大转速 500 转 / 分时扭矩为 2N-m；工进时最大扭矩 26N-m 时转速为 2 转 / 分，由此可得最大速度点 B 和最大扭矩点 C，如图 7-2 所示。

又如某控制系统要求用一定振幅 X_P 和一定频率对具有质量为 m 的惯性负载进行正弦波驱动，则负载运动的位移、速度、加速度方程式为

$$x = X_P \sin\omega t \tag{7-1}$$

$$v = X_P \omega \cos\omega t \tag{7-2}$$

$$a = -X_P \omega^2 \sin\omega t \tag{7-3}$$

在惯性力的情况下，$F = ma$，所以式(7-3) 可写成

$$F = -m\omega^2 X_P \sin\omega t \tag{7-4}$$

由式(7-2) 和(7-4) 中消去 t，则可得如下的椭圆公式：

$$\frac{F^2}{(m\omega^2 X_P)^2} + \frac{V^2}{(X_P \omega)^2} = 1 \tag{7-5}$$

根据式(7-5) 可作出负载轨迹曲线，如图 7-3(a) 所示，其中质量负载逆时针运动，同样可推出弹性负载时，负载轨迹也是一个椭圆，但呈顺时针方向运动。当负载中除惯性或弹性负载

外还具有粘性摩擦力，则负载轨迹曲线如图 7-3(b) 所示。

(二) 电液控制阀

液压阀的输出功率是负载压力和负载流量之积，液压控制阀中负载流量 Q_L 和负载压力 P_L 的关系由第三章已知为

$$Q_L = Ki\sqrt{P_s - P_L} \tag{7-6}$$

并知阀的负载特性为抛物线，每个电液控制阀均有此曲线。

对阀控的电液伺服系统而言，伺服阀输出功率为 $N_L = P_L Q_L$，则最高功率点为

$$\frac{\partial N_L}{\partial P_L} = \frac{\partial}{\partial P_L}(Q_L P_L) = \frac{\partial}{\partial P_L}(P_L \cdot Ki\sqrt{P_s - P_L}) = 0$$

可得 $P_L = \frac{2}{3}P_s$，此时 $Q_L = \frac{1}{\sqrt{3}}Q_{L\max}$

所以阀控系统的最高效率为

$$\eta = \frac{Q_L P_L}{Q_{L\max}P_s} = \frac{2}{3\sqrt{3}} = 38.49\% \tag{7-7}$$

若液压控制阀为压力阀或流量阀，虽然输入电流不同时负载特性曲线有差异，但总的包容

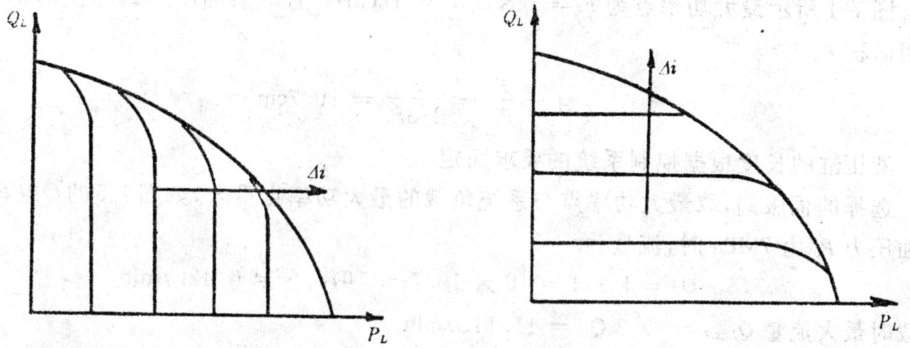

(a) 压力阀　　(b) 流量阀

图 7-4　压力阀、流量阀的负载流量曲线

线仍为一抛物线，如图 7-4 所示。

(三) 液压缸(或马达) 及电液控制阀的选择

液压缸(或马达) 可根据负载情况，如行程的大小、作用力及最大速度等，即可初步决定缸的面积、行程的长短等。

$$\left.\begin{aligned} A &= \frac{F}{P_L} \\ v &= \frac{Q_L}{A} \end{aligned}\right\} \tag{7-8}$$

必须注意式(7-8) 中的压力为负载压力 P_L 而不是供油压力 P_s，在计算液压缸作用面积 A(或液压马达排量 D_m) 时，若误用 P_s 则将使作用力不足。P_L 在比例阀控制的系统中一般取比 P_s 少 1MPa(未考虑沿程损失)，这 1MPa 是经过比例阀的压力损失。在伺服阀中一般按最大功率点考虑，即 $P_L = \frac{2}{3}P_s$。

控制阀的负载流量曲线 $Q_L = f(P_L)$ 可用式(7-8) 转换成系统的负载特性，即 $v = f(F)$ 曲

线，将控制阀负载流量曲线和负载特性曲线重叠在一起，使控制阀的负载流量曲线能从外侧有效地包容系统的负载特性，如图 7-2 所示，图中的负载特征点都包容在伺服阀的负载特性曲线内。

为使系统高效率地工作，往往令负载的最大消耗功率点与伺服阀的最大功率点相一致，如图 7-5 所示。

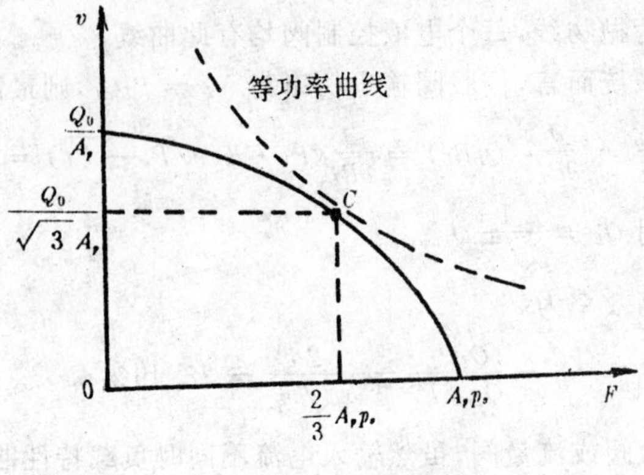

图 7-5　负载包容曲线

图 7-1 所示最大功率点为 $F = 5\text{kN}$ 时 $V = 10\text{cm/s}$。若取供油压力 $P_s = 7\text{MPa}$，则液压缸的作用面积为

$$A = \frac{F}{P_L} = \frac{F}{2/3P_s} = 10.7\text{cm}^2$$

液压缸的长度根据控制系统的要求而定。

选择的伺服阀，取最大功率点与系统负载的最大功率点重合，如图 7-5 的 C 点，则伺服阀的供油压力 P_s 为 7MPa 时，流量为

$$Q_L = V \cdot A = 10 \times 10.7 = 107\text{cc/s} = 6.42\text{L/min}$$

空载时最大流量 $Q_{L\max} = \sqrt{3}\,Q_L = 11.11\text{L/min}$

选取伺服阀为供油压力 7MPa 时，额定流量大于 6.42L/min 或在标准阀压降 7MPa 时流量为大于 $Q_L^* = 6.42\sqrt{3} = 11.11\text{L/min}$ 的标准规格伺服阀。

选取液压源，压力 7MPa，流量略大于 12L/min。

选择伺服阀时，实际上供油压力中还应考虑回油压力的损失，即

$$P_s = P_L + P_V + P_0$$

其中　P_V— 阀压降

P_0— 回油压力

或　$$P_V = (P_s - P_0) - P_L \qquad (7\text{-}9)$$

有的伺服阀有表格，可直接根据阀压降和流量查出所需的规格。如图 7-6 所示。

一般来说伺服阀所指流量是在阀压降 7MPa 时的流量，而比例阀所指的是阀压降 1MPa 时的流量。

在选择液压控制阀时，应留些裕量，但不应选择过大的规格，否则将影响系统的分辨率和精度。

如某比例阀选择的实例，某设备的数据如下：

调定的系统压力　　$P_s = 12\text{MPa}$

工进时负载压力　　$P_{L1} = 11\text{MPa}$

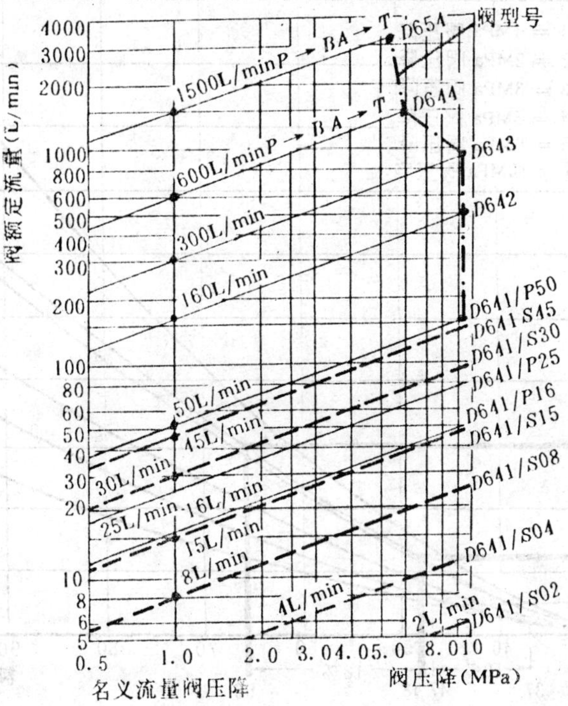

图 7-6　伺服阀选择表

快进时的负载压力　　$P_{L2}=6\text{MPa}$

工进速度范围内所需流量　$Q_{L1}=5\sim20\text{L/min}$

快进速度范围内所需流量　$Q_{L2}=60\sim150\text{L/min}$

很容易犯这样的错误，选择用阀压降 1MPa 时额定流量为 150L/min。这样的话，在流量曲线 $Q_L=f(P_V)$ 上可见使用的情况如图 7-7 所示，即

快进时工况

阀压降　$P_{V2}=12-6=6\text{MPa}$

流量　$Q_{L2}=60\sim150\text{L/min}$

工进时工况

阀压降　$P_{V1}=12-11=1\text{MPa}$

流量　$Q_{L1}=5\sim20\text{L/min}$

这样在快进时，使用的范围仅为额定电流的 48～66%，调节范围仅 18% 的额定电流。

在工进时，使用的流量范围仅为额定电流的 37%～47%，调节范围仅 10%，假定一般阀的滞环为 3%，而对应于 10% 的调节范围，则滞环相当于 30%，这样情况下进行控制，分辨率是很差的。因此应改用较小的流量，即阀压降在 6MPa 时能达到 150L/min 的流量，则

$$Q_1=150\sqrt{\frac{1}{6}}=61\ \text{L/min}$$

取标准规格 64 L/min，则阀的流量曲线如图 7-8 所示。在快进时调节范围为 66～98%，即 32% 额定电流的调节范围。工作时为 36～63% 额定电流，调节范围为 27%，控制系统的分辨

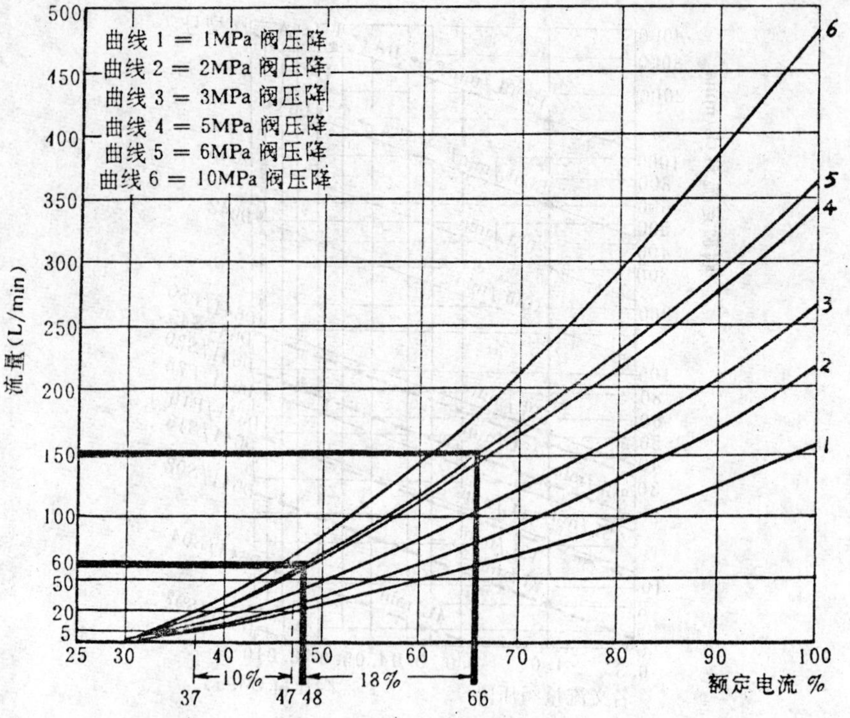

图 7-7　150L/min 时比例阀流量曲线

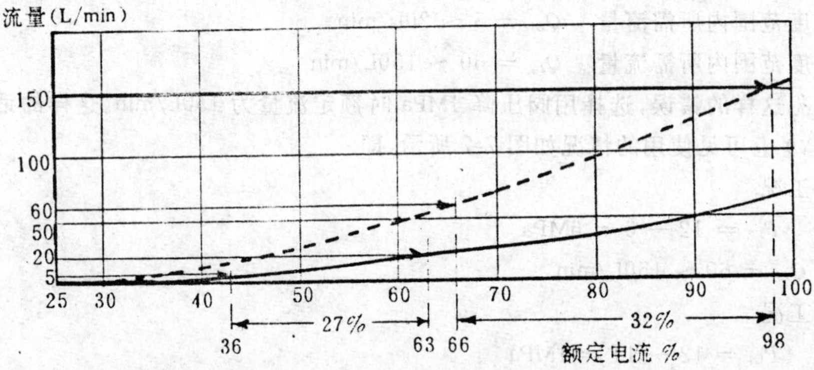

图 7-8　64L/min 时比例阀流量曲线

率、重复性都得到相应的提高。

二、电动机控制系统的初步设计

电动机控制系统的初步设计就是合理地选择控制电动机及其速比。对于既定的机电装备，选择合适的控制电动机必需考虑几个因素，最重要的是连续(均方根值)额定转矩和最大额定转矩。其它还应考虑低速转动的平稳性、最大速度、额定温度、电刷和换向器的磨损等。在动态设计中才要考虑电动机的时间常数。

根据负载特性可得出电动机应输出的最大连续转矩值，通常要考虑进给机构及其他损耗，而选取电动机的功率比计算所得的大 1.3 ～ 1.5 倍。

控制电动机的种类很多，根据所需的功率可初步判断选用控制电机的种类如下：

在平均功率 1 ～ 10W 时，一般选用直流或交流同步伺服电动机、小型步进电动机或印刷电路力矩电动机。

在平均功率 10 ～ 100W 时，可选择交流伺服电动机或大型步进电动机。

在平均功率 100W 以上时就应根据系统对响应速度的要求适当进行选择，可参考第一章图 1-8。

对小功率仪器用伺服机构来说，直流伺服电动机产生的力矩大于两相交流电动机而温升低于两相交流电动机，但两相交流电动机没有换向器和易于磨损的碳刷。此外，一般来说交流伺服电动机的功率放大器比较简单。

对步进电动机而言，除考虑功率外还需要根据系统的要求选择步距角及脉冲频率。精度高的场合应选用小步距角的步进电动机及其控制方式，但这样将使电动机的速度变慢。在快速性要求高的场合，可选用高脉冲频率及较大的步距角的步进电动机。

例：某机构要求运动速度为 0.02m/s，驱动力为 200N，选用直流伺服电动机驱动，试选择电动机。

由于伺服电动机的转速很高，而要求的直线运动速度很低，因此一般均采用蜗轮蜗杆和齿轮齿条传动，如图 7-9 所示。

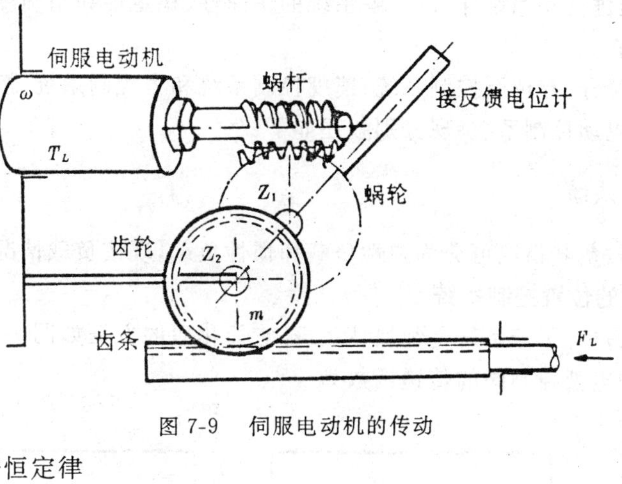

图 7-9　伺服电动机的传动

根据能量守恒定律

$$T_L \cdot \omega = F_L \cdot v$$

其中　T_L— 电动机力矩(N · m)

ω— 电动机角速度(rad/sec)

F_L— 负载作用力(N)

v — 负载直线速度(m/sec)

根据蜗轮蜗杆、齿轮齿条传动规律可得

$$v = \frac{d_2\omega}{2Z_1} = \frac{1}{2}\left(\frac{Z_2 m}{10^3}\right)\frac{\omega}{Z_1} = \left(\frac{m}{2 \times 10^3}\right)\frac{Z_2}{Z_1}\omega$$

其中　d_2— 齿轮直径(m)

m— 齿轮模数(mm)

Z_2— 齿轮齿数

Z_1— 蜗轮齿数

蜗杆是单头的。

综合以上二式，消去 ω，可得

$$T_L=(\frac{m}{2\times10^3})(\frac{Z_2}{Z_1})F_L$$

若选 $Z_1=35$，$Z_2=14, m=1$，则

$$T_L=\frac{14}{2\times10^3\times35}F_L=0.0002F_L=0.04\text{Nm}$$

若考虑到传动机构及其他损耗，选取功率 $T_L'=1.3T_L=0.052\text{Nm}=52\text{mNm}$。

经选择选用空心杯永磁直流伺服电动机，其额定转速 1050r/min，空载转速 1225r/min，转矩 60 mN · m，额定电压 2V。

则速度为

$$v=(\frac{m}{2\times10^3})\frac{Z_2}{Z_1}\cdot\omega=\frac{1\times14}{2\times10^3\times35}\times1050\times\frac{2\pi}{60}=0.022\text{m/sec}$$

符合要求。

第二节 控制系统的动态设计

上节所述是控制系统的初步设计，对动态性能要求不高的场合是可以了，但对动态性能要求较高的系统，必须进行动态设计，以了解系统的快速性、稳定性和精确度，为此必需推导系统的传递函数并分析它。

按系统的控制量分，有位置控制系统、速度控制系统和力控制系统。按系统的控制元件分，有电液控制系统和电动控制系统，现分别叙述如下：

一、电液控制系统

电液控制系统按负载情况可分为弹性负载和惯性负载，现按负载情况分别叙述如下。

(一) 惯性负载的位置控制系统

这种系统应用最广泛，若系统是纯惯性负载，它简化后的方框如图 7-10 所示，其中为各环节的传递函数，其中电液控制阀的传递函数为

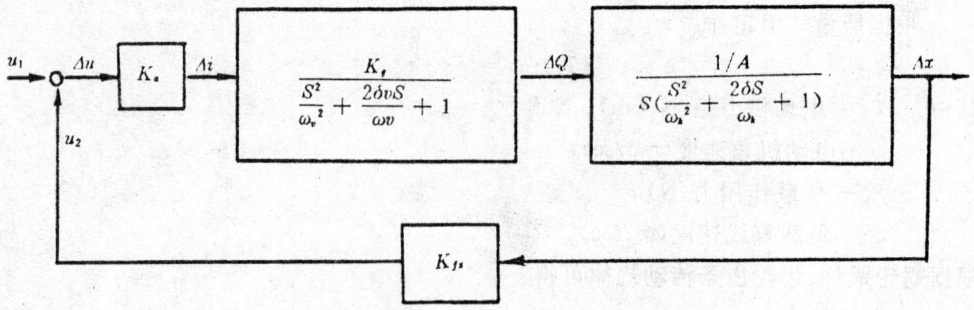

图 7-10 惯性负载位置控制系统方框图

$$G_V(\omega)=\frac{Q(S)}{I(S)}=\frac{K_q}{\frac{s^2}{\omega_V^2}+\frac{2\delta_V s}{\omega_V}+1} \tag{7-10}$$

此式中二阶环节 ω_V 也可能是一阶环节，K_q 为伺服阀的输出流量对输入电流的流量增益，根据制造厂提供的数据为准。

液压缸及惯性负载的传递函数为

$$G_h(\omega)=\frac{X(s)}{Q(s)}=\frac{1/A}{s(\frac{s^2}{\omega_h^2}+\frac{2\delta_h s}{\omega_h}+1)} \tag{7-11}$$

控制放大器及位移传感器的频率响应对系统来说是足够高的，可以认为是比例环节，所以传递函数分别是 K_a 和 K_{fx}。

系统的开环传递函数为

$$G(s)=\frac{K_aK_qK_{fx}/A}{s(\frac{s^2}{\omega_v^2}+\frac{2\delta_v s}{\omega_v}+1)(\frac{s^2}{\omega_h^2}+\frac{2\delta_h s}{\omega_h}+1)}$$

$$=\frac{K_v}{s(\frac{s^2}{\omega_v^2}+\frac{2\delta_v s}{\omega_v}+1)(\frac{s^2}{\omega_h{}^2}+\frac{2\delta_h s}{\omega_h}+1)} \tag{7-12}$$

由图 7-10 可见，影响系统动态性能的主要参数是电液控制阀的固有频率 ω_v 和带载液压缸的固有频率 ω_h，由第三章可知 $\omega_h=\sqrt{\frac{4E_hA^2}{M_tV_t}}$，当负载质量较大或行程较长时，$\omega_h$ 比 ω_v 小。当液压缸作用面积比较大而行程较短时，则 ω_h 比 ω_v 大。δ_h 是液压缸的阻尼比，空载时约为 0.1 ～ 0.2，当负载增加后，δ_h 值增加。δ_v 是控制阀的阻尼比，一般在 0.4 ～ 0.7 之间。因此，纯惯性负载位置控制系统的开环波德图如图 7-11 所示。按控制理论可知系统稳定的条件是幅值裕量 Kg 必须满足 $Kg=6\sim10$dB，相位裕量 $\gamma=30°\sim60°$。系统的控制精度与开环增益 K_v 有关，K_v 值愈大，则控制系统的准确程度愈高。系统的快速性和图 7-11 的开环波德图中截止频率 ω_c 有关。ω_c 愈大，系统频带愈宽。截止频率 ω_c 近似于闭环系统在 -3dB 时的频率，一般近似分析中都以 ω_c 作为系统的频宽指标。对控制精度和频宽来说，希望将开环增益 K_v 值增大，这样幅频曲线就向上移动，ω_c 相应地也增加，但这样将使稳定裕度减小，若幅值裕量 $Kg=0$，阀的频率 ω_v 或缸的固有频率 ω_h 的峰值将与 0dB 线相切，系统为临界稳定状态，当 K_v 值继续增加，ω_v 或 ω_h 的峰值将超出 0dB 线，这时系统将不能稳定。电液控制系统由于非线性及其他因素的影响，在工业实用上幅值裕量应大些，取 6 ～ 10dB 为妥。一般来说，这种系统的相位裕量 γ 是足够的。由以上分析可知，这种系统的动态性能主要受液压缸或控制阀的固有频率 ω_h 或 ω_v 的限制。当幅值裕量 Kg 一定时，开环系统的总增益 K_v 值和截止频率 ω_c 均只能达到一定的数值。

一般情况下液压缸的固有频率 ω_h 往往小于伺服阀的频率 ω_v，则影响控制系统的稳定性和快速性的，主要取决于液压缸的固有频率 ω_h 和开环增益 K_v，由图 7-10 可见。

$$K_v=K_aK_qK_{fx}/A$$

其中液压缸面积 A 和伺服阀流量增益 K_q 是不能调整的，放大器增益 Ka 虽可以调整，但由于输入到伺服阀的电流不能过大或过小，因此调整的范围是有限制的，对开环增益起主要作用的是位置反馈系数 K_{fx}，当 K_{fx} 过大时，如图 7-12 系统波德图上升到虚线位置，幅频特性再次穿越 0dB 线，引起系统不稳定，由于 ω_h 的阻尼比 δ 一般为 0.1 ～ 0.2，即谐振峰的幅值约为 14 ～ 8dB，按斜率为 -20dB/dec 计，当 $\omega_h\approx5\omega_c$ 时，幅值约相差 14dB，所以液压缸的固有频率 ω_h 必须大于系统频率 5 倍。

(二) 弹性负载系统

若系统的负载中除惯性外，还有弹性负载，这可以是位置控制系统，也可以是力控制系统。

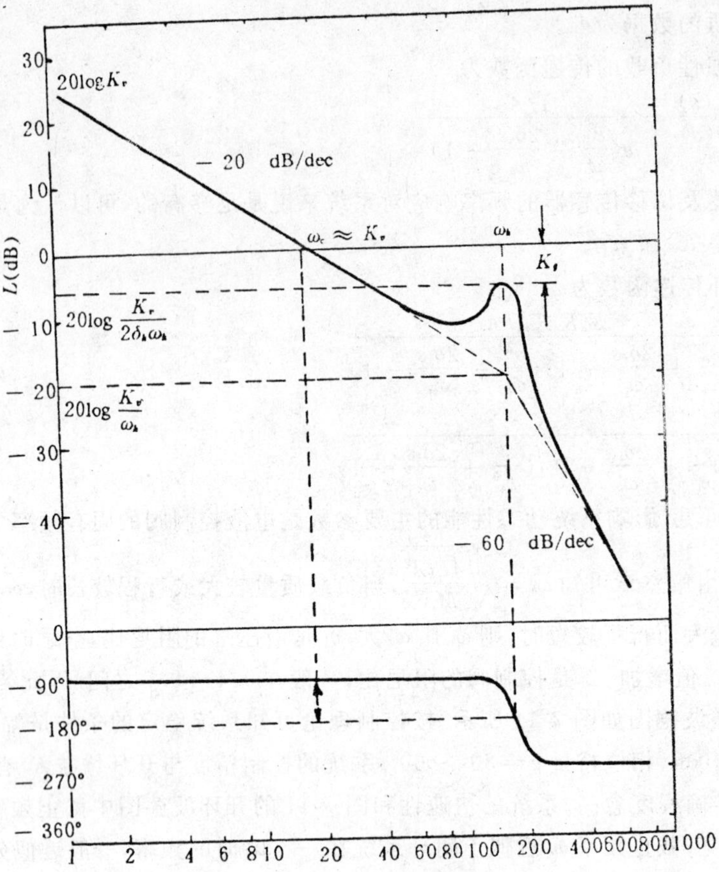

图 7-11 惯性负载位置控制系统波德图

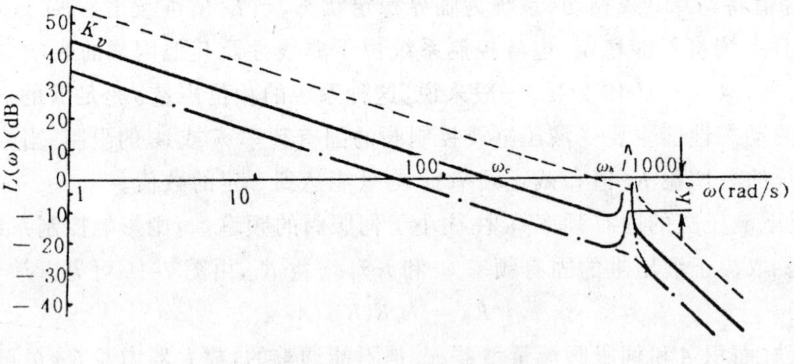

图 7-12 位置控制系统波德图

弹性负载时，若负载刚度为 K，液压缸的油弹簧刚度为 K_h，则由第三章可知，液压缸的传递函数在位置控制和力控制时分别为

$$\frac{X(S)}{I(S)}=\frac{\dfrac{K_P A}{K}}{\dfrac{M_t V_t}{4E_h K_{ce} K}s^3+\left(\dfrac{V_t B_P}{4E_h K_{ce} K}+\dfrac{M_t}{K}\right)s^2+\left(\dfrac{A^2+\dfrac{V_t K}{4E_h}+B_{Kce}}{K_{ce}K}\right)s+1} \tag{7-13}$$

$$\frac{P_L(S)}{I(S)}=\frac{K_P(\frac{M_t}{K}s^2+\frac{B_P}{K}s+1)}{\frac{M_tV_t}{4E_hK_{ce}K}s^3+(\frac{V_tB_P}{4E_hK_{ce}K}+\frac{M_t}{K})s^2+(\frac{A^2+\frac{V_tK}{4E_h}+B_PK_c}{K_{ce}K})s+1} \tag{7-14}$$

其中，K_P— 控制阀的压力增益

M_t— 负载及活塞等可动部分总质量

B_P— 负载的粘性阻尼系数

V_t— 液压缸二腔的总包容体积

E_h— 油的有效容积模量

K_{ce}— 阀的流量压力系数 $K_{ce}=\frac{K_q}{K_P}$

由于 $B_PK_{ce}<<A^2$ 或$\frac{V_tK}{4E_h}$，可以略去不计，则 s 的一次项中$\frac{A^2+\frac{V_tK}{4E}}{K_{ce}K}$ 可转换成$\frac{A^2}{K_{ce}}(\frac{1}{K}+\frac{1}{K_h})$。式(7-13) 和(7-14) 可近似分解为

$$\frac{X(S)}{I(S)}=\frac{\frac{K_PA}{K}}{[\frac{A^2}{K_{ce}}(\frac{1}{K}+\frac{1}{K_h})s+1](\frac{s^2}{\omega_0^2}+\frac{2\delta_0 s}{\omega_0}+1)} \tag{7-15}$$

$$\frac{P_L(S)}{I(S)}=\frac{K_P(\frac{s^2}{\omega_m^2}+\frac{2\delta_m s}{\omega_m}+1)}{[\frac{A^2}{K_{ce}}(\frac{1}{K}+\frac{1}{K_n})s+1](\frac{s^2}{\omega_0^2}+\frac{2\delta_0 s}{\omega_0}+1)} \tag{7-16}$$

其中，$\omega_m=\sqrt{\frac{K}{M_t}}$ 为负载质量与弹簧构成的机械固有频率；

$\omega_0=\omega_h\sqrt{1+\frac{K}{K_h}}$ 为油弹簧和负载弹簧与负载质量构成的固有频率；

δ_0 为一微小的接近于零的值。

系统的方框图如图 7-13 所示。其中图 7-13(a) 是位置控制系统，图 7-13(b) 是力控制系统。图 7-13(b) 中 K_{ff} 是力传感器的比例系数。

对有弹性负载的系统，由图 7-13 可见，位置控制和力控制二种情况下都是有差系统即 O 型系统。图 7-13(a) 的位置控制系统由一个惯性环节、二个二阶环节组成。力控制系统在驱动力控制下还多一个二阶微分环节。其中，δ_m 是负载的阻尼比，数值很小，δ_0 是负载和液压缸综合的阻尼比，它们的开环波德图如图 7-14 所示。其中 7-14(a) 是力控制系统，图 7-14(b) 是位置控制系统。由图可知，弹性负载的力控制系统和位置控制系统在稳定情况下，它们的开环增益值是不同的。力控制系统的开环增益 $K_1=K_aK_PK_{ff}A$，而位置控制系统的开环增益 $K_2=\frac{K_aK_PAK_{fx}}{K}$。负载刚度 K 的数值较大，而力传感器反馈系数 K_{ff} 和位移传感器系数 K_{fx} 值虽不同，但差别不是 非常大。所以，在保持相同的幅值裕量 Kg 时，系统作位置控制时，放大器增益 K_a 值比较大，而若切换到力控制时应将放大器增益 K_a 值调小，否则力控制系统的开环增益 K_1 值将很大，而导致系统不稳定。除开环增益外，因 ω_m 和 ω_0 的数值在二种控制系统是相同的，由图 7-14 可见，若增益相同，在相同的 ω_c 值时，峰值 ω_0 将向上穿过 0dB 线，系统将不稳定而发生强烈的振动。因力控制系统中 ω_m 是二阶微分环节，所以波德图以 + 20dB/dec 的斜率向上延伸，直到 ω_0 处才以 − 20dB/dec 的斜率下降。而图 7-14(b) 的位置控制系统由于没有二阶微分环节，即使两者开环

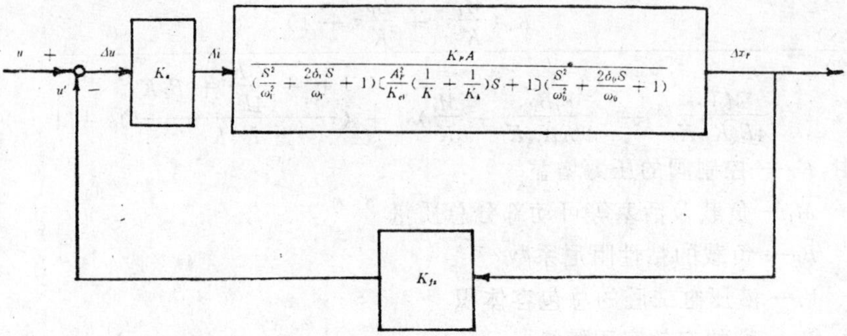

(a) 位置控制系统

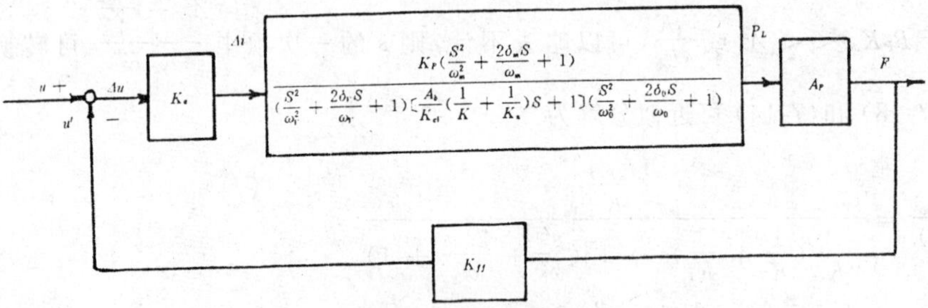

(b) 力控制系统

图 7-13 弹性负载控制系统方框图

增益相等，稳定性也比较好。在弹性负载时，不论是力控制还是位置控制回路，都是 O 型系统。这种 O 型控制系统往往在稳定性、稳态精度和快速性方面存在矛盾。因在阶跃输入时，若系统的开环增益大，虽然可使精度提高，但稳定性变差，而满足了稳定性要求，低频时的水平线和 ω_0 的峰值之间幅值又很小，稳态精度将很低，要同时使稳态精度和稳定性、频宽之间都达到一定的指标，有时无法实现。而在斜坡输入时，误差将更大，这时就必须使用校正的方法。因此，具有弹性负载的电液控制系统一般都有串联的 PID 装置来对控制系统进行校正或补偿。这在控制理论基础课程中已予以介绍，计算机的控制方法已在第六章中予以介绍。

机电装备控制要在不同的阶段能改变控制变量，如位置控制转入力控制等。并且希望在改变控制变量的过程中不停止工作。在电液控制系统中就需要装有参数转换的自动触发器，可以手动或自动进行切换，在手动切换过程中，需将环增益、放大倍数等调整到使控制系统不致产生不稳定情况而剧烈振动。在自动切换时，切换过程应小于 5ms，可用内部电平检测及计算机触发切换。

在系统工作时，有时需要多通道控制。它可以是多对象时用公用的指令信号对若干个液压缸各自的控制系统进行操纵。更多的情况是操纵若干液压缸作用在同一对象上。这样，在一个作用点上有其他液压缸带来的影响。为了消除这些影响，需要对每个液压缸的控制回路进行交叉耦合补偿。交叉耦合补偿的原理需要用现代控制理论的解耦问题来解决。它的实质也是加一些校正环节以消除其他输入带来的影响。

(三) 速度控制系统

若速度控制系统的负载是惯性负载，阀控液压马达传递函数方框图见图 7-15，这是零型系统，它的开环传递函数为

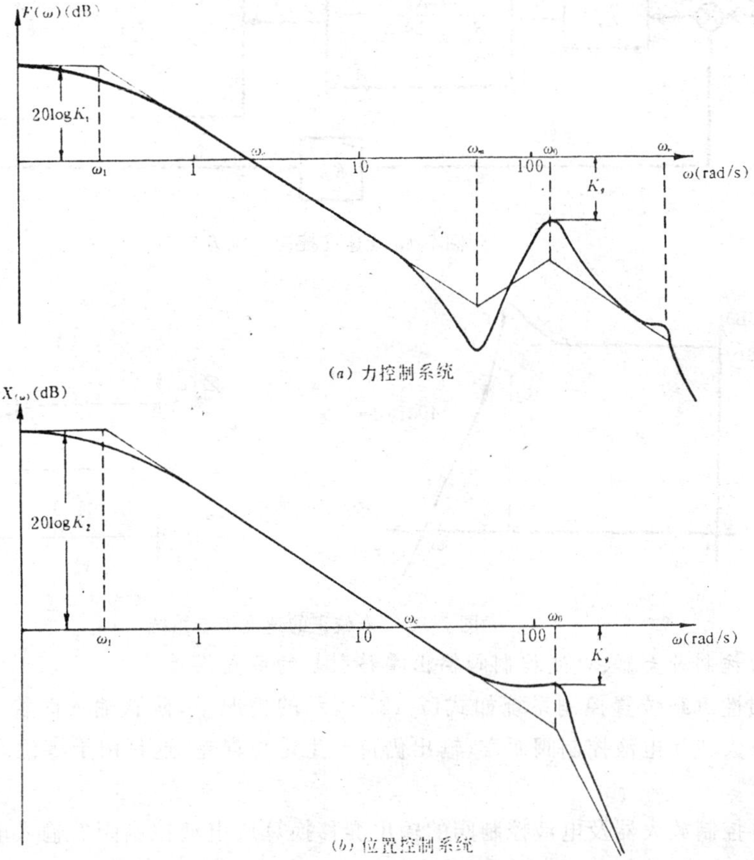

图 7-14　弹性负载控制系统波德图

$$G(S)=\frac{K_aK_qK_{fv}/D_m}{(\frac{s^2}{\omega_v^2}+\frac{2\delta_V s}{\omega_v}+1)(\frac{s^2}{\omega_h^2}+\frac{2\delta_h s}{\omega_h}+1)} \tag{7-17}$$

开环增益 $K_0=K_aK_qK_{fv}/D_m$

一般来说这样的速度控制系统不仅是有差系统。而且往往不稳定或稳定裕量很小。当阀的频率高时，ω_v 大于 ω_h，则它的开环波德图如图 7-16 所示，穿越频率 ω_c 处的斜率为 -40dB/dec，并且只有很小的相位裕量。特别是对于常见的阻尼比 δ_h 较小的情况更是如此。若阀的频率在 ω_h 和 ω_c 之间，则斜率变成 -80dB/dec，系统就变得更不稳定。降低回路增益 K_0，甚至当回路增益 $K_0\approx 1$ 时，系统也是不稳定的，因此速度系统一般都须加校正才能稳定。

校正最简单的方法是在控制放大器中设置一个积分器，则速度控制系统的波德图就可以和位置控制系统同样进行分析。

（四）控制系统的精度

控制系统的精度有两个方面的影响，一是由检测元件的分辨率所决定，其次是系统的控制精度所影响。当需要高精度控制时，必须注意检测元件的精度，这是无法进行校正或补偿的。

控制误差由以下三方面构成：

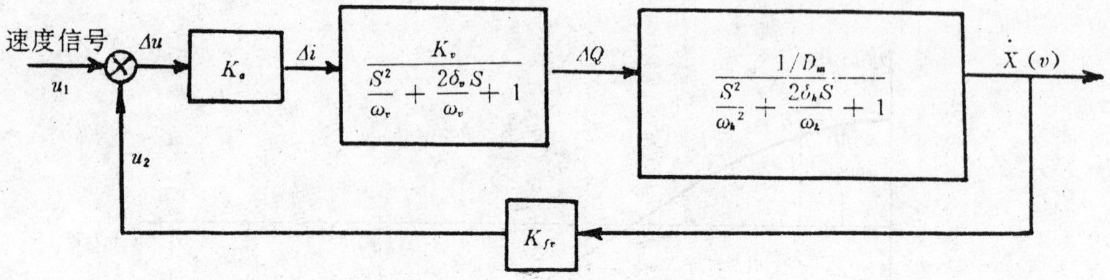

图 7-15　速度控制系统方框图

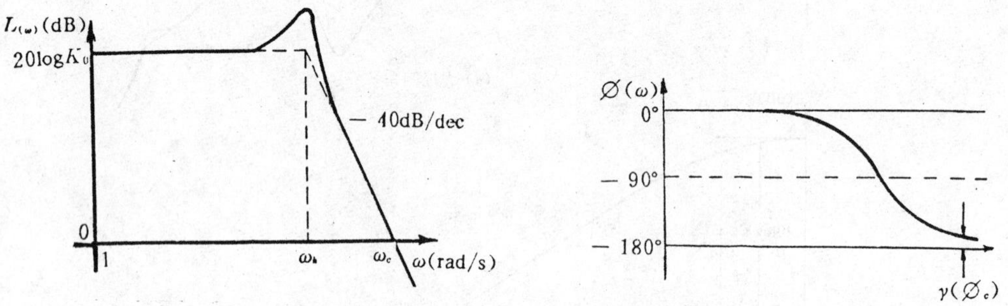

图 7-16　未校正的速度控制系统

1. 由控制放大器、电液控制阀输出漂移引起的位置误差

当惯性负载位置控制系统如式(7-12) 表示的情况下，阶跃输入时稳态定位误差为零，但对控制放大器和电液控制阀而言，输出仍将产生定位误差。这是由于零位漂移、死区、滞环等引起的。

当将控制放大器及电液控制阀的输出漂移换算成电液控制阀的输入电流 ΔI，则如图 7-17 所示。图中将控制阀 ω_v 和液压缸 ω_h 环节略去，则定位误差 ΔX 为

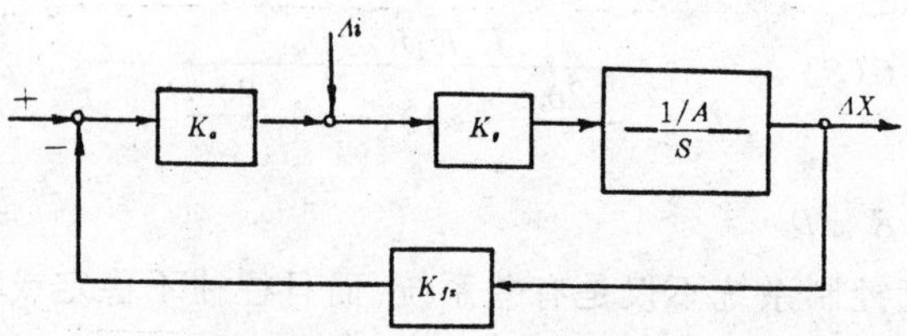

图 7-17　由放大器、电液控制阀输出漂移产生的定位误差

$$|\Delta X| = \frac{|\Delta I|}{K_a K_{fx}} = \frac{|\Delta I|}{I_n} \frac{I_n K_q/A}{K_a K_q K_{fx}/A} = \frac{|\Delta I|}{I_n} \cdot \frac{V_{\max}}{K_v} \tag{7-18}$$

其中，$V_{\max}$ 是由 K_q/A 决定的液压缸最大速度。

因此，当开环增益 K_v 及液压缸最大速度已知时，将输出漂移换算成电液控制阀输入电流对额定电流之比 $\frac{\Delta I}{I_n}$，此值对伺服阀有时可达 5%，由此可求得由于控制放大器、电液控制阀的零位漂移、死区等引起的液压缸输出的定位误差。

2. 输入一定速度时的稳态速度误差

在电液位置控制系统中，若输入的是斜坡信号，则相当于 I 型控制系统中有速度输入，产生稳态位置误差 ΔX，如图 7-18 所示，若输出速度为 V'，则

$$\Delta X = \frac{V'}{K_t}$$

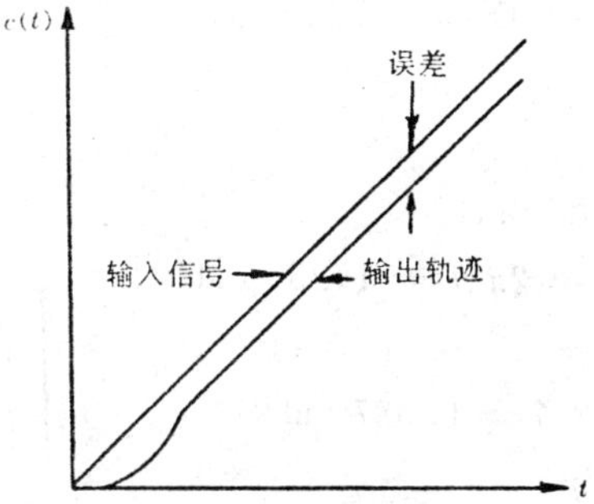

图 7-18　输入一定速度时的速度误差

此即输入一定速度时的稳态速度误差。

3. 外扰误差

若在位置控制系统中，负载上有外力干扰作用，则产生定位误差，若外扰力为 F_0，则与之平衡的负载压力为 P_{LO}，即

$$P_{LO} = \frac{F_0}{A}$$

要使电液控制阀产生此负荷压力，就需要输入电流 ΔI_0，此 ΔI_0 值取决于阀的压力增益值，若阀的压力增益为 K_P，则

$$\Delta I_0 = \frac{P_{LO}}{K_P} \tag{7-19}$$

其中 $K_P = \left.\frac{\partial P_L}{\partial I}\right|_{Q_L=0}$，在阀的静态压力增益曲线中，可以得到此值。

由这个 ΔI_0 求出定位误差 Δy_0 的方法，和前面叙述的由于控制放大器、电液控制阀输出漂移引起的位置误差相同。

(五) 电液控制系统设计实例

电液控制系统中应用最广泛的是位置控制系统，现以此为例，其中各元件传递函数见第三章，动态设计部分可参考有关控制理论书籍。由于篇幅所限，其他控制系统不再一一例举。

设有一双自由度的摇摆台，用以模拟海浪的波动，该摇摆台作纵摇和横摇二个方向的正弦运动，横摇的最大摆幅 $\pm 45°$，摆动周期 5 ～ 14s，负载是时变的，其最大负载力矩为 840kg · m，要求运动失真度 $\leqslant 10\%$，摆角幅值误差 $\leqslant 5\%$，倾角误差 $\leqslant 5\%$，周期误差 $\leqslant 2\%$，试对其横摇系统进行设计及分析。

1. 静态设计

由于工厂已有单叶片的摇摆液压缸如图 7-19 所示，其最大驱动力矩为 300kg-m，最高承受压力 12MPa，缸体内径 D 为 300mm，叶片安装轴直径 d 为 100mm，叶片宽度 40mm。该系统运动速度较低，可采用 3 : 1 减速比的减速箱传动。则驱动力矩 T_d 为 1/3 负载力矩 T_L。负载压力与驱动力矩的关系为：

$$T_d = \frac{b(D^2 - d^2)}{8} \cdot P_L = 4 \times 10^{-4} P_L \text{ kg-m}$$

$$T_d = \frac{T_L}{i_p} = \frac{840}{3} = 4 \times 10^{-4} P_L$$

可得 $P_L = 7\text{MPa}$。按供油压力 $P_s = \frac{3}{2} P_L$ 计，则 $P_S = 10.5\text{MPa}$，液压缸能承受。

摇摆台按正弦运动规律运动，因此

$\theta = \theta_m \sin\omega t$

$\dot{\theta} = \theta_m \omega \cos\omega t$

其中 $\theta_m = \pm 45° = \pm 0.785 \text{ rad}$

最高摆动角频率 $\omega = 2\pi f = 2\pi/T = 1.257 \text{ rad/s}$

最大摆动角速度

$\dot{\theta}_{\max} = \theta_m \omega = 0.785 \times 1.257 = 0.987 \text{ rad/S}$

所需最大负载流量 $Q_{L\max}$ 为

$$Q_{L\max} = \frac{b(D^2 - d^2)}{8} \times \dot{\theta}_{\max} \times i_P$$
$$= 4 \times 10^{-4} \times 0.987 \times 3$$
$$= 11.84 \times 10^{-4} \text{m}^3/\text{sec}$$
$$= 71.06 \text{ L/min}。$$

图 7-19　单叶片式摆缸示意图

选用SF6伺服阀，该阀额定压力 14MPa，额定流量 100L/min，额定电流 40mA，滞环 $< 3\%$，相位差 90° 时频率为 40Hz。

在供油压力为 10.5MPa 时，该阀的流量为

$$Q_{sv} = 100 \times \sqrt{\frac{105}{140}} = 86 \text{ L/min}$$

能满足系统最大流量为 71.06 L/min 的要求，若需更精确可绘制负载曲线是否包容在伺服阀的负载流量曲线之内，这里不再详叙。

液压源因实际所需流量为 71.06L/min，可选用 80 或 100L/min 的液压源，选用后者既可满足伺服阀各种开度的需要，也可使系统的压力较稳定，不致出现过大的波动。选用前者宜配用蓄能器以使系统的压力较为稳定。

2. 动态设计

摇摆台电液伺服系统主要由下列元件组成：信号发生器、伺服放大器、电液伺服阀、液压摇摆缸、角位移传感器、摇摆台台架及其负载、减速箱(传动装置)。其结构框图如图 7-20 所示。

(1) 各元件传递函数

其工作原理已在前叙述，正弦波由信号发生器产生，各元件传递函数如下：

a. 伺服放大器

采用电流负反馈的伺服放大器，或称恒流型放大器。

在实际使用中，为了避免负载感抗的影响，通常采用电流负反馈放大器，此时衔铁电路的转折频率 ω_a 较高，可以忽略，伺服放大器的输出电流 Δi 近似与输入电压 u_i 成比例，其传递函数为：

$$\frac{\Delta i}{\Delta u} = K_a$$

式中　K_a— 伺服放大器的增益(mA/V)，一般为伺服阀最大输入电流和系统最大输入电

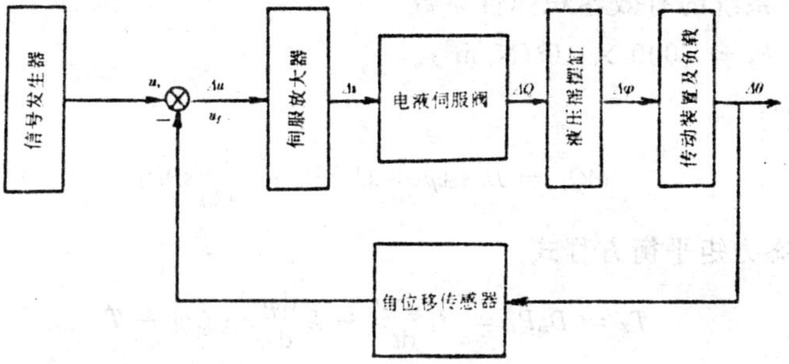

图 7-20　控制系统结构框图

压之比，可根据系统需要加以调整。

b. 电液伺服阀

伺服阀输出流量对输入电流的传递函数可用二阶环节或一阶环节表示，

$$即\quad G_{sv}(S)=\frac{Q_L(s)}{I(s)}=\frac{K_{sv}}{\frac{s^2}{\omega_{sv}^2}+\frac{2\delta_{sv}s}{\omega_{sv}}+1}$$

$$或\quad G_{sv}(S)=\frac{Q_L(s)}{I(s)}=\frac{K_{sv}}{T_{sv}s+1}$$

其中，K_{sv}— 电流输入时伺服阀的流量增益；

ω_{sv}— 电流输入时伺服阀的固有频率；

δ_{sv}— 电流输入电液伺服阀的阻尼比；

T_{sv}— 电流输入电液伺服阀的时间常数。

伺服阀的传递函数究竟用二阶环节表示还是用一阶环节表示，要由系统的频宽决定，该系统 的频宽是很窄的，另外所用伺服阀的频率为 40Hz，远大于系统的频率 0.2Hz，与液压动力元件相比其动态可以忽略，把它看成一个比例环节。

即 $G_{sv}(S)=\dfrac{Q_L(s)}{I(s)}=K_{sv}$

c. 液压摇摆缸及负载

1) 伺服阀的线性流量方程

伺服阀的输出位移 Δx_v 与输入电流 Δi 成正比。

$$Q_L=K_{sv}\cdot\Delta i-K_c\cdot\Delta P_L \qquad (a)$$

其中，　K_{sv}— 伺服阀流量增益$(\frac{\mathrm{m^2/s}}{\mathrm{mA}})$；

K_c— 伺服阀流量压力系数$(\mathrm{m^5/N\cdot s})$。

2) 液压执行机构的流量连续性方程

$$Q_L=D_m\frac{\mathrm{d}\varphi}{\mathrm{d}t}+C_{tp}P_L+\frac{V_t}{4E_h}\frac{\mathrm{d}P_L}{\mathrm{d}t}$$

式中，　D_m— 摇摆缸排量数 $=\dfrac{b(D^2-d^2)}{8}$；

C_{tp}— 液压摇摆缸总泄漏系数$(\mathrm{m^5/N\cdot s})$；

φ— 摇摆缸的摆角(rad)；

V_t— 摇摆缸中总压缩容积(m^3)；

(V_t 包括阀、连接管道和活塞腔的体积)；

E_h— 系统的有效容积弹性系数

$E_h = 7000 \times 10^5 (N/m^2)$。

其拉氏变换为：

$$\Delta Q_L = D_m s \Delta\varphi + C_{tp} \Delta P_L + \frac{V_t}{4E_h} s \Delta P_L \tag{b}$$

3) 摇摆缸动态力矩平衡方程式

$$T_d = D_m P_L = J_t \frac{d^2\varphi}{dt^2} + B \frac{d\varphi}{dt} + G\varphi + T_L$$

式中， $T_d = D_m P_L$— 摇摆缸产生的理论力矩(N·m)；

J_t— 摇摆缸和负载(折算到摇摆缸轴上)的总惯量($m \cdot s^2 \cdot N$)

B— 负载(折算到液压缸轴上)和摇摆缸内部的总粘性阻尼系数(m·N·s/rad)；

G— 负载的扭转刚度(N·m/rad)

T_L— 作用在摇摆缸轴上的外加负载力矩(N·m)。

其增量方程的拉氏变换为：

$$D \cdot \Delta P_L = J s^2 \Delta\varphi + B s \Delta\varphi + G \Delta\varphi + \Delta T_L \tag{c}$$

由上述的(a)(b)(c)三个方程联立。消去 ΔP_L 可求出 i 和 T_L 同时作用于系统时的总输出为：

$$\Delta\varphi = \frac{\left[\frac{K_{sv}}{D_m}\Delta i - \frac{K_{ce}}{D_m{}^2}\left(1 + \frac{V_t}{4E_h K_{ce}} s\right)\Delta T_L\right]}{\frac{V_t J_t}{4E_h D_m{}^2} s^3 + \left(\frac{K_{ce} J_t}{D_m{}^2} + \frac{B V_t}{4E_h D_m{}^2}\right) s^2 + \left(1 + \frac{B K_{ce}}{D_m{}^2} + \frac{G V_t}{4E_h D_m{}^2}\right) s + \frac{K_{ce} G}{D_m}} \tag{7-20}$$

式中， $K_{ce} = K_c + C_{tp}$

(总流量压力系数 $m^5/N \cdot S$)

d. 液压摇摆缸到工作台

由传动装置的传动比 i_P 知：

$\Delta\theta = \Delta\varphi / i_p$

e. 反馈环节

反馈元件采用角位移传感器，可看作是一个比例环节，设反馈系数为 K_f(V/rad)。

即：$\Delta u_f = K_f \cdot \Delta\theta$

由以上 5 个环节组成的系统中，摇摆缸及其负载的传递函数式(7-20)过于繁琐，必须予以简化，由于系统中主要是惯性负载，因此负载的扭转刚度可略去不计，即 $G = 0$。

考虑到由阀所产生的阻尼系数 $D_m{}^2/K_{ce}$(对动态而言)，一般都比 E_h 大得多，因此式(7-20)中 $BK_{ce}/D_m{}^2$ 这一项与 1 相比就可以忽略，即：$BK_{ce}/D_m{}^2 << 1$。

则(7-20)式可简化为以惯性负载为主的传递函数：

$$\Delta\varphi = \frac{\frac{K_{sv}}{D_m}\Delta i - \frac{K_{ce}}{D_m{}^2}\left(1 + \frac{V_t}{4E_h K_{ce}} s\right)\Delta T_L}{s\left[\frac{V_t J_t}{4E_h D_m{}^2} s^2 + \left(\frac{K_{ce} J_t}{D_m{}^2} + \frac{B V_t}{4E_h D_m{}^2}\right) s + 1\right]}$$

$$= \frac{\frac{K_{sv}}{D_m} \cdot \Delta i - \left(1 + \frac{V_t}{4E_h K_{ce}} s\right)\Delta T_L \cdot \frac{K_{ce}}{D_m{}^2}}{s\left(\frac{s^2}{\omega_h^2} + \frac{2\delta_h}{\omega_h} s + 1\right)} \tag{7-21}$$

式中， $\omega_h=\sqrt{\dfrac{4E_hD_m^{\ 2}}{V_tJ_t}}$ 无阻尼液压固有频率(rad/s)

$$\delta_h=\frac{K_{ce}}{D_m}\sqrt{\frac{E_hJ_t}{V_t}}+\frac{B}{4D_m}\sqrt{\frac{V_t}{E_hJ_t}}$$ 液压阻尼比。

最终简化的系统方框图如图 7-21 所示。

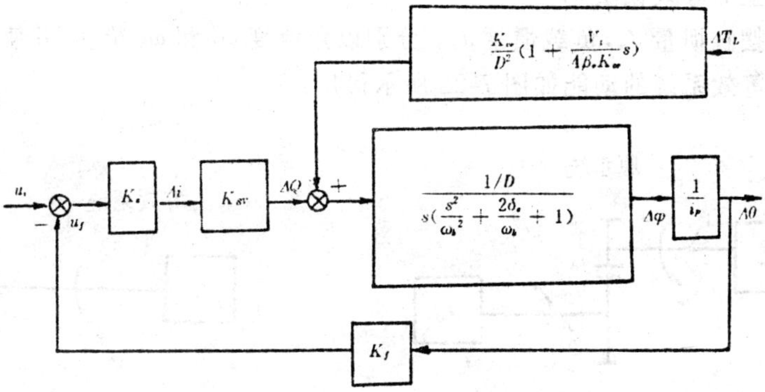

图 7-21　控制系统函数方框图

系统对输入电压的开环传递函数为：

$$W(s)=\frac{K_v}{s\left(\dfrac{s^2}{\omega_h^2}+\dfrac{2\delta_h}{\omega_h}s+1\right)}$$

式中：$K_v=K_a\cdot K_{sv}\cdot K_f\cdot i_p^{-1}\cdot D_m^{-1}$，系统开环增益。

各参数的计算如下：

伺服阀流量增益 K_{sv}：

$$K_{sv}=Q_{om}/i_R$$

Q_{om}— 伺服阀额定流量(L/min)

i_R— 伺服阀额定电流(mA)

已知 $Q_{om}=86$ L/min

$i_R=40$mA

则

$$K_{sv}=86/40=2.15\left(\frac{\text{L/min}}{\text{mA}}\right)$$

伺服阀压力增益系数 K_P：

按照经验值，一般 K_P 可按电流值上升额定值的 1% 时压力上升额定压力的 30% 计。

$$K_P=\frac{P_S\times 30\%}{i_K\times 1\%}=\frac{105\times 30\%}{40\times 1\%}=7.785(\text{MPa/mA})$$

$$=0.7875\times 10^7(\text{N/m}^2\text{/mA})$$

伺服阀流量压力系数 K_c：

$$K_c=K_{sv}/K_p$$

$$=\frac{2.15\times 10^{-3}/60}{0.7875\times 10^7}=4.55\times 10^{-12}(\text{m}^5\text{/N}\cdot\text{S})$$

通常液压缸的泄漏系数很难估计，在新使用的缸中泄漏系数很小，可略去不计，则

$$K_{ce} \doteq K_c = 4.55 \times 10^{-12} (\mathrm{m^5/N \cdot S})$$

为计算 ω_h，必须求出 J_t 和 V_t，而总惯量 J_t 为负载惯量、摇摆缸的叶片、转轴的惯量和油的当量惯量之和。在惯性负载控制系统中，后二者所占比重甚微可略去不计，而负载的的当量惯量须将其折算成液压摇摆缸轴上的等效惯量。

根据动量不变原理，等效系统的动能必定等于原系统的动能，可求出负载惯量 J_L 折算到液压摇摆缸轴上的等效惯量 J_t。

设液压摇摆缸惯量 J_m，负载惯量 J_L，分别以角速度 ω_m 和 ω_L 转动，并使原系统的动能等于折算到轴 1 的等效系统的动能如图 7-22 所示得出：

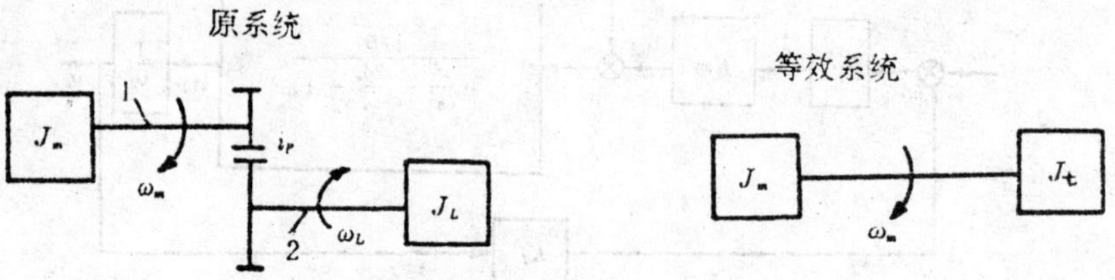

图 7-22　惯量的等效系统

$$\frac{1}{2} J_L \omega_L^2 = \frac{1}{2} J_t \omega_m^2$$

因 $\omega_m = i_P \cdot \omega_L$

则 $J_t = \dfrac{J_L}{i_p^2}$

已知 $i_p = 3$，负载惯量 $J_L = 6170\ \mathrm{kgms^2}$

则等效的惯量 J_t 为 $J_L/3^2 = 685.5\ \mathrm{kgms^2}$。

总的控制容积 V_t 为油缸可压缩容积和伺服阀口到液压缸管道容积之和，已知前者为 $4.747 \times 10^{-4}\mathrm{m^3}$，后者为 $1.237 \times 10^{-4}\mathrm{m^3}$，则

$$V_t = 4.747 \times 10^{-4} + 1.237 \times 10^{-4} = 5.984 \times 10^{-4}\ \mathrm{m^3}$$

由此可得该系统的液压固有频率 ω_h，

$$\omega_h = \sqrt{\frac{4E_h D_m^2}{V_t \cdot J_t}} = \sqrt{\frac{4 \times 7\,000 \times 10^5 \times (4.0 \times 10^{-4})^2}{5.98 \times 10^{-4} \times 685.56}}$$

$$= 33.05\ \mathrm{rad/s} = 4.88\mathrm{Hz}$$

液压阻尼比 δ_h

$$\delta_h = \frac{K_{ce}}{D_m} \sqrt{\frac{E_h J_t}{V_t}} + \frac{B}{4D_m} \sqrt{\frac{V_t}{4E_h J_t}}$$

由于 B 近似为零，则

$$\delta_h = \frac{4.55 \times 10^{-12}}{4.0 \times 10^{-4}} \sqrt{\frac{7\,000 \times 10^5 \times 685.5}{5.984 \times 10^{-4}}}$$

$$= 0.323$$

实际的阻尼系数总是大于计算值，这主要是由摇摆缸内部的摩擦引起的，这一摩擦将使系统在零位时的阻尼有显著的增加，因此实际测出的阻尼系数要大于计算值，故可把阻尼比系数

相应取大些。现取 $\delta_h = 0.4$，对反馈环节中的反馈系数 K_f 也必须有所了解，反馈元件采用高精度转角编码器，输出的正弦信号 $U_{max} = 2V, U_{min} = 2mV$

反馈环节中的反馈系数 $K_f = U_m/\theta_m(\max)$

已知：$K_f = 2V/\pm\pi/4 = \pm 2.546(V/rad)$

K_f 为一可变值，可在调试系统时少量改变其大小。

(2) 系统稳定性分析：

控制系统函数方框图如图 7-21 所示，负载力矩变化 ΔT_L 对系统的干扰对分析系统的稳定性另作讨论，判别系统的稳定性主要是输入电压 U_i 与输出 θ 之间闭环所引起的，该系统的开环传递函数为

$$G(s) = \frac{\theta(s)}{U_i(s)} = \frac{K_v}{s\left(\frac{s^2}{\omega_h^2} + \frac{2\delta_h}{\omega_h}s + 1\right)} = \frac{K_v}{S\left(\frac{s^2}{33.05^2} + \frac{2\times 0.4}{33.05}s + 1\right)}$$

其中 $K_v = \frac{K_a K_{sv} K_f}{i_p D_m}$.

K_v 值中放大器放大倍数 K_a 和反馈电位计的反馈系数 K_f 理论上是可调的，但实际上却受一定限制，如 K_f 是在最大信号输入 ±2V 时对应于 ±45°，过大或过小都使此比例失调。放大器在输入 ±2V 时，最大输出为 40mA，超过 40mA 则超过伺服阀的最大输入电流而呈饱和状态，所以放大器的放大倍数只能 ≤20mA/V，否则将达不到幅值或因阀饱和而使输出波形畸变。

可用各种方法来决定系统的稳定性，其中用得最普遍的是波德图法。

波德图法是用开环波德图来确定系统闭环后的稳定性及系统的频宽等性能。

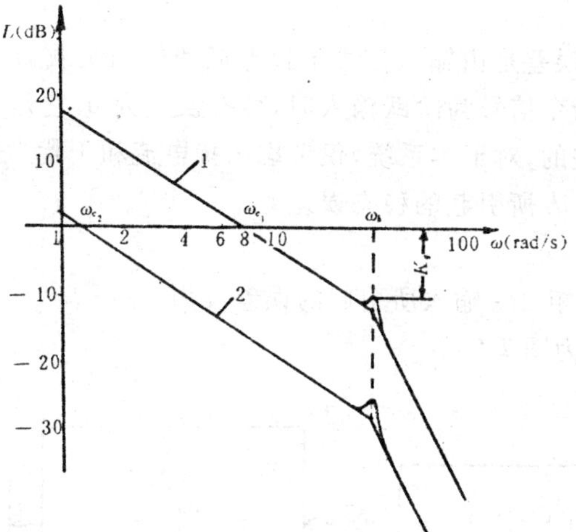

图 7-23 摇摆台控制系统开环波德图

摇摆台控制系统开环波德图如图 7-23 所示，理论上按稳定性要求决定系统的频宽应如图中曲线 1 所示，即取幅值稳定裕度 K_g 约为 10dB，以此处作为 ω_h 的峰值所在点。已知阻尼比 0.4 时，峰值为 1.94dB，则取 −12dB 及 $\omega_h = 33.05$rad/s 处之点作为转折点，向左作 -20dB/dec 斜线，向右作 -60dB/dec 的斜线，在该点附近峰值处作修正即可得曲线 1。由图可见，穿越频率 ω_{c1} 约为 7.6 1/s，即 1.2Hz 左右，这就是能满足稳定性的频率值。由于在 -20dB/dec 穿越时，$K_v = \omega_c$，即

$K_v = 7.6$，则 $K_a = \frac{K_V i_P D}{K_f K_{sv}} = 13.15 K_V = 99.9 \text{mA/V}$，这在物理条件下是不可能实现的。

由于此系统的最高周期为 5 秒，即 ω_c 约等于 0.2Hz 即 1.256 1/s，取 $\omega_{c2} = 1.256$ 1/s，将曲线 1 平移到 ω_{c2} 处，可得这时的幅值裕量 $K_g \doteq 25.05\text{dB}$，即此系统的稳定裕量增大。而 $K_a = 13.15 < 20\text{mA/V}$ 在物理条件下也能满足。可见前述元件选择能满足系统要求，系统的稳定性也较好。

液压控制系统一般不必判断相频裕量，因位置控制惯性负载的系统是 I 型系统，而 ω_h 处阻尼比较小，相位的斜率较陡，即在 ω_h 附近才能很快到达 $-180°$，而 ω_c 远离 ω_h，一般都能满足相位裕量的要求。

若需进一步了解闭环后的性能，可按闭环传递函数 $\varphi(s)$ 进行计算。

$$\varphi(s) = \frac{K_v}{s\left(\frac{s^2}{\omega_h^2} + \frac{2\delta_n s}{\omega_h} + 1\right) + K_V}$$

实际上控制系统的稳定性用开环波德图判断已足够，因理论上的计算只是初步的，能定性不能完全定量，必须通过实际测试才能获得准确的参数。而电液控制系统中很多参数是变化的，如伺服阀的流量增益 K_{sv} 在负载压力不同时是不同的，阻尼比 δ_h 也只是估算的，实际上有摩擦力等大小不同而不同，设计只能定性并大致上定量而已。

(3) 系统的误差分析

如前节所述控制系统的精度一是检测元件的精度所决定，其次是系统控制精度所影响，再受外界干扰和环境的影响。检测元件的精度有时是关键。现检测元件（角位移传感器）精度为 0.5%，完全能满足要求，分述各种精度分析如下：

a. 系统的稳态误差

该伺服系统的稳态误差是由输入信号干扰电流和外加负载力矩所引起的，由于该系统是位置电液伺服系统，当指令信号为阶跃输入时，稳态误差为 0，它是一个无差系统；而在干扰输入的情况下，系统是有差的，对于本系统，仅考虑干扰电流和干扰力矩所引起的系统稳态误差。

1) 系统对输入信号 U_i 所引起的稳态误差

$e_{U(X)} = 0$

2) 系统对于干扰力矩 ΔT_L 输入所引起的误差设为 $e_{\Delta T_L(X)}$

系统的方框图转化为图 7-24。

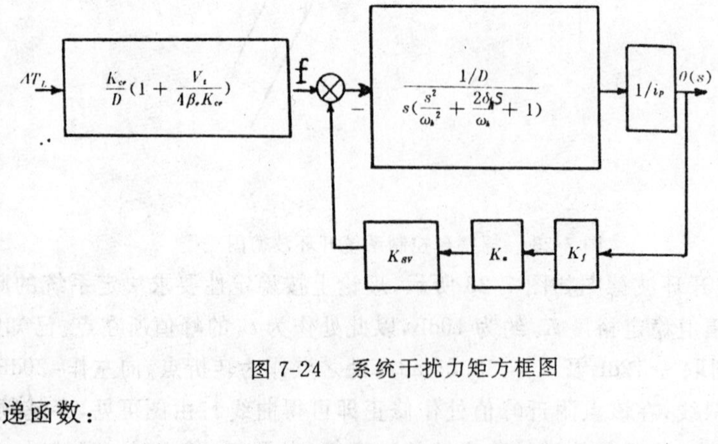

图 7-24 系统干扰力矩方框图

误差传递函数：

$$e_{ef}(s)=\frac{\dfrac{1/D_m}{s(\frac{s^2}{\omega_h^2}+\frac{2\delta_h s}{\omega_h}+1)}\cdot i_p^{-1}}{1+K_aK_{sv}K_f i_p^{-1}\dfrac{1/D_m}{s(\frac{s^2}{\omega_h^2}+\frac{2\delta_h s}{\omega_h}+1)}}$$

$$=\frac{\frac{1}{D_m}\cdot i_p^{-1}}{s(\frac{s^2}{\omega_h^2}+\frac{2\delta_h S}{\omega_h}+1)+K_v}$$

误差系数：$e_{ef(\infty)}=\dfrac{1}{D_m\cdot i_p\cdot K_v}$

$$f(s)=\Delta T_L(s)\cdot\frac{K_{ce}}{D_m}(1+\frac{V_t}{4E_hK_{ce}}s)$$

$$\therefore f(\infty)=\Delta T_L(s)\cdot\frac{K_{ce}}{D_m}$$

稳态误差：$e_{\Delta T_{L(\infty)}}=f(\infty)\cdot e_{ef}(\infty)$

$$=\Delta T_L(s)\cdot\frac{K_{ce}}{D_m}\cdot\frac{1}{D_m\cdot i_p\cdot K_v}$$

$$e_{\Delta T_L(\infty)}=65.3\times\frac{4.55\times10^{-12}}{(4.0\times10^{-4})^2\times3\times1.256}$$

$$=4.93\times10^{-4}(\mathrm{rad})$$

其中 ΔT_L 是以阶跃形式出现的等效干扰力矩，为 65.3 N·m。

3) 系统对干扰电流 Δi_f 输入所引起的稳态误差为 $e_{\Delta i_f(\infty)}$

系统的方框图可转化为：

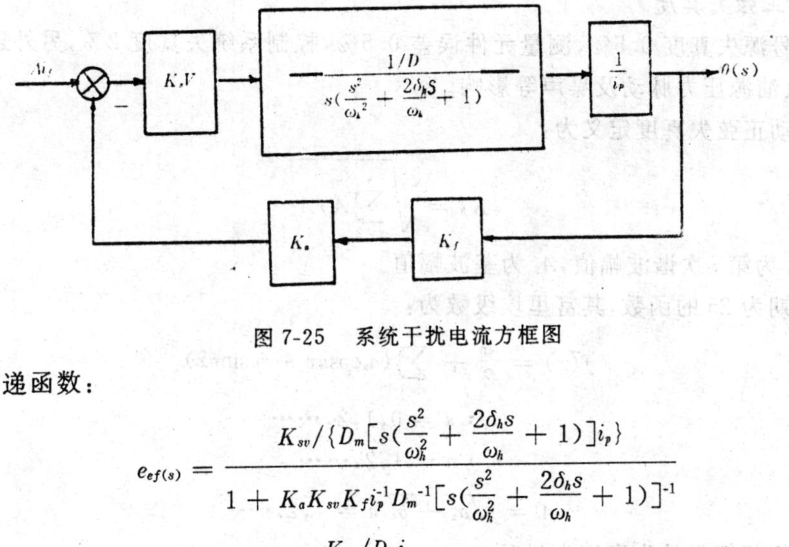

图 7-25　系统干扰电流方框图

误差传递函数：

$$e_{ef(s)}=\frac{K_{sv}/\{D_m[s(\frac{s^2}{\omega_h^2}+\frac{2\delta_h s}{\omega_h}+1)]i_p\}}{1+K_aK_{sv}K_f i_p^{-1}D_m^{-1}[s(\frac{s^2}{\omega_h^2}+\frac{2\delta_h s}{\omega_h}+1)]^{-1}}$$

$$=\frac{K_{sv}/D_m i_p}{s(\frac{s^2}{\omega_h^2}+\frac{2\delta_h s}{\omega_h}+1)+K_v}$$

误差系数：$e_{ef(\infty)}=K_{sv}/(D_m i_p K_v)$

稳态误差：$e_{\Delta i_f(\infty)}=\Delta i_{f(\infty)}e_{ef(\infty)}$

$\Delta i_{f(\infty)}K_{sv}/(D_m i_p K_v)$

此干扰电流 Δi_f 由下面因素引起：伺服放大器零漂（$0.5\sim1\%\Delta i_n$），伺服阀的零漂和滞环（1

$\sim 2\% \Delta i_n$）等，（Δi_n 为伺服阀额定电流），假设上述干扰折合到伺服阀处的电流值按 $2\% \Delta i_n$ 计，则这些干扰为常量时，由此引起的位置误差为：

$$\theta_{\Delta i_f(\infty)} = 2\% \times 40 \times \frac{2.125/(60 \times 10^{-3})}{4.0 \times 10^{-4} \times 3 \times 1.5}$$

$$= 1.57 \times 10^{-2}(\mathrm{rad})$$

系统的总稳态误差为 $e(\infty)$。

$$e(\infty) = e_U(\infty) + e_{\Delta T_L(\infty)} + e_{\Delta i_f(\infty)}$$

$$= 0 + 4.93 \times 10^{-4} + 1.57 \times 10^{-2}$$

$$= 1.62 \times 10^{-2}(\mathrm{rad})$$

倾角误差即稳态误差：

$$\Delta = \frac{e(\infty)}{\theta_m} = 1.62 \times 10^{-2} / \frac{\pi}{4} = 2.07\% < 5\%$$

摆角幅值误差：

该项误差为 $\Delta = \dfrac{\theta_1 - \theta_2}{\theta_2}$

其中，θ_1 为干扰电流和扰力矩不存在时的幅值，θ_2 为有干扰电流和扰力矩时的幅值。

$$\Delta = \frac{\pi/4 - 0.769}{\pi/4} = 2.09\% < 5\%。$$

3. 周期误差

主要由信号发生器产生，若采用普通的超低频信号发生器，频率范围为 0.001Hz ～ 1kHz，频率误差 $< 1.5\%$，频率稳定度 0.2% 每小时，幅值稳定度 0.3% 每小时，输出信号失真度 $< 0.5\%$，若周期误差用频率稳定度表示的话，则周期误差是能满足 $\leqslant 2\%$ 的要求。

4. 运动正弦失真度

假设信号源失真度 0.5%，测量元件误差 0.5%，控制系统失真度 2%，另外还由于运动对摩擦及间隙、油源压力脉动及噪声等影响。

系统运动正弦失真度定义为：

$$K_F = \sqrt{\sum_{i=2}^{n} A_i / A_1}$$

其中：A_i 为第 i 次谐波幅值，A_1 为基波幅值。

对于周期为 2π 的函数，其富里埃级数为：

$$f(x) = \frac{a_0}{2} + \sum_{n=1}^{\infty} (a_n \cos nx + b_n \sin nx)$$

$$a_n : n = 0,1,2,\cdots\cdots$$

$$b_n : n = 1,2,\cdots\cdots$$

$$A_i = \sqrt{a_n^2 + b_n^2} \quad n = 1,2,\cdots\cdots$$

由此可由计算机算得的失真度为：

$K_F = 3.32\% < 10\%$

综上所述，该系统的所有性能指标都满足系统设计的要求。

二、伺服电动机控制系统

由于用控制电动机控制的系统频率一般都比较低，所以很少单独讨论这种控制系统的动态特性，即使进行计算也和一般控制方法相同。这种控制系统一般通过机械装置和负载相连接，这种控制系统中重要的问题是精度、间隙和谐振。

机电装置的精度除控制系统的控制精度外还决定于检测元件和传动元件的精度、机械刚度等。因此在机械设计中应使设计的精度符合机电装置的要求。

间隙主要存在于传动链中，既影响精度又影响稳定性，尤其是控制电动机和负载之间的齿轮间隙若设置不当还将引起极限环振荡。为稳定间隙所引起的振荡，可采用反间隙装置以消除齿轮间的间隙或给以足够的摩擦以消除振荡的能量。

机械谐振现象是控制机构中较难以解决的问题，尤其在系统的动态性能要求较高而结构的主要振荡频率又在控制系统的通频带附近。其中由于控制电动机的惯量较大，转速又较高，需要齿轮传动装置，所以产生谐振的可能性也较大。

由于电动机轴并非绝对刚体，当力矩作用在上面将其角度扭转引起了谐振现象。在转动中，轴的扭转在机械系统各部位角的位置不同，相对的角位置取决于激振频率和系统参数。在某些频率下，可能发生两部分相位相反的角度扭转，这种情况使得机械系统贮积动能，结果更使角度扭转增大，这个现象称为扭转谐振。引起谐振的频率称为谐振频率。

在讨论电动机模型的大多数情况下，为了简化电动机模型，谐振现象常常忽略不计。通常假定整个系统的质量都集中到一点上。根据这个假定给出轴角位置 θ 和产生转矩 T_g 之间的关系为：

$$T_g = J\frac{d^2\theta}{dt^2} + B\frac{d\theta}{dt} \tag{7-22}$$

式中， J— 系统的转动惯量，

B— 粘滞摩擦系数。

式(7-22)可写成角速度的形式：

$$T_g = J\frac{d\omega}{dt} + B\omega \tag{7-23}$$

或用传递函数表示：

$$\frac{\Omega(s)}{T_g(s)} = \frac{1}{Js + B} \tag{7-24}$$

式中 $\Omega(s)$ 和 $T_g(s)$ 分别是 $\omega(t)$ 和 $T_g(t)$ 的拉氏变换。扭转谐振使电动机的传递函数发生变化，并增加控制系统稳定的困难。这导致振荡，并限制了系统的性能，使系统的机械装置和轴链损害，因此，影响了系统的可靠性。

图 7-26　二物体结构

图 7-26 中所示的机械结构是电动机和测速发电机的简化表示法。电动机和测速发电机构

的角位置分别用θ_m和θ_1表示，同样地，电动机和测速发电机的惯量分别用J_m和J表示。设联接二个物体轴的惯量为零，刚度为K_1，阻尼为B_i。由于电动机和轴之间角速度不同，B_i表示摩擦阻尼。除摩擦阻尼外，由于电动机速度所引起的阻尼用B_m表示。显然，阻尼产生在系统的各个部分。但为简化起见，假定阻尼是集中的。

为写出系统的动态方程，设电动机产生的转矩是T_g，并设施加在轴上的转矩是T_1，最后，得到的动态方程是：

$$T_g = J_m\ddot{\theta}m + B_m\dot{\theta}_m + T_1 \tag{7-25}$$

$$T_1 = J\ddot{\theta} \tag{7-26}$$

转矩T_1所引起的轴偏转由下述方程式决定：

$$T_1 = K_1(\theta_m - \theta_1) + B_1(\dot{\theta}_m - \dot{\theta}_1) \tag{7-27}$$

式(7-25)、(7-26)、7-27) 联立而得：

$$T_g = J_m\ddot{\theta}_m + B_m\dot{\theta}_m + J_1\ddot{\theta}_1 \tag{7-28}$$

$$J_1\ddot{\theta} = K_1(\theta_m - \theta_1) + B_1(\dot{\theta}_m - \dot{\theta}_1) \tag{7-29}$$

拉氏变换后可得

$$T_g(s) = (J_ms^2 + B_ms)\theta_m(s) + J_1s^2\theta_1(s) \tag{7-30}$$

$$J_1s^2\theta_1(s) = (B_1s + K_1)\theta_m(s) - (B_1s + K_1)\theta_1(s) \tag{7-31}$$

所有初始条件已被指定为零。式(7-30) 和式(7-31) 联立求得：

$$T_g(s) = \left[\frac{(J_ms^2 + B_ms)(J_1s^2 + B_1s + K_1)}{B_1s + K_1} + J_1s^2\right]\theta_1(s) \tag{7-32}$$

如果确定转矩T_g和角速度ω_1之间的传递函数，可将此数学模型简化。因ω_1和$\Omega_1(s)$的拉氏变换已知为：

$$\Omega_1(s) = s\theta_1(s) \tag{7-33}$$

所以最后得到的传递函数是：

$$\frac{\Omega_1(s)}{T_g(s)} = \frac{B_1s + K_1}{(J_ms + B_m)(J_1s^2 + B_1s + K_1) + J_1s^2(B_1s + K_1)} \tag{7-34}$$

注意，如果轴的刚度K_1是无穷大，式(7-34) 将变成：

$$\lim_{K\to\infty}\frac{\Omega_{(}s)}{T_g(s)} = \lim_{K\to\infty}\frac{K_1}{(J_ms + B_m)K_1 + J_1K_1s}$$

$$= \frac{1}{(J_m + J_1)s + B_m} \tag{7-35}$$

在惯性集中到一点，具有$J = J_m + J_1$的假定下，即得出如式(7-24) 的传递函数。

比较式(7-34) 和式(7-24) 可以显示出扭转谐振使传递函数增加一个实数零点和二个极点。由于零点是负的实数，通常数值又很大，所以它对系统的影响很小，可以忽略。另一方面，这些极点起主要的作用，因为它们总是复数，通常具有非常小的阻尼。系统极点是特征方程式的根，可令式(7-34) 的分母等于零而得：

$$(J_ms + B_m)(J_1s^2 + B_1s + K_1) + J_1s(B_1s + K_1) = 0 \tag{7-36}$$

式(7 － 36) 有三个根。一个根得自机械极点，其值较小，其它二根由扭转 谐振引起，具有较大的数值。为了确定第一个根，考虑到低频的K_1比B_1s或J_1s^2的值大很多。因此，可以假定

$$K_1 \gg |B_1s|$$

和 $$K_1 \gg |J_1s^2|$$

因此，式(7-36) 可以简化如下：

$$(J_m s + B_m)K_1 + J_1 s K_1 = 0 \tag{7-37}$$

机械的极点是式(7-37) 的根：

$$P_1 = -\frac{B_m}{J_m + J_1} \tag{7-38}$$

此极点与式(7-24) 给出的传递函数的根相同。

为了确定谐振极点，假定在频率接近谐振频率时，B_m 相对于 $J_m s$ 的数值是非常小的。因此，可以写成：

$$|J_m s| \gg B_m \tag{7-39}$$

由式(7-39) 看，可把式(7-15) 近似写成：

$$J_m s(J_1 s^2 + B_1 s + K_1) + J_1 s(B_1 s + K_1) = 0 \tag{7-40}$$

将式(5-19) 除以 s，表示低频极点的那一个是 P_1

$$J_1 s^2 J_m + B_1 s(J_1 + J_m) + K_1(J_1 + J_m) = 0 \tag{7-41}$$

等效的惯量 J_e 定义为：

$$J_e = \frac{J_1 J_m}{J_1 + J_m} \tag{7-42}$$

将式(7-41) 和式(7-42) 联立，得式

$$J_e s^2 + B_1 s + K_1 = 0 \tag{7-43}$$

最后的方程式有两个根：

$$P_{2,3} = \frac{-B_1 \pm \sqrt{B_1^2 - 4K_1 J_e}}{2J_e} \tag{7-44}$$

可是，由于：

$$4K_1 J_e \gg B_1^2 \tag{7-45}$$

假定具有一些阻尼非常小的极点，可以把式(7-44) 近似写成：

$$P_{2,3} = \frac{-B_1}{2J_e} \pm j\sqrt{\frac{K_1}{J_e}} \tag{7-46}$$

这样，谐振极点是复数，它们的虚数部分占优势，而且，谐振频率的虚数部分，是由刚度 K_1 和等效的惯量 J_e 决定的。

虽然，这些极点的负的实数部分是很小的，但它在稳定系统方面起着重要的作用，因为它决定了与这些极点有关联的阻尼的总量。

实际上在某些情况下，二物体模型是不够的，更普遍的情况可假设电动机拖动的控制系统是三物体，包括电动机、测速元件和负载，如图 7-27 所示。

它的数学模型可用类似二物体结构的方法分析，这里就不再叙述。

图 7-27　三物体机械系统

实际上常用的方法表示扭转谐振效应的是频率响应法，这可用一般测试仪器进行测试后得到，如图 7-28 所示。

扭转谐振也限制了控制回路的增益，影响系统的性能，可采取以下措施使系统谐振对控制系统的影响减到最小，如

1. 增大传动轴直径；

2. 减少惯性元件之间的距离；

3. 使系统的惯量减到最小；

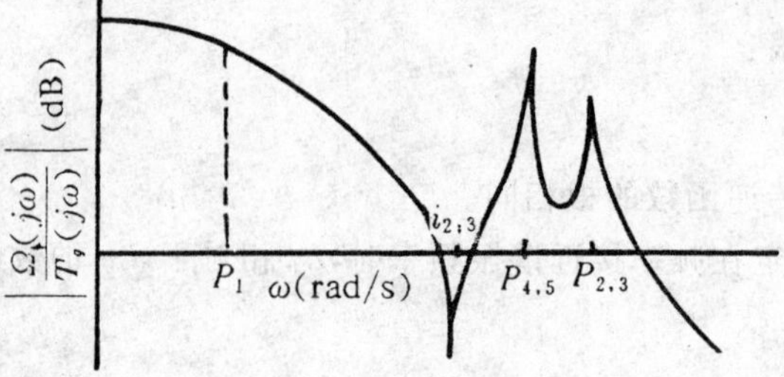

图 7-28　具有三物体结构系统的频率响应曲线

4. 采用带阻滤波器。

以上所叙述的是有关电动机的扭转谐振。这种分析在电液控制机构中也同样适用。在使用液压马达执行元件时，分析与电动机的情况完全相同。在用液压缸作往复运动时，只需相应地将刚度 K 改变因次，力矩改为力，转动惯量 J 改为惯量 M 等即可。

由以上分析可见在机电控制装置中除控制系统的稳定性外，还需注意结构上稳定问题，并提出了一些减少谐振的途径，简单地来说，在设计结构时频率最低的主要振型应安排在控制系统频带宽度的至少两个倍频程以上，这样就能防止噪声激起谐振并使系统稳定方法简单可靠。

第三节　系统的辨识

设计计算所得的数学模型还必须经过实践验证。实际上当系统的供油压力不同，信号大小及负载变化时数学模型也随之变化，因而数学模型不论在设计时或辨识时都有所不同，我们所选择的是在常用状态下的情况。

对系统进行系统辨识后所得到的数学模型比较真实可靠，可根据实测的结果对系统进行各种控制，如自适应、前馈、鲁棒等等。

由第三章元件中可知，伺服阀、比例阀等一般都进行频率特性和阶跃特性的试验以得出其动态特性。这二种方法是最常用和可靠的方法。但除了这二种外，还有其他各种方法，现将系统辨识的一些实际问题分述如下：

一、辨识前的预备知识

在辨识中会碰到所谓黑箱、灰箱等问题，亦即在对被辨识系统完全不了解，或了解不多的情况下进行系统辨识，但是一般总是希望在辨识前对对象有尽可能多的预备知识，若对系统毫无所知，将会为辨识增加很多困难，甚至造成错误。

在预备知识中，一个首要问题是要明确辨识的目的，就是要明确辨识的结果作什么用途，这对辨识中确定很多问题起着决定性的作用。例如辨识是为了了解系统的某些特性（自然频率、阻尼系数、放大系数、瞬态响应时间等）还是用来对系统进行控制（如自适应控制），若属于前者，则辨识结果只要非参数模型（如波德图）即可，若属于后者，一般需找出参数模型。又由于模型使用的场合不同，要求的辨识精度及数学模型的形式等也是不同的。

根据获得方法的不同，可将预备知识分成两大类：

（一）进行粗略的理论分析能得到的预备知识

这就是前一节所述的内容，虽然理论分析所得结果常常带有较大的误差，但若能对一些信息得到一个大致的了解，或得到某个范围，无疑对系统辨识是很有效的。通过一些粗略的分析能得到下列知识：

1）系统的最小时间常数；

2）系统的最大时间常数；

3）系统的主要工作频率范围；

4）系统的阶和某些参数（如放大系数、自然频率等）等大致数值或可能的数值范围等。

这些知识对系统辨识时采样频率、数据长度和阶等的选择，以及对模型检验等都有着重要的参考意义。

（二）通过简单的预备试验所能获得的知识

通过对系统作一些预先的试验，并做出辨识中需要的假定（如模型形式、阶等），这对正式辨识试验有很大帮助。通过这些试验往往能了解如下特性：

1）输入信号的幅值或功率的最大允许值；

2）系统的非线性及时变程度；

3）噪声强弱及其特征；

4）低频漂移；

5）主要的时间常数；

6）系统的延迟；

7）最高工作频率（或截止频率）；

8）系统属于那一类型（O、Ⅰ、Ⅱ 等）；

9）粗略判断系统属于一阶、二阶还是高阶系统；

10）能否在开环条件下做试验等。

确定输入信号幅值等的最大允许值与决定辨识试验的输入信号最大值有关，信号过大就会使系统进入非线性饱和区，使输出信号不能代表系统在线性区工作的特性。输入信号的最大允许值可在系统稳定条件工作下不断加大输入信号，直至输出信号出现饱和或严重非线性为止。系统的非线性及时变程度关系到系统为定常线性系统的假设（通常总是作这样的假设）是否正确，若系统存在严重非线性或是时变的，则采用一般的辨识方法会带来严重的误差。系统的非线性程度可以在稳态情况下用改变系统或某一元件的输入信号，观察输出线性区的大小来确定。在不改变输入信号时，在较长工作过程中不断测量闭环系统的输出信号，以观察其是否随时间有规律地变化（应注意不要与零漂相混），若多次发现有规律的变化，则系统是时变的。有时系统带有延迟特性，其假设的数学模型应带有延迟因子。不过只要作一个简单的阶跃响应就能获得其信息，并能确定延迟时间的大致数值。

图 7-29 是一个简单的一阶系统，其假设的数学模型为

$$G(j\omega) = \frac{K}{1 + j\omega t_1} e^{-j\omega t}$$

图中 u_0 是阶跃输入的幅值。从图中可得知 K、t_1 及 t 的大致数值。

判断系统的最高工作频率或截止频率极为重要，这对决定采样间隔是必需的。在辨识时一定要防止把我们感兴趣的工作频率区域“漏掉”（即在模型中反映不出来）。进行试验时可对系统输入由低到高不同频率的正弦波或方波，一直做到输出下降到截止频率规定的数值，或信号很微弱为止。(8)、(9) 两项的特性能帮助定阶及确定数学模型形式。确定(8) 要做些简单的低频段的频率响应试验，根据控制理论，按波德图在低频区的曲线形状就能判断系统属那一类

型。对于第(9)项，利用阶跃响应试验得到瞬态响应试验曲线后，就可大致作出判断。

总之，在系统辨识前做些预备性的试验对进行正式的辨识试验是必要的，它们可以为其后的辨识试验积累经验，对整个试验方案及测试方案的确定、测试仪表的校核及各种试验参数的选择等都很有好处。

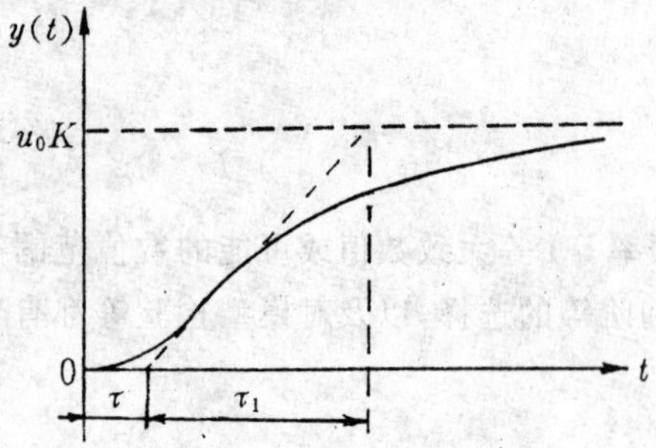

图 7-29 一阶系统曲线

二、输入测试信号的选择

在进行辨识试验时，必须确定系统的输入信号。输入信号可以利用系统正常工作时的信号，或在正常工作下系统内部的扰动信号，亦可以是外加的测试信号。若作在线辨识，则外加的测试信号不应对系统正常工作有明显的影响。

由于有的系统不允许进行离线辨识，只能进行在线辨识，又不能输入任意的信号，只能利用正常的工作信号或内部干扰作为输入信号，这种方法简化了试验过程及设备，但只有这些现成的输入信号符合辨识要求时省略外加测试信号才是合理的，所以是有条件的。

在使用上述信号作为输入信号时，要考虑以下一些限制：

1) 这些信号所包含的频率范围可能不够宽，或者说这些信号的功率谱可能太窄，因此有可能不能在系统的截止频率范围(或更高的、需要辨识的频率)内都有均匀的激励能量，对某些高频段激励功率可能不够。

2) 因为仅能得到有用的输入、输出信号的有限记录，故相关函数的计算精度受到限制。

3) 不一定能符合最优测试信号要求。这里的所谓最优是指有最合适的幅值及最短的测试时间。由于测试信号，特别在离线辨识时，应尽可能大，以提高信噪比和辨识精度。此外，如在相关辨识中，二位式 M 序列的信号能以最短的输入信号得到良好的结果，而用其他一般信号，(包括白噪声)就要用很长的输入、输出测试信号才能得到准确的相关函数等。

尽管有以上限制，但利用正常的工作信号进行在线辨识还是可能的。

外加的测试输入信号种类也是较多的，如伪随机信号(特别是 M 序列信号)、最优输入信号、白噪声、脉冲信号、三角形波、矩形波、阶跃信号、斜坡及正弦信号等，所以其选择余地是较大的。在选择输入测试信号时，应考虑下面一些主要原则：

1) 信号的激励能量足够大，功率谱应尽可能宽，最好在所要求的频宽上，能够等能量地持续激励系统，使所有感兴趣的频率都反映在输出信号中。

2) 测试误差小，辨识精度高。

3) 测试时间较短，信号易于处理及贮存。

4) 受噪声干扰影响小。

5) 信号发生器简单，易于获得精度较高的标准信号。

下面就以上一些原则，对最常用的一些测试输入信号作一些分析。

(一) 信号的激励能量与功率谱问题

测试输入信号的激励能量在不影响系统正常工作的情况下应尽可能大，以提高信噪比及辨识精度。信号的功率谱反映了信号在各个频率上的能量的分布，显然信号功率谱过窄将使系统的某个频率区域得不到激励。

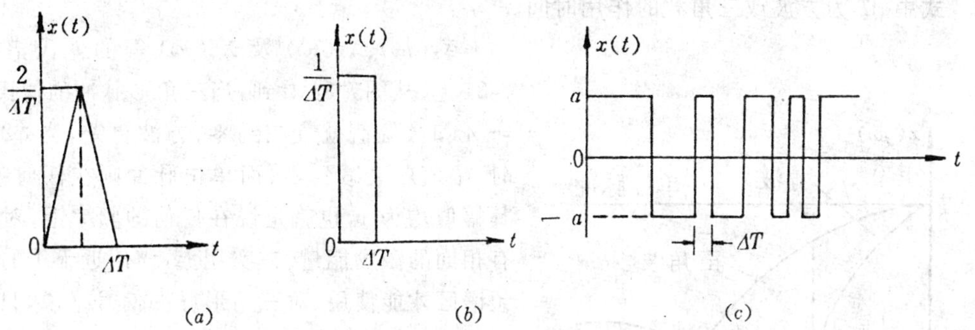

图 7-30　各种信号的激励能量

下面以方波(矩形波)及伪随机信号(见图 7-30)为例，对它们的激励能量作一个对比分析。时间函数 $x(t)$ 的能量由下式定义

$$E = \int_{-\infty}^{\infty} x^2(t)\mathrm{d}t \tag{7-47}$$

设伪随机信号为 $x_1(t)$，时钟脉冲周期为 ΔT_1，方波为 $x_2(t)$，其脉冲宽为 ΔT_2。他们的幅值均设为 a，则伪随机信号在一个周期 $T = N\Delta T_1$ 内的总激励能量为

$$E_{x1} = \int_0^T x_1^2(t)\mathrm{d}t = a^2 \Delta T_1 N$$

一个方波的总能量为

$$E_{x2} = \int_0^T x_2^2(t)\mathrm{d}t = a^2 \Delta T_2 \tag{7-48}$$

所以当 $\Delta T_1 = \Delta T_2$ 时，方波的能量只有伪随机信号能量的 $\frac{1}{N}$。要使方波脉冲的能量加大，只有两个途径：一是加大幅值 a，另一是加大宽度 ΔT_2。a 的加大受到系统非线性问题(如进入饱和区)的限制，而加大 ΔT_2 会使信号功率谱(能量谱)宽度变窄，这个问题将在后面加以说明。由此可见，上述两个途径都受到限制。所以当系统需要较大的信号激励能量而又受线性区较小等限制时，方波就不宜作为输入测试信号。

对三角波信号来说，当其三角形面积与方波面积相近时，它们的激励能量也相近。脉冲信号由于在试验中作用时间 ΔT 实际上不能为零，其高度也不可能为无穷大，所以在 ΔT 较大时，脉冲波近似于方波或三角波。正弦信号或阶跃信号由于作用持续时间可以很长，所以与伪随机信号属同一个类型。

现在再对上述几种输入信号的谱分析作一比较。

方波的傅氏变换为：

$$\begin{aligned} X_2(j\omega) &= \frac{1}{j\omega\Delta T}(1 - e^{-j\omega\Delta T}) \\ &= \frac{1}{e}\sin\frac{\omega\Delta T}{2} e^{-j\frac{\omega\Delta T}{2}} \end{aligned} \tag{7-49}$$

三角波的傅氏变换为：

$$\begin{aligned} X_3(j\omega) &= -\frac{4}{\Delta T^2\omega^2}\left[1 - 2\exp(-j\frac{\omega\Delta T}{2}) + \exp(j\omega\Delta T)\right] \\ &= \frac{8}{\Delta T^2\omega^2}(1 - \cos\frac{\omega\Delta T}{2})e^{-j\frac{\omega\Delta T}{2}} \end{aligned} \tag{7-50}$$

单位脉冲函数的傅氏变换为：

$$X_4(j\omega)=1$$

式中 ΔT 为方波或三角波的作用时间。

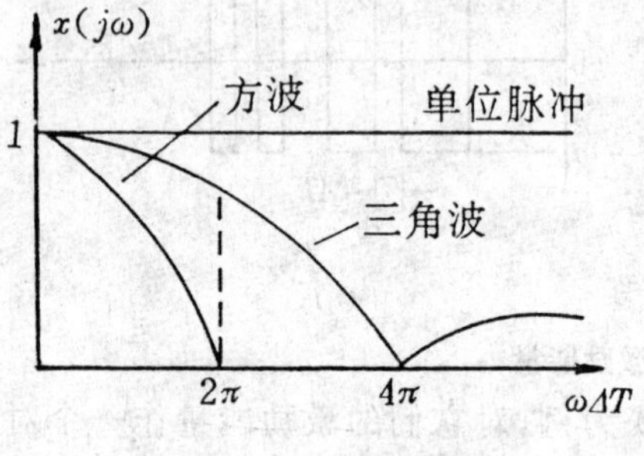

图 7-31　傅氏谱曲线

$X_2(j\omega)$、$X_3(j\omega)$ 及 $X_4(j\omega)$ 等的傅氏谱绘于图 7-31 上。从图 7-31 看到，当三角形脉冲的傅氏谱 $\omega\Delta T=4\pi$ 时，幅值就衰减到零；方波更差，当 $\omega\Delta T=2\pi$ 时，幅值就衰减到零；而单位脉冲则在任何频率下，其幅值均为 1，也就是说在任何的频率上，对系统都有相同的激励能量。在实用上，谱值近于 1 的那一段频谱区才能使用。对三角形脉冲信号来说，只有 $\omega\Delta T<2\pi$ 才能使频谱值近于 1，因此

$$\omega<\frac{2\pi}{\Delta T}，即\ f<\frac{1}{\Delta T} \tag{7-51}$$

ΔT 为三角形脉冲作用时间，ΔT 愈小，可测定的频率 f 范围愈宽。例如若 $\Delta T=0.01\text{s}$，$f=100\text{Hz}$，若 $\Delta T=0.05\text{s}$，则 $f=20\text{Hz}$，所以若不减小 ΔT，三角形脉冲不能作频宽较宽系统的辨识输入信号。对方形脉冲，可测定的频率范围就更小。这里需要注意的是，从理论上说，单位脉冲可测定的频率范围是无穷的，但实际上如前所述，作用时间常常不可能为零，这对机械式输入信号机构（如借弹簧打开一阀门等）来说更是如此。实践证明，实际出现的脉冲往往近似一个三角形脉冲，若在示波器上测得的该脉冲作用时间较大，不能满足标准脉冲条件，就不能作为理想的单位脉冲来处理。伪随机信号与方波脉冲信号有相同的系统测定频率。但是实际上如前面分析指出，当 ΔT 均相同时，它们的激励能量相差 N 倍，而 N 常是一个较大的数值，因此对方波脉冲信号来说，若取 ΔT 为 0.001s 这样小的宽度，激励能量就很小，对很多系统来说能量可能就不够。作为比较，取相同的激励能量，伪随机序列若取 $N=127$，则为了有足够的激励能量，方波脉冲宽就应加大 127 倍，即 $\Delta T=0.127\text{s}$，这时 $\omega=16.4\text{rad/s}$，即约为 2.7Hz。

从以上各方面的比较可以看出，对激励能量及能测定的频宽来说，伪随机信号比方波、三角波、斜波等输入信号远为优越。

（二）测试时间与信号处理问题

在这里关系到提高辨识效率的问题。在辨识试验时，三角波、方波等脉冲类信号或阶跃信号，从信号输入到测出需要结果所需时间是较短的；伪随机 M 序列信号所需时间要长一些；若用白噪声信号，则更长一些。正弦信号测试时间与以上这些输入信号相比则要长得很多，特别是在测试频率范围较宽时，尤其是如此，因为它需要一个个不同频率的信号送进去，再一次次地记录出相应的稳态输出，这是非常繁琐的。所以若仅从这一点来看，用古典的频率响应法来辨识系统远没有近代的一些辨识方法为佳。应该指出，测试时间的长短还不只是一个效率问题，还涉及到试验精度问题。因系统在测试时间较长时，某些参数在不同程序上会有些变化，或产生一个实际零漂等，这就使测试的结果前后不一致，影响到辨识精度。当输入信号可以采用电信号时，由于能借助一些专用设备，输入信号时可进行扫频，并能直接画出波德图等，所以频率响应测试及计算时间就大为缩短了。

由于测试输入信号不同，对其后的输出信号的处理或参数估计方法等也会不同，所以数据处理及参数估计等计算工作也会不同。例如标准的脉冲能直接求出系统的脉冲响应函数，而伪

随机信号或白色噪声需进行互相关函数等计算才能求得脉冲响应函数。用正弦波输入能较方便地得到系统的频率响应曲线。用三角波、方波或单位脉冲输入时，需要进行大量计算才能求出系统的频率响应特性(如波德图)。前者是系统在时域里的非参数特性，后者是频域中的非参数特性，由它们拟合成传递函数或微分方程的方法也不同，所需的计算工作量也各不相同。

（三）噪声干扰的影响问题

众所周知，噪声干扰常对系统辨识带来不少困难，对辨识精度的影响也较大。如前所述，由于输入的测试信号不同，辨识方法也不同。只要输入信号与干扰噪声信号互不相关，通过求相关函数等来辨识系统的方法(相关法)抗干扰能力很好。用伪随机信号辨识系统的方法(如两步法)就具有这样的优点，因伪随机信号通常是不会与噪声互相关连，所以通过输入、输出信号互相关函数的计算，就把噪声过滤掉了。在正弦输入信号时，由于输入、输出信号可取得较大，每次可从多个波形中提取有用信号，只要用适当的滤波器，一般噪声干扰的影响可减少到最小限度。其他各种输入信号的辨识受噪声干扰的影响都较大，一定要慎重对待。

三、数字滤波

在进行辨识试验时，常常在稳定的工作信号上附加一辨识输入信号，这时，总的输入输出信号就成为

$$
\begin{aligned}
u^*(k) &= u(k) + u_0 \\
y^*(k) &= y(k) + y_0
\end{aligned}
\tag{7-51}
$$

式中 $u(k)$ 是附加的辨识信号，$y(k)$ 是由 $u(k)$ 所产生的输出信号，u_0 和 y_0 是相应于系统处于稳态时的输入和输出量，分别称为直流分量或稳态分量。通常 $u^*(k)$ 是可以测量的，$u(k)$ 是用计算机或专用仪器产生的输入信号，所以 u_0 总是可以从 $u^*(k)$ 中分离出来的。但是 y_0 是未知的，不易准确地从 $y^*(k)$ 中分离出来，而且 y_0 也受到噪声污染，由辨识算法还不能完全消除，为此必须对 y_0 进行数据滤波，下面就数据滤波的原理及用途简要介绍如下：

（一）直流分量的辨识

有些辨识方法必须知道 u_0，如最小二乘法需要精确地知道 u_0，相关辨识和最小二乘的二步法需要对 u_0 有一个粗略的估计。只有确切地求出 y_0，才能准确地分离出有用的 $y(k)$ 信号。求 y_0 的一个有效方法就是通过数字滤波(即数据平均)，其数学表达式为

$$
\hat{y}_0 = \frac{1}{N_G}\sum_{k=1}^{N_G} y^*(k) \tag{7-52}
$$

N_G 为需要平均的数据长度，它由噪声的实际特性来决定。

（二）高频和低频噪声的消除

在辨识中有些辨识方法能消除噪声干扰的影响(如二步法)，有些则不能，即使能消除，也不易完全消除其影响，在参数估计运算前对噪声先作滤波处理是必要的。对较高频率的噪声，用低通滤波器，利用一阶或二阶无源或有源滤波，能够很好地消除这些噪声的影响。此外，用多点平滑方法也可以解决这个问题。对低频干扰(如漂移)，可以采用各种数字滤波的方法来消除之。通常用简单的高通滤波器是最合适的，在很多情况下，一阶高通滤波器就已足够了，其数学表达式为

$$
\begin{aligned}
\bar{u}(k) &= a\bar{u}(k-1) + u(k) - u(k-1) \\
\bar{y}(k) &= a\bar{y}(k-1) + y(k) - y(k-1)
\end{aligned}
\tag{7-53}
$$

式中 $a = e^{-\Delta t/T_f}$，Δt 为采样周期，T_f 是滤波器时间常数；$\bar{u}(k)$ 和 $\bar{y}(k)$ 分别是数字滤波器的输入和

输出，即经过滤波后用于参数估计的信号。T_f 必需选择得使滤波器有高通的特性，而不能消除有用的低频信号。对于二位式伪随机信号(M 序列)，T_f 的选择应是

$$T_f > N\Delta T/2\pi \tag{7-54}$$

式中 ΔT 为时钟脉冲宽度，N 为 M 序列一个周期内 ΔT 的个数。伪随机 M 序列的周期 $T = N\Delta T$。N 简称试验数据长度。

四、采样周期和试验数据长度的选择

采样周期 Δt 及试验数据长度 N 的合理选择是十分重要的，关系到能否全面反映系统的动态特性以及辨识的精度等问题，所以必须慎重对待。

(一) 采样周期(或采样间隔)Δt 的选择

采样周期的合理选择要考虑到频谱的混迭问题。

1. *Δt 的选择要考虑到频谱的混迭问题*

由申农定理可知，Δt 选得过大，即采样点离得太远，会引起低频分量和高频分量的所谓混迭，使辨识带来差错。此外，Δt 选得太大将会把被辨识系统中的一些有用的高频分量漏掉，系统高频部分特性反映不出来，使得到的数学模型阶数不恰当地降低。例如一个辨识实例，应该是三阶，当取 $\Delta t = 1$s 时，系统有三个阶点(三阶)；当取 $\Delta t = 8$s 时，模型退化成二阶；取 $\Delta t = 16$s 时，模型就退化成一阶了。

2. *Δt 的选择还要考虑到辨识效率及工作量*

采样周期 Δt 选得过小，即采样点靠得太近，使差分方程变得近于线性相关，容易形成病态方程组。当噪声干扰较大时，Δt 取得很小还可能把噪声的特性反映进被辨识模型中去，由此出现虚假现象。当然 Δt 取得过小，带来的问题是产生大量的多余数据，从而不必要地增加存储量、计算量和费用。

3. *Δt 要与其他环节的时间间隔取得一致*

例如若辨识的目的是为了设计一个数字控制系统，则采样间隔必须按照数字控制系统的性能及要求来选择。如用伪随机 M 序列作为输入信号时，采样间隔 Δt 一般都取为与 M 序列时钟脉冲周期 ΔT 相同，这样将便于计算互相关函数。

考虑到上面提出的几个方面，选择采样周期有下面几种方法：

第一种方法是从申农采样定律作为出发点，再加一储备系数。采样周期按下式计算

$$\Delta t \leqslant \frac{1}{2|f_{max}|} \tag{7-55}$$

式中 f_{max} 是从预备知识中得到的，它是被辨识系统中感兴趣的频带内的最高频率。例如要知道被辨识系统 1 000Hz 以下的动态特性，这就意味着应取 $\Delta t < 0.5$ms。实践表明，Δt 完全按式(7-55)来选择还不够，建议再加 1.5 或 2 倍以上的储备量，即

$$\Delta t \leqslant \frac{1}{(3 \sim 4) f_{max}} \tag{7-56}$$

在实际使用时，有时储备量要大于 2 倍，才能得到好的结果。在采样前最好将信号先进行滤波，使信号中在所研究的最高主要频率以上的频率成分，不再包含在滤波后的数据中。

第二种方法是将 Δt 选得等于系统的最小时间常数，即

$$\Delta t = T_{min}$$

实践证明，在许多情况下，这是一种过于保守的选择。然而，在某些情况下，对于具有多个十分

靠近的极点的系统而言，为了逐个地分辨出这些极点，则需要选择更高的采样频率。当然，使用这种方法要事先知道 T_{min} 才行，这是不太容易的。

第三种方法是根据系统的主要时间常数 T_a 来选择 Δt，这时可以取

$$\Delta t = (0.05 \sim 0.1)T_a \tag{7-57}$$

当然这种方法也是以已知 T_a 为基础的。

（二）试验数据长度 N 的选择

前面已说明过，当观测数据中混杂有随机噪声时，估计量的协方差，随着试验数据长度 N 增加，此外 N 过大，也即数据选得过长，系统可能出现漂移，或其他的干扰进入系统，或系统的特性发生改变等，这些都是选取长度 N 的限制。一条重要的规则是：试验时间至少为主要时间常数 T_a 的 10 倍，即

$$N\Delta t \geqslant 10T_a \tag{7-58}$$

为避免偶然性及减小噪声干扰的影响等因素，在可能时（如漂移及信号的时变性不大），可取几个 $N\Delta T$ 平均后再作为辨识信号，这样对提高辨识精度是很有利的。

五、系统辨识误差

（一）在系统辨识中产生误差的各种因素

由于系统辨识既要进行很多理论分析，又要通过试验数据来进行拟合，所以总的来说，系统辨识过程中产生的误差由两部分组成。一部分是“理论误差”，也就是在理论分析过程中造成的误差，例如干扰噪声不是独立分布，而是一个相关序列时，则用最小二乘法估计出来的参数是有偏的，即在理论上估计就有误差。另一部分是由试验及其数据处理等实施过程中所造成的误差，如测试误差、采样误差等。由于在系统辨识过程中造成误差的环节较多，因此有人认为，经辨识得到的传递函数三阶以下才是可信，阶数是能够提高的。

具体地说系统辨识误差主要有下面几个方面组成：

1）各种理论假设所造成的误差；

2）噪声干扰带来的误差；

3）采样及计算误差；

4）测试误差。

各种理论假设所造成的误差是多方面的，如理论分析过程中由于简化或忽略某些项所形成的误差，对实际系统作线性的、非时变的假设可能带来的误差等。正如通常理论分析一样，只要作一些合理处理，在假设的规定范围内，第 1）部分的误差是不大的，可以忽略不计，但是在对系统作线性、定常系统等的假设时，必需慎重行事，只有经过分析考察，证明系统在整个工作范围内，或至少在所研究范围内，确定允许作这样的假设才行。实践表明，某些系统在工作参数变化较大时，存在着严重的非线性，给系统辨识带来不允许的误差。目前在非线性系统的辨识方面已作了不少研究，在对待系统可能存在的延迟方面，一般均应在预备知识中获得信息，并尽可能将延迟时间用实测法求出来。数学模型类型及结构选择不当所带来的误差亦是应引起注意的。

采样误差包括由于采样周期或采样数据长度选择不当造成的误差、测量采样值的误差等。计算误差如相关函数计算、矩阵运算等以及其他各种统计计算误差。实践证明，只要合理地选择采样周期及数据长度，正确地利用计算机及其他各种专用数据处理仪器，这一部分误差是可以控制在很小范围内的。

测试误差包括输入测试信号不标准(如不是标准阶跃)所造成的误差、读数误差、测试及记录仪器本身的误差,以及由于试验设计不当所造成的其他误差。需认真对待本部分误差,在试验过程中认真检查可能产生误差的各个环节,使各种误差控制在允许范围内。

六、模型的检验

参数模型辨识出后,最后还必须对模型进行检验,看其是否符合真实的特性。以后还要在实际工作中进行模型的考验,检验其是否能达到预期的目的。通常系统是在开环下进行辨识的,所以对系统进行检验时,先要在开环下进行,以后还要在实际的闭环工作状态下进行。总之一定要使辨识的结果能完成特定的任务时,辨识工作才算最后结束。辨识出的模型若不符合实际情况,就要对模型进行修正。

对参数模型的检验是多方面的。在前面关于对模型结构的检验中已介绍了几种方法,下面就有关检验的方法再进一步作出说明。

1) 模型的阶与延迟时间的检验。一个线性定常系统的数学模型常写成如下 Z 变换形式

$$G(z)=\frac{y(z)}{u(z)}=\frac{b_1z^{-1}+b_2z^{-2}+\cdots+b_nz^{-n}}{1+a_1z^{-1}+a_2z^{-2}+\cdots+a_nz^{-n}}Z^{-\tau} \tag{7-59}$$

检验的目的就是要验证估计出来的阶及延迟时间 $\hat{n}$ 及 $\hat{t}$ 是否与真实的阶与延迟时间 u_0 及 t_0 相一致。检验的方法是求出随 n 及 τ 变化的损失函数 J(或写成 V),J 的公式是

$$J(n,\tau)=e^T(n,\tau)e(n,\tau) \tag{7-60}$$

改变 n 及 τ,当 $J(n,\tau)$ 得到最小值,然后保持常数,或者改变很小时,这时的 n 及 τ 就是合适的数值,它们应最接近 n_0 及 τ_0。所以模型阶及延迟时间的检验就是要验证模型所用的 $\hat{n}$ 及 $\hat{\tau}$ 是符合上述原则。

2) 残差检验,有些估计方法如最小二乘法(LS),最大似然法等都要求残差 $e(k)$ 具有白噪声的特性,因此要进行所谓白化检验,检验所得模型的残差特性是否符合这个要求。具体地说,检验下面一些条件是否能成立,即

$$R_{ee}(\tau)=0,\tau\neq 0$$

$$R_{ue}=0,\text{对一切 }\tau\text{ 值};$$

$$E[e(k)]=0;$$

是否为正态分布。

若以上的条件不能成立,则所得的模型是不可信的。

此外还可以用一些不同的模型,算出各个模型的残差或损失函数 J,检验所辨识出的模型之 $e(K)$ 或 J 是否是最小的。

3) 绘出所得模型的阶跃或脉冲响应曲线,然后与系统在相同条件下实测的曲线相比较,检验它们之间的重合程度,或是各点误差(不重合度)的平方和是否足够小。在进行这方面的检查时,要注意一个问题,就是不能要求两类曲线(算出的与实测的)在各个区域内都重合得很好,或重合得一样的好,这往往是不易做到的,实际上也没有这样的需要。例如在比较频率响应曲线时,就不一定要求在低频、中频及高频区重合得很好。这是因为一方面在实际辨识工作中往往有困难,在辨识时,往往作了一些假设,或提出一些限制条件,所以辨识出的模型只是在一定条件下才是正确的。另外所拟合的只是代表系统主要特性的输出信号,终究不可能是任何时刻的所有输出信号,所以从这个意义上说,模型总是近似的。另一方面上述要求亦常是没有必要的,如对频率响应曲线,若对系统稳态工作精度要求是主要的,则两类曲线在低频区重合

得好就行；若稳定性是主要的，则在中频区拟合得好就行了，其他频率区的重合性要求就较低了。所以辨识工作应根据辨识的目的及对系统工作的要求来进行。

对阶跃或脉冲响应来说，在检验两类曲线的重合度时，最重要的是这些曲线的开始部分要重合得好，至于后面部分曲线是否重合得好关系较小。这是因为根据控制理论，对系统阶跃响应来说，一个系统的动态信号主要反映在阶跃响应第一个超调峰值以前的曲线部分。对脉冲响应来说，则反映在第一个振动周期的波形中。此外方程式的阶次的不同亦反映在阶跃曲线从 $t = 0$ 开始的一段曲线的形状上。

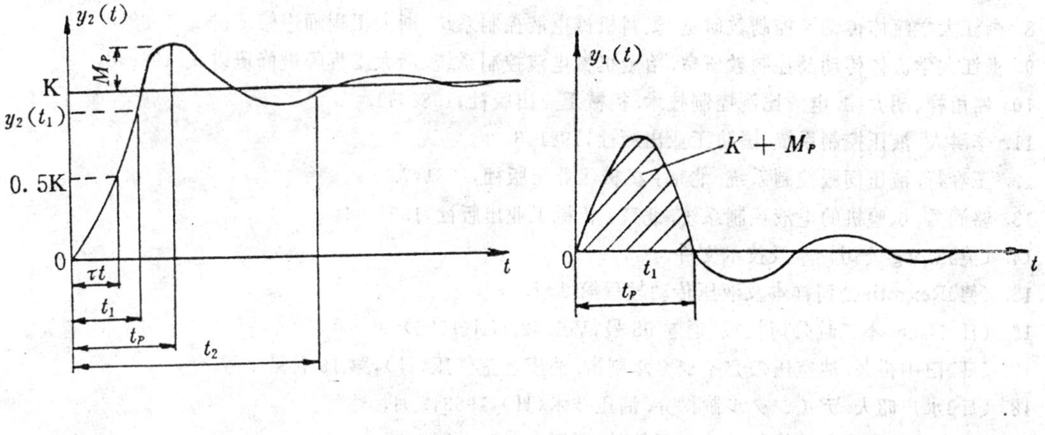

图 7-32　瞬态响应曲线

阶跃响应曲线的特性指标有上升时间 t_1（见图 7-32*a*）、峰值时间 t_p、最大超调量 Mp 及调整时间 t_2。对脉冲响应来说，可以找出脉冲响应与阶跃响应的对应关系。由积分变换可知，系统对于一个信号的导数作为输入的响应，等于对这个信号响应的导数。如设 $y_1(t)$ 是系统对脉冲输入的响应，而 $y_2(t)$ 是同一系统对阶跃输入的响应，那么有 $y_1(t) = y_2(t)$，反之

$$y_2(t) = \int_0^{\tau} y_1(t)\mathrm{d}t$$

这样，在图 7-32(*b*) 中，对应于 t_1 的左边阴影部分的面积，与图 7-32(*a*) 中 t_1 点的阶跃响应值 $y_2(t_1)$ 相等。随 t_1 从 0 到 t_p 不断变化，图 7-32(*b*)t_1 左边阴影部分的面积值，应当等于阶跃响应曲线对应于 t 从 0 到 t_p 时各点的 $y_2(t_1)$ 值。当 $t = t_p$ 时，脉冲响应第一个波峰所包围的面积正等于阶 跃响应曲线的超调量 M_p 与放大倍数的和。综上所述，从模型算出的曲线与实际系统测得的脉冲响应曲线，在第一个波形上重合得比较好（拟合得好），就等于在阶跃响应中，阶跃响应曲线第一个峰值前的曲线上两类曲线重合得比较好。从图 7-32 可看到，阶跃响应曲线上这一段曲线包含了代表系统阶跃响应特性的主要参数 t_1、t_p、M_p 等，而且系统数学模型的不同阶数亦反映在这段曲线中（起始段）。

控制系统的数学模型经过理论推导和系统辨识，二者相符合的数学模型是比较可信的。根据 此模型就可对系统进行有效的控制，可以是 PID、前馈、积分分离、自适应、鲁棒等等各种控制方式。有关控制策略已在有关控制理论的书籍中作了介绍，本书限于篇幅，不再阐述。

参考文献

1. 冈田养二,长坂长彦.サーボアクチコエータとその制御.コロ木社,昭和60年11月.
2. 杨渝钦.控制电机.北京:机械工业出版社,1981,8.
3. 李忠高.控制电机及其应用.武汉:华中工学院出版社,1986,8.
4. 郭宗仪.直流电动机及其控制系统.王宗培、孔昌平等译,哈尔滨:哈尔滨工业大学出版社,1984,9.
5. 郭宗仪.步进电机及其控制系统.王宗培、孔昌平等译,哈尔滨:哈尔滨工业大学出版社,1984,9.
6. 雷天觉.液压工程手册(有关章节),北京:机械工业出版社,1990,4.
7. 梅里特.液压控制系统.陈燕庆译.北京:科学出版社,1976.
8. 浙江大学流体传动及控制教研室.塑料机械电液控制系统.浙大工程师进修班讲义,1988,8.
9. 浙江大学流体传动及控制教研室.冶金机械电液控制系统.浙大工程师进修班讲义.1989,8,
10. 路甬祥、胡大纮.电液比例控制技术.机械工业出版社,1988,11.
11. 李洪人.液压控制系统.国防工业出版社,1981,6.
12. 王春行.液压伺服控制系统.北京:机械工业出版社,1981,7.
13. 骆涵秀.试验机的电液控制系统.北京:机械工业出版社,1991,11.
14. 〔美〕Moog 公司样本及技术文件.
15. 〔德〕Rexroth 公司样本及液压传动教程第2册.
16. 〔日〕Nachi 不二越公司技报,通卷95号,Vol.42.Nol(1986).
17. 〔日〕田中裕久.油空压のデイジタル制御.油压と空气压(日),第16卷第1号.
18. 〔日〕水户昭夫.デイジタル制御弁.油压技术(日),1983,2月.
19. 骆涵秀.数字式电液控制系统和元件.液压工业.1986,第3期.
20. 骆涵秀,相余庆,徐立.高速开关型数字阀装置.液压与气动,1986,第4期.
21. 王少丹,骆涵秀.脉宽调制式数字阀系统的研究.机床与液压,1991,No.5.
22. 清华大学流体传动及控制研究室、上海工业大学流体传动及控制研究室,气压传动及控制.上海:上海科学技术出版社,1985,7.
23. 郑洪生,《气压传动及控制》,北京:机械工业出版社,1987,9.
24. Peter Rohner. Fluid Power Logic Circuit Design Analysis, Design Methods and Worked Examples. Royal Melbourne Institute of Technology, 1979.
25. 蔡志,谢澄.波纹管滑阀式气动伺服系统的数学模型与动态特性分析.流体控制工程,1985,1.
26. Taco J. Viersma "Analysis, Synthesis and Design of HydraulcServosystems and Pipelines" Elesevier Scientific Publishing Company, 1980.
27. 陈隆昌,陈筱艳编著.控制电机.西安:西北电讯工程学院出版社.
28. 上海微电机研究所编著.微特电机.上海:上海科学技术出版社,1982,12.
29. 丁志刚,蒋黔麟,陶志鹏.微特直线电机及其控制.浙江大学出版社,1987,3.
30. Paul Katz.微处理机数字控制.徐缤昌等译,宇航出版社,1984.
31. 高传善,郭健民,陈章龙编著.接口与通信.1989.
32. 潘新民编著.微型计算机控制技术.北京:人民邮电出版社,1992(第2版).
33. 刘复华.8098单片机及其应用系统设计.北京:清华大学出版社,1992.
34. 绪方胜彦.现代控制工程.卢伯英等译.北京:科学出版社,1981(第2版).
35. 诸葛起.系统辨识与故障诊断基础.浙江大学流体传动及控制研究所讲义,1990,11.
36. MTS 公司有关样本.